普通高等教育"十一五"国家级规划教材

高等学校计算机规划教材

Web 程序设计

（第 3 版）

吉根林　顾韵华　主编

吴军华　郑　玉　崔海源　编著

电子工业出版社

Publishing House of Electronics Industry

北京·**BEIJING**

内 容 简 介

本书是普通高等教育"十一五"国家级规划教材，介绍 Web 程序设计的方法与技术，使读者学会制作网页和建立网站。全书共 9 章：Web 编程的基础知识；Web 应用程序开发环境 Dreamweaver MX 及 Visual Studio. NET 工具；HTML 与 XML；JavaScript 和 VBScript 脚本语言和页面设计；ASP 和 ASP.NET 程序设计；Web 数据库应用程序设计；一个 ASP 和一个 ASP.NE 综合应用实例。每章配有实例、习题和上机实验题及实验指导，免费提供 PPT 教学课件和程序源代码。

本书可作为高校计算机科学与技术、网络工程、软件工程、电子商务、信息管理与信息系统、现代教育技术等相关专业教材，也是 Web 程序开发人员实用的技术参考书。

图书在版编目（CIP）数据

Web 程序设计 / 吉根林，顾韵华主编；吴军华，郑玉，崔海源编著. —3 版. —北京：电子工业出版社，2011.6
高等学校计算机规划教材

ISBN 978-7-121-13150-9

Ⅰ. ①W…　Ⅱ. ①吉…　②顾…　③吴…　④郑…　⑤崔…　Ⅲ. ①网页制作工具—程序设计—高等学校—教材　Ⅳ. ①TP393.092

中国版本图书馆 CIP 数据核字（2011）第 047689 号

策划编辑：童占梅
责任编辑：童占梅
印　　刷：北京市李史山胶印厂
装　　订：
出版发行：电子工业出版社
　　　　　北京市海淀区万寿路 173 信箱　邮编：100036
开　　本：787×1092　1/16　印张：22　字数：560 千字
印　　次：2011 年 6 月第 1 次印刷
印　　数：5 000 册　　定价：38.00 元

凡所购买电子工业出版社图书有缺损问题，请向购买书店调换。若书店售缺，请与本社发行部联系，联系及邮购电话：（010）88254888。

质量投诉请发邮件至 zlts@phei.com.cn，盗版侵权举报请发邮件至 dbqq@phei.com.cn。
服务热线：（010）88258888。

前　言

本书是普通高等教育"十一五"国家级规划教材，也是精品课程和优秀教材建设的成果。

《Web 程序设计》（第 2 版），承蒙广大读者的支持，被几十所高校选为必修课程教材，至 2010 年 12 月已连续印刷 12 次。在教材出版后的几年中，Web 应用程序开发技术又有了新的发展，同时从服务教学、服务读者的角度看，该教材还需进一步完善。为此，有必要对《Web 程序设计》（第 2 版）进行修订。

本次修订根据我们近年来从事"Web 程序设计"教学的经验与体会以及读者的反馈建议，坚持**"Web 程序设计"课程既定的教学目标，即"层次一：学会做网页；层次二：学会建网站"；**保持了原书的基本内容、基本风格和结构框架；主要是根据 Web 应用程序开发技术的发展趋势，与时俱进地增加了.NET 程序设计的知识内容，并对部分章节的内容进行了整合，进一步提高本书的新颖性和可用性。本次修订的具体情况如下：

（1）删去了"XML 基本技术"一章，将其内容与 HTML 整合成新的一章"HTML 与 XML"。

（2）增加了"ASP.NET 程序设计"一章，介绍 ASP.NET 程序设计的基本概念与相关技术。

（3）对原"Web 数据库程序设计"一章的内容进行了全面更新，不但介绍 ASP 服务器端组件 ActiveX Data Objects（ADO）及其对数据库的访问操作，而且还介绍了基于.NET 框架的 ADO.NET 技术及其对数据库的访问操作。

（4）在第 2 章"Web 应用程序开发环境"中，增加了对 ASP.NET 应用程序开发工具 Visual Studio. NET 的介绍。

（5）在第 9 章"综合应用实例"中，增加了一个 ASP.NET 综合应用实例，以培养读者对 ASP.NET 程序设计技术的综合应用能力。

本教材的**参考教学时数约为 90～100 学时**，其中**理论教学 60～64 学时，上机实验 36～40 学时**。全书配有大量例题，每一章还安排了上机实验题，并给出了实验指导，包括实验目的、实验内容及实验步骤。其内容可能比教学时数所允许的分量稍多一些，可供教师讲课时选取或让学生自学。

本书为任课教师**提供 PPT 教学课件、上机实验题及例题源程序**，任课老师可在华信教育资源网 http://www.hxedu.com.cn **免费注册下载**。欢迎任课教师及时反馈您的授课心得和建议。

本教材修订过程中，第 1 章由南京师范大学计算机学院吉根林教授执笔；第 3，4，5，9章由南京信息工程大学计算机学院顾韵华教授执笔；第 2，6，7 章由南京工业大学信息学院郑玉副教授执笔；第 8 章由南京工业大学信息学院吴军华副教授执笔；其中，第 2，9 章保留了南京师范大学泰州学院崔海源副教授编写的原第 2 版中部分内容；全书由吉根林教授和顾韵华教授主编，最后由吉根林教授统稿、定稿。本次修订过程中，电子工业出版社童占梅老师给予了很大的帮助，并提出了建设性的意见和建议，在此表示衷心的感谢！

由于编者水平有限，本书还会存在错误与不足之处，恳请广大读者与同行给予批评指正。编者 E-mail 地址：glji@njnu.edu.cn。

编　者

目 录

第1章 Web 编程基础知识 ·· 1

1.1 什么是 Web ··· 1

1.2 Web 的工作原理 ··· 2

1.3 Internet 网络协议 ·· 4

    1.3.1 TCP/IP 协议 ·· 4

    1.3.2 HTTP 协议 ·· 4

    1.3.3 远程登录协议 Telnet ·· 5

    1.3.4 文件传输协议 FTP ··· 5

1.4 IP 地址、域名和 URL ·· 5

    1.4.1 IP 地址 ··· 5

    1.4.2 域名 ·· 6

    1.4.3 统一资源定位器 URL ·· 6

1.5 动态网页设计技术简介 ··· 7

    1.5.1 ASP ··· 7

    1.5.2 PHP ··· 8

    1.5.3 JSP ·· 9

    1.5.4 ASP.NET ··· 10

1.6 .NET 框架简介 ·· 10

本章小结 ··· 11

习题 1 ··· 12

第2章 Web 应用程序开发环境 ··· 13

2.1 服务器端开发环境 ·· 13

2.2 客户端开发环境 ··· 13

2.3 网页设计工具 Dreamweaver MX ·· 14

    2.3.1 Dreamweaver MX 概览 ·· 14

    2.3.2 Dreamweaver MX 的特性 ··· 14

    2.3.3 Dreamweaver MX 界面介绍 ·· 15

2.4 Visual Studio.NET 开发工具 ··· 20

    2.4.1 Visual Studio 2008 的安装 ·· 20

    2.4.2 Visual Studio 2008 集成开发环境 ·· 21

    2.4.3 Visual Studio 2008 集成开发环境的使用 ······································· 23

本章小结 ··· 25

习题 2 ··· 26

上机实验 2 ··· 26

第3章　HTML 与 XML ··· 27

　3.1　超文本标记语言 HTML ·· 27

　　　3.1.1　HTML 文档结构 ··· 27

　　　3.1.2　HTML 基本标记 ··· 30

　　　3.1.3　表格（Table） ··· 35

　　　3.1.4　表单（Form） ·· 37

　　　3.1.5　框架（Frame） ·· 40

　3.2　可扩展标记语言 XML ·· 43

　　　3.2.1　XML 概述 ··· 43

　　　3.2.2　XML 文档的编写 ·· 46

　　　3.2.3　XML 文档的显示 ·· 49

　本章小结 ··· 55

　习题 3 ·· 56

　上机实验 3 ·· 56

第4章　脚本语言 ··· 59

　4.1　什么是脚本语言 ·· 59

　4.2　JavaScript 语言 ·· 59

　　　4.2.1　JavaScript 语言概述 ·· 59

　　　4.2.2　JavaScript 编程基础 ·· 60

　　　4.2.3　JavaScript 对象 ··· 71

　　　4.2.4　常用的内建对象和函数 ·· 75

　4.3　VBScript 语言 ·· 85

　　　4.3.1　在 HTML 文件中加入 VBScript 程序 ··· 85

　　　4.3.2　VBScript 的基本语法 ·· 86

　本章小结 ··· 94

　习题 4 ·· 94

　上机实验 4 ·· 95

第5章　页面设计 ··· 97

　5.1　页面设计概述 ··· 97

　5.2　DHTML 简介 ··· 98

　5.3　层叠样式表 CSS ·· 99

　　　5.3.1　样式表的定义和引用 ··· 99

　　　5.3.2　相关标记和属性 ·· 103

　　　5.3.3　样式的继承和作用顺序 ·· 105

　　　5.3.4　CSS 属性 ·· 107

　　　5.3.5　CSS+DIV 页面布局 ·· 116

　　　5.3.6　应用实例——设计个人主页 ··· 116

　5.4　浏览器对象模型及应用 ·· 118

    5.4.1　浏览器对象模型⋯⋯⋯⋯⋯⋯⋯⋯⋯⋯⋯⋯⋯⋯⋯⋯⋯⋯⋯⋯⋯119

    5.4.2　Navigator 对象⋯⋯⋯⋯⋯⋯⋯⋯⋯⋯⋯⋯⋯⋯⋯⋯⋯⋯⋯⋯⋯119

    5.4.3　Window 对象⋯⋯⋯⋯⋯⋯⋯⋯⋯⋯⋯⋯⋯⋯⋯⋯⋯⋯⋯⋯⋯⋯120

    5.4.4　Document 对象⋯⋯⋯⋯⋯⋯⋯⋯⋯⋯⋯⋯⋯⋯⋯⋯⋯⋯⋯⋯⋯124

    5.4.5　Form 对象⋯⋯⋯⋯⋯⋯⋯⋯⋯⋯⋯⋯⋯⋯⋯⋯⋯⋯⋯⋯⋯⋯⋯130

    5.4.6　History 对象和 Location 对象⋯⋯⋯⋯⋯⋯⋯⋯⋯⋯⋯⋯⋯⋯135

    5.4.7　Frame 对象⋯⋯⋯⋯⋯⋯⋯⋯⋯⋯⋯⋯⋯⋯⋯⋯⋯⋯⋯⋯⋯⋯136

    5.4.8　程序示例——用户注册信息合法性检查⋯⋯⋯⋯⋯⋯⋯⋯138

    5.4.9　程序示例——扑克牌游戏程序⋯⋯⋯⋯⋯⋯⋯⋯⋯⋯⋯⋯⋯142

  5.5　HTML DOM⋯⋯⋯⋯⋯⋯⋯⋯⋯⋯⋯⋯⋯⋯⋯⋯⋯⋯⋯⋯⋯⋯⋯⋯⋯146

    5.5.1　HTML DOM 概述⋯⋯⋯⋯⋯⋯⋯⋯⋯⋯⋯⋯⋯⋯⋯⋯⋯⋯⋯⋯146

    5.5.2　DOM 节点树⋯⋯⋯⋯⋯⋯⋯⋯⋯⋯⋯⋯⋯⋯⋯⋯⋯⋯⋯⋯⋯⋯147

    5.5.3　DOM 树节点的属性⋯⋯⋯⋯⋯⋯⋯⋯⋯⋯⋯⋯⋯⋯⋯⋯⋯⋯147

    5.5.4　访问 DOM 节点⋯⋯⋯⋯⋯⋯⋯⋯⋯⋯⋯⋯⋯⋯⋯⋯⋯⋯⋯⋯149

本章小结⋯⋯⋯⋯⋯⋯⋯⋯⋯⋯⋯⋯⋯⋯⋯⋯⋯⋯⋯⋯⋯⋯⋯⋯⋯⋯⋯⋯⋯150

习题 5⋯⋯⋯⋯⋯⋯⋯⋯⋯⋯⋯⋯⋯⋯⋯⋯⋯⋯⋯⋯⋯⋯⋯⋯⋯⋯⋯⋯⋯⋯151

上机实验 5⋯⋯⋯⋯⋯⋯⋯⋯⋯⋯⋯⋯⋯⋯⋯⋯⋯⋯⋯⋯⋯⋯⋯⋯⋯⋯⋯⋯151

第 6 章　ASP 程序设计⋯⋯⋯⋯⋯⋯⋯⋯⋯⋯⋯⋯⋯⋯⋯⋯⋯⋯⋯⋯⋯153

  6.1　初识 ASP⋯⋯⋯⋯⋯⋯⋯⋯⋯⋯⋯⋯⋯⋯⋯⋯⋯⋯⋯⋯⋯⋯⋯⋯⋯⋯153

    6.1.1　ASP 的运行环境⋯⋯⋯⋯⋯⋯⋯⋯⋯⋯⋯⋯⋯⋯⋯⋯⋯⋯⋯153

    6.1.2　ASP 文件结构⋯⋯⋯⋯⋯⋯⋯⋯⋯⋯⋯⋯⋯⋯⋯⋯⋯⋯⋯⋯154

    6.1.3　一个简单的 ASP 程序⋯⋯⋯⋯⋯⋯⋯⋯⋯⋯⋯⋯⋯⋯⋯⋯155

  6.2　ASP 的内建对象和应用组件⋯⋯⋯⋯⋯⋯⋯⋯⋯⋯⋯⋯⋯⋯⋯⋯⋯156

  6.3　Request 对象⋯⋯⋯⋯⋯⋯⋯⋯⋯⋯⋯⋯⋯⋯⋯⋯⋯⋯⋯⋯⋯⋯⋯⋯157

    6.3.1　Form 数据集合⋯⋯⋯⋯⋯⋯⋯⋯⋯⋯⋯⋯⋯⋯⋯⋯⋯⋯⋯⋯157

    6.3.2　QueryString 数据集合⋯⋯⋯⋯⋯⋯⋯⋯⋯⋯⋯⋯⋯⋯⋯⋯158

    6.3.3　ServerVariables 数据集合⋯⋯⋯⋯⋯⋯⋯⋯⋯⋯⋯⋯⋯⋯159

    6.3.4　ClientCertificate 数据集合⋯⋯⋯⋯⋯⋯⋯⋯⋯⋯⋯⋯⋯160

    6.3.5　Cookies 数据集合⋯⋯⋯⋯⋯⋯⋯⋯⋯⋯⋯⋯⋯⋯⋯⋯⋯⋯161

    6.3.6　TotalBytes 属性⋯⋯⋯⋯⋯⋯⋯⋯⋯⋯⋯⋯⋯⋯⋯⋯⋯⋯⋯162

    6.3.7　BinaryRead 方法⋯⋯⋯⋯⋯⋯⋯⋯⋯⋯⋯⋯⋯⋯⋯⋯⋯⋯⋯162

  6.4　Response 对象⋯⋯⋯⋯⋯⋯⋯⋯⋯⋯⋯⋯⋯⋯⋯⋯⋯⋯⋯⋯⋯⋯⋯163

    6.4.1　Response 对象的方法⋯⋯⋯⋯⋯⋯⋯⋯⋯⋯⋯⋯⋯⋯⋯⋯163

    6.4.2　Response 对象的属性⋯⋯⋯⋯⋯⋯⋯⋯⋯⋯⋯⋯⋯⋯⋯⋯166

    6.4.3　Response 对象的数据集合⋯⋯⋯⋯⋯⋯⋯⋯⋯⋯⋯⋯⋯167

  6.5　Session 对象⋯⋯⋯⋯⋯⋯⋯⋯⋯⋯⋯⋯⋯⋯⋯⋯⋯⋯⋯⋯⋯⋯⋯⋯168

    6.5.1　Session 对象的属性⋯⋯⋯⋯⋯⋯⋯⋯⋯⋯⋯⋯⋯⋯⋯⋯⋯168

    6.5.2　Session 对象的方法⋯⋯⋯⋯⋯⋯⋯⋯⋯⋯⋯⋯⋯⋯⋯⋯⋯169

    6.5.3　Session 对象的事件⋯⋯⋯⋯⋯⋯⋯⋯⋯⋯⋯⋯⋯⋯⋯⋯⋯169

6.6　Cookie ···170

    6.6.1　将 Cookie 写入浏览器中 ···170

    6.6.2　从浏览器获取 Cookie 的值 ···171

    6.6.3　设置 Cookie 路径 ···171

    6.6.4　Cookie 与 Session 的比较 ··173

6.7　Application 对象 ···173

    6.7.1　Application 对象的属性 ···173

    6.7.2　Application 对象的方法 ···173

    6.7.3　Application 对象的事件 ···174

    6.7.4　Session 对象和 Application 对象的比较 ···175

6.8　Server 对象 ···175

    6.8.1　Server 对象的属性 ···175

    6.8.2　Server 对象的方法 ···176

    6.8.3　Server 对象的应用 ···178

6.9　ASP 程序设计举例——建立网上课堂讨论区 ···180

本章小结 ···184

习题 6 ···184

上机实验 6 ···185

第 7 章　ASP.NET 程序设计 ···187

7.1　初识 ASP.NET ···187

    7.1.1　ASP.NET 的运行环境 ···187

    7.1.2　一个简单的 ASP.NET 程序——用户登录程序 ··188

    7.1.3　ASP.NET 程序结构分析 ···189

    7.1.4　命名空间 ···196

7.2　VB.NET 语言基础 ··196

    7.2.1　数据类型与运算符 ···197

    7.2.2　控制语句 ···204

    7.2.3　过程和函数 ··207

7.3　服务器控件 ··211

    7.3.1　服务器控件的分类 ···212

    7.3.2　Web 服务器控件的属性、事件和方法 ···212

    7.3.3　标准服务器控件 ··214

7.4　ASP.NET 的对象 ··227

    7.4.1　对象简介 ···227

    7.4.2　Page 对象 ··228

    7.4.3　Request 对象和 Response 对象 ··230

    7.4.4　Application 对象和 Session 对象 ··235

    7.4.5　Server 对象 ···242

7.5　ASP.NET 应用举例——建立网上课堂讨论区 ··244

本章小结·······248

习题 7·······248

上机实验 7·······249

第 8 章　Web 数据库程序设计·······250

8.1　Web 数据库访问技术·······250

8.2　ODBC 接口·······251

8.2.1　ODBC 接口概述·······251

8.2.2　ODBC 的应用·······251

8.2.3　创立并配置数据源·······252

8.3　数据库语言 SQL·······253

8.3.1　SQL 概述·······253

8.3.2　主要 SQL 语句·······253

8.4　使用 ADO 访问数据库·······256

8.4.1　ADO 概述·······256

8.4.2　ADO 的对象类和对象模型·······256

8.4.3　ADO 样例·······258

8.5　用 Connection 对象连接数据库·······259

8.5.1　Connection 对象的常用属性和方法·······259

8.5.2　打开和关闭数据库连接·······260

8.5.3　通过 Connection 对象执行 SQL 语句·······261

8.5.4　Connection 对象的事务处理·······262

8.6　用 Command 对象执行数据库操作·······263

8.6.1　Command 对象的常用属性和方法·······263

8.6.2　用 Command 对象执行 SQL 语句·······263

8.6.3　用 Command 对象调用存储过程·······264

8.7　用 RecordSet 对象控制数据·······267

8.7.1　RecordSet 对象简介·······267

8.7.2　RecordSet 对象的创建和数据读取·······267

8.7.3　记录集记录间移动的方法和记录集游标·······269

8.7.4　记录集记录的修改和记录锁定·······270

8.7.5　RecordSet 对象的其他重要操作·······271

8.8　ADO 程序设计举例——网站会员登录与数据修改·······273

8.9　ADO.NET 数据库组件·······276

8.9.1　ADO.NET 组件模型·······277

8.9.2　ADO.NET 的数据库访问·······278

8.10　ADO.NET 对象·······279

8.10.1　DataAdapter 对象·······279

8.10.2　DatatSet 对象·······280

8.10.3　DataTable 对象·······282

8.10.4 DataView 对象 ··· 283
8.11 数据源与 Web 控件的绑定 ·· 285
8.11.1 数据绑定方法 ··· 285
8.11.2 Repeater Web 控件绑定 ··· 288
8.11.3 DataList 控件绑定 ··· 290
8.11.4 DataGrid 控件绑定 ··· 291
8.11.5 GridView 控件绑定 ·· 293
8.12 ADO.NET 数据库访问示例——学生成绩查询与修改 ······································· 294
本章小结 ··· 297
习题 8 ·· 297
上机实验 8 ·· 298

第 9 章 综合应用实例 ·· 299
9.1 ASP 综合应用实例——网络作业提交系统 ·· 299
9.1.1 数据库设计 ··· 299
9.1.2 用户界面设计 ·· 300
9.1.3 ASP 程序清单 ··· 300
9.2 ASP.NET 综合应用实例——公文管理系统 ··· 306
9.2.1 系统功能 ·· 307
9.2.2 数据库设计 ··· 308
9.2.3 各子系统设计与实现 ··· 309
本章小结 ··· 325

附录 HTML、JavaScript、VBScript、CSS、ASP 实用列表 ·· 326
附录 A HTML 语言常用标记和属性 ·· 326
附录 B JavaScript 常用对象的属性、方法、事件处理和函数 ······························· 330
附录 C VBScript 常用函数 ··· 335
附录 D CSS 样式表属性 ·· 336
附录 E ASP 对象的集合、属性、方法和事件 ·· 339

参考文献 ·· 341

第1章 Web 编程基础知识

本章介绍开发 Web 程序应该必备的基础知识，包括 Web 的基本概念和工作原理、Internet 网络协议、IP 地址、域名和统一资源定位器 URL、ASP、ASP.NET、PHP、JSP 等动态网页设计技术以及.NET 框架，为在本课程中学习 Web 程序设计方法和开发技术做好准备。

1.1 什么是 Web

现在 Internet 已成为世界上最大的信息宝库，然而 Internet 上的信息资源既没有统一的目录，也没有统一的组织和系统，这些信息分布在 Internet 位于世界各地的计算机系统中。人们为了充分利用 Internet 上的信息资源，迫切需要一种方便快捷的信息浏览和查询工具，在这种情况下，Web 诞生了。

Web，全称为 World Wide Web，缩写为 WWW。Web 有许多译名，如环球网、万维网、全球信息网等。如果有一台计算机与 Internet 相连，不管它是通过什么方式连入 Internet 的，任何人都可以通过浏览器（Browser）访问处于 Internet 上任何位置的 Web 站点。但什么是 Web，目前尚无公认的准确定义。简单地说，Web 是一种体系结构，通过它可以访问分布于 Internet 主机上的链接文档。这一说法包含以下几层含义：

（1）Web 是 Internet 提供的一种服务。尽管这几年 Web 的迅猛发展使得有人甚至误认为 Web 就是 Internet，但事实上，Web 是基于 Internet、采用 Internet 协议的一种体系结构，因而它可以访问 Internet 的每一个角落。

（2）Web 是存储在全世界 Internet 计算机中、数量巨大的文档的集合。或者可以通俗地说，Web 是世界上最大的电子信息仓库。

（3）Web 上的海量信息是由彼此关联的文档组成的，这些文档称为主页（Home Page）或页面（Page），它是一种超文本（Hypertext）信息，而使其连接在一起的是超链接（Hyperlink）。由于超文本的特性，用户可以看到文本、图形、图像、视频、音频等多媒体信息，这些媒体称为超媒体（Hypermedia）。

（4）Web 的内容保存在 Web 站点（Web 服务器）中，用户可通过浏览器访问 Web 站点。因此 Web 是一种基于浏览器/服务器（Browser/Server，简称 B/S）的结构。也就是说，Web 实际上是一种全球性通信系统，它通过 Internet 使计算机相互传送基于超媒体的数据信息。

（5）Web 以一些简单的操作方式（如单击鼠标）连接全球范围的超媒体信息。因此，它易于使用和普及。基于 Web 开发的各种应用易于跨平台实现，开发成本较低，而且基于 Web 的应用几乎不需要培训用户。

近年来，Web 得到了迅猛的发展，如今的 Web 应用已远远超出了原先对它的设想。它不仅成为 Internet 上最普遍的应用，而且正是由于它的出现，使 Internet 普及推广的速度大大提高了。

Web 具有以下特点：

（1）Web 是一种超文本信息系统。Web 的超文本链接使得 Web 文档不再像书本一样是固定的、线性的，而是可以从一个位置迅速跳转到另一个位置，从一个主题迅速跳转到另一个相关主题。

（2）Web 是图形化的和易于导航的。Web 之所以能够迅速流行，一个很重要的原因就在于它具有在一页上同时显示图形、图像和其他超媒体的性能。在 Web 之前，Internet 上的信息只有文本形式，Web 则提供将图形、图像、音频、视频信息集于一体的特性。同时，Web 是非常易于导航的，只需要从一个链接跳转到另一个链接，就可以在各页面、各站点之间进行浏览了。

（3）Web 与平台无关。无论系统的软、硬件平台是什么，都可以通过 Internet 访问 WWW。Web 对系统平台没有限制。

（4）Web 是分布式的。对于 Web，没有必要把大量图形、图像、音频、视频信息都放在一起，可以将它们放在不同的站点上，只要通过超链接指向所需的站点，就可以使存放在不同物理位置上的信息实现逻辑上的一体化。对用户来说，这些信息是一体的。

（5）Web 具有新闻性。Web 站点上的信息是动态的、经常更新的。信息的提供者可以经常对站点上的信息进行更新，所以用户（浏览者）可以得到最新的信息。

（6）Web 是动态的、交互的。早期的 Web 页面是静态的，用户只能被动浏览。由于开发了多种 Web 动态技术，现在的用户已经能够方便地定制页面。以 ASP 和 Java 为代表的动态技术使 Web 从静态的页面变成可执行的程序，从而大大提高了 Web 的动态性和交互性。Web 的交互性还表现在它的超链接上，因为通过超链接，用户的浏览顺序和所到站点完全可由用户自行决定。

1.2　Web 的工作原理

Web 是一种典型的基于浏览器/服务器（Browser/Server，简称 B/S）的体系结构。典型的 B/S 结构将计算机应用分成三个层次，即客户端浏览器层、Web 服务器层和数据库服务器层。B/S 结构有许多优点，它简化了客户端的维护，所有的应用逻辑都是在 Web 服务器上配置的。B/S 结构突破了传统客户机/服务器（Client/Server，简称 C/S）结构中局域网对计算机应用的限制，用户可以在任何地方登录 Web 服务器，按照用户角色执行自己的业务流程。Web 通过 HTTP 协议实现客户端浏览器和 Web 服务器的信息交换，其基本工作原理如图 1-1 所示。

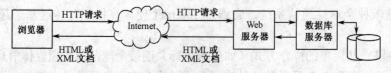

图 1-1　Web 的基本工作原理

Web 浏览器是一种 Web 客户端程序，用户要浏览 Web 页面，必须在本地计算机上安装浏览器软件。通过在浏览器地址栏中输入 URL 资源地址，将 Web 服务器中特定的网页文件下载到客户端计算机中，并在浏览器中打开。因此，从本质讲，浏览器是一种特定格式的文档阅读器，它能根据网页内容，对网页中的各种标记进行解释显示；同时，浏览器也是一种程序解释机，如果网页中包含客户端脚本程序，那么浏览器将执行这些客户端脚本代码，从而增强网页的交互性和动态效果。

在 Web 系统中，Web 服务器有两个层面的含义：一是指安装了 Web 服务程序的计算机；二是指 Web 服务器程序，可以管理各种 Web 文件，并为提出 HTTP（HyperText Transfer Protocol）请求的浏览器提供 HTTP 响应。要使一台计算机成为一台 Web 服务器，需要配置服务器操作系统，如 UNIX、Windows Server 2003、Linux 等网络操作系统，并且还要安装专门的信息服务器程序，如 Windows 所提供的 Internet 信息服务器 IIS（Internet Information Server）。大多数情况下，Web 服务器和浏览器处于不同的机器，但它们也可以并存在同一台机器上。

Web 服务器向浏览器提供服务的过程大致可以归纳为以下步骤：

（1）用户打开计算机（客户机），启动浏览器程序（Netscape Navigator、Microsoft Internet Explorer 等），并在浏览器中指定一个 URL（Uniform Resource Locator，统一资源定位器），浏览器便向该 URL 所指向的 Web 服务器发出请求。

（2）Web 服务器（也称 HTTP 服务器）接到浏览器的请求后，把 URL 转换成页面所在服务器的文件路径名。

（3）如果 URL 指向的是普通的 HTML（Hypertext Markup Language，超文本标记语言）文档，Web 服务器将直接把它传送给浏览器。HTML 文档中可能包含用 Java、JavaScript、ActiveX、VBScript 等编写的小应用程序（applet），服务器也将它们随 HTML 文档一道传送到浏览器，在浏览器所在的机器上执行。

（4）如果 HTML 文档中嵌有 ASP 程序，那么 Web 服务器就运行 ASP 程序，并将结果传送至浏览器。Web 服务器运行 ASP 程序时，还可能调用数据库服务器和其他服务器。

（5）URL 也可以指向 VRML（Virtual Reality Modeling Language）文档。只要浏览器中配置有 VRML 插件，或者客户机上已安装 VRML 浏览器，就可以接收 Web 服务器发送的 VRML 文档。

早期的 Web 页面是静态的，用户只能被动浏览。静态页面是用纯 HTML 代码编写的，这些页面的代码保存为.html 或.htm 文件形式。后来，以 ASP 和 Java 为代表的动态技术使 Web 从静态页面变成可执行的程序，从而产生了动态网页，大大提高了 Web 的动态性和交互性。利用 ASP，服务器可以执行用户用 VBScript 或 JavaScript 编写的嵌入 HTML 文档中的程序。ASP 是 Web 动态页面设计的基础，通过 ASP 程序，Web 页面可以访问数据库，存取服务器的有关资源，使 Web 页面具有强大的交互能力。Web 的交互性还表现在它的超链接上，因为通过超链接，用户的浏览顺序和所到站点完全可由用户自行决定。

随着技术的不断发展，动态网页的实现一般采用客户端编程和服务器端编程两种程序设计方法。

（1）客户端编程就是客户端浏览器下载服务器上的程序来执行有关动态服务工作。程序员把客户端代码编写到 HTML 文件中，当用户提出对某个网页的请求时，这些客户端代码和 HTML 文件代码一起以响应方式返回提出请求的浏览器。常见的客户端编程技术有 VBScript、JavaScript、Java applet 等。

（2）服务器端编程就是将程序员编写的代码保存在服务器上，当用户提出对某个网页的请求时，这个请求所要访问的页面代码都在服务器端执行，并把执行结果以 HTML 文件代码的形式传回浏览器，这样浏览器接收的只是程序执行的结果。常见的服务器端编程技术有 PHP、JSP、ASP、ASP.NET。

1.3　Internet 网络协议

Internet 是由各种不同类型、不同规模、独立管理和运行的主机或计算机网络组成的一个全球性特大网络。Internet 使用的网络协议是 TCP/IP 协议，凡是连入 Internet 的计算机都必须安装和运行 TCP/IP 协议软件。

1.3.1　TCP/IP 协议

TCP/IP 协议是一个协议集，其中最重要的是 TCP 协议和 IP 协议，因此，通常将这些协议简称为 TCP/IP 协议。

TCP/IP 协议把整个网络分成 4 个层次：应用层、传输层、网络层和物理链路层。它们都建立在硬件基础之上。图 1-2 给出了 TCP/IP 参考模型与 OSI 参考模型的对照。

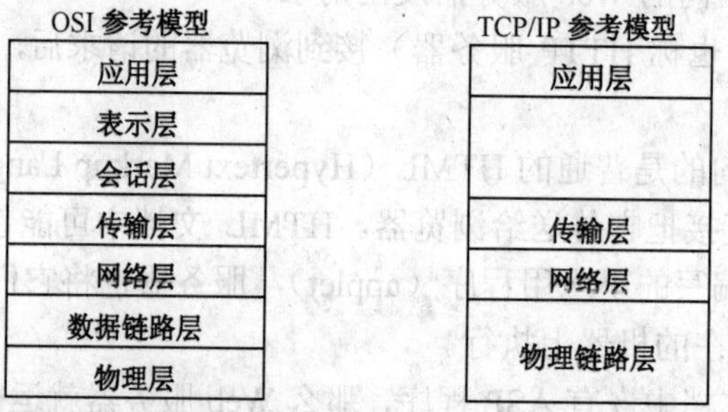

图 1-2　OSI 参考模型与 TCP/IP 参考模型的对照

（1）应用层。它是 TCP/IP 参考模型的最高层，向用户提供一些常用应用程序，如电子邮件服务等。应用层包括所有的高层协议，并且总是不断有新的协议加入。应用层协议主要有：

网络终端协议 Telnet	用于实现互联网中的远程登录功能。
文件传输协议 FTP	用于实现互联网中交互式文件传输功能。
简单电子邮件协议 SMTP	用于实现互联网中电子邮件收发功能。
网络文件系统 NFS	用于网络中不同主机间的文件系统共享。
域名服务系统 DNS	用于实现网络设备域名到 IP 地址的映射服务。
超文本传输协议 HTTP	用于在 Web 浏览器和服务器之间传输 Web 文档。

（2）传输层。传输层也叫 TCP 层，主要功能是负责应用进程之间的端-端通信。传输层定义了两种协议：传输控制协议 TCP 和用户数据报协议 UDP。

（3）网络层。网络层也叫 IP 层，负责处理互联网中计算机之间的通信，向传输层提供统一的数据包。它的主要功能有以下三个方面：①处理来自传输层的分组发送请求；②处理接收的数据包；③处理互连的路径。

（4）物理链路层。它的主要功能是接收 IP 层的 IP 数据报，通过网络向外发送；接收并处理从网络上传来的物理帧，抽出 IP 数据报，向 IP 发送。该层是主机与网络的实际连接层。

1.3.2　HTTP 协议

超文本传输协议 HTTP（HyperText Transfer Protocol）是专门为 Web 设计的一种网络协议，它属于 TCP/IP 参考模型中的应用层协议，位于 TCP/IP 协议的顶层。因此，它在设计和使用中以 TCP/IP 协议集中的其他协议为基础。例如，它要通过 DNS 进行域名与 IP 地址的转换，要建立 TCP 链接才能进行文档传输。

Web 浏览器和服务器用 HTTP 协议来传输 Web 文档。HTTP 基于客户端请求、服务器响应的工作模式，其定义的事务处理由以下 4 个步骤组成：

（1）客户端与服务器建立连接；

（2）客户端向服务器提出请求；

（3）如果请求被接受，则服务器送回响应，在响应中包括状态码和所需的文件；

（4）客户端和服务器断开连接。

1.3.3　远程登录协议 Telnet

Telnet 是关于远程登录的一个协议。要使用 Telnet，在用户的计算机上需要安装和运行一个名为 Telnet 的程序。在使用 Telnet 时，它又是一个命令。用户可以用 Telnet 命令使用户主机连入 Internet 上任何一台 Telnet 服务器。一般把这台被用户主机调用的服务器称为远程主机。这时候用户主机就成为该远程主机的一个终端。不管这种连接如何复杂，在用户的 PC 键盘上输入一个 Telnet 子命令后，总能在远程主机上得到服务响应，并把结果送回到用户的 PC 屏幕上。

Internet 上存在成千上万的各种主机（大、中、小型机）或服务器。用户可以通过 Telnet 连入某个主机并成为该主机的终端，进而用户可访问所需的各种信息，或运行远程主机上的程序来求解各种复杂的问题，一切都是在远程主机上快速执行（而不是将程序调回到用户主机上执行）后再从远程主机返回服务的结果。用户还可以利用 Telnet 连到 Internet 的各种服务器上，如 Archie、Gopher、Wais、WWW 及其他服务器，比如某图书馆的资料文献服务器等。

用户使用远程主机有两种情况：一种是要求用户有账号才能登录的；另一种是开放的，用户无须拥有自己的账号，即不用口令和用户名就能登录。在 Internet 上有许多这样的为公众开放的 Telnet 远程服务。

1.3.4　文件传输协议 FTP

Telnet 让用户主机能以终端方式共享 Internet 上各类主机的资源，却不能把远程主机上的文件复制到用户主机上。有了 FTP 的帮助就能使 Internet 上两台主机间互传（复制）文件。FTP 有一套独立通用的命令（子命令），命令风格与 DOS 命令相似，如 Dir 为显示目录/文件。实际使用 FTP 时往往会碰到两个难点。第一，并不知道想要复制的文件在哪个 FTP 服务器中，在成千上万个 FTP 服务器中一个个地寻找某个文件犹如大海捞针。此时需要借助某些工具，如 Internet 上的 Archie 服务器。第二，要明确传送的文件是什么类型，即确定传送的是二进制文件还是 ASCII 码文件。如果文件传送类型不对，复制得到的文件常常是无用的文件。

FTP 既是一种文件传输协议，也是一种服务。提供这种服务的设施叫做 FTP 服务器。有一种 FTP 服务器称为匿名 FTP 服务器，用户无须拥有口令和用户名就能与匿名 FTP 服务器实现连接并复制文件。在 Internet 上有许多这样的、为公众开放的匿名 FTP 服务器。

1.4　IP 地址、域名和 URL

1.4.1　IP 地址

IP 地址是识别 Internet 中主机及网络设备的唯一标识。每个 IP 地址通常分为网络地址和主机地址两部分，其长度为 4 B（字节），共 32 位，由 4 个用 "." 分隔的十进制数组成，每个数不大于 255，如 202.119.106.253。

IP 地址可分成 5 类，其中常用的是如下三类。

A 类：用于规模很大、主机数目非常多的网络。A 类地址的最高位为 0，接下来的 7 位为网络地址，其余 24 位为主机地址。A 类地址允许组成 126 个网络，每个网络可包含 1 700 万台主机。

B 类：用于中型和大型网络。B 类地址最高两位为 10，接下来 14 位为网络地址，其余 16 位为主机地址。B 类地址允许组成 16 384 个网络，每个网络可包含 65 000 台主机。

C 类：用于小型本地网络（LAN）。C 类地址最高 3 位为 110，接下来 21 位为网络地址，其余 8 位为主机地址。

注意，主机地址的末字节不能取 0 和 255 两个数。

1.4.2　域名

IP 地址是连网计算机的地址标识，但对大多数人来说，记住很多计算机的 IP 地址并不是一件容易的事，所以 TCP/IP 协议中提供了域名服务系统（DNS），允许为主机分配字符名称，即域名。在网络通信时由 DNS 自动实现域名与 IP 地址的转换。例如，南京师范大学 Web 服务器的域名为 www.njnu.edu.cn。

Internet 中的域名采用分级命名，其基本结构如下：

计算机名.三级域名.二级域名.顶级域名

域名的结构与管理方式如下：

首先，DNS 将整个 Internet 划分成多个域，称为顶级域，并为每个顶级域规定了国际通用的域名。顶级域名采用两种划分模式，即组织模式和地理模式。有 7 个域对应组织模式，其余的域对应于地理模式，如 cn 代表中国，us 代表美国，jp 代表日本等。

7 个组织模式的顶级域名分配如下：

com	商业组织
edu	教育机构
gov	政府部门
mil	军事部门
net	网络中心
org	上述以外的组织
int	国际组织

其次，Internet 的域名管理机构将顶级域的管理权分派给指定的管理机构，各管理机构对其管理的域继续进行划分，即划分成二级域，并将二级域的管理权授予其下属的管理机构，依此类推，便形成了树形域名结构。由于管理机构是逐级授权的，所以最终的域名都得到了 Internet 的承认，成为 Internet 中的正式名字。

1.4.3　统一资源定位器 URL

WWW 信息分布在全球，要找到所需信息就必须有一种说明该信息存放在哪台计算机的哪个路径下的定位信息。统一资源定位器 URL（Uniform Resource Locator）就是用来确定某信息位置的方法。

URL 的概念实际上并不复杂，就像指定一个人要说明他的国别、地区、城镇、街道、门牌号一样，URL 指定 Internet 资源位于哪台计算机的哪个目录中。URL 通过定义资源位置的抽象标识来定位网络资源，其格式如下：

    <信息服务类型>：//<信息资源地址>/<文件路径>

<信息服务类型>是指 Internet 的协议名，包括 ftp（文件传输服务）、http（超文本传输服务）、gopher（Gopher 服务）、mailto（电子邮件地址）、telnet（远程登录服务）、news（提供网络新闻服务）和 wais（提供检索数据库信息服务）。

<信息资源地址>指定一个网络主机的域名或 IP 地址。在有些情况下，主机域名后还要加上端口号，域名与端口号之间用冒号（：）隔开。这里的端口是指操作系统用来辨认特定信息服务的软件端口。一般情况下，服务器程序采用标准的保留端口号，因此用户在 URL 输入中可以省略它们。以下是一些 URL 的例子：

    http: //www.njnu.edu.cn

    http: //www.whitehouse.gov

    telnet: //odysseus.circe.com:70

    ftp: //ftp.w3.org/pub/www/doc

    gopher: //gopher.internet.com

    news: //comp.sys.novell

    wais: //quake.think.com/directory-of-servers

1.5 动态网页设计技术简介

随着网络技术的不断发展，单纯的静态网页已经远远不能满足 Internet 发展的需要。早期，动态网页使用的主要是 CGI（Common Gateway Interface，公共网关接口）技术，可以使用不同的语言编写合适的 CGI 程序，如 Visual Basic、C/C++等。虽然 CGI 技术已经发展成熟且功能强大，但由于编程困难、效率较低、修改复杂等缺陷，因此逐渐被淘汰。目前比较受关注的动态网页设计技术主要有 ASP、PHP、JSP、ASP.NET。

1.5.1 ASP

ASP（Active Server Pages）是一种功能强大的服务器端脚本编程环境。它是微软公司的产品，从 Windows NT Server 操作系统开始就附带这种脚本编程环境。ASP 1.0 是微软公司在1996 年底推出的一种取代 CGI 运行于服务器端的 Web 应用程序开发技术，它内含于 IIS 3.0（Microsoft Internet Information Server 3.0）之中。1998 年，作为 Windows NT4 Optoin Pack 的一部分，微软推出了 ASP 2.0。2000 年，微软公司发布了 Windows 2000 操作系统， 这个版本给我们带来了 IIS 5.0 和 ASP 3.0。

ASP 最大的好处是可以包含 HTML 标签,也可以直接存取数据库以及使用 ActiveX 控件，它采用脚本语言 VBScript、JavaScript 作为开发语言。它可以结合 HTML 网页、ASP 指令和ActiveX 组件建立动态、交互且高效的 Web 服务器应用程序，它属于 ActiveX 技术中的服务器端技术，与常见的在客户端实现动态网页的技术，如 Java applet、ActiveX Control、VBScript、JavaScript 等不同,ASP 中的命令和 Script 语句都是由服务器解释执行的。ASP 是基于 ActiveX技术的，它支持面向对象及可扩展的 ActiveX Server 组件。ActiveX 技术以 COM/DCOM 技术为基础，程序员可以用 Visual C++、Visual Basic 等语言创建特定功能的服务器端组件，以扩展 ASP 的应用功能。ASP 是一种成熟的 Web 到数据库的接口技术，适用于现有的 Web 客户/服务器应用程序。它具有如下一些特点：

（1）全嵌入 HTML，与 HTML 及 Script 语言完美结合。

（2）无须手动编译（Compling）或链接程序。

（3）面向对象（Object Oriented），并可扩展 ActiveX Server 组件功能。

（4）存取数据库轻松容易（使用 ADO 组件）。

（5）可使用任何语言编写自己的 ActiveX Server 组件。

（6）无浏览器兼容问题。

（7）程序代码隐蔽，在客户端仅可看到由 ASP 输出的动态 HTML 文件。

ASP 技术通过后缀名为.asp 的文件来实现，一个.asp 文件相当于一个可执行文件，因此必须放在 Web 服务器上有可执行权限的目录下。当浏览器向 Web 服务器请求调用 ASP 文件时，就启动了 ASP。Web 服务器响应该 HTTP 请求，调用 ASP 引擎，解释被申请的文件。当遇到与 ActiveX Script 兼容的脚本（VBScript、JavaScript）时，ASP 引擎调用相应的脚本引擎进行解释处理。若脚本指令中涉及对数据库的访问，就通过 ODBC 与后台数据库进行连接，由数据库访问组件，实现对数据库的操作，并将执行结果动态生成为一个 HTML 页面返回 Web 服务器端，然后与页面中非脚本的 HTML 合并成一个完整的 HTML 页面送至客户端浏览器。因而客户端浏览器接收到的是经 Web 服务器执行以后生成的一个纯粹的 HTML 文件，可被运行在任何平台上的浏览器所执行。同时由于 ASP 脚本程序是在服务器端执行的，通常脚本代码不会被别人窥视，保证了程序代码的安全性，也保护了开发者的知识产权。另外，程序执行完毕后，服务器仅仅是将执行结果返回给客户端浏览器，减轻了网络传输的负担，大大提高了交互的速度。

1.5.2 PHP

PHP（Hypertext Preprocessor，超文本预处理器）是一种跨平台的服务器端嵌入式脚本语言，它是一种易于学习和使用的服务器端脚本语言，嵌入 HTML 文件，大量地借用 C、Java 和 Perl 语言的语法，并耦合 PHP 本身的特性，形成了自己的独特风格。PHP 支持目前绝大多数的数据库，Web 开发者使用 PHP 能够快速地写出生成动态网页的脚本代码。PHP 是完全免费的，可以从 PHP 官方网站（http://www.php.net）自由下载，可以不受限制地获得源代码，并可加入自己需要的功能。

PHP 具有如下特点：

（1）支持多种系统平台，包括 Windows 9x、Windows NT、Windows 2000 Professional 和 Windows 2000 Server 系统，以及各种 UNIX 系统和 Linux 系统。

（2）强大的数据库操作功能。PHP 提供丰富的数据库操作函数，它为各种流行数据库，包括 Linux 平台的 PostgreSQL、MySQL、Solid 及 Oracle，Windows 平台的 SQL Server，都设计了专门的函数，使操作这些数据库十分方便。

（3）易于与现有的网页融合。与 ASP、JSP 一样，PHP 也可结合 HTML 语言共同使用；它与 HTML 语言具有非常好的兼容性，使用者可以直接在脚本代码中加入 HTML 标记，或者在 HTML 标记中加入脚本代码从而更好地实现页面控制，提供更加丰富的功能。

（4）具有丰富的功能。PHP 提供结构化特性、面向对象设计、数据库处理、网络接口使用及安全编码机制等全面的功能。

（5）可移植性好。只需要进行很少的修改就可将整个网站从一个平台移植到另一个平台上，如从 Windows 平台移植到 UNIX 平台。

1.5.3 JSP

JSP（Java Server Pages）是 Sun 公司于 1999 年 6 月推出的网站开发语言。它是基于 Java Servlet 及整个 Java 体系的 Web 开发技术，利用这一技术可以建立先进、安全和跨平台的动态网站。它完全解决了目前 ASP、PHP 的一个通病——脚本级执行。

JSP 与 ASP 在技术方面有许多相似之处。两者都是为实现 Web 动态交互网页制作而提供的技术支持环境，都能帮助程序开发人员实现应用程序的编制与自带组件的网页设计，都能替代 CGI 使网站建设与发展变得简单又快捷。由于它们来源于不同的技术规范，因而其实现的基础不同，即对 Web 服务器平台的要求不同。ASP 通常只应用于 Windows NT/2000 平台，而 JSP 则可以不加修改地在大多数的 Web Server 上运行，其中包括 NT 系统，符合“Write once，run anywhere”（“一次编写，多平台运行”）的 Java 原则，实现了程序与服务器平台的独立性，而且基于 JSP 技术的应用程序比基于 ASP 的应用程序更易于维护和管理。

JSP 技术具有以下优点：

（1）内容生成与显示分离。使用 JSP 技术，Web 页面开发人员可以使用 HTML 或 XML 标记来设计页面。使用 JSP 标记或小脚本来生成页面上的动态内容（内容是动态的，但可根据用户请求而变化）。动态生成的内容被封装在标记和 JavaBeans 组件中，并且捆绑在小脚本中，所有的脚本在服务器端运行。

在服务器端，使用 JSP 引擎来解释 JSP 标记和小脚本，生成所请求的内容，并将结果以 HTML 或 XML 页面形式发送回浏览器。这有助于作者保护自己的代码，又能保证任何基于 HTML 的 Web 浏览器的完全可用性。

（2）可重用的组件。绝大多数 JSP 页面依赖于可重用的、跨平台的组件来执行应用程序所要求的复杂处理，如使用 JavaBeans 或 Enterprise JavaBeansTM 组件。开发人员可以共享各种组件，这种基于组件的方法提高了系统的开发效率。

（3）采用标记简化页面开发。JSP 技术使用 XML 标记封装了许多与动态内容生成相关的功能，页面开发人员使用这些标记就可以进行设计，而不必进行编程。

（4）适应更广泛的平台。JSP+JavaBean 可以在大多数 Web 服务器平台下使用。例如，在 Windows NT 的 IIS 中通过使用插件 JRUN 或 ServletExec，就能支持 JSP。而著名的 Web 服务器 Apache 能够很好地支持 JSP，由于 Apache 广泛应用在 NT、UNIX 和 Linux 操作系统上，因此 JSP 有更广泛的运行平台。虽然 NT 操作系统占有很大的市场份额，但是在服务器方面 UNIX 仍具有很大的优势。另外，JSP 和 JavaBean 从一个平台移植到另外一个平台时，可以不必重新编译，因为 Java 字节码都是标准的、与平台无关的。

（5）易于连接数据库。Java 中连接数据库的技术是 JDBC（Java DataBase Connectivity）。很多数据库系统，如 Oracle、Sybase、MS SQL Server 和 MS Access 等，都带有 JDBC 驱动程序，Java 程序通过 JDBC 驱动程序与数据库相连，执行查询数据、提取数据等操作。另外，Sun 公司还开发了 JDBC-ODBC bridge，使用此项技术 Java 程序就可以访问带有 ODBC 驱动程序的数据库了。

1.5.4 ASP.NET

ASP.NET 是微软公司于 2001 年推出的一种用于创建 Web 应用程序的编程模型。它抛弃了 ASP 使用的脚本语言，使用 Visual Basic.NET 作为它的默认语言。ASP.NET 在结构上与前面的版本大不相同，它几乎完全是基于组件和模块化的。Web 应用程序的开发人员使用这个开发环境可以实现更加模块化、功能更强大的应用程序。

ASP 的所有程序都保存在服务器端，由 IIS 解释执行。在 ASP.NET 中，所有程序仍然保存在服务器端，由服务器编译执行。当第一次执行一个程序时进行编译，当再次执行这个程序时，就在服务器端直接执行它的已编译好的程序代码，因而 ASP.NET 程序的执行速度有较大的提高。对于实现同样功能的程序，ASP.NET 使用的代码量比 ASP 要小得多。ASP.NET 采用全新的编程环境，代表了技术发展的主流方向。从深层次说，ASP.NET 与 ASP 的主要区别体现在以下三个方面：

（1）效率。ASP 是一个脚本编程环境，只能用 VBScript 或 JavaScript 这样的非模块化语言来编写。当 ASP 程序完成之后，在每次请求时都要解释执行。这就意味着，它在使用其他语言编写大量组件的时候会遇到困难，并且无法实现对操作系统的底层操作。ASP.NET 则是建立在.NET 框架之上的，它可以使用 Visual Basic、C#、J#这样的模块化程序设计语言，并且它在第一次执行时进行编译，之后的执行不需要重新编译就可以直接运行，所以速度和效率比 ASP 提高很多。

（2）可重用性。在编写 ASP 应用程序时，ASP 代码和 HTML 混合在一起。只要需要，就可以在任意的位置插入一段代码来实现特定的功能。这种方法表面上看起来很方便，但实际上会产生大量繁琐的页面，很难让人读懂，导致代码维护困难。ASP.NET 则可以实现代码和内容的完全分离，使得维护更方便。

（3）代码量。ASP 对所有要实现的功能均需要通过编写代码来实现。例如，为了保证一个用户数据提交页面的友好性，当用户输入错误时应显示错误的位置，并尽量把用户原来的输入显示在控件中。对于这样一个应用，使用 ASP 需要程序员编写大量的代码才能实现。在 ASP.NET 中，程序员只要预先说明，ASP.NET 就可以自动实现这样的功能。所以相对来说，要实现同样的功能，使用 ASP.NET 比使用 ASP 的代码量要小得多。

1.6 .NET 框架简介

.NET 是微软公司提出的新一代程序开发框架，而 ASP.NET 属于.NET 框架的一部分，是.NET 框架的一个应用模型，运行于具有.NET 框架环境的服务器中，可以使用多种语言开发，主要用于创建 Web 应用程序、网站及 Web 服务。

.NET 框架（.NET Framework）主要分为 4 个部分：通用语言开发环境、.NET 基础类库、.NET 开发语言和 Visual Studio.NET 集成开发环境。

1. 通用语言开发环境

开发程序时，如果使用符合通用语言规范的开发语言，那么开发的程序可以在任何有通用语言开发环境的操作系统下运行，包括 Windows NT/2000/XP 等。

2. .NET 基础类库

.NET 基础类库是一套函数库，以结构严密的树形结构组织，并由命名空间和类组成，功能强大，使用简单，具有高度的可扩展性。

3. .NET 开发语言

.NET 是多语言开发平台，微软公司最初提供了 5 种语言：VB.NET、JScript.NET、J#.NET、Managed C++.NET 以及 C#。其他厂商还提供了很多对.NET 的语言支持，包括 COBOL、Eiffel、Perl、Pythn、Smalltalk、Scheme 等。

4. Visual Studio.NET 集成开发环境

Visual Studio.NET 集成开发环境是开发.NET 应用的利器，功能非常强大。

本 章 小 结

本章主要介绍了 Web 编程的基础知识，包括 Web 的基本概念和工作原理、Internet 网络协议、IP 地址、域名和统一资源定位器 URL、ASP、ASP.NET、PHP、JSP 等动态网页设计技术以及.NET 框架。

Web 是一种基于浏览器/服务器、采用 Internet 网络协议的体系结构，是一种基于 Internet 的超文本信息系统。早期的 Web 页面是静态的，静态页面是用纯 HTML 代码编写的。后来，以 ASP 和 Java 为代表的动态技术使 Web 从静态页面变成可执行的程序，从而产生了动态网页，大大提高了 Web 的动态性和交互性。ASP 是 Web 动态页面设计的基础，通过 ASP，Web 页面可以访问数据库，存取服务器的有关资源，使得 Web 页面具有强大的交互能力。Web 的交互性还表现在它的超链接上，因为通过超链接，使用户的浏览顺序和所到站点完全可由用户自行决定。

动态网页的实现一般采用客户端编程和服务器端编程两种程序设计方法。客户端编程就是客户端浏览器下载服务器上的程序来执行有关动态服务工作。常见的客户端编程技术有 VBScript、JavaScript、Java applet 等。服务器端编程就是将程序员编写的代码保存在服务器上，当用户提出对某个网页的请求时，这个请求所要访问的页面代码都在服务器端执行，并把执行结果以 HTML 文件代码的形式传回浏览器。常见的服务器端编程技术有 PHP、JSP、ASP 和 ASP.NET。

Internet 是由各种不同类型、不同规模、独立管理和运行的主机或计算机网络组成的一个全球性特大网络。Internet 使用的网络协议是 TCP/IP 协议，凡是连入 Internet 的计算机都必须安装和运行 TCP/IP 协议软件。TCP/IP 协议是一个协议集，其应用层主要有：超文本传输协议 HTTP、远程登录协议 Telnet、文件传输协议 FTP 和域名服务系统 DNS 等。

IP 地址是识别 Internet 中主机及网络设备的唯一标识。但对大多数人来说，记住很多计算机的 IP 地址并不是一件容易的事，所以产生了域名服务系统 DNS，允许为主机分配字符名称，即域名。在网络通信时，由 DNS 自动实现域名与 IP 地址的转换。WWW 信息分布在全球，要找到所需信息就必须有一种说明该信息存放在哪台计算机的哪个路径下的定位信息。统一资源定位器 URL 是用来确定某信息位置的方法。

习　题　1

1.1　试简述 Web 的特点及应用。

1.2　试描述 Web 服务器向浏览器提供服务的基本过程。

1.3　请列举主要的动态网页设计技术。

1.4　TCP/IP 协议分成哪几个层次？每个层次的主要功能是什么？

1.5　请解释下列网络协议的作用：

　　　Telnet　　SMTP　　FTP　　DNS　　HTTP　　TCP　　IP

1.6　名词解释：

　　　域名　　IP 地址　　URL　Web　PHP　JSP　ASP　ASP.NET

1.7　.NET 框架由哪几部分组成？ASP.NET 与.NET 框架是什么关系？

第 2 章 Web 应用程序开发环境

在第 1 章中，介绍了 Web 编程的基础知识。本章将对 Web 应用程序开发环境和常用工具做简单介绍，包括常用的工具软件、Dreamweaver MX 以及 ASP.NET 应用程序的开发工具 Visual Studio. NET，这将为以后学习具体的编程方法和技术做好准备。

2.1　服务器端开发环境

服务器是对 Web 浏览器检索信息的请求做出响应，进而将 HTML 文档回传到客户机的浏览器屏幕上，或者运行服务器端程序的计算机。Web 的结构属于客户机/服务器系统，服务器端需要操作系统的支持，目前最常用的网络操作系统有 Windows NT、UNIX 和 Linux 等。

如果有条件和技术，可以在用户自己的本地计算机上构建 Web 服务器，如安装 Windows 系统的 IIS（Internet 信息服务）组件，然后通过网络连接，为其他用户提供服务。但是如果没有条件和技术，可以在本地计算机上编写制作 Web 网页后，将其上传到托管或代理服务器上，利用专业服务器为用户构建的平台，完成 Web 网页的发布。现在许多网站可以提供发布空间服务，用户只要按照网站的使用要求，即可轻松完成 Web 网页的上传和发布。

服务器端的编程语言，除现在一般较少采用的 CGI 程序外，常用 ASP、Perl 和 PHP，还有微软公司近期推出的新一代 ASP.NET 语言，它直接与 Java 比拼，力图成为网络服务器端的标准语言。另外，如果仅用 Access 作为服务器端数据库，可以先在本地建立数据库，然后上传到服务器上，不必设定 ODBC 连接，直接用目录文件方式操作数据库，这样服务器上的工作就简化些。如果采用 SQL Server、Oracle 等其他类型的数据库作为服务器端数据库，就必须在服务器上创建数据库，还要进行 ODBC 的连接、设定等工作。

2.2　客户端开发环境

提起客户端编程语言，人们首先想到的是 HTML 语言，要制作 Web 网页就必须熟练掌握 HTML 代码。不过，随着功能强大的可视化网页制作工具的出现，使 Web 网页制作变得非常简单，生成的 Web 网页效果也更加丰富。用户可以将精力放在 Web 网页内容的组织与形式的创意上，而不必再放在如何编辑代码上。

虽然 HTML 在 Web 制作方面的地位有所下降，但是并不是说从事 Web 程序设计就不需要了解 HTML 语言了。如果用户希望自己成为高级 Web 程序设计人员，就必须学习 HTML 代码，应用 HTML 代码常常可以帮助用户解决一些棘手的问题。例如，当用户发现网页中有一些小错误时，如果通过启用 Dreamweaver 等软件进行修改，其麻烦程度是可想而知的，但是如果在记事本中直接查看 Web 网页的 HTML 代码，然后将出错的地方修改过来并保存，就非常快捷了。如果用户想编写脚本语言程序或编制复杂的 Web 网页（如一些特殊的页面控制），就必须了解 HTML 语言。

当然，要制作一个漂亮、直观的 Web 网页，除了要了解一些基本的 HTML 语言知识外，还需要掌握一种或几种图形工具、Web 网页制作工具和 Web 网页动画工具。现在用于图形、图像设计及处理的工具很多，如 Photoshop 6.0、CorelDRAW 9.0、Fireworks MX、Freehand 9.0、Illustrator 8.0、PhotoExpress 3.0 等；动画制作工具也很多，如 Flash MX、Cool3D 3.0、3DS MAX R3、ImageReady 3.0 和 Fireworks MX 等；Web 网页制作工具主要有 Dreamweaver MX 及 FrontPage 2003 等。

对于 Web 图形、图像设计来说，Photoshop 6.0 的图形处理能力比较强，Fireworks 的图像制作能力比较强，一般使用这两个软件基本可以胜任任何图形、图像创作的需要。对于动画制作而言，简单的动画使用 ImageReady 和 Fireworks 软件即可，不过复杂的动画最好使用 Flash 专业动画设计软件。

对于 Web 网页制作软件，Dreamweaver 和 FrongPage 各有千秋。Dreamweaver 功能要强一些，冗余代码少，站点管理、特效实现等轻而易举。FrongPage 2003 较以前版本也有很大进步，功能全面且强大，非常适合在 Windows 系统上使用。两个制作工具都提供图形设计界面，学起来都比较简单。值得提醒大家的是，Fireworks、Flash、Dreamweaver 这三个软件均由 Macromedia 公司推出，因此这三个软件在配合上更完美。在非 Windows 系统构架的 Web 服务中使用这三个软件比较合适，它比使用 FrontPage 2003 更具兼容性。

2.3　网页设计工具 Dreamweaver MX

2.3.1　Dreamweaver MX 概览

Dreamweaver 是 Macromedia 公司开发的网页制作工具，它与 Macromedia 公司的另外两项产品 Firework 和 Flash 一起组成一套功能强大的网页创作系统，分别覆盖了网页制作，网页图形、图像处理和矢量动画这三个主要的网络创作领域。

做过网页的人也许最早接触的网页制作工具是微软公司的 FrontPage。它为可视化（所见即所得）的网页编辑提供了一个相当不错的编辑环境，但是较 Dreamweaver 而言，FrontPage 在 HTML 源代码的精确控制、易用性及对各种新技术的支持上都略逊一筹。这是人们在对网页制作工具进行评价时，更津津乐道于 Dreamweaver 的原因。

本书将介绍网页设计工具 Dreamweaver 的新版本 Dreamweaver MX。它较以前的 Dreamweaver 版本，界面布局更简洁，面板排布更合理，功能更强大。为叙述简便，以下将 Dreamweaver MX 简称为 DW。

2.3.2　Dreamweaver MX 的特性

（1）精确性。DW 采用 Roundtrip HTML 技术实现对 HTML 源代码的精确控制，它能生成简洁和高效的 HTML 代码。比如，在可视化编辑器中进行编辑时，可以在 HTML 源代码窗口中同步看到 HTML 源代码的变化；同样地，在 HTML 源代码窗口中直接编写代码时，也能马上在可视化编辑器中显示相应的可视化结果；甚至在可视化编辑器中可以对 HTML 标记直接进行选择、添加、修改或删除等操作。文档中如出现不配对的标记，将会用黄色显示提醒用户有错误需要修改。

（2）易用性。DW 的编辑界面相当友好，且操作简单。通过各种工具面板，可以非常方便地控制页面各种元素的属性。在不用手工输入一行代码的情况下，就可以制作出各种特效，比如动画、动态按钮、索引条、分层等。

（3）兼容性。兼容性是 DW 的一个非常优秀的特性，用它制作的页面能在各种浏览器上正确地显示。这在其他网页制作工具中是没有的，也是人们更倾向于它的一个最重要的原因之一。

2.3.3　Dreamweaver MX 界面介绍

启动 DW 之后，会看到如图 2-1 所示的界面。与 Windows 界面风格相比，DW 界面更相似于 PageMaker 和 Photoshop 等软件界面。它将各种操作和命令分布到不同的浮动面板上，可以随时激活和隐藏这些浮动面板，也正是这种灵活的窗口布局使得 DW 的操作更加便捷。

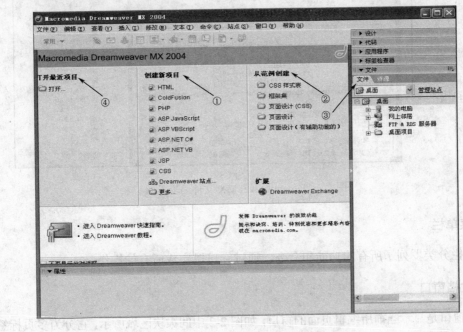

图 2-1　Dreamweaver MX 启动界面

在图 2-1 启动界面中，可以从 4 个区域创建或调入文件：①单击中部的[创建新项目]，建立相应类型的新文件；②单击中部的[从范例创建]，建立多种形式的新文件；③双击右部的[文件]列表中的文件名，调入指定目录中的文件；④单击左部的[打开最近项目]，可调入编辑过的文件。

将 HTML 或其他文本格式的文件调入后，会以多页面的方式显示在文档窗口中，文件调入 DW 后的编辑界面如图 2-2 所示。

DW 的编辑环境从上到下依次为标题栏、菜单栏、插入面板、文档窗口、属性面板、文件面板等。在[窗口]菜单中单击[隐藏面板]可以显示或关闭所有的面板；单击下部和右部面板边框上的箭头按钮，可显示或关闭该组面板；插入面板等工具栏面板可以通过单击[查看]菜单的[工具栏]选项，显示或关闭该工具栏；工具栏也可由用户拖放到合适的位置。

1. 标题栏

标题栏显示当前文档窗口中页面的标题，这个标题在 HTML 源文件中用<title>标记定义。标题后面的括号中是文件名，如果文件名后带有*号，表示该文件包含尚未存盘的修改。

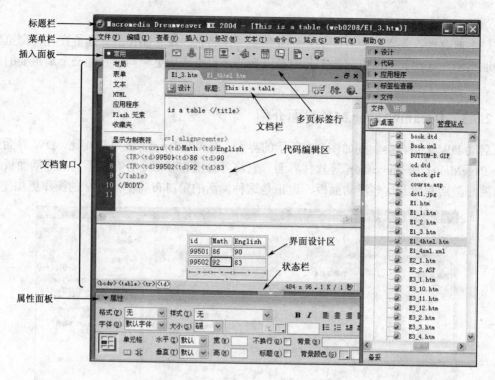

图 2-2 Dreamweaver MX 文件编辑界面

2. 菜单栏

菜单栏分类罗列了所有的功能和命令，通过它可以完成所有的操作。

3. 文档窗口

文档窗口是显示当前所编辑页面的窗口，如图 2-2 中间大块区域所示，它分为多页标签行、文档栏、代码编辑区、界面设计区及状态栏几部分。

（1）多页标签行。可以同时打开多个编辑页面，在层叠多窗口最大化时出现。

（2）文档栏。在这一行有三个按钮分别控制页面编辑的显示方式，分为单独的代码视图显示、拆分（代码编辑/设计页面上、下双显示，如图 2-2 所示）显示和单页面设计视图显示等方式。在本行还有标题文本修改框及浏览器预览图标等。

（3）代码编辑区。显示当前的 HTML 源代码，并按照颜色设置显示各种 HTML 语言标记。

（4）界面设计区。显示实际的输出效果。它是主操作区，显示当前页面的可视化结果。

（5）状态栏。显示页面的状态信息，它又分成三个部分：

① 标记选择器。选定文本或对象的标记将出现在文档窗口底部左边的标记选择器中。单击某一标记，可在文档窗口高亮度显示它的内容。单击<body>标记可选择文档的全部正文。如图 2-2 中，光标停在页面区的<td>格式的文字"92"上，显示该对象是在<body> <table> <tr> <td>标记之中。

② 窗口大小。单击这里将弹出窗口大小设置菜单，可以选择或设置所需要的窗口大小。或者拖动窗口边框动态地设置当前窗口的大小，宽和高的像素值就是页面显示的实际大小。

③ 文件大小/下载时间。显示的是估算的文档大小和页面的下载时间（包括所有独立文

件，如图像和 Shockwave 动画）。下载时间默认以 56.0Kb/s 估算，这可以兼顾编辑页面的效果和占时比。

4．插入面板

新版的 DW 将对象面板改为插入面板，图 2-2 中显示的是[常用]对象组的表格、图片等 10 个图标，该插入面板还有其他几组对象。

选择[窗口]菜单的[插入]项即可打开插入面板，它是各种网页对象的集合。DW 将常用对象分为几组，单击插入面板的向下箭头，会显示它们分别是[常用]、[布局]、[表单]、[文本]、[HTML]、[应用程序]、[Flash 元素]等。通过插入面板，可以快速地在网页中插入任何对象，如图片、表格、层、特殊字符等。下面简单介绍常用的每一个对象面板。

[常用] 包含主页中最常用的一些对象，如图片、表格、超链接等。

[布局] 包含常用的框架结构，如左/右分帧、上/下分帧等。

[表单] 包含表单及所涉及的所有元素，如文本框、按钮、复选框、单选钮、列表框等。

[文本] 包含一些特殊字符，如版权符号、注册商标符号、商标符号等。

[HTML] 添加一些 Script 脚本等。

对象面板是 DW 中非常重要的一个面板，只有熟悉这些对象，才能随心所欲地在网页中添加各种对象。随着所编辑的文件类型的不同，插入面板会对应出现不同的对象组。

5．属性面板

选择[窗口]菜单的[属性]项即可打开属性面板。它用来显示文档窗口中选定对象的各种属性。当单击页面中不同的对象时，自动出现的属性面板也有所不同。在属性面板中可以直接对各项属性值进行编辑和修改。

注意，属性面板一般分为上、下两块，在右下角有个打开/关闭下块的箭头，有些扩展属性安排在下块中。单击属性面板标题行的箭头，还可以收缩/展开该面板。

选定表格时，相对应的属性面板如图 2-2 下部所示。它显示了所选文字的格式、样式、字体、大小、颜色、对齐方式、链接（填写 URL 后，字体默认变为蓝色并带下划线，在页面显示时单击可跳转）、目标（为链接跳转时有效的 URL 指定显示页面的位置，_blank 为新窗口）等属性。由于该文本位于表格中，属性面板的下块显示了该表格的各种设置属性。

又如，选定一幅图片时，属性面板就变为显示图片的缩略图、大小、源文件名、对齐方式及其他属性等。

如图 2-3 所示，在 DW 编辑环境新建了一个 HTML 文档，命名为 t1.htm，存到本机的目录中，如存于 D:\MyExp 目录中。这一步初学者要特别注意，新建文档后，要立即将文件存盘，其他需添加的对象，如图文件等，都要复制到该同一目录中。

首先插入图片。单击插入面板[常用]项的图片对象，在浏览窗口选择确定，完成当前目录中图片文件的添加操作，这样在代码编辑区和界面设计区将自动插入<img>代码和图片的原样显示，在页面的光标位置就插入了图片。

然后进行热区编辑操作。单击设计区的图片，有方框标出已选定该图片，再在下方的属性区的左下角选择矩形热区，用鼠标在图片的指定区域单击定位后再拖曳出一个矩形区域，即为"图片热区"，相对应的<map>代码会自动生成；再单击该图片，对该热区的链接属性进行设定。在下方属性区[链接]文本框内填写要指向的某个 URL，以后该网页在浏览器窗口内显示时，鼠标移到该矩形区域时，鼠标指针将变为手形，单击它就可以完成超链接的跳转。

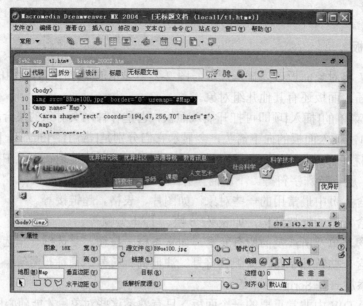

图 2-3　Dreamweaver MX 插入图片及热区编辑界面

如图 2-4 所示，要插入一个表格，先单击插入面板[常用]项的表格对象，在设定了表格的行/列值、宽度、边框粗细、边距、间距等属性值后，在代码编辑区和界面设计区将自动插入<table>代码和表格的实际显示，在"所见即所得"的页面上，拖动边框线可改变表格的大小，选中多个单元格后，再单击属性区左下角的 🔲 合并按钮可将这些单元格合并为一个单元格。 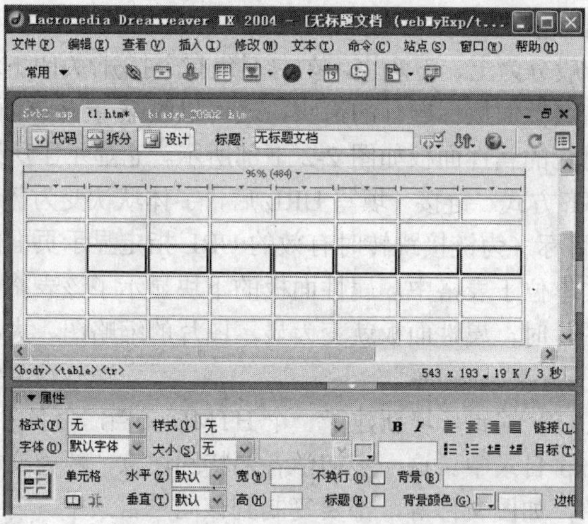

图 2-4　Dreamweaver MX 插入表格编辑界面

如图 2-5 所示，要插入一幅 Flash 图像，先单击插入面板[常用]项的媒体对象，选择[Flash]，再选择当前目录中的 swf 文件，在代码编辑区和界面设计区将自动插入<object>代码和图片的轮廓显示，这样在页面的光标位置就插入了 Flash 图像。

如图 2-6 所示，要插入 Frame 框架，先单击插入面板[布局]项的框架对象，选择[左侧和顶部]对象，即页面分为左、右上、右下三个独立的显示区，DW 会自动生成 4 个 htm 文件。

当光标在各个显示区域单击时，多页标签行的同一个标签上出现该文件名，代码编辑区出现对应的代码；各个文件要分别独立存盘，如 left.htm、top.htm、t1.htm；当光标移至窗体边框或框架分隔处时，鼠标指针变为横或竖向箭头，单击鼠标，代码编辑区显示所设定框架布局的第4 个 htm 文件的代码，如存盘为 index.htm 文件，则该文件包含自动生成的<frame>代码和布局的三个<src>指向的文件。在属性面板中也可修改框架属性和各区域大小等。

图 2-5　Dreamweaver MX 插入 Flash 图像编辑界面

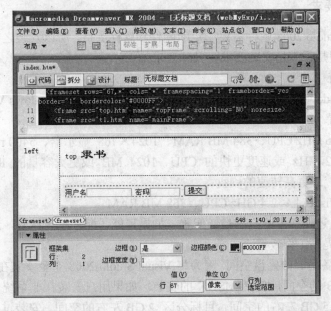

图 2-6　Dreamweaver MX 插入 Frame 框架和 Form 表单编辑界面

在[窗口]菜单，单击[框架]项，将在此行前加√，在 DW 编辑界面右部会显示[框架]面板，在此面板窗口内，标出了框架的形状和框架的几个显示区域。

在图 2-6 的下方插入了一个 Form 表单，在页面上设定好光标位置，再单击插入面板[表单]项的表单对象，出现红色虚线框，再单击[表单]项的文本字段对象、按钮对象，添加文字，页面上将出现如图 2-6 所示的 Form 表单，代码编辑区显示相应的代码。

在以上 DW 的简单介绍及基本应用的例子中，我们已初步看到了其强大的功能和方便的操作，开发者可以不用写一行代码，仅用鼠标操作，就可以制作出精彩网页。

2.4 Visual Studio.NET 开发工具

Visual Studio. NET 是 Microsoft 公司于 2002 年正式推出的一个集成开发环境，它集源程序编辑、编译、链接及项目管理和程序发布于一体，是开发 ASP.NET 应用程序强大的工具。尽管不使用 Visual Studio.NET 也可以开发出复杂的应用程序，但使用它无疑会更高效。用它可以创建 Windows 平台下的 Windows 应用程序和 Web 应用程序，或者创建网络服务、智能设备应用程序和 Office 插件。Microsoft 公司先后推出过 2002、2003、2005 等多个版本，目前的最新版是 Visual Studio 2010。本节主要介绍的是 Visual Studio 2008。

Visual Studio 2008，代号"Orcas"，是对 Visual Studio 2005 及时、全面的升级。它提供了改进的语言和数据功能，编程人员可以利用这些功能更轻松地构建解决方案。开发人员还能够在同一开发环境内创建面向多个.NET Framework 版本的应用程序。使用 Visual Studio 2008 集成开发环境，Internet 信息服务器（IIS）就不再是开发 ASP.NET Web 应用程序的必要条件，因为 Visual Studio 2008 自身就搭载了一种本地 Web 服务器。

2.4.1 Visual Studio 2008 的安装

1. 系统配置要求

运行 Visual Studio 2008 软件需要一定的硬件和软件支持，所以安装之前必须先检查计算机的软、硬件配置是否满足安装要求。具体要求如下：

（1）操作系统

Microsoft Windows XP ；Microsoft Windows Server 2003 ；Windows Vista。

（2）硬件配置

最低要求：1.6 GHz CPU、384 MB RAM、1024×768 显示器、5400 rpm 硬盘。

建议配置：2.2 GHz 或速度更快的 CPU、1024 MB 或更大容量的 RAM、1280×1024 显示器、7200 rpm 或更高转速的硬盘。

在 Windows Vista 上：2.4 GHz CPU、768 MB RAM。

以上是它的自述文档中给出的最低配置。如果可能，配置越高越好，这样才可以充分发挥.NET 的优势，提高工作效率。

另外，还需准备足够的磁盘空间。因为将 Visual Studio 2008 完全安装在系统分区（推荐），至少需要占用 4GB 的空间，包括 MSDN 的安装。如果用户安装在非系统分区，安装工作要求系统分区达到 1.5 GB 左右的空间，目标分区 2 GB 左右的空间。安装过程中，释放临时文件还需要 800MB 的空间。

2. 安装 Visual Studio 2008

具体步骤如下：

（1）将 Visual Studio 2008 安装光盘放入光盘驱动器。光盘运行后自动进入如图 2-7 所示的 Visual Studio 2008 安装程序界面。如果光盘不能自动运行，双击 setup.exe 可执行文件即可。

图 2-7　Visual Studio 2008 安装程序界面

（2）单击"安装 Visual Studio 2008"之后，安装向导将执行收集所需文件、验证安装包的完整性等操作。完成之后，单击"下一步"按钮继续安装。在如图 2-8 所示的安装界面中，设置安装功能和安装路径等参数，推荐采用默认设置。设置好以后，单击"安装"按钮。这时进入真正的安装阶段。一段时间后，系统显示安装成功。

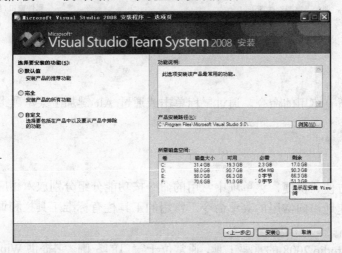

图 2-8　Visual Studio 2008 安装程序选项页

2.4.2　Visual Studio 2008 集成开发环境

Visual Studio 2008 集成开发环境 （IDE）与 Microsoft 公司的其他应用程序界面类似，它由以下若干界面元素组成：标题栏、菜单栏、工具栏、工具箱、文档窗口、解决方案资源管理器窗口和属性窗口等，如图 2-9 所示。

1．标题栏

标题栏位于窗口顶端，显示网站或项目名称以及系统的工作模式。启动 Visual Studio 2008 后，标题栏显示的是当前运行的网站或项目，此时处于设计状态。随着工作方式的变化，标题栏显示的信息也会随之发生变化。Visual Studio 2008 有以下三种工作模式。

设计模式：此时可进行用户界面设计、属性设置和代码编写。

运行模式：程序处于运行状态，可以查看程序的运行结果。

中断模式：程序运行暂时中断。单击"继续"按钮，程序继续执行。

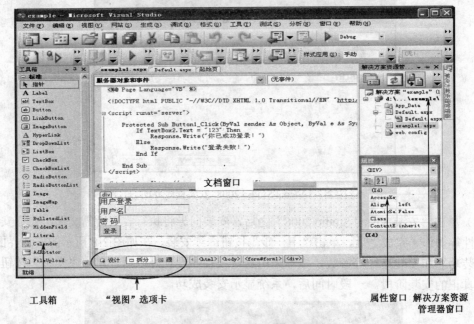

图 2-9　Visual Studio 2008 集成开发环境

2. 菜单栏

菜单栏显示所有可用的命令。通过鼠标单击或通过 Alt 键加上菜单项上的字母执行菜单命令。

3. 工具栏

为了操作更方便、快捷，菜单项中常用的命令按功能分组分别放入相应的工具栏中。通过工具栏可以迅速地访问常用的菜单命令。常用的工具栏有标准工具栏和调试工具栏。

4. 工具箱

它是 Visual Studio 2008 的重要工具，通常位于窗口的左侧。它提供 Windows 窗体应用程序开发所必需的控件，主要包括 HTML 控件和 Web 服务器控件。当需要某个控件时，双击所需的控件直接将控件加载到设计窗体上，或先单击选择需要的控件，再将其拖动到设计窗体上。

5. 属性窗口

属性窗口的作用是显示和设置选定控件的属性值。如图 2-10 所示，其左侧是属性名称，右侧是属性值。除此之外，属性窗口还可以管理控件的事件，方便编程时对事件的处理。属性窗口采用"按分类顺序"和"按字母顺序"两种方式管理属性和事件。

6. 解决方案资源管理器窗口

"解决方案资源管理器"窗口主要用于代码查看、"设计"视图与"源"视图的切换等。

它以树形结构进行项目文件的组织和管理。如图 2-11 所示。

图 2-10 "属性"窗口　　　　　　　图 2-11 "解决方案资源管理器"窗口

7. 文档窗口

文档窗口是用户进行界面设计和代码编辑的场所，窗口中显示的是正在处理的文档。单击"视图"选项卡可以实现"设计"视图和"源"视图之间的切换。

8. "视图"选项卡

"视图"选项卡用于选择同一文档的不同视图。"设计"视图近似 WYSIWYG 的编辑画面，允许在用户界面或网页上摆放控件。"源"视图是页的 HTML 编辑器，用于显示文件或文档的源代码。"拆分"视图将同时显示文档的"设计"视图和"源"视图。图 2-9 是"拆分"视图。

2.4.3　Visual Studio 2008 集成开发环境的使用

用 Visual Studio2008 创建 ASP .NET 应用程序，可以分为以下 5 个主要步骤：

- 创建一个网站。
- 在网站中添加一个空白的 ASP .NET 应用程序页面文件。
- 设计应用程序界面。
- 编写应用程序的事件代码。
- 调试和运行应用程序。

下面以一个简单的例子来演示 ASP .NET 应用程序的建立过程，以使读者能在较短时间内掌握 Visual Studio 2008 集成开发环境的使用方法。

【例 2-1】设计一个如图 2-12 所示的登录界面程序。单击"登录"按钮，若输入密码为"123"，显示"你已成功登录！"，如图 2-13 所示；否则，显示"登录失败！"。

（1）新建网站

选择"文件"菜单的"新建网站"命令，在下级菜单中，单击"网站"命令，出现如图 2-14 所示的"新建网站"对话框。选中"ASP.NET 网站"模板，在"位置"框中选择"文件系统"。单击"浏览"按钮，输入要保存网站的网页文件夹名（如 D:\我的文档\Visual Studio 2008\WebSites\example）。单击"语言"列表中 "Visual Basic"项，最后单击"确定"按钮。VS .NET 将创建一个名为 example 的新网站，同时自动创建一个名为"default.aspx"的主页面文件。默认以"源"视图方式显示该页，在该视图下可以查看到页面的 HTML 元素。

图 2-12　程序登录界面　　　　　　图 2-13　程序运行结果

若网站中还需要其他页面文件，可由设计者自行添加。向网站中加入页面文件的方法是：在"解决方案管理器"窗口的该网站名上右击鼠标，弹出一个快捷菜单，选择"添加"—>"添加新项"命令，出现如图 2-15 所示的"添加新项"对话框，选中"Web 窗体"模板，输入新页面文件名 example1。在"语言"列表中，选择希望使用的编程语言"Visual Basic"，清除"将代码放在单独的文件中"复选框，这样就创建了一个代码和 HTML 在同一页的单文件页。

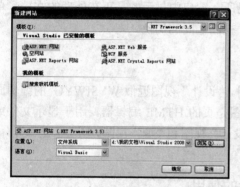 

图 2-14　"新建网站"对话框　　　　　图 2-15　"添加新项"对话框

（2）利用工具箱中的相关控件设计应用程序界面

单击"视图"选项卡切换到"设计"视图。在工具箱中单击"标准"类别。根据图 2-12 所示的界面，在"文档"窗口合适的位置放置两个 label 控件（label1 和 label12）、两个 Textbox 控件（Textbox1 和 Textbox2）和一个 Button 控件（Button1）。

单击 label1 控件，此时该控件四周出现一个有选中标志的框，在"属性"窗口选中"Text"属性，将其值修改为"用户名"。选定 label2 控件，修改"Text"属性值为"密码"。选定 Button1 控件，修改"Text"属性值为"登录"。

（3）编写程序代码

在"设计"视图中，双击 Button1 控件，自动切换到"源"视图，如图 2-16 所示。
在过程体

```
Protected Sub Button1_Click(ByVal sender As Object, ByVal e As EventArgs)Handles

End Sub
```

中添加以下程序代码：

```
if textbox2.text="123" then
    response.write("你已成功登录！")
else
```

```
        response.write("登录失败！")
    end if
```

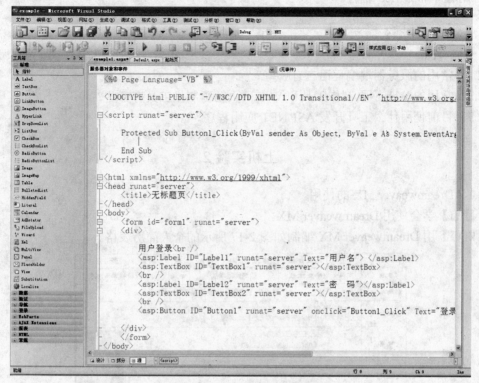

图 2-16 "源"视图

（4）运行程序

首先，在"解决方案管理器"窗口选中待执行的程序 example1，单击鼠标右键，在快捷菜单中单击"设为起始页"命令。然后单击工具栏上的"启动调试"按钮，即可在浏览器中查看运行结果。输入用户名"zy"，输入密码"123"，运行结果如图 2-13 所示。

（5）保存文件

运行程序前最好先保存程序，这样可以避免由于意外发生而丢失设计好的程序。选择"文件"菜单下的"全部保存"命令，可将所有文件保存到相应的文件夹里。

（6）退出集成开发环境

单击"文件"菜单中的"退出"命令。

本 章 小 结

本章简单介绍了 Web 程序开发环境 Dreamweaver MX，它是编制 HTML 文件和 ASP 文件非常实用的集成开发环境。Dreamweaver MX 采用 Roundtrip HTML 技术实现对 HTML 源代码的精确控制，能生成简洁、高效的 HTML 代码；它编辑界面友好，且操作简单。此外，它的一个非常优秀的特性是兼容性，它制作的页面能在各种浏览器上正确地显示。Visual Studio. NET 是 Microsoft 公司推出的一个集成开发环境，它集源程序编辑、编译、链接及项目管理和程序发布于一体，是开发 ASP.NET 应用程序的强大工具。尽管不使用 Visual Studio.NET 也可以开发出复杂的应用程序，但使用 Visual Studio. NET 无疑会更高效。用它可以创建 Windows 平台下的 Windows 应用程序和 Web 应用程序，或者创建网络服务、智能设备应用程序和 Office 插件。

习　题　2

2.1　常用的服务器端编程语言有哪些？

2.2　常用的 Web 网页制作工具和 Web 网页动画制作工具有哪些？

2.3　目前使用什么工具开发 ASP.NET 应用程序？

上机实验 2

2.1　Dreamweaver MX 的使用。

【目的】学会使用 Dreamweaver MX。

【内容】用 Dreamweaver MX 编制如图 2-17 所示的个人简历表格。

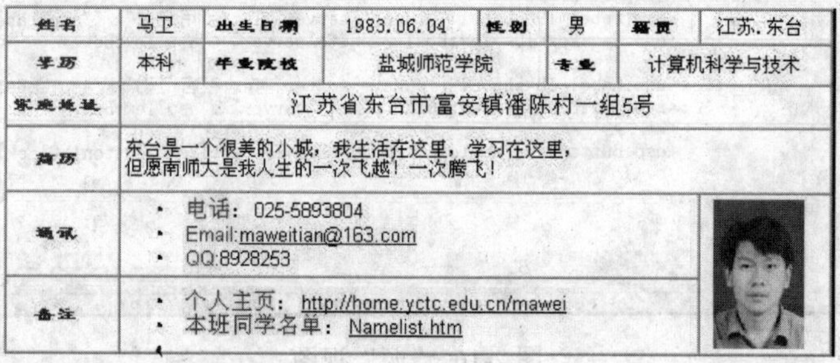

姓名	马卫	出生日期	1983.06.04	性别	男	籍贯	江苏.东台
学历	本科	毕业院校	盐城师范学院		专业	计算机科学与技术	
家庭地址	江苏省东台市富安镇潘陈村一组5号						
简历	东台是一个很美的小城，我生活在这里，学习在这里， 但愿南师大是我人生的一次飞越！一次腾飞！						
通讯	• 电话：025-5893804 • Email:maweitian@163.com • QQ:8928253						
备注	• 个人主页：http://home.yctc.edu.cn/mawei • 本班同学名单：Namelist.htm						

图 2-17　用 Dreamweaver MX 制作的个人简历表格

【步骤】

（1）打开 Dreamweaver MX。

（2）在[插入面板]的[常用]对象组中单击[表格]图标，生成 6 行 8 列的表格。

（3）调整表格各栏的高度和宽度，有些单元格需要合并。

（4）在单元格中设置字体、字号、字形、颜色、大小等，根据需要添加超链接和列表标记点。

（5）插入照片或其他图片，调整图片大小，固定约束比及高宽。

（6）编制好如图 2-17 所示表格后，另存为 ex2-1.htm 文件。

*（7）选做：在表格上方加如图 2-3 所示的 banner 图，带图片热区。

*（8）选做：在表格下方加如图 2-5 所示的 swf 图——Flash 动画图。

（9）双击 ex2-1.htm 文件，在浏览器中观察其显示效果。

2.2　Visual Studio 2008 的安装与使用。

【目的】学会使用 Visual Studio 2008。

【内容】Visual Studio 2008 的安装与使用。

【步骤】

（1）按照本章 2.4.1 节的介绍，练习 Visual Studio 2008 的安装过程。

（2）按照本章 2.4.3 节例 2-1 的介绍，练习 ASP .NET 应用程序的建立过程，从而掌握 Visual Studio2008 集成开发环境的使用方法。

第3章 HTML 与 XML

HTML 和 XML 是进行 Web 程序设计的两种重要的基础语言，本章将讲述它们的基本语法和应用。

超文本标记语言 HTML（Hypertext Markup Language）是在万维网上建立超文本文件的语言，它是万维网的核心计算机语言。创建 Web 站点时，需使用 HTML 语言向组成 Web 站点的各个 Web 页面放置文本、图形、图像、动画、音频、视频信息等内容，以及按钮和超链接等可以进行交互的内容。

可扩展标记语言 XML（eXtensible Markup Language）是万维网联盟（World Wide Web Consortium，W3C）于 1998 年 2 月发布的标准。XML 目前已成为互联网标准的重要组成部分，其用途主要有两个：一是作为元标记语言，定义各种实例标记语言标准；二是作为标准交换语言，起描述交换数据的作用。

3.1 超文本标记语言 HTML

HTML 源于"标准通用标记语言"（Standard Generalize Markup Language，SGML）的设计概念。SGML 的目的是为了使网络上文档格式统一，易于交流。SGML 采用"标记"进行描述。SGML 标记，英文称为 tag，就是在文档需要的地方，插入特定记号，来控制文档内容的显示，这就是文档格式定义。HTML 采用 SGML 的"文档格式定义"概念，通过标记与属性对一段文本的语义进行描述，并提供由一个文件到另一个文件、或在一个文件内部不同部分之间的链接。HTML 标记是区分文本各个部分的分界符，用于将 HTML 文档划分成不同的逻辑部分（如段落、标题等），它描述文档的结构，与属性一起向浏览器提供该文档的格式化信息以传递文档的外观特征。

HTML 是一种文本标记语言，而非编程语言。HTML 文件是普通文本文件，与平台无关，可用任何文本编辑器进行编辑，文件扩展名为.htm 或.html。

3.1.1 HTML 文档结构

1. 一个示例——创建《Web 程序设计》课程网站主页面

为使读者对 HTML 文件有一个整体了解，先看一个 HTML 文件示例。

【例 3-1】"《Web 程序设计》课程网站"主页面，如图 3-1 所示。

该网页以表格作为页面的总布局方式，页面设计中使用了常用的 HTML 标记，包括：表格、表单、文字显示控制、加入图片、超链接、水平线、换行、分段、设置页面背景图片等。我们用记事本打开该页面对应的 HTML 文档，其内容如下：

图 3-1 "《Web 程序设计》课程网站"主页面

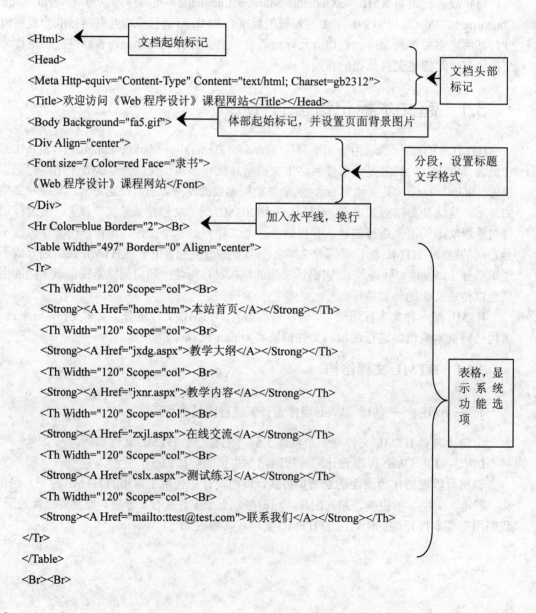

```
<Html>                                              ◄── 文档起始标记
<Head>
<Meta Http-equiv="Content-Type" Content="text/html; Charset=gb2312">   ◄── 文档头部
<Title>欢迎访问《Web 程序设计》课程网站</Title></Head>                    标记
<Body Background="fa5.gif"> ◄──  体部起始标记，并设置页面背景图片
<Div Align="center">
<Font size=7 Color=red Face="隶书">                 ◄── 分段，设置标题
《Web 程序设计》课程网站</Font>                          文字格式
</Div>
<Hr Color=blue Border="2"><Br> ◄──  加入水平线，换行
<Table Width="497" Border="0" Align="center">
<Tr>
    <Th Width="120" Scope="col"><Br>
    <Strong><A Href="home.htm">本站首页</A></Strong></Th>
    <Th Width="120" Scope="col"><Br>
    <Strong><A Href="jxdg.aspx">教学大纲</A></Strong></Th>
    <Th Width="120" Scope="col"><Br>
    <Strong><A Href="jxnr.aspx">教学内容</A></Strong></Th>        ◄──  表格，显
    <Th Width="120" Scope="col"><Br>                                  示系统
    <Strong><A Href="zxjl.aspx">在线交流</A></Strong></Th>          功能选
    <Th Width="120" Scope="col"><Br>                                  项
    <Strong><A Href="cslx.aspx">测试练习</A></Strong></Th>
    <Th Width="120" Scope="col"><Br>
    <Strong><A Href="mailto:ttest@test.com">联系我们</A></Strong></Th>
</Tr>
</Table>
<Br><Br>
```

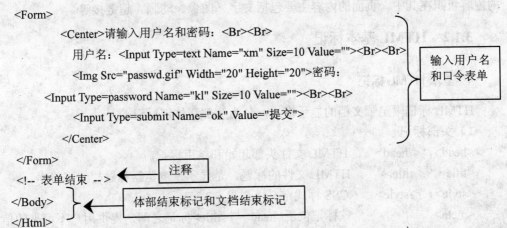

```
<Form>
    <Center>请输入用户名和密码：<Br><Br>
        用户名：<Input Type=text Name="xm" Size=10 Value=""><Br><Br>
        <Img Src="passwd.gif" Width="20" Height="20">密码：
    <Input Type=password Name="kl" Size=10 Value=""><Br><Br>
        <Input Type=submit Name="ok" Value="提交">
    </Center>
</Form>
<!-- 表单结束 -->
</Body>
</Html>
```

输入用户名和口令表单

注释

体部结束标记和文档结束标记

从例 3-1 我们看到，HTML 文档是一个文本文件，其中包含 HTML 标记和属性形式的指令。双击 HTML 文件名即可在浏览器中显示页面内容。

HTML 标记用一对<>中间包含若干字符表示，通常成对出现，前一个是起始标签，后一个为结束标签，如<Html>…</Html>、<Head>…</Head>等。但也有部分标记非成对出现，如例 3-1 中出现的换行标记
。HTML 标记是大小写不敏感的。大部分标记都带有一个或多个属性，其中标记名告诉浏览器标记的用途，而属性（如果有的话）则为浏览器提供执行标记命令所需的附加信息。例如：

　　　　<Font size=7 Color=red Face="隶书">《Web 程序设计》课程网站</Font>

其中，Font 是标记名，告诉浏览器设置由<Font>及</Font>所界定的文字显示属性，而 Color 和 Face 为属性，用于设置文字的颜色和字体。

有些标记（如例 3-1 中的 Body）还包括一些事件，通过设置事件代码，当该事件产生时，事件代码便被执行。事件代码用脚本语言编写，目前常用的脚本语言为 JavaScript 和 VBScript。脚本语言编写的程序用 Script 标签括起来，Language 属性告知浏览器 Script 标签括起的脚本是用什么脚本语言编写的。用 VBScript 脚本语言，则 Language="VBScript" 或 Language="VBS"；用 JavaScript 脚本语言，Language="JavaScript"或 Language="JScript"。

2. HTML 文档的基本构成

HTML 文档的基本结构如下：

```
<html>
<head>
文档头部分
</head>
<body >
文档的主体部分
</body >
</html>
```

HTML 页面以<html>标记开始，以</html>结束。在它们之间，是头部和体部。头部用<head>…</head>标记界定，一般包含网页标题，以及文档属性参数等不在页面上显示的网页元素。体部是网页的主体，内容均会反映在页面上，用<body>….</body>标记来界定，页面的内容组织在其中。页面的内容主要包括文字、图像、动画、超链接等。

3.1.2 HTML 基本标记

1. 基本 HTML 标记

HTML 标记限定了文档的显示格式，分为头部和体部标记。

1）头部标记

<head>，</head>　　　　HTML 文件头部起始和结束标记。

<title>，</title>　　　　HTML 文件的标题，是显示于浏览器标题栏的字符串。

<style>，</style>　　　　CSS 样式定义，详见 5.3 节。

<meta>　　　　　　　　该标记位于<head>与<title>标记之间，提供用户不可见的信息。

其中，<meta>属性通常用来为搜索引擎定义页面主题以及页面刷新等信息。其属性较为复杂，这里只介绍其三种主要属性：

- name——meta 名字，描述网页，与 Content 配合使用说明网页内容，以便于搜索引擎进行查找和分类。
- http-equiv——说明 content 属性内容的类别。
- content——定义页面内容，一些特定内容要与 http-equiv 属性配合使用。

name 与 content 属性配合使用的部分含义如下：

- name="keywords"　　则 content 为搜索引擎提供的关键字列表。
- name="description"　则 content 与页面内容相关，字数在 150 个字以内。
- name="author"　　　则 content 为作者信息。
- name="copyright"　　则 content 为版权信息。

http-equiv 与 content 属性配合使用的部分含义如下：

- http-equiv="content-Type"　　则 content 中是页面使用的字符集。
- http-equiv="content-language" 则 content 中是页面语言。
- http-equiv="refresh"　　　　则 content 中是页面刷新的时间。
- http-equiv="expires"　　　　则 content 中是页面过期的日期。

例如：

<meta name="keywords" content="news, flood">

//设定关键字为 news, flood

<meta name="description " content="关于洪涝灾害的新闻">

//设定网页描述为"关于洪涝灾害的新闻"

<meta http-equiv="content-Type" content="text/html; Charset=gb2312">

//设定网页所使用的字符集为 GB2312，即汉字国标码

<meta http-equiv="content-language" content="zh-CN">

//设定网页所使用的语言

<meta http-equiv="expires" content="Aug,30,2010 00:00:00 GMT">

//设定网页过期的日期为 2010-8-30

2）体部标记

基本的体部标记包括 body、文字显示和段落控制标记、设置图像和超链接、列表和预定

义格式标记等。

（1）<body>和</body>标记

表明 HTML 文件体部的开始和结束，body 标记属性及含义列于表 3-1 中。

表 3-1　body 标记属性表

属　性　名	取　　值	含　　义	默　认　值
bgcolor	颜色值	页面背景颜色	#FFFFFF
text	颜色值	文字的颜色	#000000
link	颜色值	待链接的超链接对象的颜色	
alink	颜色值	链接中的超链接对象的颜色	
vlink	颜色值	已链接的超链接对象的颜色	
background	图像文件名	页面的背景图像	无
topmargin	整数	页面显示区距窗口上边框的距离，以像素点为单位	0
leftmargin	整数	页面显示区距窗口左边框的距离，以像素点为单位	0

例如：

　　　　<body topmargin=5 background="images/back057.gif" text="#ff0000" link="yellow" vlink="#00ff00">

HTML 文件中许多标记都有颜色控制，颜色值在 HTML 中有两种表示法：

① RGB 值表示。用颜色的十六进制 RGB 值表示，形如"#RRGGBB"。如"#ff0000"，表示红色，"#0000ff"表示蓝色。

② 英文单词表示。如"red"表示红色，"blue"表示蓝色。

（2）文字显示和段落控制标记

文字显示属性主要有字体、字号、颜色，段落控制显示对象的分段。常用的文字显示和段落控制标记列于表 3-2 中。

表 3-2　常用的文字显示和段落控制标记表

标　记　名	含　　义
<font>,</font>	以属性 face、size、color 控制字体、字号、字颜色的显示特性
<I>,</I>	斜体
<B>,</B>	粗体
<U>,</U>	加下划线
_,	下标
[,]	上标
<big></big>	大字体
<small>,</small>	小字体
<h1>～<h6>	标题格式，数字越大，显示的标题字越小
<p>,</p>	分段标记，属性有 align：left—左对齐；center—居中对齐；right—右对齐
<div>,</div>	块容器标记，其中的内容是一个独立段落
<hr>	分隔线，属性有：width（线的宽度）、color（线的颜色）
<center>,</center>	居中显示

【例 3-2】一个包含文字显示和段落控制标记的 HTML 文件示例。

　　　<html>

　　　<head><title>文字显示和段落控制</title></head>

```
<body background="images/back057.gif" text="#ff2222">
<center><h1>一级标题</h1></center><hr width=90% color=green>
<font face="黑体" size=7 color="0000ff">这是黑体，大小为 7 号字，蓝色</font><br>
<p>这是一个段落<br>
<I>这是斜体</I><B>这是粗体</B><U>这是下划线字体</U>
<big>这是大字体</big><small>这是小字体</small>
这是下标字体<sub>1</sub>这是上标字体<sup>2</sup><br>
<font face="楷体" size=6 color="cc8888">
<I><B><U>这些标记还可以混合使用</U></B></I></font></p>
<p align=center>这是另一个段落<br>
<B>    以下是转义序列</B><br>
&lt; 小于号；&gt; 大于号；&amp; 与号；&quot;双引号；例如:a&gt;b</p>
</body></html>
```

例 3-2 在浏览器中显示的效果如图 3-2 所示。

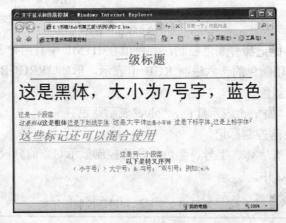

图 3-2　文字显示和段落控制

本例有两点需要说明：

① 转义序列。在 HTML 文件中有些符号有特殊用途，例如"<"、">"等，它们相当于高级语言的关键字，如果在 HTML 的正文中需显示它们，就必须用转义序列。最常用的转义序列是 ——空格，如果 HTML 需显示多个空格，必须用该转义序列。其他常用的转义序列还有：<——小于号；>——大于号；&——与号；"——双引号。如要显示 x<y，在 HTML 文件中需书写为 x<y。

② 强制换行标记
。在 HTML 中输入的硬回车符并不引起浏览器显示换行，要使浏览器在指定处换行，要用标记
。
是非成对标记。

（3）图像标记

目前有以下几种图像格式可以被浏览器解释：GIF 格式（.gif 文件）、X 位图格式（.xbm 文件）、JPEG 格式（.jpg、.jpeg 文件）和 PNG 格式（Portable Network Graphics）。

在例 3-1 中我们已经看到，用图像标记<img>可以向页面中插入一幅图像。例如：

　　<img src="images/a.gif" border=0 width=200 height=100 alt="示例">

<img>标记的属性包括：

① src——指明图像文件的地址。该属性值必须指明。值可以是一个本地文件名或一个

URL 形式，如 http://member.shangdu.net/images/logo.gif。

② border——指明图像边框的粗细，值为整数。若为 0，表示无边框；值越大，边框越粗。

③ width——图像宽度，值为整数，单位为屏幕像素点数。若不指出该属性值，则浏览器默认按图像的实际尺寸显示。

④ height——图像高度，值为整数，单位为屏幕像素点数。若不指出该属性值，则浏览器默认按图像的实际尺寸显示。

⑤ alt——若设置了该属性值，则当鼠标移至该图像区域时，将以一个小标签显示该属性值。

（4）超链接标记

创建超链接（Hyperlink）是 HTML 语言非常重要的部分。一个超链接唯一地指向另一个 Web 页，它由两部分组成：一部分是显示在本页面中的可被触发的超链接文本或图像，另一部分是用来描述当超链接被触发后要链接到的 URL 信息。超链接标记的格式如下：

      <a href="URL 信息">超链接文本或图像</a>

超链接标记除了有必备的 href 属性外，还有一个很有用的属性 target，它指明目标页面显示的窗口。其含义如下：

- target=_blank　目标页面显示于一个新的浏览器窗口。
- target=_top　通常在帧中的超链接才设置该值，表示目标页面显示于整个浏览器窗口，而不是显示在帧所在窗口中。
- target=框架名　目标页面显示于指定框架所在的窗口。target 的默认值是本页面所在的浏览器窗口。关于框架见 3.1.5 节。

根据目标页面位置的不同，href 属性的 URL 信息的构成分为如下三种情况：

① 目标页面位于另外的主机或采用非 HTTP 协议，此时采用绝对 URL 格式，即协议名://主机名[/目录信息]。例如：

      http://www.cernet.edu.cn

      http://linux.cgi.com.cn/person/szj98/index.htm

      ftp://ftp.njnet.edu.cn

      mailto:wang@163.com

② 若目标页面位于本主机，可采用相对 URL 代替绝对 URL。例如，目标页面的 HTML 文件与本 HTML 文件位于同一子目录，名为 des1.htm，则超链接标记可简化为：

      <a href="des1.htm">超链接文本</a>

又如：

      <a href="../des2.htm">超链接文本</a>

③ 通常超链接总是指向目标 HTML 文件的头部，但超链接的目标也可以是某个文件的特定位置（称为"锚点"，anchor）。此时，需用超链接标记的 NAME 属性来定义超链接的引用名，格式为：

      <a name="锚点名">文本或图像等页面元素</a>

注意，这里的文本或图像等页面元素并不被特殊显示，也不会触发超链接的跳转，它仅定义了一个超链接目标的引用名。当需跳转到该目标时，只需将"#锚名"附加到 URL 之后即可。

【例 3-3】三种 URL 应用示例。

```
<html>
<head><title>超链接 URL</title></head>
<body>
单击<a href="xp.htm" target=_blank><b>这里</b></a>可以见我的照片<br>
单击<a href="http://www.163.com"><b>这里</b></a>可以进入网易<br>
单击<a href="mailto:test@163.com"><b>这里</b></a>可以给我发信<br>
单击<a href="example3.htm#aaa"><b>这里</b></a>可以转到我的简历<br>
<a name="aaa">我的简历：</a></body></html>
```

（5）列表标记和预定格式标记

列表标记也是 HTML 的一个基本结构。它有三种类型的列表：

① 无序列表（unordered list）：　　<ul>列表项</ul>

② 有序列表（ordered list）：　　　<ol>列表项</ol>

③ 定义列表（definition list）：　　<dl>列表项</dl>

预定格式（preformatted）标记可以使信息完全按照 HTML 文件中编排的格式原样显示于浏览器中，该标记的格式为：

```
<pre>预定格式的信息</pre>
```

该标记也是很有用的，只要将信息按照所需要的格式编排好，放在<pre>、</pre>标记对中，就不必担心信息在浏览器中的显示会出现偏差。

【例 3-4】三种列表标记应用示例。

```
<html><head><title>课表</title></head>
<body><b>今天我要上以下的课</b>
<ul><!--无序列表-->
    <li>局域网工程
    <li>操作系统
    <li>数据结构
</ul>
<b>今天我要上以下的课</b>
<ol><!--有序列表-->
    <li>局域网工程
    <li>操作系统
    <li>数据结构
</ol>
<dl><!--定义列表-->
<dt><b>局域网</b><!--定义标题-->
<dd>局域网是指将小范围内的数据设备经过通信系统连接起来的计算机网络
</dl>
</body></html>
```

该 HTML 文件在浏览器中的显示效果如图 3-3 所示。

图 3-3　三种列表标记应用示例

3.1.3　表格（Table）

表格是最常用的页面元素，在页面中用表格来表示数据直观又清晰，而且 HTML 表格的使用非常灵活，许多较复杂的页面布局也可利用表格来完成。在 Internet 上浏览的许多页面都大量使用了表格。在 HTML 中，表格是由一个表格名称（标题）再加上一行或多行表格内容所构成的块状结构。

1. 表格定义

表格定义的语法结构为：

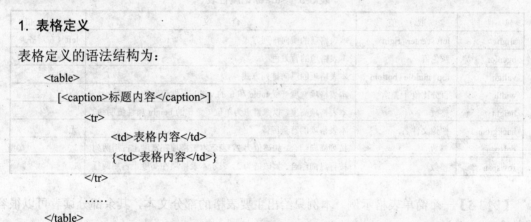

<table>和</table>标记对界定表格结构的起始和结束；<caption>、</caption>标志是可选项，该标记中的内容是表格的标题；<tr>、</tr>界定一个表格行的开始和结束；一个表格行可以包含多个表格项，每个表格项的内容和显示特性由标记对<td>、</td>来定义。

2. 表格属性

标记<table>、<tr>和<td>的属性用来定义表格的显示特性，其中<table>的属性描述整个表格的显示特性，行控制标记<tr>的属性定义该行的显示特性，表格项控制标记<td>的属性定义该项的显示特性。利用它们丰富的属性可以设计出各种复杂的表格。这些属性分别列于表 3-3、表 3-4 和表 3-5 中。

表 3-3　table 标记属性表

属 性 名	取 值	含 义	默 认 值
border	整数	表格边框粗细，值为 0，表格没有边框；值越大，表格边框越粗	0
width	百分比	表格宽度，以相对于充满窗口的百分比计（如 60%）	
	整数	表格宽度，以屏幕像素点计	100%
cellpadding	整数	每个表项内容与表格边框之间的距离，以像素点为单位	0
cellspacing	整数	表格边框之间的距离，以像素点为单位	2
bordercolor	颜色值	表格边框的颜色	#000000
background	图像文件名	表格的背景图	无
align	left | center | right	表格的位置	left

表 3-4　<tr>标记属性表

属 性 名	取 值	含 义	默 认 值
align	left | center | right	本行各表格项的横向排列方式	left（左对齐）
bgcolor	颜色值	本行各表格项的背景色	#000000
valign	top | middle | bottom	本行各表格项的纵向排列方式	middle
width	百分比值 | 整数	本行宽度（受 table 的 width 属性值制约）	
height	整数	本行高度，以像素点为单位	

表 3-5　<td>标记属性表

属 性 名	取 值	含 义	默 认 值
align	left | center | right	本表格项的横向排列方式	left（左对齐）
bgcolor	颜色值	本表格项的背景色	#000000
valign	top | middle | bottom	本表格项的纵向排列方式	middle
width	百分比值 | 整数	本表格项宽度（受 table 和 tr 的 width 属性值制约）	
height	整数	本表格项高度，以像素点为单位（受 tr 的 height 属性值制约）	
background	图像文件名	本表格项的背景图像	无
colspan	整数	按列横向结合。如该值为 2，表示本表格项在宽度上占用两列	1
rowspan	整数	按行纵向结合。如该值为 2，表示本表格项在高度上占用两行	1

　　【例 3-5】一个简单表格示例。本例只给出主要表格的部分文本，其余部分读者可以很容易补全。

图 3-4　一个简单表格示例

```
<table border=1 cellspacing=2 cellpadding=4>
<caption>物资列表</caption>
<tr><td>商品类别</td><td>数量</td></tr>
<tr><td>日用百货</td><td>10</td></tr>
<tr><td>电器</td><td>20</td></tr>
<tr><td>轿车</td><td>5</td></tr>
</table>
```

该文件在浏览器中显示的结果如图 3-4 所示。

　　【例 3-6】一个较复杂的表格示例。其中每行列数及每列行数都不同，利用 td 标记的 colspan 和 rowspan 属性可以对表格的单元格进行灵活的控制。

```
<html><head><title>复杂表格</title></head>
<body topmargin=4>
<table border=3 bordercolor=blue background="images/bock057.gif" align=center
cellspacing=3 cellpadding=6>
<caption>专业设置及在校生人数表</caption>
<tr align=center bgcolor=mediumturquoise>
<td><strong>学院名</strong></td>
<td colspan=4><strong>专业及人数</strong></td></tr>
<tr align=center><td rowspan=6>计算机学院</td>
<td colspan=4 bgcolor=ddeeff>计算机科学与技术专业</td></tr>
<tr align=center><td>2006 级</td><td>2007 级</td><td>2008 级</td><td>2009 级</td></tr>
<tr align=center ><td>300 人</td><td>200 人</td>
<td>150 人</td><td>120 人</td></tr>
<tr align=center ><td colspan=4 bgcolor=ddeeff>软件工程专业</td></tr>
<tr align=center><td>2006 级</td><td>2007 级</td><td>2008 级</td><td>2009 级</td></tr>
<tr align=center><td >100 人</td><td>80 人</td><td>50 人</td><td>40 人</td></tr>
<tr align=center><td rowspan=3>外语学院</td>
<td colspan=4 bgcolor=ddeeff >英语专业</td></tr>
<tr align=center><td>2006 级</td><td>2007 级</td><td>2008 级</td><td>2009 级</td></tr>
<tr align=center ><td >100 人</td><td>80 人</td><td>50 人</td><td>40 人</td></tr>
</table></body><html>
```
该 HTML 文件在浏览器中显示的结果如图 3-5 所示。

图 3-5　一个复杂表格示例

3.1.4　表单（Form）

表单提供图形用户界面的基本元素，包括按钮、文本框、单选钮、复选框等，是 HTML 实现交互功能的主要接口，用户通过表单向服务器提交数据。表单的使用包括两部分：一部分是用户界面，提供用户输入数据的元件；另一部分是处理程序，可以是客户端程序，在浏览器中执行；也可以是服务器处理程序，处理用户提交的数据，返回结果。本节仅介绍前一部分，即如何利用 HTML 提供的表单及相关标记生成用户界面，后一部分涉及 JavaScript、VBScript、ASP、ASP.NET 程序设计，将在后续章节介绍。

1. 表单定义

表单定义的语法如下：

```
<form method="get|post" action="处理程序名">
    [<input type=输入域种类  name=输入域名>]
    [teaxtarea 定义]
    [select 定义]
</form>
```

form 标记的属性含义如下：

- method——取值为 post 或 get。二者的区别是：get 方法将在浏览器的 URL 栏中显示所传递变量的值，而 post 方法则不显示；在服务器端的数据提取方式也不同。
- action——指出用户所提交的数据将由哪个服务器的哪个程序处理。可处理用户提交的数据的服务器程序种类较多，如 ASP 脚本程序、ASPX 程序、PHP 程序等。

form 的输入域有三类定义方式：input、textarea 和 select，定义方法和含义见下面的说明。

2. 表单的输入域

不同类型的输入域为用户提供灵活多样的输入数据的方式，表单的输入域有如下三类：

- 以标记<input>定义的多种输入域，包括 text、radio、checkbox、password、hidden、button、submit、reset 和 file 等。
- 以标记<textarea>定义的文本域。
- 以标记<select>和<option>定义的下拉列表框。

【例 3-7】表单输入域的定义方法及使用示例。该 HTML 文件在浏览器中显示的效果如图 3-6 所示。

图 3-6　表单的输入域示例

```
<html><head><title>表单使用</title></head>
<body><b>请选择您学习的方式</b><br>
<form method=get action="http://test.com/cgi-bin/run1">
<input type=radio checked>全日制在读
<input type=radio>走读
<input type=radio>函授<br><br>
<b>请选择您所要学习的课程</b><br>
<input type=checkbox value="yes" name="局域网工程" checked>局域
网工程<br>
<input type=checkbox value="yes" name="操作系统">操作系统<br>
<input type=checkbox value="yes" name="数据结构">数据结构<br><br>
<b>请输入您的要求</b><br>
<textarea name="comment" rows=4 cols=50></textarea><br>
<input type=submit name="ok" value="提交">
<input type=reset name="re-input" value="重选"></form></body></html>
```

不同的输入域适用于接收用户不同的输入，常用的表单输入域列于表 3-6 中。

表 3-6 常用的表单输入域

输入域名称	说　明
text（文本框）	可输入一行文字。举例： <input type=text name="xm" size=10 value="">
radio（单选钮）	当有多个选项时，只能选其中一项。举例： 走<input type=radio name= "Rad" value="v1" checked> 留<input type=radio name= "Rad" value="v2">
checkbox（复选框）	当有多个选项时，可以选其中多项。举例： 签字笔 <input type=checkbox name="ch1" checked> 钢笔<input type=checkbox name="ch2"> 圆珠笔<input type=checkbox name="ch3">
submit（提交按钮）	将数据传递给服务器。举例： <input type=submit name="ok" value="提交">
password（密码输入框）	用户输入的字符以"*"显示。举例： 输入密码：<input type=password size=12>
reset（重置按钮）	将用户输入的数据清除。举例： <input type=reset name="re-input" value="重选">
hidden（隐藏域）	在浏览器中不显示，但可通过程序取值或改变其值。主要用于浏览器向服务器传递数据而不想让浏览器用户知道的情形。例如： <input type=hidden name=hiddata value="HidValue" >
button（按钮）	普通按钮，按下后的操作需由程序完成。举例： <input type=button value="去我的主页">
textarea（文本域）	可输入多行文字。举例： 请输入您的要求 <textarea name="comment" rows=4 cols=20></textarea>
select（下拉列表）	在多个可选项中选择，定义方法见下面的说明。
file（文件域）	一般用于选择文件。举例： <input type="file" name="F1" size=20>

当提供给用户的选择项目较多时，为节省显示空间，可使用表单的下拉列表输入域。定义下拉列表框使用<select>和<option>两个标记，其语法如下：

```
<select name=下拉列表框名  multiple>
    <option value=设定值>表项内容</option>
    ……
</select>
```

属性 multiple 是可选项，若定义该属性，则下拉列表中的多项都可被选中。

例如，下面的代码定义一个含有三个选项的下拉列表：

```
<form method=post action="http://test.com/cgi-bin/choice">
<select name="水果">
<option value="苹果">苹果</option>
<option value="梨子" selected>梨子</option>
<option value="香蕉">香蕉</option>
</select>
</form>
```

当用户需要上传文件时，可使用 file 输入域。文件域由一个文本框和一个"浏览"按钮组成，用户既可以在文本框中输入文件的路径和文件名，也可以通过单击"浏览"按钮从磁

盘上查找和选择所需文件。创建文件域方法如下：

<input type="file" 属性="值"...>

属性主要包括 name、size 等，name 指出文件域名称，size 指出文件名输入框的宽度。

图 3-7　含有文件域的表单

【例 3-8】创建一个如图 3-7 所示的表单，其中包含文件域、"提交"按钮和"重置"按钮。

```
<html><head><title>文件域示例</title></head>
<body><form>
<table align=center bgcolor=#d6d3ce width=368>
<tr><th colspan=2 bgcolor=#0034FF><font color=#FFFFFF>文件域</font></th></tr>
<tr><td height=52 align=right>请选择文件：</td>
<td height=52><input type="file" name="F1" size=20></td></tr>
<tr align=center>
<td height=52 align=right><input type=submit value="提交" name="btnsubmit"></td>
<td height=52><input type=reset value="重置" name="btnreset"></td></tr>
</table></form></body></html>
```

3.1.5　框架（Frame）

框架又常称为帧，它也是 HTML 常用的页面元素。利用框架可以将浏览器显示窗口分割成多个相互独立的区域，每个区域可以显示独立的 HTML 页面。

1. 一个简例

【例 3-9】一个应用框架的示例。其中包含三个 HTML 文件：main.htm 称为主文件，是包含<frame>标记的文件，它定义浏览器窗口被分割的方式，本例将窗口分为左、右两个子窗口，分别占窗口宽度的 15%和 85%；文件 frame1.htm、frame2.htm 分别是浏览器被分割的两个区域显示的页面文件。该 HTML 文件在浏览器中的显示效果如图 3-8 所示。

文件 main.htm 的内容：

```
<html>
<head><title>框架简例</title></head>
    <frameset cols="15%,85%">
        <frame src="frame1.htm">
        <frame src="frame2.htm" scolling=no>
    </frameset>
    <noframes>
        Please use a Web browser such as IE3.0 or Netscape Navigator
            to view this page in frames!
    </noframes>
</html>
```

图 3-8　一个应用框架的示例

文件 frame1.htm 的内容：

```
<html>
<head><title>The document for the left frame</title></head>
```

```
<body bgcolor="aqua" text="#ff0000">左边子窗口的内容！</body>
</html>
```

文件 frame2.htm 的内容：

```
<html>
<head>
    <title>The document for the right frame</title>
</head>
<body>
    右边子窗口的内容！
</body>
</html>
```

2. 框架定义

框架的定义较为特殊，首先需确定如何分割窗口，然后建立描述窗口分割的主文件，再为每个框架建立相应的 HTML 文件。

主文件的定义方法是：

```
<html>
    <head>[头部标记]</head>
    <frameset>{<frameset>...</frameset>}
        <frame>
        <frame>
        ...
    </frameset>
    [<noframes>字符串</noframes>]
</html>
```

其中，标记<frameset>定义窗口分割的方式（横向或纵向）和大小，<frameset>可以嵌套，内层的<frameset>表示对已分割的窗口再进行分割的方式和大小。<frame>标记指明框架所对应的 HTML 文件。<frame>标记的个数应与其所属的<frameset>标记分割的框架数目相同，与窗口的对应关系是按排列顺序逐个对应。<noframes>标记定义了若浏览器不支持框架时所显示的内容。IE3.0 及以上、Netscape 2.0 及以上版本的浏览器都支持框架。

<framset>和<frame>标记有一些有用的属性，描述分割窗口的特性以及框架中页面显示的特性，分别列于表 3-7 和表 3-8 中。

表 3-7　<frameset>标记的属性

属 性 名	取　值	含　　　义	默 认 值
rows	百分比	将窗口上、下（横向）分割，给出每个框架高度占整个窗口高度的百分比。例如："25%,75%"表示将窗口分为上、下两个框架，高度分别为总窗口高度的 25% 和 75%。值的一部分也可用"*"表示，例如"25%,*"，表示最后一个框架的高度是除去其他框架已用去的高度	无
	整数	将窗口上、下（横向）分割，给出每个框架高度的像素点数。例如："100,600"表示将窗口分为上、下两个框架，高度分别为 100 和 600 个像素点。值的一部分也可用"*"表示，含义同上	

属 性 名	取 值	含 义	默 认 值
cols	百分比 整数	将窗口左、右（纵向）分割，值的格式和含义与"rows"属性类似	无
frameborder	yes|no	框架边框是否显示	yes
bordercolor	颜色值	框架边框颜色	gray（灰）

表 3-8　<frame>标记属性表

属 性 名	取 值	含 义	默 认 值
src	HTML 文件名	框架对应的 HTML 文件	无
name	字符串	框架的名字，可在程序和<a>标记的 target 属性中引用	无
noresize	无	不允许用户改变框架窗口大小	无
scrolling	yes|no|auto	框架边框是否出现滚动条	auto
marginwidth	整数	框架左、右边缘像素点数	0
marginheight	整数	框架上、下边缘像素点数	0

【例 3-10】利用框架将窗口分成三个子窗口，分别命名为 win001、win002 和 win003，子窗口 win001 对应的 HTML 中设置了两个超链接，用户单击这两个超链接后目标 URL 将在子窗口 win002 中显示。

主文件：

```
<html><head><title>较复杂的框架例子</title></head>
    <frameset rows="360,*" bordercolor="green">
        <frameset cols="30%,*">
            <frame src="frame1.htm" scrolling="no" name="win001">
            <frame src="frame2.htm" name="win002">
        </frameset>
        <frame src="frame3.htm" noresize marginwidth=5 name="win003">
    </frameset>
    <noframes>
    Please use a Web browser such as IE3.0 or Netscape Navigator
    to view this page in frames!
    </noframes>
</html>
```

文件 frame1.htm：

```
<html><head><title>左边框架</title></head>
<body><a href="frame2.htm" target="win002">第一章</a><br><br>
    <a href="第二章.htm" target="win002">第二章</a></body></html>
```

文件 frame2.htm：

```
<html><head><title>第一章</title></head>
<body><h1>第一章　绪论</h1><br>本章简述课程的要点...<br><br>
<a href="frame2.htm">返回</a></body></html>
```

文件 frame3.htm：：

```
<html><head><title>第三个框架</title></head>
<body><h2>联系人地址：test@gu.com</h2></body></html>
```

例 3-10 在浏览器中显示的效果如图 3-9 所示。

例 3-10 在上左子窗口对应的文件 frame1.htm 中设置了两个超链接，它们被触发后，相应的目标页面将显示于上右子窗口（名为"win002"）中，这是通过在文件 frame1.htm 的标记<a>中设置 target 属性来指定的。这种方法在页面设计中被广泛使用，它可以保持超链接不被目标文件覆盖。

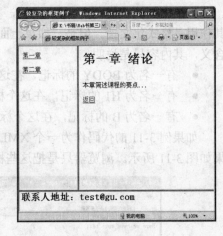

图 3-9　将超链接的目标显示于另一框架中

3.2　可扩展标记语言 XML

可扩展标记语言 XML（eXtensible Markup Language）是为了克服 HTML 缺乏灵活性和伸缩性的缺点以及 SGML 过于复杂、不利于软件应用的缺点而发展起来的一种元标记语言。SGML 功能强大，但是为能实现强大的功能，要做非常复杂的准备工作，首先要创建一个文档类型定义，在该定义中给出标记语言的定义和全部规则，然后再编写 SGML 文档，并把文档类型定义和 SGML 文档一起发送，才能保证用户定义的标记能够被理解。HTML 简单易学，但也有不足之处：首先，HTML 的标记是固定的，不允许用户创建自己的标记；其次，HTML 中标记的作用是描述数据的显示方式，并且只能由浏览器进行处理；另外，在 HTML 中，所有标记都独立存在，无法显示数据之间的层次关系。

XML 吸取了两者的优点，摒弃了它们的缺点，已成为互联网标准的重要组成部分，目前 ADO 2.5 和 IE 5.0 已支持 XML。在 XML 中，我们可以根据自己所要描述的数据元素定义不同的标签，表达各种丰富的内容和意义。XML 文档分层嵌套形成一个树形结构，我们不仅可以简单地把一个 XML 文档看成一个文件，而且还可以看成一棵标记树。

3.2.1　XML 概述

XML 是一种数据存储语言，它使用一系列简单标记描述数据。XML 同时也是一组规范，用户都遵守这组规范进行开发，这样，不同计算机系统之间就可以相互交流信息。

XML 继承了 SGML 和 HTML 的功能，是一种用于定义标记的语言，又称为"元语言"。创建一个 XML 文档时，用户需根据描述的数据自己来定义各种标记。

1. XML 与 HTML 的比较

先看一个示例。

【例 3-11】XML 与 HTML 的比较示例。

```
<BODY>
Here we have some text
<H1> This is a heading </H1>
This bit is normal text
<B> This is some bold text </B>
And finally some more normal text
</BODY>
```

如果上面的代码是 HTML 文档，将其加载到浏览器，就会显示如图 3-10 所示的结果，其作用是格式化文档。但是，如果上面的代码是 XML 文档，那么其中的标记就不具有任何含义，其内容只是说明：

- 有一名为 BODY 的标记，在这个标记里面有一些文本。
- 有一名为 H1 的标记，在这个标记里有一些文本。
- 有一名为 B 的标记，在这个标记里有一些文本。

如果例 3-11 的代码作为一个 XML 文档（文件扩展名为.xml）加载到 IE 浏览器中，其结果如图 3-11 所示。浏览器只是把这些标记原封不动地显示出来。

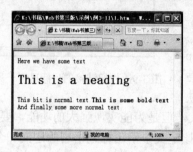 

图 3-10　浏览器中显示的 HTML 文档　　　　图 3-11　浏览器中显示的 XML 文档

HTML 提供了固定的预定义元素集，可以使用这些元素来标记一个 Web 页的各个组成部分。而 XML 没有预定义的元素，用户可以创建自己的元素，并自行命名。XML 标记是可以扩展的，用户可以根据需要定义新的标记。XML 标记用来描述文本的结构，而不是用于描述如何显示文本。表 3-9 给出了 HTML 与 XML 的主要不同点比较。

表 3-9　HTML 与 XML 的比较

比 较 内 容	HTML	XML
可扩展性	不具有扩展性	是元标记语言，可用于定义新的标记语言
侧重点	侧重于信息的表现	侧重于结构化地描述信息
语法要求	较宽松，不要求标记嵌套、配对等	语法严谨，严格要求标记嵌套、配对、遵循 XML 数据结构（DTD 树形结构、XML Schema）
可读性与可维护性	难于阅读与维护	结构清晰，便于阅读与维护
数据和显示关系	内容描述与显示方式一体化	内容描述与显示方式分离
大小写敏感	不区分大小写	区分大小写

目前，XML 并没有取代 HTML，还在与 HTML 一起使用。XML 极大地扩展了 Web 页的能力，使 Web 页能传递任意类型的文档、对数据进行各类管理，以及操作高度结构化的信息，并且 XML 可以与 HTML 进行互操作。

2. XML 的特性

（1）实现应用程序之间的数据交换。XML 是跨平台的，它提供在不同应用程序之间进行数据交换的公共标准，是一种公共的交互平台。

（2）数据与显示分离。一个 XML 文件并不能决定数据的显示样式，数据的显示部分需要由其他语言来确定（如由 CSS 样式来确定），这样就可按用户意愿给一份数据设置多种样式，如图 3-12 所示。

（3）数据分布式处理。XML 文档通过网络传送给用户后，用户可通过各类应用软件从 XML 文档中提取数据，进而对数据进行各种处理，如编辑、排序等。XML 文档对象模型（Document Object Model ，DOM）允许使用脚本语言或其他编程语言处理 XML 数据，从而使得数据可以在各用户端处理，而不必都集中在 Web 服务器上，实现了数据的分布式处理，如图 3-13 所示。

此外 XML 还具有可扩展性强、易学易用等特点。

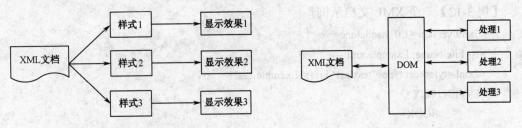

图 3-12　XML 显示样式示意图　　　　图 3-13　XML 分布式数据处理示意图

3. XML 文档处理流程

一般地，一个 XML 文档的处理流程如图 3-14 所示。

图 3-14　XML 文档处理流程

整个处理过程分为三个阶段：

① 编辑。使用通用的字处理软件或专用的 XML 编辑工具生成 XML 文档。

② 解析。对 XML 文档进行语法分析、合法性检查。读取其中的内容，通常以树形结构交给后续的应用程序进行处理，后续程序通常为浏览器或其他应用程序。

③ 浏览。将由 XML 解析器传来的 XML 树形结构以用户需要的格式显示或处理。

4. XML 工具

针对图 3-14 所示的 XML 文档处理流程，XML 的开发应用环境包括 XML 编辑工具、解析工具和浏览工具等。

（1）XML 编辑工具。XML 文档的编辑与保存都是纯文本格式，因此使用通用的文本编辑软件，如 Windows 记事本、写字板、MS Office 等，都可以创建 XML 文档。但是这些通用文字处理软件不能真正理解 XML。专用的 XML 编辑器可以理解 XML，将它们显示为树形结构。常见的专用 XML 编辑器有 XMLwriter、XML Spy、XML Pro、Visual XML 等。

（2）XML 解析工具。也称解析器（Parser），它是 XML 的语法分析程序。其主要功能是读取 XML 文档并检查其文档结构是否完整，是否有结构上的错误；对于结构正确的文档，读出其内容，交给后续程序去处理。常见的 XML 解析器有 Apache Xeces、MSXML 等。

（3）XML 浏览工具。XML 解析器会将 XML 文档结构和内容传输给用户端应用程序。大多数情况下，用户端应用程序可能是浏览器或其他应用程序（如将数据转换后存入数据库）。如果是浏览器，数据就会显示给用户。当前支持 XML 的浏览器有 IE 5.0 及以上版本、Mozilla 等。

3.2.2 XML 文档的编写

1. XML 文档的组成

XML 定义了如何标记文档的一套规则。可根据需要给标记取任何名字，例如<BOOK>、<TITLE>、<AUTHOR>等。下面是一个格式正确的 XML 文档示例。

【例 3-12】一个 XML 文档示例。

```
<?xml version='1.0' standalone='yes' ?>
<!-- File Name: Example.xml -->
<?xml-stylesheet type="text/css" href="Example.css"?>
<INVENTORY>
    <BOOK>
        <TITLE>The Adventures of Huckleberry Finn</TITLE>
        <AUTHOR>Mark Twain</AUTHOR>
        <BINDING>mass market paperback</BINDING>
        <PAGES>298</PAGES>
        <PRICE>$5.49</PRICE>
    </BOOK>
    <BOOK>
        <TITLE>Leaves of Grass</TITLE>
        <AUTHOR>Walt Whitman</AUTHOR>
        <BINDING>hardcover</BINDING>
        <PAGES>462</PAGES>
        <PRICE>$7.75</PRICE>
    </BOOK>
    <BOOK>
        <TITLE>The Legend of Sleepy Hollow</TITLE>
        <AUTHOR>Washington Irving</AUTHOR>
        <BINDING>mass market paperback</BINDING>
        <PAGES>98</PAGES>
        <PRICE>$2.95</PRICE>
    </BOOK>
    <BOOK>
        <TITLE>The Marble Faun</TITLE>
        <AUTHOR>Nathaniel Hawthorne</AUTHOR>
        <BINDING>trade paperback</BINDING>
        <PAGES>473</PAGES>
        <PRICE>$10.95</PRICE>
    </BOOK>
    <BOOK>
        <TITLE>Moby-Dick</TITLE>
```

```
            <AUTHOR>Herman Melville</AUTHOR>
            <BINDING>hardcover</BINDING>
            <PAGES>724</PAGES>
            <PRICE>$9.95</PRICE>
        </BOOK>
        <BOOK>
            <TITLE>The Portrait of a Lady</TITLE>
            <AUTHOR>Henry James</AUTHOR>
            <BINDING>mass market paperback</BINDING>
            <PAGES>256</PAGES>
            <PRICE>$4.95</PRICE>
        </BOOK>
        <BOOK>
            <TITLE>The Scarlet Letter</TITLE>
            <AUTHOR>Nathaniel Hawthorne</AUTHOR>
            <BINDING>trade paperback</BINDING>
            <PAGES>253</PAGES>
            <PRICE>$4.25</PRICE>
        </BOOK>
        <BOOK>
            <TITLE>The Turn of the Screw</TITLE>
            <AUTHOR>Henry James</AUTHOR>
            <BINDING>trade paperback</BINDING>
            <PAGES>384</PAGES>
            <PRICE>$3.35</PRICE>
        </BOOK>
    </INVENTORY>
```

可见，XML 文档中不包含格式信息，而是定义了<BOOK>、<TITLE>、<AUTHOR>等标记来表示数据的真实含义。XML 标记就是定界符（即<>）以及用定界符括起来的文本。

与 HTML 类似，在 XML 中，标记也是成对出现的。处于前面的，如<BOOK>、<TITLE>、<AUTHOR>等是开标记，而位于后面的，如</BOOK>、</TITLE>、</AUTHOR>等是闭标记。与 HTML 不同的是：在 XML 中，闭标记是不可省略的。另外，标记是区分大小写的，如<BOOK>和<Book>是两个不同的标记。标记和开/闭标记之间的文字结合在一起构成元素。所有元素都可以有自己的属性，属性采用"属性/值"对的方式写在标记中。

一个 XML 文档主要由两部分组成：序言和文档元素。在文档元素之后可以包括注释、处理指令和空格等。

（1）序言

例 3-12 给出的示例文档的序言由三行组成：第一行是 XML 声明，它说明这是一个 XML 文档，并且给出了版本号。XML 声明还包括一个独立文档声明（standalone = 'yes'）。这个声明可以被某些 XML 文档用来简化文档处理。XML 声明是可选的。第二行包括了一个注释，这样可以增强文档的可读性。第三行有一条处理指令。该处理指令告诉应用程序使用文件

Example.css 中的 CSS。处理指令的目的是给有关 XML 应用程序提供信息。

（2）文档元素

XML 文档元素是以树形分层结构排列的，元素可以嵌套在其他元素中。文档必须只有一个顶层元素，称为文档元素（也称根元素），类似于 HTML 页中的 BODY 元素，其他所有元素都嵌套在其中。在例 3-12 中，文档元素是 INVENTORY，其起始标记是<INVENTORY>，结束标记是</INVENTORY>，内容是 8 个嵌套的 BOOK 元素。

在 XML 文档中，元素指出了文档的逻辑结构，并且包含了文档的信息内容。一个典型的元素有起始标记、元素内容和结束标记。元素内容可以是字符、数据、其他（嵌套的）元素或两者的组合。

2. 创建 XML 文档的基本规则

一个格式正确的文档是符合最小规则集的文档，它可以被浏览器或其他程序处理。下面是创建格式正确的 XML 文档的一些基本规则：

（1）文档必须有一个顶层元素（文档元素或根元素），所有其他元素必须嵌入到其中。

（2）元素必须被正确地嵌套。也就是说，如果一个元素在另一个元素中开始，那么它必须在同一个元素中结束。

（3）每一个元素必须同时拥有起始标记和结束标记。与 HTML 不同，XML 不允许忽略结束标记，即使浏览器能够推测出元素在何处结束时也是如此。

（4）起始标记中的元素类型名必须与相应结束标记中的名称完全匹配。

（5）元素类型名是区分大小写的。实际上，XML 标记中的所有文本都是区分大小写的。例如，下列元素是非法的，因为起始标记的类型名与结束标记的类型名不匹配。

                `<TITLE>Leaves of Grass</Title>`

3. 元素内容的类型

元素内容是起始标记和结束标记之间的文本。其中可以包括嵌套元素和字符数据两种类型。当给元素添加字符数据时，用户无法插入左尖括号（<）、&符号或字符串"]]>"作为字符数据的一部分，因为 XML 解析器会把"<"解释为嵌套元素的起始，把"&"解释为一个实体引用或字符引用的开始，把"]]>"解释为 CDATA 节的结束。如果要想把<和&作为字符数据的一部分，可以使用 CDATA 节。还可以通过字符引用插入任意字符，或通过使用预定义的通用实体引用来插入某个字符（如<或&）。有关实体引用、字符引用和 CDATA 节的内容将在后面介绍。

4. 给元素添加属性

在一个元素的起始标记中，可以包含一个或多个属性。属性由属性名、等号及属性值组成。属性名可以由用户任意定义。例如，下面的 PRICE 元素包含一个名为 Type 的属性，它被赋值为 retail。

                `<PRICE   Type= "retail" > $12.50 </PRICE>`

给元素添加属性是为元素提供信息的一种方法。当使用 CSS 显示 XML 文档时，浏览器不会显示属性以及它们的值。但是，若使用数据绑定、HTML 页中的脚本或者 XSL 样式表显示 XML 文档时，则可以访问属性及其值。

5. 处理指令的使用

处理指令的一般形式为：

　　< ? target instruction ? >

这里，target 是指令所指向的应用名称。名称必须以字母或下划线开头，后面跟若干个数字、字母、句点、连字符或下划线。"xml"是保留名称，它是处理指令的一种类型。例如：

　　<?xml version='1.0' standalone='yes' ?>

在 XML 文档中使用的处理指令取决于读取文档的处理器。如果使用 IE 5.0 作为 XML 处理器，那么处理指令主要有两种用途：

（1）可以使用标准的、预留处理指令来告诉 IE 5.0 怎样处理和显示文档。

（2）如果编写了 Web 页脚本用于处理和显示 XML 文档，那么可以在文档中插入任意非保留的处理指令。

6. CDATA 节的使用

CDATA 节以字符"<![CDATA["开始，并以字符"]]>"结束。在这两个限定字符组之间，可以输入包括<或&的任意字符，"]]>"除外。CDATA 节中的所有字符都会被当作元素中字符数据的常量部分，而不是 XML 标记。在任何出现字符数据的地方都可以插入 CDATA 节。下面是一个合法 CDATA 节的例子：

```
<?xml version= "1.0" ?>
<MUSICAL>
 <TITLE_PAGE>
  <! [CDATA[
     <oklahoma!>      By    Rogers & Hammerstein
    ]]>
 </TITLE_PAGE>
</MUSICAL>
```

通过以上学习，我们了解了 XML 文件的基本规则，这样就能够编写一个规范的 XML 文件了。但是，这个 XML 文件可能并不能准确地描述客观事物，这是因为还没有一个更加详细的规范来约束 XML 文件，即还缺乏 XML 数据的底层数据结构。为此，人们制定了两个对 XML 文件的约束规范：文档类型定义 DTD（Document Type Definition）、XML Schema。其中，XML Schema 是继 DTD 之后的第二代用于描述 XML 文件的标准，功能更为强大。我们把符合 XML 语法规则的 XML 文件称为规范的 XML 文件，也称为良构的 XML 文件，而将符合 DTD 或 XML Schema 规范的 XML 文件称为有效的 XML 文件。限于篇幅，本书不再详细介绍 DTD 和 XML Schema，有兴趣的读者可参阅有关资料。

3.2.3　XML 文档的显示

如果需要将 XML 文档在浏览器中按特定的格式显示出来，必须要有另一个文件告诉浏览器如何显示。XML 文档由专门的样式文档来执行，可以是级联样式表（CSS）或是可扩展样式表语言 XSL（eXtensionible Stylesheet Language）。

1. 使用 CSS 样式表显示 XML 文档

可以直接在浏览器中打开 XML 文档，就像打开一个 HTML Web 页一样。如果 XML 文档没有包含指向样式表的链接，那么浏览器只显示整个文档的文本，包括标记和字符数据。浏览器用带颜色的代码来区分不同的文档组成部分，并且以收缩和扩展树的形式显示文档元素，以便清楚地指出文档的逻辑结构并允许详细地查看图层。

如果 XML 文档包含指向样式表的链接，那么浏览器只显示文档元素的字符数据，并根据样式表中指定的规则格式化数据。可以使用级联样式表 CSS 或可扩展样式表语言 XSL 编写样式表。使用级联样式表（CSS）显示 XML 文档有两个基本步骤：① 创建 CSS 样式表文件；② 链接 CSS 样式表到 XML 文档。其中，创建 CSS 样式表文件的问题将在 5.3 节介绍。例如，对于例 3-12，可以建立如下的样式表文件 Example.css：

    BOOK
        {display:block; margin-top:12pt; font-size:10pt}
    TITLE
        {font-style:italic}
    AUTHOR
        {font-weight:bold}

要链接级联样式表到 XML 文档，则需插入保留的 xml-stylesheet 处理指令到 XML 文档中。这个处理指令有如下所示的通用格式，其中 CSSFilePath 指示样式表文件位置的 URL。

    <? xml-stylesheet type="text/css" href=CSSFilePath ?>

例如：例 3-12 中的 XML 文档中包含如下处理指令：

    <? xml-stylesheet type="text/css" href="Example.css" ?>

例 3-12 的 XML 文档在浏览器中的显示效果如图 3-15 所示。

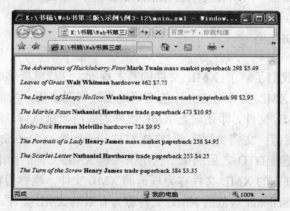

图 3-15 应用 CSS 样式文件显示 XML 文档

2. 使用 XSL 样式文件显示 XML 文档

与 CSS 样式表类似，一个 XSL 样式表链接到一个 XML 文档后，浏览器就可以显示 XML 数据了，而无须使用中介 HTML 页。但是，对于显示 XML 来说，XSL 样式表的功能远比 CSS 强大和灵活。CSS 只允许指定每个 XML 元素的格式，而 XSL 样式表允许对输出进行完整的控制。特别地，XSL 允许精确地选择想要显示的 XML 数据，允许用任意顺序和排列表示数据，并且随意修改或添加信息。XSL 可以访问所有的 XML 组件（包括元素、属性、注释和处理指令），允许排序和过滤 XML 数据，允许在样式表中包含脚本，同时提供一组方法以便处理信息。

（1）使用 XSL 样式表的基本步骤

使用 XSL 样式表显示 XML 文档有两个基本步骤：

① 创建 XSL 样式表文件。XSL 是 XML 的一个应用。也就是说，一个 XSL 样式表是一个遵守 XSL 规则的格式正确的 XML 文档。

② 链接 XSL 样式表到 XML 文档。尽管使用 XML 来创建 XML 文档和 XSL 样式表，但是它们分别保存在各自独立的文件中：XML 文档文件（扩展名为.xml）和 XSL 样式表文件（扩展名为.xsl）。通过在 XML 文档中包含一个 xml-stylesheet 处理指令，链接 XSL 样式表到 XML 文档，而处理指令有下列通用格式：

<? xml-stylesheet type= "text/xsl" href=XSLFilePath? >

这里，XSLFilePath 是一个带引号的 URL，它指出样式表文件的位置。例如：

<? xml-stylesheet type= "text/xsl" href= "Example.xsl" ? >

通常，把 xml-stylesheet 处理指令添加到 XML 文档的序言中，并放在 XML 声明之后。

如果一个 XSL 样式表已链接到 XML 文档，那么就可以直接在 IE 5.0 浏览器中打开该文档，而且浏览器将使用样式表中的转换指令显示 XML 文档。与级联样式表不同，如果链接了多个 XSL 样式表到 XML 文档，那么浏览器将使用第一个而忽略其他的。如果同时链接了一个 CSS 和 XSL 样式表到 XML 文档，那么浏览器将只使用 XSL 样式表。

（2）使用单个 XSL 模板

不像 CSS 那样包含规则，XSL 样式表包含一个或多个模板（Template），每个模板包含显示 XML 文档中元素的某个分支的信息。

每一个 XSL 样式表必须有一个如下所示的文档元素：

< xsl:stylesheet xmlns:xsl= "http://www.w3.org/TR/WD-xsl">

< ! – one or more template elements … -- >

</xsl:stylesheet >

XML 样式表的文档元素 xsl:stylesheet 必须包含一个或多个 XSL 模板元素，也可把模板元素简称为模板。它具有下列形式：

< xsl:template match= "/" >

< ! – child elements … -- >

< / xsl:template >

浏览器使用模板来显示样式表所链接的 XML 文档中元素层次结构的某个分支。模板的 match 属性指定某个分支（match 属性类似于 CSS 规则的选择器）。match 属性的值被称为模式（pattern）。模式（"/"）代表整个 XML 文档的根。每一个 XSL 样式表必须包含一个 match 属性被设置为值为"/"的模板，还可以包括一个或多个包含指令的附加模板来显示 XML 文档元素结构的特定子分支。每个模板必须有一个与特定分支匹配的模式。下面是一个 XSL 样式表和 XML 文档示例。

XSL 样式表 XslDemo.xsl 清单如下：

<?xml version="1.0"?>

<!-- File Name: XslDemo.xsl -->

```
<xsl:stylesheet xmlns:xsl="http://www.w3.org/TR/WD-xsl">
<xsl:template match="/">
    <H2>Book Description</H2>
    <SPAN STYLE="font-style:italic">Author: </SPAN>
    <xsl:value-of select="BOOK/AUTHOR"/><BR/>
    <SPAN STYLE="font-style:italic">Title: </SPAN>
    <xsl:value-of select="BOOK/TITLE"/><BR/>
    <SPAN STYLE="font-style:italic">Price: </SPAN>
    <xsl:value-of select="BOOK/PRICE"/><BR/>
    <SPAN STYLE="font-style:italic">Binding type: </SPAN>
    <xsl:value-of select="BOOK/BINDING"/><BR/>
    <SPAN STYLE="font-style:italic">Number of pages: </SPAN>
    <xsl:value-of select="BOOK/PAGES"/>
</xsl:template>
</xsl:stylesheet>
```

XML 文档 XslDemo.xml 清单如下：

```
<?xml version="1.0"?>
<!-- File Name: XslDemo.xml -->
<?xml-stylesheet type="text/xsl" href="XslDemo.xsl"?>
<BOOK>
    <TITLE>Moby-Dick</TITLE>
    <AUTHOR>
      <FIRSTNAME>Herman</FIRSTNAME>
      <LASTNAME>Melville</LASTNAME>
    </AUTHOR>
    <BINDING>hardcover</BINDING>
    <PAGES>724</PAGES>
    <PRICE>$9.95</PRICE>
</BOOK>
```

上面给出的示例 XML 文档只包含一个 BOOK 元素。但是，如果一个文档包含几个 BOOK 元素，那么使用 XSLDem1.xsl 中的技术就只能显示第一个元素。例如，考虑具有下列文档元素的 XML 文档：

```
<INVENTORY>
<BOOK>
<TITLE> The Adventures of Huckleberry Finn </TITLE>
<AUTHOR>
    <FIRSTNAME> Mark </FIRSTNAME>
    <LASTNAME> Twain </LASTNAME>
</AUTHOR>
<BINDING> mass market paperback </BINDING>
<PAGES> 298 </PAGES>
```

```
        <PRICE> $5.49 </PRICE>
    </BOOK>
    <BOOK>
        <TITLE> The Adventures of Tom Sawyer </TITLE>
        <AUTHOR>
            <FIRSTNAME> Mark </FIRSTNAME>
            <LASTNAME> Twain </LASTNAME>
        </AUTHOR>
        <BINDING> mass market paperback </BINDING>
        <PAGES> 205 </PAGES>
        <PRICE> $4.75 </PRICE>
    </BOOK>
    <BOOK>
        <TITLE> The Ambassadors </TITLE>
        <AUTHOR>
            <FIRSTNAME> Henry </PIRSTNAME>
            <LASTNAME> James </LASTNAME>
        </AUTHOR>
        <BINDING> mass market paperback </BINDING>
        <PAGES> 305 </PAGES>
        <PRICE> $5.95 </PRICE>
    </BOOK>
</INVENTORY>
```

假设用于显示该文档的样式表包含如下所示的模板：

```
<xsl: stylesheet xmlns:xsl = "http://www.w3.org/TR/WD-xsl">
<xsl:template match= "/">
    <H2>Book Descriptiont < /H2>
    <SPAN STYLE = "font-style: italic">Author:</SPAN>
    <xsl: value-of select= "INVENTORY/ BOOK/AUTHOR"/><BR/>
    <SPAN STYLE = " font-style: italic"> Title:</SPAN>
    <xsl: value-of select= "INVENTORY / BOOK /TITLE"/><BR/>
    <SPAN STYLE= "font-style: italic">Price: </SPAN>
    <xsl: value-of select = "INVENTORY / BOOK / PRICE"/><BR/>
    <SPAN STYLE= "font- style: italic">Binding type: </SPAN>
    <xsl: value-of select = "INVENTORY / BOOK / BINDING"/><BR/>
    <SPAN STYLE= "font-style: italic"> Number of pages: </SPAN>
    <xsl: value-of select = "INVENTORY / BOOK / PRICE"/>
</xsl: template>
</xsl: stylesheet>
```

注意，赋予每个 select 属性的模式都以文档元素开头，在该例中是 INVENTORY（例如，"INVENTORY/BOOK/AUTHOR"）。

但是，每个模式匹配三个不同的元素。例如，"INVENTORY/BOOK/AUTHOR"匹配所有这三个 BOOK 元素中的 AUTHOR 元素。在这种情况下，浏览器只使用第一个匹配的元素。因此，样式表只显示第一个 BOOK 元素的内容。

一种显示所有匹配元素的技术是使用 XSL 的 for-each 元素（它会重复输出所包含的元素），每个在 XML 文件中找到的匹配元素输出一次。下列 XSL 样式表采用这种技术。

```
<?xml version="1.0"?>
<!-- File Name: XslDemo02.xsl -->
<xsl:stylesheet xmlns:xsl="http://www.w3.org/TR/WD-xsl">
  <xsl:template match="/">
  <H2>Book Inventory</H2>
  <xsl:for-each select="INVENTORY/BOOK">
    <SPAN STYLE="font-style:italic">Title: </SPAN>
    <xsl:value-of select="TITLE"/><BR />
    <SPAN STYLE="font-style:italic">Author: </SPAN>
    <xsl:value-of select="AUTHOR"/><BR />
    <SPAN STYLE="font-style:italic">Binding type: </SPAN>
    <xsl:value-of select="BINDING"/><BR />
    <SPAN STYLE="font-style:italic">Number of pages: </SPAN>
    <xsl:value-of select="PAGES"/><BR />
    <SPAN STYLE="font-style:italic">Price: </SPAN>
    <xsl:value-of select="PRICE"/><P />
  </xsl:for-each>
  </xsl:template>
</xsl:stylesheet>
```

（3）使用多个 XSL 模板

另一种显示重复性 XML 文档的方法是为重复元素创建一个独立的模板，然后使用 XSL 的 apply-templates 元素调用该模板。下列 XSL 样式表就使用了这种技术。

```
<?xml version="1.0"?>
<!-- File Name: XslDemo03.xsl -->
<xsl:stylesheet xmlns:xsl="http://www.w3.org/TR/WD-xsl">
  <xsl:template match="/">
    <H2>Book Inventory</H2>
    <xsl:apply-templates select="INVENTORY/BOOK" />
  </xsl:template>
  <xsl:template match="BOOK">
    <SPAN STYLE="font-style:italic">Title: </SPAN>
    <xsl:value-of select="TITLE"/><BR/>
    <SPAN STYLE="font-style:italic">Author: </SPAN>
    <xsl:value-of select="AUTHOR"/><BR/>
    <SPAN STYLE="font-style:italic">Binding type: </SPAN>
    <xsl:value-of select="BINDING"/><BR/>
```

```
            <SPAN STYLE="font-style:italic">Number of pages: </SPAN>
            <xsl:value-of select="PAGES"/><BR/>
            <SPAN STYLE="font-style:italic">Price: </SPAN>
            <xsl:value-of select="PRICE"/><P/>
        </xsl:template>
    </xsl:stylesheet>
```

这个样式表包含两个模板：一个模板包含了显示整个文档的指令（即带有指定文档根的 match="/"设置的模板），所有 XSL 样式表都需要这个模板。另一个模板包含显示 BOOK 元素的指令（match="BOOK"的模板）。浏览器从处理匹配文档根的模板开始：

```
    < xsl:template match= "/" >
        <H2>Book Inventory </H2>
        <xsl:apply-templates select= "INVENTORY/BOOK" />
    </xsl:template>
```

XSL 的 apply-templates 元素告诉浏览器，对于根元素 INVENTORY 中的每个 BOOK 元素，它应该处理与 BOOK 元素相匹配的模板，即 match 属性被设置为"BOOK"的模板。该样式表包括下列与 BOOK 元素相匹配的模板：

```
    <xsl:template match= "BOOK" >
    <SPAN STYLE= "font-style:italic" > Title: </SPAN>
    <xsl:value-of select = "TITLE" / > <BR/>
    <SPAN STYLE= "font-style:italic">Author: </SPAN>
    <xsl:value-of select = "AUTHOR" /> <BR/>
    <SPAN STYLE = "font-style:italic" > Binding type: </SPAN>
    <xsl:value-of select = "BINDING" / > <BR/>
    <SPAN STYLE = "font-style:italic" Number of pages: </SPAN>
    <xsl:value-of select = "PAGES" / > <BR/>
    <SPAN STYLE = "font-style:italic" > Price: </SPAN>
    <xsl:value-of select= "PRICE"/> <P/>
    </xsl:template>
```

因为这个模板匹配 BOOK 元素，所以 BOOK 是模板上下文中的当前元素。因此，BOOK 的每个子元素都可以通过包含元素名的模式来访问。

本 章 小 结

本章介绍了 HTML 和 XML 两种语言。

超文本标记语言 HTML 是在万维网上建立超文本文件的语言，它通过标记与属性对一段文本进行描述，并提供由一个文件到另一个文件，或在一个文件内部不同部分之间的链接。HTML 文件是普通的文本文件，与平台无关，可用任何文本编辑器进行编辑，文件的扩展名为.htm 或.html。HTML 标记描述了文档的结构，是区分文本各个部分的分界符，用于将 HTML 文档划分成不同的逻辑部分，它与属性一起向浏览器提供该文档的格式化信息，以向浏览器传递文档的外观特征。HTML 标记分为头部标记和体部标记两大类，头部标记主要用于说明有关 HTML 本身的信息及体部样式；体部标记众多，按其用途可分为基本格式控制标记、列表控制标记、表格控制标记、表单控制标记和框架控制标记。

　　XML 是可扩展标记语言，本章介绍了 XML 的基本技术，主要内容包括 XML 文档的编写方法和规则以及在 Web 浏览器中显示 XML 文档的技术。一个 XML 文档主要由两部分组成：序言和文档元素。每一个 XML 文档必须有正确的格式。在浏览器中显示 XML 文档主要有两种技术：使用 CSS 样式表或 XSL 样式表显示 XML 文档。

习　题　3

3.1　简述超文本标记语言 HTML 的特点。

3.2　试述 HTML 文件的结构。

3.3　简述 HTML 表格（Table）的创建要点。

3.4　什么是表单（Form）？在 HTML 中如何创建表单？

3.5　在 HTML 中使用框架（Frame）结构的目的是什么？

3.6　试用 HTML 语言设计一个简单的个人主页，内容包括简介、兴趣爱好、特长等。

3.7　XML 的特点是什么？

3.8　XML 被称为"元标记"语言，试解释其含义。

3.9　试比较 HTML 与 XML。

3.10　试用 XML 语言编写一个班级通讯录网页。

3.11　试说明在浏览器中显示 XML 文档的主要技术。

上机实验 3

3.1　《Web 程序设计》课程网站主页面设计。

【目的】

（1）掌握 HTML 常用标记的用法。

（2）掌握应用表格进行页面布局的方法。

（3）学会使用 CSS 样式控制页面元素的显示特性。

【内容】设计如图 3-16 所示的《Web 程序设计》课程网站主页面。

【步骤】

（1）打开记事本程序。

（2）输入能够生成如图 3-16 所示页面的 HTML 源代码，保存为.html 文件，文件名为 ex3-1。

（3）双击 ex3-1.html 文件，在浏览器中查看结果。

3.2　设计《Web 程序设计》课程网站"教学内容"功能。

【目的】

（1）进一步熟练使用 HTML 语言的常用标记。

（2）掌握应用框架进行页面布局的方法。

（3）进一步熟练使用 CSS 样式控制页面元素的显示特性。

【内容】设计如图 3-17 所示的《Web 程序设计》课程网站的"教学内容"框架页面。

　　要求：在"教学内容"页面中，左边为各章标题，每章标题都是超链接，单击章标题后，将在右边显示该章的教学内容。

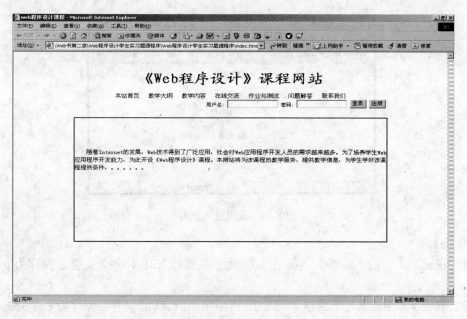

图 3-16 《Web 程序设计》课程网站主页面

【步骤】

（1）打开记事本程序。

（2）输入能够生成如图 3-17 所示页面的 HTML 源代码，分别保存为 study.html、title.html、chapter.html、chap1.html～chap8.html 文件。

（3）双击 study.html 文件，在浏览器中查看结果。

图 3-17 《Web 程序设计》课程网站"教学内容"页面

3.3 用 XML 语言设计网页。

【目的】掌握用 XML 语言设计网页的基本过程。

【内容】使用 XML 语言设计如图 3-18 所示的班级通讯录网页，并在浏览器中显示。

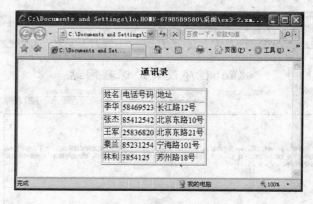

图 3-18 班级通讯录网页

【步骤】

（1）在记事本中输入能够生成如图 3-18 所示页面的 XSL 样式表文件，保存为 ex3-3.xls 文件。

（2）在记事本中输入能够生成如图 3-18 所示页面的 XML 文件，保存为 ex3-3.xml 文件。

（3）双击 ex3-3.xml 文件，在浏览器中查看结果。

第 4 章　脚 本 语 言

脚本程序设计在 Web 程序设计中占有重要的地位，无论是客户端动态页面设计，还是动态网站设计及服务器端编程，都要使用脚本语言。在众多脚本语言中，使用最广泛的是 JavaScript 和 VBScript。本章将详细讲述这两种脚本语言的基本语法和应用。

4.1　什么是脚本语言

脚本（Script）语言的概念源于 UNIX 操作系统，在 UNIX 操作系统中，将主要以行命令组成的命令集称为 Shell 脚本程序。Shell 脚本程序具有一定的控制结构，可以带参数，由系统解释执行。除了 UNIX Shell Script 外，在 UNIX 环境下，具有强大的字符串处理能力的 Perl 语言也是脚本语言的典型代表。

随着 Internet 的发展，特别是 WWW 应用的迅速普及，人们不再满足于静态的页面浏览，希望网页具有动态交互的特性，因此各种应用于 Web 页面设计的脚本语言应运而生。其中应用较广泛的是 JavaScript、VBScript 以及用于编写 CGI 脚本程序的 Perl、Shell Script 等。

HTML 语言提供较完善的设计页面的功能，但它提供的信息大多是静态的。这些信息被下载到客户计算机后，是固定不变的。无法利用客户计算机的计算能力，也就无法在客户端处理与用户的交互，从而无法构造出客户端的交互式动态页面。一些原本可以在客户端完成的任务（如数据合法性检查等）也不得不依靠 CGI 规范提交给服务器去完成，这一方面加重了服务器的负担，另一方面也增加了网络传输量，同时还加长了响应时间，降低了实时性。另外，对于用户来说，设计 CGI 程序也有相当的难度。JavaScript 和 VBScript 的出现恰好弥补了这一缺憾，它大大提高了客户端的交互性，使用非常简单、灵活，利用它可以设计客户端动态网页。

本章所讨论的脚本语言是指用于 Web 页面及程序设计的脚本语言，它们通常是嵌入式（嵌入到 HTML 文件中）的、具有解释执行的特征。根据脚本程序被解释执行的地点的不同，可将它们分为客户端脚本和服务器端脚本，前者由浏览器负责解释执行，后者由 Web 服务器负责解释执行。JavaScript、VBScript 既可作为客户端脚本语言，又可作为服务器端脚本语言，而 Perl、Shell Srcipt 以及 PHP 等则通常是服务器端脚本语言。本章主要讨论用于客户端的 JavaScript 语言和 VBScript 语言。

4.2　JavaScript 语言

4.2.1　JavaScript 语言概述

JavaScript 是一种嵌入在 HTML 文件中的脚本语言，它是基于对象和事件驱动的，能对诸如鼠标单击、表单输入、页面浏览等用户事件做出反应并进行处理。它由 Netscape 公司在 1995 年的 Netscape 2.0 中首次推出，最初被叫做 "Mocha"，当在网上测试时，又将其改称为

"LiveScript"，到 1995 年 5 月 Sun 公司正式推出 Java 语言后，Netscape 公司引进 Java 的有关概念，将 LiveScript 更名为 JavaScript。在随后的几年中，JavaScript 语言被大多数浏览器所支持。就目前使用最广泛的两种浏览器 Netscape 和 Internet Explorer 来说，Netscape 2.0 及以后的版本、IE 3.0 及以后的版本都支持 JavaScript 脚本语言，所以 JavaScript 具有通用性好的优点。

最初 JavaScript 只是作为客户端编程语言，随着发展它已经可以完成较复杂的服务器端编程任务了。JavaScript 从推出发展到今天，经过几次升级，目前版本是 1.2 版，它在网络安全性和服务器端支持方面比较早的版本有更好的支持。本节只讨论客户端使用的 JavaScript，其特点是直接由浏览器解释运行。

JavaScript 具有如下特点：

（1）简单性。JavaScript 是一种被大幅度简化了的编程语言，即使用户没有编程经验也可较快掌握它。它不像高级语言的使用有很严格的限制，而是非常简洁灵活，例如在 JavaScript 中变量可以直接使用，不必事先声明，对变量的类型规定也不是十分严格等。

（2）基于对象。JavaScript 是基于对象的，它允许用户自定义对象，同时浏览器还提供了大量内建对象，使编程者可以将浏览器中不同的元素作为对象来处理，体现了现代面向对象程序设计的基本思想。但 JavaScript 不是完全面向对象的，它不支持类和继承。

（3）可移植性。在大多数浏览器上，JavaScript 脚本程序可以不经修改而直接运行。

（4）动态性。JavaScript 是 DHTML（动态 HTML）的一个十分重要的部分，是设计交互式动态网页、特别是"客户端动态"页面的重要工具。

另外，还要说明一下 JavaScript 语言与 Java 语言的关系，这二者在命名、结构和语言上都很相似，但不能把它们混淆，两者存在如下重要的差别：

（1）Java 是由 Sun 公司推出的新一代的完全面向对象的程序设计语言，它支持类和继承，主要应用于网络程序设计，对于非程序设计人员来说不易掌握；而 JavaScript 只是基于对象的，主要用于编写网页中的脚本，易于学习和掌握。

（2）Java 程序是编译后以类的形式存放在服务器上，浏览器下载到这样的类，用 Java 虚拟机去执行它。而 JavaScript 的源代码无须编译，它是嵌入在 HTML 文件中的，作为网页的一部分；当使用能处理 JavaScript 语言的浏览器浏览该网页时，浏览器将对该网页中的 JavaScript 源代码进行识别、解释并执行。

（3）Java 程序可以单独执行，但 JavaScript 程序只能嵌入 HTML 文件中，不能单独运行。

（4）Java 具有严格的类型限制，JavaScript 则比较宽松。

（5）Java 程序的编辑、编译需要使用专门的开发工具，如 JDK（Java Development Kit）、Visual J++等；而 JavaScript 程序不需要特殊的开发环境，由于它只是作为网页的一部分嵌入到 HTML 文件中，所以编辑 JavaScript 程序只要用一般的文本编辑器就可以完成。

4.2.2 JavaScript 编程基础

1. JavaScript 程序的编辑和调试

可以用任何文本编辑器来编辑 JavaScript 程序，例如 NotePad，需要将 JavaScript 程序嵌入 HTML 文件，程序的调试在浏览器中进行。

将 JavaScript 程序嵌入 HTML 文件的方法有两种：

① 在 HTML 文件中使用<script>、</script>标识加入 JavaScript 语句，这样 HTML 语句

和 JavaScript 语句位于同一个文件中。其格式为：<script language="JavaScript">。

其中，language 属性指明脚本语言的类型。通常有两种脚本语言：JavaScript 和 VBScript，language 的默认值为 JavaScript。<script>标记可插入在 HTML 文件的任何位置。

② 将 JavaScript 程序以扩展名".js"单独存放，再利用以下格式的 script 标记嵌入 HTML 文件：<script src=JavaScript 文件名>。

方法②将 HTML 代码和 JavaScript 代码分别存放，有利于程序的共享，即多个 HTML 文件可以共用相同的 JavaScript 程序。<script>标记通常加在 HTML 文件的头部。

下面是一个简例：

```
<html>
    <head>
    <title>JavaScript 简例</title>
    </head>
    <body>
      <script language="JavaScript"> alert( "世界，你好!" );</script>
    </body>
</html>
```

本例在 HTML 文件中用<script>和</script>标记嵌入了一个 JavaScript 语句 alert( )，它是 JavaScript 浏览器对象 Window 的预定义方法，其功能是弹出具有一个"确定"按钮的对话框。该对话框上所显示的内容为其参数所给的字符串。该例运行结果如图 4-1 所示。

另外，在编写 JavaScript 程序时还要注意以下三点：

① JavaScript 的大小写是敏感的，这点与 C++相似。

图 4-1　一个 JavaScript 简例

② 在 JavaScript 程序中，换行符是一个完整的语句的结束标志；若要将几行代码放在一行中，则各语句间要以分号（；）分隔（习惯上，也可像 C++一样，在每一个语句之后以一个分号结束，虽然 JavaScript 并不要求这样做）。

③ JavaScript 的注释标记是双斜杠"//"之后的部分，或符号"/*"与符号"*/"之间的部分（与 C++相同）。上面的例子中便使用了第一种格式的注释，意为若浏览器不能处理 JavaScript 脚本，则忽略它们，否则解释并执行该脚本程序。

下面讨论 JavaScript 的基本语法。JavaScript 的基本语法与 C 语言很相似，它继承了 C 语言的优点，并融入了面向对象的思想。

2．数据类型

JavaScript 有三种数据类型：数值型、逻辑型和字符型。

（1）数值型。数值型数据包括整数和浮点数。整数可以是十进制、八进制和十六进制数，八进制值以 0 开头，十六进制值以 0x 开头。例如：100（十进制），021（八进制），0x5d（十六进制）。

以下是浮点数例子：2.57，1.3e6，2，7e-10。

（2）逻辑型。逻辑型数据有 true 和 false 两种取值，分别表示逻辑真和逻辑假。

（3）字符型。字符型数据的值是以双引号" "或单引号' '括起来的任意长度的一连串字符。注意反斜杠 "\" 是转义字符，常用的转义序列有：

\n——换行符　　　　　\t——水平制表符　　　　　　\r——回车符　　　　　\b——退格符

3．常量和变量

（1）常量。常量是在程序中其值保持不变的量。JavaScript 的常量以直接量的形式出现，即在程序中直接引用值，如 "欢迎您"、28 等。

常量值可以为整型、实型、逻辑型及字符串型。另外，JavaScript 中有一个空值 null，表示什么也没有，如试图引用没有定义的变量，则返回一个 null 值。

（2）变量。变量是在程序中值可以改变的量。JavaScript 用关键字 var 声明变量，或使用赋值的形式声明变量。例如：

```
var str;              /*声明变量 str*/
num1=10;              /*说明 num1 为整型，并将其值赋为 10*/
num2=3.02e10;
str1="欢迎您";
```

JavaScript 的变量使用比较灵活，可以在程序中需要之处声明变量、为变量赋值，而不必事先将程序中要用到的所有变量都做声明；并且可以不声明而直接使用变量，如上面例子所示的那样。JavaScript 的变量使用的灵活性还体现在其弱类型检查特点上，弱类型检查允许对一个变量随时改变其数据类型。例如：

```
num1=10;              /*说明 num1 为整型*/
num1=3.02e10;         /*将 num1 改变为浮点型*/
num1="欢迎您";         /*甚至还可将 num1 改变为字符串型*/
```

JavaScript 命名变量的规则是：

① 变量名必须以字母（大小写均可）打头，只能由字母（大小写均可）、数字（0~9）和下划线 "_" 组成；

② 变量名长度不能超过 1 行，并且不能使用 JavaScript 保留字作变量名；

③ 变量名字母区分大小写。

表 4-1 列出了 JavaScript 的保留字，保留字是系统预先定义，具有特殊含义和用途的字符串，不能作他用。

表 4-1　JavaScript 的保留字

abstract	boolean	break	byte	case	catch
char	class	const	continue	default	do
double	else	extends	false	final	finally
float	for	function	goto	if	implements
import	in	instanceof	int	interface	long
native	new	null	package	private	protected
public	return	short	static	super	switch
synchronized	this	throw	throws	transient	true
try	var	void	while	with	

4. 运算符和表达式

（1）运算符

JavaScript 的运算符包括赋值运算符、算术运算符、字符串运算符、逻辑运算符、关系运算符和位运算符。

① 赋值运算符。JavaScript 提供 6 个赋值运算符，它们是基本赋值运算符 "="，复合赋值运算符：+=、-=、*=、/=和%=，功能是将一个表达式的值赋予一个变量。复合赋值运算符的含义见表 4-2。

例如：x=100;　　　　　//将值 100 赋予变量 x

　　　a+=10;　　　　　//即 a←a+10

表 4-2　赋值运算符简记形式表

记　法	含　义	记　法	含　义
a+=b	a=a+b	a-=b	a=a-b
a*=b	a=a*b	a/=b	a=a/b
a%=b	a=a%b	a<<b	a=a<<b
a>>=b	a=a>>b	a>>>=b	a=a>>>b
a&=b	a=a&b	a^=b	a=a^b
a|=b	a=a|b		

② 算术运算符。算术运算符的操作数和结果都是数值型值。JavaScript 的算术运算符列于表 4-3 中。算术运算符及后面要讲的位运算符可与赋值运算符结合形成简记形式，如表 4-3 所示。

表 4-3　算术运算符表

运　算　符	操　作	运　算　符	操　作
+	加法	-（双目）	减法
*	乘法	/	除法
%	取模	++	递增
--	递减	-（单目）	取负

③ 字符串运算符。字符串运算是 JavaScript 中使用最多的运算。字符串运算符只有一个 "+"，即字符串连接运算。参与字符串连接运算的两个操作数如果都是字符串，则直接合并；否则，操作数会先被转变为字符串，再进行合并。例如：

　　var str1="欢迎您"+"访问本页";　　//变量 str1 的值为 "欢迎您访问本页"

　　var str2="现在是"+10+"月";　　　//变量 str2 的值为 "现在是 10 月"

④ 逻辑运算符。逻辑运算符的运算对象和结果都是逻辑值。逻辑运算符有三个：

&&　　与运算，是双目运算。当两个操作数都为 true 时，结果为 true，其他情况下结果均为 false。

||　　或运算，是双目运算。当两个操作数中至少有一个为 true 时，结果为 true，否则结果为 false。

!　　非运算，是单目运算。结果是操作数的值取反。

⑤ 关系运算符。关系运算符用于数值及字符串值的比较，返回比较判断的结果。关系

运算符的运算结果是逻辑值。关系运算包括：

== 相等	!= 不等	< 小于
> 大于	<= 小于或等于	>= 大于或等于

例如：$x>=100$，$y==20$。

利用关系运算符、逻辑运算符及括号可以组成复杂的表达式。例如：

$$（！（a==9）\&\&（x<=100））||（a!=9））$$

⑥ 位运算符。位运算符将操作数作为二进制值处理，返回 JavaScript 标准的数值型数据。位运算符都是双目运算，包括：

& 按位与	| 按位或	^ 按位异或
<< 左移	>> 右移	>>> 右移，零填充

例如：15&8 的结果为 8（1111&1000）；

15|8 的结果为 15（1111|1000）；

15^8 的结果为 7（1111|1000）。

JavaScript 运算符的优先级由高到低排列如下：

```
[ ] ( )                        高
++  --  !
*  /  %  +  -
<<  >>  >>>
<  >  <=  >=
==  !=
&  ^  |
&&  ||
?=
=  +=  -=  *=  /=  %=           低
```

（2）表达式

JavaScript 的表达式是由常量、变量、运算符、函数和表达式组成的式子，任何表达式都可求得单一值。根据表达式值的类型，JavaScript 的表达式有三类：

① 算术表达式。其值是一个数值型值。例如：5+a−x。

② 字符串表达式。其值是一个字符串。例如："字符串1"+str。

③ 逻辑表达式。其值是一个逻辑值。例如：$(x==y) \&\& (y>=5)$。

此外，JavaScript 还有一种特殊的表达式——条件表达式，其格式为：

(condition)？val1：val2

其中，condition 是逻辑表达式。该条件表达式的含义是：如果 condition 的值为 true，则条件表达式的值为 val1，否则条件表达式的值为 val2。

例如：((date>20) && (date<30))? "go" : "stay"，该表达式的含义是，若变量 date 的值大于 20 且小于 30，则表达式的值为字符串 go，否则为 stay。

5. 函数

函数为程序设计人员提供了实现模块化的工具。通常在进行一个复杂的程序设计时，总是根据所要完成的功能，将程序划分为一些相对独立的部分，每部分编写一个函数，从而使各部分充分独立，任务单一，程序清晰，易懂、易读、易维护。JavaScript 函数可以封装那些在程序中可能要多次用到的功能块。函数定义的语法格式为：

    return 表达式

或

    return （表达式）

下例说明函数的定义和调用方法。

【例 4-1】设计一个如图 4-2 所示的页面，显示指定数的阶乘值。

程序如下：

```
<html><head><title>函数简例</title>
    <script language="JavaScript">
    function factor(num){
    var i,fact=1;
    for (i=1;i<num+1;i++)
       fact=i*fact;
    return fact;
    }
    </script>
</head>
<body><p><script>
    document.write("<br><br>调用 factor 函数，5 的阶乘等于：",factor(5),"。");
</script></p>
</body></html>
```

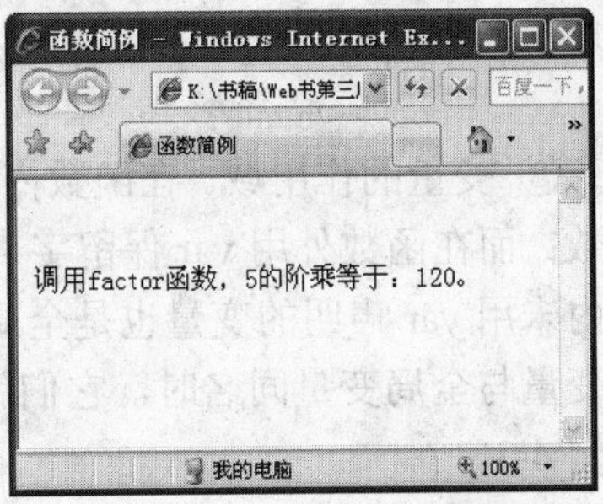

图 4-2　函数使用简例

例 4-1 在 HTML 文件头部定义了函数 factor(num)，它计算 num!并返回该值；在 HTML 体部的脚本程序中调用了 factor，实参值为 5，即计算 5!。

使用函数时要注意以下三点。

① 函数定义位置。虽然语法上允许在 HTML 文件的任意位置定义和调用函数，但建议在 HTML 文件的头部定义所有的函数，因为这样可以保证函数的定义先于其调用语句载入浏览器，从而不会出现调用函数时由于函数定义尚未载入浏览器而引起的函数未定义错。

② 函数的参数。函数的参数是在主调程序与被调用函数之间传递数据的主要手段。在函数的定义时，可以给出一个或多个形式参数，而在调用函数时，却不一定要给出同样多的实参。这是 JavaScript 在处理参数传递上的特殊性。JavaScript 中，系统变量 arguments.length 中保存了调用者给出的实在参数的个数。例 4-2 给出了函数参数传递的用法。

【例 4-2】设计一个函数求累加和，默认时求 1+2+…+1000，否则按照用户所指定的开始值和终止值求和。在浏览器中执行的结果如图 4-3 所示。

```
<html><body><script>
function sum(StartVal,EndVal)
{ var ArgNum = sum.arguments.length;   //用户给出的参数个数
   var i,s=0;
   if (ArgNum == 0 )
   {   StartVal = 1; EndVal = 1000; }
   else if (ArgNum == 1 )
```

图 4-3　带参函数的使用

```
        EndVal = 1000;
    for (i = StartVal; i<=EndVal; i++)
            s+=i;
    return s;
}
document.write("不给出参数调用函数 sum:",sum(),"<br>");
document.write("给出一个参数调用函数 sum:",sum(500),"<br>");
document.write("给出二个参数调用函数 sum:",sum(1,50),"<br>");
</script>
</body></html>
```

③ 变量的作用域。在函数内用 var 保留字声明的变量是局部变量，其作用域仅局限于该函数；而在函数外用 var 保留字声明的变量是全局变量，其作用域是整个 HTML 文件。在函数内未用 var 声明的变量也是全局变量，其作用域是整个 HTML 文件。当函数内以 var 声明的变量与全局变量同名时，它们就像不同名的两个变量，其操作互不影响。有关变量作用域见例 4-3。

【例 4-3】变量作用域示例。执行结果如图 4-4 所示。

```
<html><head><title>变量作用域示例</title>
<script language="JavaScript">
    var i, j=10;     //全局变量
    function output( ){
        var j=0;      //局部变量
        i=100;        //全局变量
        j++;
        j++;
        document.write(" j=",j);
        document.write(" i=",i);
        i++;
    }
</script>
</head>
<body><br><br>
<script>
    document.write("尚未调用函数 output()，所以 i 无定义，不能引用！<br>");
    document.write("j 的初始值=",j,"<br>");
    document.write("调用 output()，观察函数的输出！<br>");
    output();
    document.write("<br>调用 output()后，观察函数对 i,j 的影响：i=",i," j=",j);
</script></body></html>
```

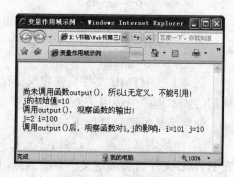

图 4-4 变量作用域示例

6. 流程控制

在任何一种语言中，程序控制流都是必需的，它能使得整个程序顺利地按一定的方式执

行。与所有其他的程序设计语言一样，JavaScript 有顺序、分支和循环三种控制结构。顺序结构是最一般的控制结构，若没有改变执行顺序的语句，则程序的各语句是按其出现的先后顺序依次执行的。可以改变程序执行顺序的是条件转移语句和循环语句。

（1）条件转移语句

条件转移语句定义的语法格式为：

```
if (condition)   statments1
    [else   statments2 ]
```

其中，condition 表示条件，可以是逻辑或关系表达式，若是数值型数据，则将零和非零的数分别转换成 false 和 true。如果 condition 为 true，则执行语句体 statments1；若省略 else 子句，则 condition 为 false 时什么也不做，否则执行语句体 statments2。

若 if 及 else 后的语句体有多行，则必须使用花括号将其括起来。

if 语句可以嵌套，格式为：

```
if（condition1）statments1
else if（condition2）statments2
else if（condition3）statments3
    ⋮
else statmentsN;
```

在这种情况下，每一级的条件表达式都会被计算，若为真，则执行其相应的语句，否则执行 else 后的语句。

（2）while 循环语句

while 循环语句定义的语法为：

```
while (condition) {statments}
```

当 condition 为 true 时，反复执行循环体 statments；否则，跳出循环体。要注意在循环体中必须含有改变循环条件的操作，使之离循环终止更近一步，否则会陷入死循环。

（3）for 循环语句

for 循环语句定义的语法为：

```
for (exp1；exp2；exp3) {statments}
```

其中，exp1 是循环前的初始设置，通常设置循环计数器的初值；exp2 是循环条件，当 exp2 为 true 时才执行循环体 statments；exp3 是运算，它改变循环设置，通常会改变循环计数器的值，使之离循环终止更近一步。

for 与 while 两种语句都是循环语句，它们的表达能力是相当的。但习惯上当使用循环计数器进行控制时选用 for 语句，因为在这种情况下用 for 语句更为清晰、易读，也较紧凑；而while 语句对循环条件较复杂的情况更适合些。

【例 4-4】使用 for 循环语句计算 10！。

```
<html><body>
<script>
    var i,factor;
    factor=1;
    for (i=1;i<=10;i++)
        factor*=i;
    document.write("10 的阶乘是：",factor);
```

```
    </script>
</body></html>
```

（4）continue 和 break 语句

continue 语句强制本轮循环结束，进入下一轮循环；例如：

```
while (i<100){
    if (j==0) continue;
    else {语句体}
    j++;
}
```

上例中，如果 j 为 0，则本轮循环结束（语句 j++ 不执行）。

break 语句强制结束循环。例如：

```
while (i<100){
    if (j==0) break;
    else {语句体}
    j++;
}
```

上例中，如果 j 为 0，则 while 循环结束。

7．事件触发和处理

JavaScript 是基于对象（Object-based）的语言，而基于对象的基本特征，就是采用事件驱动（Event-driven）。HTML 文件中的 JavaScript 应用程序通常是事件驱动程序，事件（Events）是指对计算机进行一定的操作而得到的结果，例如将鼠标移到某个超链接上、按下鼠标按钮等都是事件。由鼠标或热键引发的一连串程序的动作，称为事件驱动（Event Driver）。对事件进行处理的程序或函数，称为事件处理程序（Event Handler）。JavaScript 定义了常用事件的名称、何时及何对象发生此事件（即事件触发）以及事件处理名，表 4-4 列出了几个最常用的事件及相应的事件处理名。

表 4-4　JavaScript 常用事件表

事 件 名	发生的对象	说　　明	事件处理名
Click	表单的 button，radio，checkbox，submit，reset，link（超链接）	单击了表单元素或超链接	onClick
Load	HTML 的 body 元素	在浏览器中载入页面	onLoad
Unload	HTML 的 body 元素	退出当前页面	onUnload
MouseOver	link	鼠标移到超链接上	onMouseOver
MouseOut	link	鼠标移出超链接	onMouseOut
Submit	form	用户提交了表单	onSubmit

有关事件触发与处理的编程还与浏览器对象密切相关，将在第 5 章详细讨论，这里先举一个例子。

【例 4-5】MouseOver 和 MouseOut 事件处理用法示例。

```
<html><head><title>事件触发和事件处理</title>
    <script language="JavaScript">
        var Images=new Array( );
        Images[0]=new Image( );
        Images[0].src="dot1.jpg";
```

```
                    Images[1]=new Image( );
                    Images[1].src="check.gif";
                    function changeImg(ImgIndex) {
                            document.imgs.src=Images[ImgIndex].src;
                    }
        </script>
    </head>
    <body>
    <center><a href="learn.html" onMouseOver="changeImg(1); return true"
    onMouseOut="changeImg(0); return true">
    <img src="dot1.jpg" name="imgs" border=0 width=30 height=30><font size=5>
    软件设计</font> </a></center>
    </body></html>
```

例 4-5 定义了一个含有两个元素的全局数组 Images，函数 changeImg()根据参数值为 body 中的 name 属性值为 imgs 的图像（Img）元素的 src 属性赋值。例中超链接设置 MouseOver 和 MouseOut 的事件处理程序为以不同的参数值（分别为 1 和 0）调用 changeImg 函数，执行结果为当鼠标位于该超链接时，imgs 图像的 src 属性值被赋为 check.gif（即在该图像元素位置上显示 dot1.jpg），当鼠标离开该超链接时，imgs 图像的 src 属性值被赋为 dot1.jpg。图 4-5 所示左边画面为鼠标离开超链接时的显示，右边画面为鼠标位于超链接时的显示。本例中应用了 Document 对象的子对象 Images 的 src 属性，该属性对应 img 标记的 src 属性。

图 4-5　MouseOver 和 MouseOut 事件处理示例

8. 综合举例——一个简易计算器的设计

这部分综合运用 JavaScript 的基本语法知识，设计一个较为复杂的 JavaScript 程序——一个基于 Web 的简易计算器。

【例 4-6】简易计算器设计。所谓简易计算器，就是只能进行加、减、乘、除 4 种运算，且仅进行简单的正确性检查——只检查除数是否为零。程序运行的结果如图 4-6 所示。

首先，需要设置数字按键和功能按键，可使用 HTML 表单按钮（button）来表示。例如，使用如下语句：

图 4-6　简易计算器程序的运行结果

```
<input type=button value="1" onClick="SetVal('1')">
```
显示数字"1"的按键，当按下该按键时，将执行 SetVal('1')操作。

```
<input type=button value="+" onClick="SetOpr('+') ">
```
显示运算符"+"的按键，当按下该按键时，将执行 SetOpr('+')操作。

又如以下语句：

```
<input type=button value="=" onClick="Compute(this.form) ">
```
显示功能按键"="，当按下该键时，将计算用户输入的表达式的值。

其次，需要一个显示输入计算式和结果的地方，可使用 HTML 表单的 text（单行文本框）元素来表示，例如：

```
<input type=text value=" " name=OutText>
```
最后，要考虑这些设置和计算任务如何来完成。

① SetVal 操作：将用户按下的键所代表的数字连接到整个输入串的尾部，并判断这是第几个操作数，将其存入相应的变量中；

② SetOpr 操作：将用户按下的键所代表的运算连接到整个输入串的尾部；

③ Compute 操作：利用系统预定义函数 eval( )求出表达式的值；

④ Clear 操作：清除输入框的内容。

以下是例 4-6 源程序清单：

```
<html><head><script language="JavaScript">
<!--
//定义全局变量
var n1='',n2='';                        //定义两个变量，分别存放两个操作数
var item1_flag=true;                    //标志是否第一个操作数
var opr_type='+';                       //运算类型
function SetVal(item){                   //在输出框中置数值
    document.Cal.OutText.value+=item;    //字符串连接
    if (item1_flag)                      //若是第一个操作数
        n1+=item;                        //将其加入变量 n1
    else
        n2+=item;
}
function SetOpr(opr){                    //在输出框中置运算符
    document.Cal.OutText.value+=opr;
    item1_flag=false;
    opr_type=opr;
}
function Clear( ){                       //清除输出框的内容
    document.Cal.OutText.value="";
    item1_flag=true;     opr_type='+';  n1=" ";  n2=" ";
}
function Compute(obj){                   //计算表达式的值
    var Result;
```

```
        if ((n1!='') && (n2!='')){
        if ((eval(n2)==0) && (opr_type=='/'))
        {   alert('除数不能是 0!');
            Clear( );
            return;
        }
        else
        {   Result=eval(obj.OutText.value);
            document.Cal.OutText.value+='=';
            document.Cal.OutText.value+=Result;
        }
    }
}
//-->
</script></head><body><p align=center><form name="Cal" >
<input type="text" value="" name="OutText"><br><br>
<input type="button" value=" 0 "   onClick="SetVal('0')">
<input type="button" value=" 1 "   onClick="SetVal('1')">
<input type="button" value=" 2 "   onClick="SetVal('2')">
<input type="button" value=" 3 "   onClick="SetVal('3')"><br><br>
<input type="button" value=" 4 "   onClick="SetVal('4')">
<input type="button" value=" 5 "   onClick="SetVal('5')">
<input type="button" value=" 6 "   onClick="SetVal('6')">
<input type="button" value=" 7 "   onClick="SetVal('7')"><br><br>
<input type="button" value=" 8 "   onClick="SetVal('8')">
<input type="button" value=" 9 "   onClick="SetVal('9')">
<input type="button" value=" + "   onClick="SetOpr('+')">
<input type="button" value=" − "   onClick="SetOpr('−')"><br><br>
<input type="button" value=" * "   onClick="SetOpr('*')">
<input type="button" value=" / "   onClick="SetOpr('/')">
<input type="button" value=" CE "   onClick="Clear()">
<input type="button" value=" = " onClick="Compute(this.form)">
</form></p></body></html>
```

4.2.3 JavaScript 对象

前面已经提到，JavaScript 语言是基于对象的，在 JavaScript 中，对象是对客观事物或事物之间的关系的刻画。JavaScript 的对象有内建对象和用户自定义对象两大类，内建对象包含了对浏览器各成分的描述，是 JavaScript 程序设计中应用最多的部分；用户自定义对象允许用户根据需要创建自己的对象，从而进一步扩大 JavaScript 的应用范围，增强编写功能强大的 Web 文档。

1. JavaScript 对象概述

JavaScript 中的对象是由属性（Properties）和方法（Methods）两个基本元素构成的：属性成员是对象的数据；方法成员是对数据的操作。

要使用一个对象，可采用以下三种方式：

① 引用 JavaScript 内建对象。

② 由浏览器环境提供，即引用浏览器对象。

③ 创建自定义对象。

要注意的是，一个对象在被引用之前，这个对象必须存在，否则将出现错误。实际上，引用对象要么创建新的对象，要么利用现存的对象。

2. 自定义对象

这里介绍自定义对象的创建方法。JavaScript 的内建对象将在 4.2.4 节介绍。浏览器对象对页面设计是最重要的，将在第 5 章介绍。

用户定义自己的对象包括构造对象的属性和定义对象的方法两部分，下面通过例子来说明对象的定义方法。

【例 4-7】"书"对象的定义。

```
function print( )
{//方法成员定义，输出各属性成员值
    document.write("书名为"+this.name+"<br>");
    document.write("作者为"+this.author+"<br>");
    document.write("出版社为"+this.publisher+"<br>");
    document.write("出版时间为"+this.date+"<br>");
    document.write("印数为"+this.num+"<br>");
}
function book(name,author,publisher,date,num)
{//构造函数
    this.name=name;              //书名，属性成员
    this.author=author;          //作者，属性成员
    this.publisher=publisher;    //出版社，属性成员
    this.date=date;              //出版时间，属性成员
    this.num=num;                //印数，属性成员
    this.print=print;            //方法成员
}
```

例 4-7 定义了"书"对象，book 是该对象的构造函数，该对象有 5 个属性成员：name、author、publisher、date 和 num，有一个方法成员 print，作用是输出对象的属性值。

从例 4-7 可以看出，定义一个对象的步骤是：首先定义对象的各个方法成员，每个方法成员就是一个普通函数，然后定义对象的构造函数，其中包含每个属性成员的定义和初始化，以及每个方法成员的初始化。

构造函数从形式上看与普通函数相同，但有其特殊性：

① 构造函数的名字就是对象的名字；如例 4-7 所定义的对象的名字就是构造函数 book

的名字——book。

② 在构造函数中常使用关键字 this 来为对象的属性成员和方法成员初始化，this 本身是一个特殊对象，即当前构造函数正在创建的对象。

③ 每个对象都必须定义构造函数。

3. 对象的引用

要引用对象，必须先用保留字 new 创建对象的实例。JavaScript 中，对象是对具有相同特性的实体的抽象描述，而对象实例则是具有这些特性的单个实体。

创建对象实例的方法是：

    var 对象实例名=new 对象名（实在参数表）；

创建对象实例时，要注意实在参数表与对象构造函数的形式参数表的对应关系。

例如：对例 4-7 定义的 book 对象创建实例。

    var book1=new book("语文","集体编","人民教育出版社","1999",10000);

创建了对象实例后，就可通过该实例引用对象的属性和方法成员。

对象属性成员的引用格式是：

    对象实例名.属性成员名

对象方法成员的引用格式是：

    对象实例名.方法成员名

例如：

    book-name=book1.name;

    book1.print( );

还需说明的是，从概念上严格区分时，对象和对象实例的含义是不同的，但通常为叙述简洁，在不会引起误解之处，本书也将对象实例简称为对象，读者可从上下文判断其含义。

4. 有关对象操作的语句

JavaScript 提供了两个用于操作对象的语句。

（1）for..in 语句。这是一条循环语句，格式如下：

    for（变量名 in 对象实例名）

该语句用于对已有对象实例的所有属性进行操作的控制循环，它将一个对象实例的所有属性反复置给指定的变量来实现循环，而不是使用计数器来实现。该语句的优点就是无须知道对象中属性的个数即可进行操作。

【例 4-8】下列函数 Show 显示其参数对象各属性的值，它可作为一个通用函数使用。

```
<html><body><script>
function person(name,age)    //定义对象 person
{   this.name=name;
    this.age=age;
}
function book(title,author,publisher,price)    //定义对象 book
{   this.title=title;
    this.author=author;
```

```
        this.publisher=publisher;
        this.price=price;
    }
    function Show(obj)    //定义通用函数 Show
    {    var prop;
         for (prop in obj)
         document.write(obj[prop]+"   ");
         document.write("<br>");
    }
    var obj1=new person("Mary",20);
    var obj2=new book("语文","集体编","人民教育出版社",5.5);
    Show(obj1);
    Show(obj2);
    </script></body></html>
```

调用函数 Show 时，在循环体中，for 自动将其属性取出来，直到最后，不需要知道对象属性的个数。

若不使用 for..in 语句，就要通过数组下标值来访问每个对象的属性，使用这种方式时首先必须知道对象属性的个数，否则若超出范围，就会发生错误；而且对于不同的对象要进行不同的处理，因为各对象的属性成员数一般不相同。而通过数组下标值访问对象属性的方法在新版本的浏览器中已不被支持。

例 4-8 使用了另一种访问对象属性的方法：

　　　　对象实例名[属性成员名]

例如：book1("title")。

这种引用对象属性的方式通常只用在 for..in 语句中。

（2）with 语句。从前述可以了解到，当需要引用对象的属性或方法成员时，都要在成员名前缀上对象的名字。例如，对于对象 book 的实例 b1，若要引用其成员，则要使用如下的格式：

```
        book1.title
        book1.author
        book1.publisher
        book1.date
        book1.num
        book1.print( )
```

为了简化书写，可使用 with 语句，其语法格式是：

```
        with object{
            //在其中引用 object 的成员时，可不加前缀
        }
```

使用该语句的意思是：在该语句体内，任何对变量的引用被认为是这个对象的属性，以节省一些代码。例如：

```
        with book1 {
            document.write(title);        //实际上是引用 book1 对象的 title 属性
```

```
        document.write(author);
          ⋮
```

```
      }
```

此外，在 JavaScript 中，可以向已定义的对象中增加属性。通常，定义一个对象，在定义了其构造函数后，该对象的数据结构就已经确定了；如果要向该对象中加入数据，即要改变对象的数据结构，此时不需重新设计构造函数，可以通过构造函数的 prototype 属性来添加新的属性成员。例如，若想在例 4-7 中定义的 book 对象中添加一个属性 price，可使用如下的语句：

```
        book.prototype.price=10;
```

这样，在该语句之前或之后创建的所有对象实例都会具有 price 属性成员，并且该属性具有值 10。

4.2.4　常用的内建对象和函数

4.2.3 节讨论了对象的基本概念以及自定义对象的定义和使用方法，而在 JavaScript 中，掌握和使用 JavaScript 的预定义对象（即内建对象）和浏览器对象才是最重要的。5.4 节将详细讨论浏览器对象模型。下面介绍 JavaScript 的内建对象。

JavaScript 提供的一些非常有用的常用内建对象和方法如下：

① Array（数组）对象。JavaScript 的数组可通过该内建对象来实现。

② String（字符串）对象。封装了字符串及有关操作。

③ Math（数学）对象。封装了一些常用的数学运算。

④ Date（日期时间）对象。封装了对日期和时间的操作。

⑤ Number 对象、Boolean 对象、Function 对象。

另外还有一些常用的预定义函数，对这些预定义函数，JavaScript 并未用对象来封装它们，故不能把它们归于对象中。本节将介绍这些对象和函数，它们为编程人员快速开发强大的脚本程序提供了有效手段。

1. 数组

数组是若干元素的有序集合，每个数组有一个名字作为其标识。在几乎所有的高级语言中，数组都是得到支持的数据类型，但在 JavaScript 中，没有明显的数组类型。在 JavaScript 中数组可通过对象来实现，具体有两种实现方式：① 使用 JavaScript 的内建对象 Array；② 使用自定义对象的方式创建数组对象。

（1）内建对象 Array

① 创建数组对象实例。通过 new 保留字来进行，其语法格式如下：

```
        var 数组名=new Array([数组长度值]);
```

其中，数组名是一个标识符。数组长度值是一个正整数。

例如：

```
        var arr1=new Array( );           //创建数组实例 arr1，长度不定
        var arr2=new Array(10);          //创建数组实例 arr2，长度为 10
```

若创建数组时不给出元素个数，则数组的大小由后面引用数组时确定。数组的下标从 0 开始，因此有 10 个元素的数组，其下标范围是 0～9。

② 数组元素的引用。引用数组元素的语法格式为：

    数组名[下标值]

例如：

    arr1[2]   //定义数组 arr1，大小为 2
    arr2[6]   //定义数组 arr2，大小为 6

③ 内建对象 Array 的特点。Array 的使用较灵活，在以下两点上与大多数高级语言不同：

* 数组元素不要求数据类型相同

例如，可以给一个数组的不同元素赋予不同类型的值：

    arr1[0]=10;   //数值型
    arr1[1]= "王林";   //字符串
    arr1[2]=false;   //逻辑型

另外，数组的元素还可以是对象。当数组元素是数组对象时，就得到一个二维数组。例如：

    var arr=new Array(10);
    for (i=0;i<10;i++)
            arr[i]=new Array(5);

这样就创建了一个 10×5 的二维数组。

二维数组元素的引用方法为：

    数组名[第一维下标值][第二维下标值]

例如：arr[2][3]。

* 数组长度可以动态变化

例如，前面定义了有 10 个元素的数组 arr2，若希望增加到 18 个元素，则只要用以下赋值语句即可：

    arr2 [17]=1;   //可以为 arr2[17]赋任意值

④ Array 对象的属性和方法。

Array 对象常用的属性是 length 属性，表示数组长度，其值等于数组元素个数。

其常用方法有：

join   该方法返回由数组中所有元素连接而成的字符串。

reverse   该方法逆转数组中各元素，即将第一个元素换为最后一个，将最后一个元素换
            为第一个。

sort   对数组中的元素进行排序。

【例 4-9】一个 Array 对象的应用示例。

```
<html><head><title>数组对象</title>
<script language="JavaScript">
function updateInfo(WhichBook)   //对象 book 的方法成员，修改对象属性值
{ document.BookForm.currbook.value=WhichBook;
  document.BookForm.BookTitle.value=this.Title;
  document.BookForm.BookPublisher.value=this.Publisher;
  document.BookForm.BookAmount.value=this.Amount;
}
function Book(title,publisher,amount)    //对象 book 的构造函数
```

```
{ this.Title=title;
  this.Publisher=publisher;
  this.Amount=amount;
  this.UpdateInfo=updateInfo;
}
</script></head>
<body><script language="JavaScript">
var Books=new Array(); //创建数组，数组元素是 book 对象
//为数组各元素赋值
Books[0]=new Book("语文","少年儿童出版社",10000);
Books[1]=new Book("数学","高等教育出版社",5000);
Books[2]=new Book("普通物理","高等教育出版社",3000);
Books[3]=new Book("计算机基础","清华大学出版社",2000);
</script>
<h2 align=center>共有四本书，可选择查看其信息</h2>
<form name="BookForm">
选择当前所显示的书：  
<input type=button value=A 书  onClick="Books[0].UpdateInfo('A 书')">
<input type=button value=B 书  onClick="Books[1].UpdateInfo('B 书')">
<input type=button value=C 书  onClick="Books[2].UpdateInfo('C 书')">
<input type=button value=D 书  onClick="Books[3].UpdateInfo('D 书')"><br><br>
当前书：<input type="text" name="currbook" value="A 书"><br><br>
书名：<input type="text" name="BookTitle" value="语文"><br><br>
出版社：<input type="text" name="BookPublisher" value="少年儿童出版社"><br><br>
印数：<input type="text" name="BookAmount" value="10000"></form></body></html>
```

例 4-9 的功能是：按照用户单击的按钮（A 书、B 书、C 书或 D 书），分别在"当前书"、
"书名"、"出版社"和"印数"框中显示相应的书代号、书名、出版社名和印数，其运行结果如图 4-7 和图 4-8 所示。

图 4-7 例 4-9 的初始显示　　　　　　图 4-8 例 4-9 选择"D 书"后的显示

例 4-9 在 HTML 文件头部的脚本部分定义了一个对象 book，它有三个属性成员：title、publisher 和 amount，以及 1 个方法成员 updateInfo，作用是将表单对象相应的域赋予指定的值。在体部的脚本部分创建了 book 对象数组 Books，它有 4 个元素，每个元素都是一个 book

对象实例。该 HTML 文件的 body 部分是生成一个表单，共有 4 个文本框，分别显示当前书的代号、书名、出版社和数量；它有 4 个按钮，分别代表 4 本书的选择。要注意定义这 4 个按钮时 onClick 事件处理的设置。例如：

```
<input type=button value=D 书 onClick="Books[3].UpdateInfo('D 书')">
```

表示若单击代表"D 书"的按钮，则执行 Books[3].UpdateInfo('D 书')，即在 4 个文本框中分别显示 D 书的信息。

（2）自定义数组对象

除了直接使用 JavaScript 的 Array 对象实现数组外，由于数组是一个对象，所以也可以像自定义对象那样实现数组。在早期的 JavaScript 版本中甚至并未提供 Array 预定义对象。自定义数组对象与一般的自定义对象的使用方法一样：通过 function 定义一个数组的构造函数，并使用 new 对象操作符创建一个具有指定长度的数组。

① 定义数组对象。

```
function arrayName(Size)
{//Size 是数组的长度
    this.length=Size;
    for(var i=0; i<Size;i++)
        this[i]=0;
    return this;
}
```

其中，arrayName 是数组对象名；Size 是数组的大小，通过 for 循环对一个当前对象的数组进行定义；最后返回这个数组。从定义可以看出，实际上定义了这样一个对象，它没有单独的属性名，通过 this[i]对它的属性赋值。

② 创建数组实例。一个数组对象定义完成以后，还不能马上使用，必须使用 new 操作符为该数组创建一个数组实例。例如：

```
MyArray=new arrayName(10);
```

并为各元素赋初值：

```
MyArray[0]= 1;
MyArray[1]= 2;
    ⋮
MyArray[9]= 10;
```

一旦给数组元素赋予了初值后，数组中就具有真正意义的数据了，便可以在程序中引用。

了解这种数组的实现方式，可帮助我们理解数组对象的本质。但这种实现方式与直接使用 Array 对象相比要复杂一些，所以在实际应用中，还是使用 Array 对象来实现数组更方便。

2．String 对象

前面的例子中已经多次使用了字符串，在 JavaScript 中每个字符串都是对象。

（1）创建 String 对象实例。创建 String 对象实例的语法是：

```
[var] String 对象实例名=new String(string);
```

或

```
var String 对象实例名=字符串值;
```

例如：str1=new String("This is a sample. ");

　　　　str2="This is a sample. ";

以上两种格式定义效果完全相同，我们通常更习惯于用后者，它是一种"隐式"创建对象实例方式（即不使用·new 保留字）。

（2）String 对象的属性。String 对象的属性只有一个：length（长度），其值是字符串包含的字符个数。

例如，对上面定义的字符串 str2，str2.length 的值为 17。

（3）String 对象的方法。String 对象的方法较多，共有 19 个，下面讨论常用的 8 类。

① charAt(position)。返回 String 对象实例中位于 position 位置上的字符，其中 position 为正整数或 0。注意字符串中字符位置从 0 开始计算。

② indexOf(str)、indexOf(str,start-position)。字符串查找，str 是待查找的字符串。在 String 对象实例中查找 str，若给出 start-position，则从 start-position 位置开始查找，否则从 0 开始查找；若找到，返回 str 在 String 对象实例中的起始位置，否则返回-1。例如：

　　　var str1="This is a sample. ";　　　//str1.length 值为 17

　　　var str2="sample";

　　　found=str1.indexOf(str2);　　　　//found 的值为 10

③ lastIndexOf(str)。该方法与 indexOf( )类似，区别在于它是从右往左查找。

④ substring(position)、substring(position1,position2)。返回 String 对象的子串。如果只给出 position，返回从 position 开始至字符串结束的子串；如果给出 position1 和 position2，则返回从二者中较小值处开始至较大值处结束的子串。例如对上面定义的 str1，str1.substring(2,6) 和 str1.substr(6,2)都返回"is i"。

⑤ toLowerCase( )、toUpperCase( )。分别将 String 对象实例中的所有字符改变为小写或大写。

⑥ 有关字符显示的控制方法。big 用大字体显示, Italics( )为斜体字显示，bold( )为粗体字显示，blink( )为字符闪烁显示，small( )为字符用小体字显示，fixed( )为固定高亮字显示，fontsize(size)为控制字体大小等。

⑦ 锚点方法 anchor( )和超链接方法 link( )。锚点方法 anchor 返回一个字符串，该字符串是网页中的一个锚点名。使用 anchor 与用 Html 中的标记<A Name="">的作用相同。该方法的语法格式为：

　　　string.anchor(anchorName)

例如：

　　　var astr = "开始";

　　　var aname = astr.anchor("start");

　　　document.write(aname);

上述语句将在网页中创建一个名为 start 的锚点，而该锚点处显示文字"开始"。这几条语句与下面的 HTML 标记作用相同：

　　　<a name="start">开始</a>

超链接方法 link 返回一个字符串，该字符串在网页中构造一个超链接，其语法格式为：

　　　string.link(href)

其中，href 是超链接的 URL。

例如：var hstr="去新浪";

var hLoc=hstr.link("http://www.sina.com.cn");

上述两条语句等价于在 HTML 文件中使用以下标记：

<a href="http://www.sina.com.cn">去新浪</a>

⑧ fontcolor(color)、fontsize( )。字号方法 fontsize( )的使用与 fontcolor( )基本相同。字体颜色方法 fontcolor(color)返回一个字符串，此字符串可改变网页中的文字颜色。语法格式为：

str.fontcolor(FontColor)

其中，FontColor 是颜色值，可以是一个英文单词，或一个十六进制数值，详见第 3 章。

例如：str="红色文字";

strColor=str.fontcolor("red");

document.write(strColor);

上述语句相当于在 HTML 文件中使用以下标记：

<font color=red>红色文字</font>

字体大小方法 fontsize( )的使用与 fontcolor( )基本相同。

3. Math 对象

Math 对象封装了常用的数学常数和运算，包括三角函数、对数函数、指数函数等。Math 对象与其他对象不同，它本身就是一个实例，是由系统创建的，称为"静态对象"，不能用 new 创建 Math 对象实例。

（1）Math 对象的属性。Math 对象的属性定义了一些常用的数学常数，它们是只读的。这些属性列于表 4-5 中。

表 4-5　Math 对象属性表

属　性　名	含　　义
E	常数 e，自然对数的底，近似值为 2.718
LN2	2 的自然对数，近似值为 0.693
LN10	10 的自然对数，近似值为 2.302
LOG2E	以 2 为底，e 的对数，即 $\log_2 e$，近似值为 1.442
LOG10E	以 10 为底，e 的对数，即 $\log_{10} e$，近似值为 0.434
PI	圆周率，近似值为 3.142
SQRT1_2	0.5 的平方根，近似值为 0.707
SQRT2	2 的平方根，近似值为 1.414

例如，引用自然对数的底 e，格式为 Math.E。

（2）Math 对象的方法。Math 对象的方法包括三角函数、对数和指数函数和舍入函数等。表 4-6 列出了常用的一些方法。例如，要使用正弦三角函数，格式为：Math.sin(3.2)。

表 4-6　Math 对象常用方法

方　　法	含　　义
sin(val)	返回 val 的正弦值，val 的单位是 rad（弧度）
cos(val)	返回 val 的余弦值，val 的单位是 rad（弧度）
tan(val)	返回 val 的正切值，val 的单位是 rad（弧度）
asin(val)	返回 val 的反正弦值，val 的单位是弧度

方 法	含 义
exp(val)	返回 e 的 val 次方
log(val)	返回 val 的自然对数
pow(bv,ev)	返回 bv 的 ev 次方
sqrt(val)	返回 val 的平方根
abs(val)	返回 val 的绝对值
ceil(val)	返回大于或等于 val 的最小整数值
floor(val)	返回小于或等于 val 的最小整数值
round(val)	返回 val 四舍五入得到的整数值
random()	返回 0~1 之间的随机数
max(val1,val2)	返回 val1 和 val2 之间的大者
min(val1,val2)	返回 val1 和 val2 之间的小者

4．Date 对象

Date 对象封装了有关日期和时间的操作，它有大量设置、获得和处理日期和时间的方法，但没有任何属性。

（1）创建 Date 对象实例。创建 Date 对象实例的语法是：

　　[var] Date 对象名=new Date([parameters]);

参数可以是以下的任一种形式：

无参数　　　　　　　　　　　　　　　　　　获得当前日期和时间。

形如"月 日，年 时：分：秒"的参数　　　　创建指定日期和时间的实例。

形如"年、月、日、时、分、秒"的整数值参数　　创建指定日期和时间的实例（省略时、分、秒，其值将设为 0）。

例如：

　　var today=new Date( );

　　birthday=new Date("September 10,1990 5:50:20");

　　birthday=new Date(90,9,20);

　　birthday=new Date(90,9,20,5,50,20);

（2）Date 对象的方法。Date 对象的方法可分为以下 4 类。

① get 方法组，在 Date 对象中获取日期和时间值。主要包括以下 9 种。

getYear( )：返回对象实例的年份值。如果年份在 1900 年后，则返回后两位，例如 1998 将返回 98；如果年份在 100~1900 之间，则返回完全值。

getMonth( )：返回对象实例的月份值，其值在 0~11 之间。

getDate( )：返回对象实例日期中的天，其值在 1~31 之间。

getDay( )：返回对象实例日期是星期几，其值在 0~6 之间，0 代表星期日。

getHours( )：返回对象实例时间的小时值，其值在 0~23 之间。

getMinutes( )：返回对象实例时间的分钟值，其值在 0~59 之间。

getSeconds( )：返回对象实例时间的秒值，其值在 0~59 之间。

getTime( )：返回一个整数值，该值等于从 1970 年 1 月 1 日 00:00:00 到该对象实例存储的时间所经过的毫秒数。

getTimezoneOffset( )：返回当地时区与 GMT 标准时的差别，单位是 min（GMT 时间是基于格林尼治时间的标准时间，也称 UTC 时间）。

② set 方法组，设置 Date 对象中的日期和时间值，包括 setYear(year)、setMonth(month)、setDate(date)、setHours(hours)、setMinutes(minutes)、setSeconds(senconds)和 setTime(time)，含义与 get 方法组相同。

③ to 方法组，从 Date 对象中返回日期和时间的字符串值，包括 toGMTString( )、toLocalString( )和 toString( )。

④ parse 和 UTC 方法，用于分析 Date 字符串。这两个方法的用法比较特殊，它们是由 Date 对象本身（也称系统实例）使用的，通常称这样的方法为静态成员方法。

parse 方法的语法为：

  Date.parse(DateString);

它将字符串参数表示的日期转换为一个整数值，该值等于从 1970 年 1 月 1 日 00:00:00 计算起的毫秒数。

UTC 方法的语法为：

  Date.UTC(year,month,date,hour,minute,second);

它将数值参数表示的日期转换为一个整数值，该值等于从 1970 年 1 月 1 日 00:00:00 起计算的毫秒数。

例如： date1=new Date( );

   date2=new Date( );

   date1.setTime(Date.parse("10 Jan,2000 20:10:10"));

   date2.setTime(Date.UTC(2000,9,1,20,10,10));

parse 方法的字符串参数可有多种形式，例如：

  "10 Jan,2000 20:10:10"

  "Jan 10,2000"

  "10 Jan 2000"

  "1/10/2000"

  "10 Jan,2000 20:10:10 GMT" //当字符串末尾有 GMT 时，计算机的时区设置将起作用。

parse 与 UTC 的区别在于参数不同，前者参数为字符串，后者参数为整数。它们可以用于日期的比较。

【例 4-10】一个有关 Date 对象的应用例子。该 HTML 文件在浏览器窗口显示一个不断刷新的数字时钟。程序的运行结果如图 4-9 所示。

```
<html><head><title>数字钟</title>
<style>
  form { font-size:22px; }
  input { font-size:24px;
          color:red;
          width:180;height:40;}
</style>
<script language="JavaScript">
```

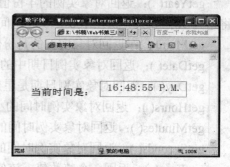

图 4-9　不断刷新的数字时钟

```
function aClock( ){
    var now=new Date( );
    var hour=now.getHours( );
    var min=now.getMinutes( );
    var sec=now.getSeconds( );
    var timeStr=" "+hour;
    timeStr+=((min<10)?":0":":")+min;
    timeStr+=((sec<10)?":0":":")+sec;
    timeStr+=(hour>=12)?" P.M.":" A.M.";
    document.clock_form.clock_text.value=timeStr;
    clockId=setTimeout("aClock( )",1000);
}
</script></head>
<body onLoad="aClock( )">
<br><br><br>
<form name="clock_form">
      当前时间是：
    <input type="text" name="clock_text" value="">
</form></body></html>
```

例 4-10 在头部定义了函数 aClock( )，该函数应用 Date 对象的多个方法。函数 aClock( ) 中最关键的是语句 clockId=setTimeout("aClock( )",1000)；其中 setTimeout( )是内建函数，setTimeout("aClock( )",1000)表示每隔 1 000 ms 调用 1 次 aClock( )。所以本例设计的数字时钟每隔 1 秒刷新 1 次。本例 body 在页面载入时用 onLoad 事件处理将 aClock( )调入执行。

5．Number 对象

Number 对象给出了系统最大值、最小值以及非数字常量的定义，这些常量的定义列于表 4-7 中。

表 4-7　Number 对象属性表

属　　性	含　　义
MAX_VALUE	数值型最大值，值为 1.7976931348623517e+308
MIN_VALUE	数值型最小值，值为 5e-324
NaN	非合法数字值
POSITIVE_INFINITY	正无穷大
NEGATIVE_INFINITY	负无穷大

Number 对象与 Math 对象一样，也是静态对象，因此引用表 4-7 中的 Number 对象属性的格式也与 Math 对象相似。例如：

　　　Max_val=Number. MAX_VALUE

6．Boolean 对象

Boolean 对象的作用是将非布尔量转换为布尔量。以下语法可创建 Boolean 对象实例：

```
[var] BoolVal=new Boolean([参数]);
```
其中，参数可以为空。当参数为空，或参数为 0、null、false、空字符串时，所创建的对象实例为 false；其他情况下，所创建的对象实例为 true。例如：

```
var BoolVal1=new Boolean( );          //BoolVal1 值为 false
var BoolVal2=new Boolean("");         //BoolVal2 值为 false
var BoolVal3=new Boolean(8);          //BoolVal3 值为 true
var BoolVal4=new Boolean("This");     //BoolVal4 值为 true
```

7．Function 对象

前面已经讨论并多次应用了函数的定义，Function 对象提供了另一种定义和使用函数的方法。利用 Fonction 对象定义函数对象实例的语法为：

```
var FuncName=new Function([arg1],[arg2],…,FuncString);
```
其中，FuncName 是函数名，arg1，arg2，…，是函数的形式参数，它们可以没有；FuncString 是字符串形式的函数体。这样定义的函数实例，可以像普通函数一样调用。例如：

```
var setColor=new Function(" document.color='darkgreen'");
```
以后就可以调用它；例如：

```
if (MustSetColor) then { serColor( ); }
```
利用 Function 对象定义和调用函数与前面讨论的函数定义和使用方法相比，后者在执行速度上更快一些，所以以使用后一种方法为主。

8．预定义函数

预定义函数不属于任何对象，不必通过对象来引用它们。

（1）eval 函数。其语法为：

```
eval(string);
```
其中，string 是一个字符串，它的内容应是一个合法表达式。eval 函数将表达式求值，返回该值。例如：

```
var sum=eval("2+3*4");   //sum 的值为 14
var a=2;
var val=eval("5+3*a");   //val 的值为 11
```
（2）isNaN 函数。其语法为：

```
isNaN(testValue);
```
其中，testValue 是被测试的表达式，它可以是任意类型的表达式。isNaN 测试表达式的值是否为 NaN，若是，isNaN 返回 true；否则返回 false。注意，有些平台不支持 NaN 常量，则此函数无效。

（3）parseInt 和 parseFloat 函数。

parseInt 函数的语法格式为：

```
parseInt(str[,radix])
```
其中，str 是一个字符串。可选参数 radix 是整数，若给出，则表示基数；若未给出，则表示基数为 10。parseInt 函数先对字符串形式的表达式求值，若求出的值是整数，则转换为相应基数的数值。若不能求出整数值，则返回 NaN 或 0。

parseFloat 函数的语法格式为:

```
parseFloat(str)
```

parseFloat 函数的使用与 parseInt 类似,其所求的值为浮点数。例如:

```
floatVal=parseFloat("1e28");
if (isNaN(floatVal)){
    document.write("Not float");
}
else {
    document.write("Is float");
}
```

4.3 VBScript 语言

VBScript 是 Visual Basic 的子集,也可以说它是为了适应 Internet 应用而从 Visual Basic 程序设计语言提炼并发展来的,它与 Visual Basic 语言的语法基本相同,但功能上限制较多。

VBScript 与 JavaScript 一样,嵌入 HTML 文件中,可以设计出生动活泼、互动的 Web 页和基于 Web 的应用程序。VBScript 可以在用户端和服务器端执行。目前能够在用户端执行 VBScript 的浏览器,以 IE 3.x 及以上版本为主,其他浏览器如 Netscape,使用"ActiveX plug-in for Netscape"程序也可以执行 VBScript 应用程序。

VBScript 是面向对象的程序设计语言,在 VBScript 的服务器端程序中,ASP 对象和 ActiveX 对象是十分重要的。

4.3.1 在 HTML 文件中加入 VBScript 程序

在 HTML 文件中加入 VBScript 程序的方法与 JavaScript 程序加入 HTML 文件的方法相同。

① 一种方法是利用 HTML 的<script>标记,只是必须指定该标记的 language 属性值。其语法为:

```
<script class=类名 event=事件名 for=对象名 id=标识名 language=脚本语言名 src=脚本文件 URL>
```

其中,<script>标记的属性都是可选的,languange 的默认值是 JavaScript;class 是该 script 的类名;event 设定本 script 程序为当某事件发生时即执行的程序,它需与 for 配合使用;for 设置引发事件的对象名;id 设定本 script 的标记;scr 是当脚本程序单独存放时,在 HTML 文件中用<script>标记引用它时的 URL。例如:

```
<html>…
<body>
  <form>
      <input type=button ID=Button1 value="按钮 1">
  </form>
  <script language="VBScript" for= Button1 event=onClick>
    alert("您刚才按了按钮 1。")
  </script>
```

```
        </body>
        </html>
```

该例<script>定义中设置了 event 和 for 属性值，for 指出了引发事件的对象是 id 为 Button1 的按钮，被触发的事件是 Click，即用户单击"按钮 1"之后执行该<script>标记中的程序。

② 另一种方法是在事件处理中直接写入 VBScript 程序代码。例如：

```
        <SPAN id=One STYLE="color:white;font-size:14px;
        text-align:CENTER;"onMouseOut="One.style.color='white'"
        onMouseOver="One.style.color='red'" title=按一下可看详细内容>政策法规</SPAN>
```

上述标记<SPAN>的定义直接将 VBScript 语句 One.style.color='white'和 One.style.color='red' 作为 onMouseOut 和 onMouseOver 的事件处理的程序直接加在标记定义中。当事件处理的代码较少时可以使用这种方式。注意，这种引用方式中 VBScript 语句需用双引号括起来，如果 VBScript 语句中需要用引号引用字符串，就只能用单引号。本例还要注意，在 VBScript 的语句 One.style.color='white'和 One.style.color='red'中将<SPAN>标记作为对象，通过其 id 属性值来引用，这是 VBScript 的重要特征之一。VBScript 将页面各种元素都作为对象，都通过它们的 id 属性值引用。

4.3.2 VBScript 的基本语法

1．VBScript 的数据类型

VBScript 只有一种数据类型，即 variant（变体类型）。variant 是一种特殊的数据类型，根据使用方式不同，它可以包含不同类别的信息，即根据实际使用的上下文环境，决定它所代表的数据内容是"字符串"还是"数值"。例如，当数据内容是 Script 时，VBScript 将把它作为字符串，而当数据内容是 50 时，则将把它作为数值来使用。

除简单地将数据内容分为数值和字符串外，variant 还进一步区分信息的含义，称为 variant 的子类型。variant 子类型如表 4-8 所示。

表 4-8 variant 的子类型

子 类 型	描　述
Empty	未初始化的 variant。对于数值变量，则值是 0；对于字符串变量，值是长度为 0 的字符串，即""
Null	表示不包含任何有效数据的 variant
Boolean	逻辑值 True 或 False
Byte	介于 0~255 之间的整数
Integer	介于-32 768~32 767 之间的整数
Currency	货币值，其值在-922 337 203 685 477.5808~922 337 203 685 477.5807 之间
Long	介于-2 147 483 648~2 147 483 647 之间的长整数
Single	单精度浮点数 负数范围介于-3.402823E38~-1.401298E-45 之间 正数范围介于 1.401298E-45~3.402823E38 之间
Double	双精度浮点数 负数范围介于-1.79769313486232E308~-4.94065645841247E-324 之间 正数范围介于 4.94065645841247E-324~1.79769313486232E308 之间

子 类 型	描 述
Date(Time)	表示日期的数字,范围从公元 100 年 1 月 1 日至公元 9999 年 12 月 31 日
String	变长字符串,最大长度可为 20 亿个字符
Object	对象
Error	错误代码

可以使用转换函数来转换数据的子类型,或用 VarType 返回数据的子类型。常用的类型转换函数如下所示:

CBool(x)——将变量 x 转换成 Boolean 类型。

CByte(x)——将变量 x 转换成 Byten 类型。

CCur(x)——将变量 x 转换成 Currency 类型。

CInt(x)——将变量 x 转换成 Integer 类型。

CLng(x)——将变量 x 转换成 Long 类型。

CSng(x)——将变量 x 转换成 Single 类型。

CDbl(x)——将变量 x 转换成 Double 类型。

CStr(x)——将变量 x 转换成 String 类型。

2. VBScript 常量

VBScript 常量是具有一定含义的名称,其值是固定不变的。VBScript 中使用 const 语句定义常量,例如:

```
const MyString="这是一个字符串"
const Sum_N=20
const CurrDate=#10-11-2000#
```

VBScript 定义了一批常量保留字,如 vbString、vbByte 等,它们是系统的预定义常量,其名字都以 "vb" 开头。

3. VBScript 变量

(1)变量及其声明。VBScript 的变量是在程序中其值可以改变的量。VBScript 中变量声明有两种方式。

一种方式是使用 Dim 语句显式地定义变量,例如:

```
Dim clickCount
Dim Top,Bottom,Left,Right
```

另一种方式是通过在 VBScript 程序中直接使用变量名来隐式地声明变量。例如:

```
Num=0
MyName="Mary"
```

后一种方式有时会由于变量名拼写错误而导致意外结果,所以应尽量少用。

(2)变量名。变量命名的规则是:

① 必须以字母开头;

② 中间不能包含句点(.);

③ 长度不超过 255 个字符;

④ 在变量的作用域范围内必须唯一。

通常给变量命名时还需注意它所表达的含义，如 clickCount，可表示单击次数；sum 表示和数等。VBScript 变量中的大小写字母是不区分的，这点与 JavaScript 不同。

（3）变量的作用域与生存期。变量的作用域由其被声明的位置决定。若变量在过程中被声明，则它的作用域仅局限于该过程，称为局部变量。若变量在过程外被声明，则它的作用域是整个脚本程序范围，可被所有过程引用，称为全局变量或 script 级变量。

变量的存在时间称为生存期。全局变量的生存期是从被声明之时起至 script 程序运行结束；局部变量的生存期是该变量所在过程的运行期，该过程运行结束后，变量随之消失。

（4）标量变量和数组变量。只包含一个值的变量称为标量变量，而数组变量则是包含多个相关值的变量。数组变量也用 Dim 语句声明，例如：

    Dim A(10)

上述语句声明了一个含有 11 个元素的一维数组 A。VBScript 数组的所有下标均从 0 开始，故 A(10)包含 11 个元素。数组元素可像标量变量一样被赋值和引用。例如：

    A(0)=0

    clickCount=A(0)

VBScript 可以声明多维数组，各维数之间以逗号分隔。例如声明二维数组可用如下语句：

    Dim A(10,5)

该语句声明了一个 11 行 6 列数组。以上的声明方式所声明的数组都是固定数组，即数组元素的个数在声明时就已经确定，在程序运行过程中不能改变数组大小。VBScript 中还可以声明动态数组，即在程序运行中可以改变其大小的数组。动态数组的声明方法是，初始用 Dim 或 ReDim 语句声明数组名；其后用 ReDim 确定维数和大小；以后可用 ReDim Preserve 语句重新调整数组的大小。例如：

    Dim Array1( )，或 ReDim Array1( )
    ⋮

    ReDim Array1(10)，随后用 ReDim 确定数组 Array1 为具有 11 个元素的一维数组
    ⋮

    ReDim Preserve Array1(20)，调整数组大小为 21，保留数组原有的 11 个元素值

语句 ReDim Preserve 中的关键字 Preserve 表示在调整数组大小时保留数组的内容。但当数组调小时，将删除部分内容。

4. 运算符和表达式

VBScript 的运算符包括 4 种，即算术运算符、比较运算符、连接运算符和逻辑运算符。

（1）算术运算符。VBScript 的算术运算符有：

^	求幂		–	负号
*	乘法		/	除法
\	整除		mod	取余
+	加法		–	减法

（2）比较运算符。用于比较两个表达式的值，结果是逻辑值。比较运算符有：

=	等于		<>	不等于
<	小于		>	大于

<= 小于或等于   >=   大于或等于

Is   是否为同一对象

Is 运算符并不比较对象的值，而是判断参与运算的两个对象是否引用同一个对象。

（3）连接运算符。包括+或&，用于连接字符串。但由于+还是加法运算符，所以在容易混淆之处，最好使用&作为连接符。

（4）逻辑运算符。用于进行表达式的逻辑判断，结果是逻辑值。逻辑运算符有：

Not   逻辑"非"   And   逻辑"与"

Or   逻辑"或"   Xor   逻辑"异或"

Eqv   逻辑"等价"   Imp   逻辑"蕴涵"

（5）运算符的优先级。当一个表达式包含多个运算符时，将按照一定的顺序计算各个部分，这个计算顺序称为运算符优先级。利用括号可以改变运算的次序，括号中的部分总是优先计算。括号中的计算仍然要按照优先级规定。

VBScript 的运算符优先级规定是，算术运算符优先级最高，其次是连接运算符，接下来是比较运算符，最后是逻辑运算符。同种运算符的运算次序按照以上所列。

（6）表达式。根据表达式值的类型，VBScript 将表达式分为算术表达式、字符串表达式、逻辑表达式三种。例如：

```
x+2                    '算术表达式
x<10 and x>0           '逻辑表达式
"变量 x 的值为："&x       '字符串表达式
```

5．流程控制

VBScript 的流程控制包括条件语句和循环语句两种。

（1）条件语句。VBScript 的条件语句包括两种，即 If…Then…Else 和 Select Case。

① If…Then…Else 语句。其语法为：

```
If   条件表达式    Then
      语句组 1
[Else
      语句组 2]
End If
```

例如：

```
Dim ThisHour
ThisHour=Hour(Now( ))
If (ThisHour>=6) and (ThisHour<18) Then
      MsgBox "现在是白天"
Else
      MsgBox "现在是夜晚"
End If
```

② Select Case 语句。当条件的判断状态可能有多种时，可使用多路分支选择语句 Select Case，其语法为：

```
Select Case 表达式
```

```
                Case 值 1
                    语句组 1
                Case 值 2
                    语句组 2
                     ⋮
                Case Else
                    语句组 n
        End Select
例如：
        Dim ThisDay
        ThisDay=WeekDay(Date( ))
        Select Case ThisDay
            Case 2
                MsgBox "Today is Monday."
            Case 3
                MsgBox "Today is Tuesday."
            Case 4
                MsgBox "Today is Wednesday."
            Case 5
                MsgBox "Today is Thirsday."
            Case 6
                MsgBox "Today is Friday."
            Case 7
                MsgBox "Today is Saturday."
            Case Else
                MsgBox "Today is Sunday."
        End Select
```

（2）循环语句。用于重复执行一组语句，VBScript 有 4 种循环语句。

① For…Next 语句。指定循环次数，利用计数器控制重复执行语句的次数，其语法为：

```
        For  计数器变量=初值  To  终值  [Step  步长]
            语句组 1
            [Exit For]
            [语句组 2]
        Next
```

For 循环从计数器的初值开始执行，每执行一次循环体语句，计数器变量变化步长值（若不指定步长，则默认为 1），新的计数器变量值若不超出终值，则再次执行循环体，如此重复，直到计数器变量值超出终值为止，循环结束。Exit For 语句用于在计数器到达终值之前需强制退出循环的情况。例如：

```
        Dim Sum
        Sum=0
        For i=1 To 10
```

```
        Sum=Sum+i
    Next
```

② For Each…Next 语句。它与 For Next 类似，是专门针对数组或对象集合而设计的。For Each…Next 语句针对数组中的每一元素或对象集合中的每一项重复执行一组语句。其语法为：

```
For Each 变量    In    数组或对象集合
    语句组 1
    [Exit For]
    [语句组 2]
Next
```

循环执行时，每次由数组或对象集合中取出一个值复制到变量中，然后执行循环体语句，直到数组或对象集合中所有的数据都处理完，循环结束。Exit For 语句也是强制退出。

【例 4-11】 定义一个对象数组 Obj，利用循环语句将 Obj 各项的值赋予各文本框。本例的运行结果如图 4-10 所示。

```
<html><head><title>For Each...Next 语句示例</title></head>
<script language="VBScript">
Sub cmdChange_OnClick
    Set Obj = CreateObject("Scripting.Dictionary")
    Obj.Add "0","文本 1"       '添加键和项目
    Obj.Add "1","文本 2"
    Obj.Add "2","文本 3"
    '将对象 Obj 各项目的值赋予各文本框
    j=0
    For Each i in Obj
        Document.textForm.Elements(j).Value = Obj.Item(i)
        j=j+1
    Next
End Sub
</script>
<body><center><form name="textForm"><input type = "Text"><p>
 <input type = "Text"><p><input type = "Text"><p>
 <input type = "Button" name="cmdChange" value="单击此处"><p>
 </form></center></body></html>
```

图 4-10　For Each ... Next 示例

③ While…Wend 语句。其语法为：

```
While    条件表达式
    语句组
Wend
```

该语句当条件表达式值为真时执行语句组。

④ Do…Loop 语句。它提供更为灵活的循环控制方式，该语句可以在条件值为真时执行循环体语句，或在条件值为假时执行循环体语句。

第一种格式：

> Do   While|Until   条件表达式
>> 语句组 1
>> [Exit Do]
>> [语句组 2]
> Loop

这种格式在循环开始便检查条件值，若使用关键字 While，则当条件值为真时执行循环体；若使用关键字 Until，则当条件值为假时执行循环体。

第二种格式：

> Do
>> 语句组 1
>> [Exit Do]
>> [语句组 2]
> Loop   While | Until   条件表达式

这种格式与第一种格式的区别在于，它先执行 1 次循环体后才开始检查循环条件。

6. 过程与函数

VBScript 的子程序包括过程（Sub）和函数（Function）两类，两者的主要区别在于函数可以有返回值，而过程没有返回值。

（1）过程 Sub。过程的定义语法为：

> Sub 过程名（参数表）
>> 语句组 1
>> [Exit Sub]
>> [语句组 2]
> End Sub

例 4-11 中已经给出了一个过程 cmdChange_OnClick 的定义。

过程的调用使用 call 语句，语法为：

> call 过程名（实参表）

（2）函数 Function。函数的定义语法为：

> Function   函数名（参数表）
>> 语句组 1
>> 函数名=返回值
>> [Exit Function]
>> [语句组 2]
>> [函数名=返回值]
> End Function

函数的调用方式是被作为表达式或其一部分来引用的，参见例 4-12。

【例 4-12】定义一个求阶乘函数 Factor(n)，它返回 n!；并定义过程 Output，它从输入文本框"InputText"读取输入值，调用函数 Factor 计算输入值的阶乘，在输出框中输出该值，如图 4-11 所示。运行该程序时，先在输入数据框中输入一个整数值，然后单击"显示结果"按钮，将在结果框中显示所输入整数的阶乘值。

```html
<html><head><title>Sub 和 Function 示例</title>
<script language="VBScript">
Sub Output( )
    Dim input_val
    input_val=Document.OpForm.InputText.value
    Document.OpForm.OutputText.value=Factor(input_val)
End Sub
Function Factor(n)
    Dim i,m
    m=1
    For i=1 To n
        m=m*i
    Next
    Factor=m
End Function
</script></head>
<body><center><form name="OpForm">请输入一个小于 10 的正整数：
<input type=text name="InputText" size=6>
<p>输入数据后，按此按钮可在下框中得到所输入数的阶乘：
<input type=button onClick="Call Output( )" value="显示结果">
<p><input type=text name="OutputText" size=10></form></body></html>
```

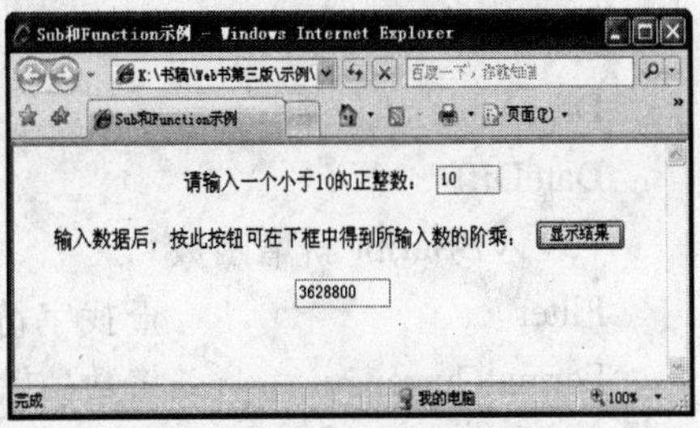

图 4-11　过程和函数示例

7．预定义函数

VBScript 可运用 VB 预定义函数，并扩展了一些系统函数，包括数学函数、类型转换函数、字符串函数和日期时间函数等 4 种。

（1）数学函数

Abs	取绝对值	Exp	指数函数
Log	对数函数	Sgn	符号函数
Sin,Cos,Tan,Atn	三角函数	sqr	求平方根

（2）类型转换函数

CBool，CByte，CCur，CDate，CDbl，Cint，Clng，CSng，CStr，Cvar	类型转换
Int，Fix	取整数值
Str	数值转字符串
Val	字符串转数值

（3）字符串函数

Asc,Chr	取位、ASCII 码	InStr	查找字符串
Len	求字符串长度	Left	取字符串左边字符
Right	取字符串右边字符	Mid	取字符串中间字符
LTrim，RTrim，Trim	去除空格	Space,String	组成字符串
UCase，LCase	转换大小写		

（4）日期时间函数

DateValue，TimeValue	取日期时间
Year，Month，Day	取年、月、日
Hour，Minute，Second	取时、分、秒
DateSerial	合并年、月、日成为日期
TimeSerial	合并时、分、秒成为时间
Date，Time，Now	取系统日期时间
DatePart	取日期时间各部分值
DateAdd	日期时间增减
DateDiff	计算日期时间差

（5）VBScript 新增函数

Filter	查找字符串数组中特定的字符串
FormatCurrency	将数值输出成货币格式
FormatNumber	数值数据格式化
FormatPercent	将数值转换为百分比格式
FormatDateTime	日期时间格式化
InStrRev	反向查找字符串
Join	将字符串数组组合成一个字符串
Replace	将字符串中某些字符串替换为其他字符串
MonthName	返回月份名称
Split	将字符串分割成字符串数组
StrReverse	反转字符串
WeekdayName	返回星期名称

本 章 小 结

本章首先讨论了脚本语言的特点，然后着重介绍了在 Web 程序设计中广为使用的 JavaScript 和 VBScript 两种脚本语言。

JavaScript 是基于对象的，具有很好的跨平台特性，适用于大多数浏览器，其基本语法类似于 C 语言。此外，JavaScript 还定义了较丰富的对象和函数，使其处理能力得到增强。本章通过丰富的示例介绍了 JavaScript 预定义对象及函数的使用方法。

VBScript 是一种与 Visual Basic 类似的程序设计语言，它是 Visual Basic 的子集，也是为了适应 Internet 应用从 Visual Basic 程序设计语言提炼并发展而来的，与 Visual Basic 语法基本相同，但功能上限制比较多。本章通过示例介绍了 VBScript 的基本语法。

习 题 4

4.1 简述脚本语言的特点。

4.2 什么是对象？什么是事件？

4.3 JavaScript 的对象分为哪两类，各有什么特点？

4.4 JavaScript 和 VBScript 中，哪种语言是大小写敏感的？

4.5 JavaScript 中如何创建对象？

4.6 试用 JavaScript 语言设计一个程序，判断用户输入的整数是正数、负数或零。

4.7 设计一个判定用户输入的电话号码是否正确的程序，设电话号码可以是 7、8 或 11 位。

4.8 试设计一个程序，根据当天是星期几，在页面中显示不同的图片。

上机实验 4

4.1 用 JavaScript 脚本语言设计程序。

【目的】

（1）掌握将 JavaScript 脚本嵌入 HTML 文件的方法。

（2）掌握使用 JavaScript 脚本语言设计应用程序的过程。

（3）掌握基本的 JavaScript 语法。

【内容】用 JavaScript 脚本语言设计一个程序：根据当天是星期几，在页面中显示不同的图片。程序的运行结果如图 4-12 所示。要求在图片上方显示今天是星期几，再显示图片。

图 4-12 根据星期几显示不同的图片

【步骤】

（1）准备 7 个 gif 图片文件，分别命名为 g0.gif～g6.gif。

（2）打开记事本程序。

（3）输入能够生成如图 4-12 所示页面的 JavaScript 程序的源代码，保存为.html 文件，文件名为 ex4-1。

（4）双击 ex4-1.html 文件，在浏览器中查看结果。

4.2 用 VBScript 脚本语言设计程序。

【目的】

（1）掌握将 VBScript 脚本嵌入 HTML 文件的方法。

（2）掌握使用 VBScript 脚本语言设计应用程序的过程。

（3）掌握基本的 VBScript 语法。

【内容】用 VBScript 脚本语言设计一个简单的验证程序：要求在文本框中输入一个 1～100 之间的整数，单击"提交"按钮。若输入正确，则弹出对话框，显示"你输入对了，谢谢!"，如图 4-13 所示；若输入不正确，则弹出对话框，显示"请输入一个 1 到 100 之间的数字。"，如图 4-14 所示。

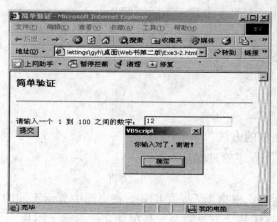

图 4-13 输入正确的显示

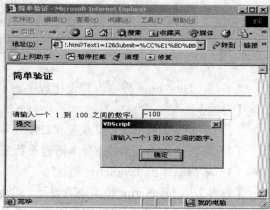

图 4-14 输入不正确的显示

【步骤】

（1）打开记事本程序。

（2）输入能够生成如图 4-13 和图 4-14 所示页面的 VBScript 程序的源代码，保存为.html 文件，文件名为 ex4-2。

（3）双击 ex4-2.html 文件，在浏览器中查看结果。

第 5 章 页 面 设 计

网页设计要使用多种技术，包括 HTML 语言、脚本程序设计、CSS 样式表以及美工技术等。仅使用 HTML 语言设计的页面属于静态页面。Web 刚出现的一段时间内，Web 是一个静态信息发布平台，所设计的页面都是静态页面；而当今的 Web 已经具有更丰富的功能。现在，人们不仅需要浏览 Web 提供的信息，而且还需要进行信息搜索，开展电子商务等。为实现以上功能，必须使用更新的网络编程技术设计动态网页。所谓动态，指的是按照访问者的需要，对访问者输入的信息作出不同的响应，提供响应信息。更进一步，动态网页设计技术又可分为客户端和服务器端，客户端动态网页设计技术主要使用动态样式表（CSS）和在浏览器中执行的脚本程序，而服务器端动态网页设计技术主要使用 CGI、ASP、JSP、PHP 等脚本程序。本章将讨论静态网页和客户端动态页面设计技术。

5.1 页面设计概述

一般来说，Web 网站开发的全过程大致分为 5 个阶段：策划与定义、设计、开发、测试和发布。首先要根据建站目的和定位进行策划与定义，确定网站风格、栏目、布局方式等；接下来要进行页面设计和后台程序开发。页面设计包括静态页面设计和动态页面设计，本章所要讨论的就是页面设计所涉及的有关技术。在实际工程中，页面设计基本上都可借助开发工具完成，本章将揭示相关页面设计技术的本质。

静态页面设计技术主要采用 HTML 来完成。对于静态页面，用户只能浏览 Web 服务器上预先安排好的信息。设计静态页面主要使用各种页面开发工具，如 Dreamweaver、FrontPage 等。

HTML 语言自 1993 年 6 月由互联网工程工作小组（IETF）作为工作草案发布以来，已先后推出了 HTML 2.0、HTML 3.0、HTML 3.2、HTML 4.0、XHTML 及 HTML 5 等多个版本。其中 HTML 3.0 和 HTML 4.0 规范对于网页设计尤为重要。HTML 3.0 提供了很多新特性，如表格、文字绕排和复杂数学元素的显示等。1997 年 12 月推出的 HTML 4.0 将 HTML 语言推向一个新高度，该版本倡导两个理念：一是将文档结构和显示样式分离，二是更广泛的文档兼容性。由于同期 CSS 层叠样式表的配套推出，更使得 HTML 和 CSS 的网页制作能力达到了新的高度。1999 年 12 月，W3C 网络标准化组织推出改进版的 HTML 4.01，该语言相当成熟可靠，一直沿用至今。本章将重点介绍基于 HTML 4.0、CSS 以及脚本程序设计语言的页面设计技术。

2000 年底，W3C 组织公布发行了 XHTML 1.0 版本。XHTML 是一种增强了的 HTML，它的可扩展性和灵活性将适应未来网络应用更多的需求。XML 虽然数据转换能力强大，完全可以替代 HTML，但面对成千上万已有的基于 HTML 语言设计的网站，直接采用 XML 还为时过早。因此，在 HTML 4.0 的基础上，用 XML 的规则对其进行扩展，就得到了 XHTML。所以，建立 XHTML 的目的是实现 HTML 向 XML 的过渡。所以，本质上说，XHTML 是一个过渡技术，结合了 XML 的强大功能及 HTML 的简单特性。

2007 年 HTML 5 草案被 W3C 接纳，并成立了新的 HTML 工作团队。2008 年 1 月 22 日第一份正式的 HTML 5 草案发布。它增加了更多样化的 API，提供了嵌入音频、视频、图片的函数、客户端数据存储，以及交互式文档。增加了新的页面元素，如 <header>、<section>、<footer>和<figure>等。HTML 5 通过制定处理所有 HTML 元素和错误恢复的精确规则，改进了互操作性，并减少了开发成本。

5.2 DHTML 简介

客户端的页面动态特性主要是通过层叠样式表（CSS）、脚本程序和 HTML 4.0 来实现的，这三者构成了动态 HTML（Dynamic HTML，DHTML）。

"动态"的含义不仅指页面中加入了动画、影像或声音，更重要的是指页面应具有交互性，可以控制页面内容的变化。DHTML 是一种通过各种技术的综合而得以实现的概念。

DHTML 涵盖以下三方面的技术内容：HTML 4.0、CSS 和脚本语言。

1．HTML 4.0

HTML 4.0 对以前版本的标记进行了扩充，它将页面中的文字及图像等都作为对象来处理，并可通过脚本语言程序对其特性和变化予以控制。这样页面的内容可以根据用户的动作而变化，大大丰富了"动态"的含义。

2．层叠样式表（CSS）

HTML 中的显示特性是通过标记的属性来设置的，一旦设置就难以变化，且不能由程序控制，具有很大的局限性。CSS（Cascading Style Sheets）是 W3C 协会为弥补 HTML 在显示属性设定上的不足而制定的一套扩展样式标准。它扩充了 HTML 标记的属性设定，称为 CSS 样式，通过脚本程序控制，可以使页面的表现方式更为灵活，更具动态特性。CSS 可提供多种样式，以减少 GIF 动画的使用，从而能设计出规模更小、下载更快的网页。CSS 是一套开放性标准，不仅可用于 HTML 语言，也可用于其他网页设计语言，如 XML 语言。目前 CSS 的版本包括 CSS1、CSS2 和 CSS3。有关 CSS 的详情，可访问 http://www.w3.rog/style/。

3．脚本语言

脚本语言是 DHTML 最重要的部分，因为页面中对象要"动"起来，就必须通过脚本程序进行控制。实际上，DHTML 基于 HTML 语言，利用 CSS 扩展样式进行编排，借助浏览器对象模型概念，用脚本程序对网页进行动态控制。

在此需强调一点，IE 和 Netscape 浏览器在 4.0 版本及以后都支持对象概念，即定义浏览器是由各种对象（如 Window、Document 等）组成的。IE 和 Netscape 浏览器的对象模型都是基于 W3C 公布的文件对象模型 DOM（Document Object Model）的。DOM 是 W3C 大力推广的 Web 技术标准之一，其核心是将网页内容，包括文字、图像、表格和表单等都作为对象。有了浏览器的对象模型，只要为 HTML 中的标记设定一个标识符（ID），就可将所标识的内容作为对象在脚本程序中使用。

下面给出一个使用 CSS 样式和脚本程序的 HTML 文件，读者可以与 3.1 节中讨论的 HTML 文件进行比较。

【例 5-1】一个 DHTML 简例。

```
<html><head><title>DHTML 简例</title></head>
<body>
<span id=s1 onMouseOver="s1.style.color='red'"
    onMouseOut = "s1.style.color='black'">这是使用了 DHTML 的一个简例。</span>
</body></html>
```

本例在浏览器窗口中显示一行文字，当鼠标移到该行文字区域上时，文字颜色变为红色。其中，<span>标记是 CSS 样式表常用的分隔标记，id 属性的作用是为该 span 对象设定标识符，为此 span 对象设定的标识符是 s1，使脚本程序可以用 s1 这个名字引用它。随后的 onMouseMove、onMouseOut 是鼠标事件处理，s1.style.color='red'和 s1.style.color='black'是 JavaScript 语句，作用是为 s1 对象的 style 属性的 color 成员赋值。

5.3 层叠样式表 CSS

前面已经提到 CSS 是 W3C 协会为弥补 HTML 语言在显示属性设定上的不足而制定的一套扩展样式标准。CSS 标准中重新定义了 HTML 语言中原来的文字显示样式，并增加了一些新概念，如类、层等，可以对文字重叠、定位等提供更为丰富多彩的样式；同时 CSS 可进行集中样式管理。CSS 还允许将样式定义单独存储于样式文件中，这样把要显示的内容和显示样式的定义分离开，便于多个 HTML 文件共享样式定义。另外，一个 HTML 文件也可以引用多个 CSS 样式文件中的样式定义。

所谓"层叠"，实际上就是将显示样式独立于显示的内容，进行分类管理，如分为字体样式、颜色样式等，需要使用样式的 HTML 文件进行套用即可。

5.3.1 样式表的定义和引用

样式表的作用是通知浏览器如何呈现文档，样式表的定义是 CSS 的基础。先来看一个使用 CSS 样式定义 HTML 文件的例子。

【例 5-2】下面是一个使用 CSS 对文字显示特性进行控制的 HTML 文件。

```
<html><head><title>CSS 示例</title>
<meta http-equiv="Content-Type" content="text/html; charset=gb2312">
<style type="text/css">
h1 {font-family:"隶书", "宋体";color:#ff8800}
.text {font-family: "宋体"; font-size: 14pt; color: red}
</style></head>
<body topmargin=4><h1>这是一个 CSS 示例！<h1>
<span class="text">这行文字应是红色的。</span></body>
</html>
```

本例在浏览器中的显示结果如图 5-1 所示。

在该例的头部，使用了一个新的标记<style>，这是 CSS 对样式进行集中管理的方法。在<style>标记中定义了 h1 对象的样式和一个类选择器.text，在 body 中<h1>、<h1>

图 5-1 CSS 样式的文字显示控制

间的文字的显示套用 h1 对象的样式，而、之间的文字因定义了其类名为 text，故其显示套用类选择器.text 定义的样式。

1．样式表定义

CSS 样式表定义的基本语法为：

> 选择符（Selector）{ 规则（Rule）表}

其中：

（1）选择符是指要引用样式的对象，它可以是一个或多个 HTML 标记（各个标记之间以逗号分开），如例 5-2 中的 h1；也可以是类选择符（如例 5-2 中的.text）、ID 选择符或上下文选择符。

（2）规则表是由一个或多个样式属性组成的样式规则，各个样式属性间由分号隔开，每个样式属性的定义格式为：

> 样式名：值

样式定义中可以加入注解，格式为：

> /*字符串*/

例如，font-family: "宋体"、color:red 等。以下是样式定义表的例子。

① p { font-family: "宋体";
　　color:darkblue;
　　background-color:yellow;
　　font-size:9pt;　　/*字体大小*/
　　}

② h1,h2 { font-family:"隶书", "宋体";
　　color:#ff8800;
　　text-align:center;
　　}

例①定义了一个样式表供 HTML 文件的<p>标记使用，而例②也定义了一个样式表供 HTML 文件的<h1>和<h2>标记使用。

在例②中，选择符由两个 HTML 标记组成，表示两种对象均遵循该样式定义。通常可以把描述同一个对象的样式集中在一起定义，如例①；当对象的样式很多时，也可以按照样式的类别分开定义。如例①也可定义为：

> p { font-family: "宋体"; font-size:9pt;}
>
> p { color:darkblue; background-color:yellow;}

2．样式引用

在 HTML 文件中，样式引用的方式主要有以下 4 种。

（1）链接到外部样式表

如果多个 HTML 文件要共享样式表（这些页面的显示特性相同或十分接近），则可将样式表定义为一个独立的 CSS 样式文件，使用该样式表的 HTML 文件在头部用<link>标记链接到这个 CSS 样式文件即可。例 5-3 给出了这种方式的用法。

【例 5-3】先将样式定义存放于文件 style.css（CSS 样式文件的扩展名为.css），style.css 文件包含的内容为：

> h1 {font-family:"隶书","宋体";color:#ff8800}
>
> p {background-color:yellow;color:#000000}
>
> .text {font-family: "宋体"; font-size: 14pt; color: red}

HTML 文件 css1.htm 要引用该样式表，其文件内容为：

<html><head><title>链接外部 CSS 文件示例</title>

<link rel=stylesheet type="text/css" href="style.css" media=screen></head>

<body topmargin=4 >

<h1>这是一个链接外部 CSS 文件的示例！<h1>

<span class="text">这行文字应是红色的。</span>

<p>这一段的底色应是黄色。</p></body></html>

通过浏览器看到的结果如图 5-2 所示。

图 5-2　链接外部样式表文件示例

注意，CSS 样式文件不包含<style>标记，因它是 HTML 标记，而不是 CSS 样式。

在 HTML 文件头部使用多个<link>标记就可以链接到多个外部样式表。<link>标记的属性主要有 REL、HREF、TYPE、MEDIA。REL 属性定义链接的文件和 HTML 文档之间的关系，通常取值为 stylesheet。HREF 属性指出 CSS 样式文件。TYPE 属性指出样式的类别，通常取值为 text/css。MEDIA 属性指定接收样式表的显示终端，默认值为 screen（显示器），还可以是 print（打印机）、projection（投影机）等。

（2）引入外部样式表

这种方式在 HTML 文件的头部<style>、</style>标记之间，利用 CSS 的@import 声明引入外部样式表。格式为：

<style>

　　@import URL("外部样式文件名");

　　……

</style>

例如：<style type= "text/css ">

　　<!--

　　@import URL("style.css");

　　@import URL("http://www.njim.edu.cn/style.css ");

　　-->

</style>

引入外部样式表方式（简称引入方式）与链接到外部样式表（简称链接方式）很相似，都是将样式定义单独保存为文件，在需要使用的 HTML 文件中进行说明。两者的本质区别在于：引入方式在浏览器下载 HTML 文件时就将样式文件的全部内容复制到@import 关键字所在位置，以替换该关键字；而链接方式在浏览器下载 HTML 文件时并不进行替换，而仅在 HTML 文件体部需引用 CSS 样式文件的某个样式时，浏览器才链接样式文件，读取需要的内容。

（3）嵌入样式表

这种方式利用<style>标记将样式表嵌入 HTML 文件的头部。例 5-2 就使用了这种方式。

<style>标记内定义的前后加上注释符<!--...-->的作用是使不支持 CSS 的浏览器忽略样式表定义。<style>标记的属性 type，指明样式的类别，因为对显示样式的定义标准，除了有 CSS 外，还有 Netscape 的 JSS（JavaScript Style Sheets），其样式类别为 type="text/javascript"。type 的默认值为 text/css。嵌入样式表的作用范围是本 HTML 文件。

（4）内联样式

这种方式是在 HTML 标记中引用样式定义，方法是将标记的 style 属性值赋为所定义的样式规则。由于样式是在标记内部使用的，故称为"内联样式"。

例如：

    <h1 style="font-family:'隶书', '宋体';color:#ff8800">这是一个 CSS 示例！<h1>

    ......

    <body style= "font-family: '宋体';font-size:12pt;background:yellow ">

此时，样式定义的作用范围仅限于此标记范围之内。style 样式定义可以和原 HTML 属性一起使用。例如：

    <body topmargin=4 style="font-family: '宋体';font-size:12pt;background:yellow">

style 属性是随 CSS 扩展出来的，它可以应用于除 basefont、script、param 之外的体部标记。还要注意，若要在一个 HTML 文件中使用内联样式，必须在该文件的头部对整个文档进行单独的样式表语言声明，即

    <meta http-equiv= "Content-type " content= "text/css ">

内联样式主要应用于样式仅适用于单个页面元素的情况。因为它将样式和要展示的内容混在一起，自然会失去一些样式表的优点，表现在样式定义和内容不能分离。这种方式应尽量少用。

上述 4 种方式还可以混合使用，见例 5-4。

【例 5-4】设有两个样式表文件 s1.css、s2.css 和一个 HTML 文件 example_css.htm，内容分别如下。本例在浏览器中的显示效果如图 5-3 所示。

文件 s1.css：

    h2 {font-family:"隶书";color:#ff8800}

    p

    {color:black;background-color:yellow;font-size:12pt;}

文件 s2.css：

    h3 {font-family:"宋体";color:blue;font-style:italic;}

    .text {font-family: "宋体"; font-size: 10pt; color: red}

文件 example_css.htm：

    <html><head><title>CSS 综合应用示例</title>

    <link rel=stylesheet type="text/css" href="s1.css">

    <style type="text/css">

    a:visited {color: #0000FF; text-decoration: none}

    a:link {font-family: "宋体"; font-size: 9pt; color: #0000FF; text-decoration: none}

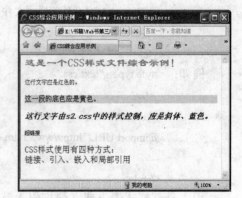

图 5-3　CSS 样式的引用方式示例

```
a:hover {font-family: "宋体"; font-size: 12pt; color: #003333;
        background-color: #FFCC99; text-decoration: none}
@import URL("s2.css");
</style></head>
<body topmargin=4 >
<h2>这是一个 CSS 样式文件综合示例！</h2>
<span class="text">这行文字应是红色的。</span>
<p>这一段的底色应是黄色。</p>
<h3>这行文字由 s2.css 中的样式控制，应是斜体、蓝色。</h3>
<a href="a.htm">超链接</a><br><br>
<div style="font-size:14pt;color:darkred;">CSS 样式使用有四种方式：<br>
链接、引入、嵌入和局部引用</div></body></html>
```

本例样式定义中的 a:link、a:visited、a:hover 分别定义超链接在未被访问、已访问和鼠标位于超链接敏感区时的特性。

5.3.2 相关标记和属性

随着 CSS 的出现，有几个新的 HTML 标记和属性被增加到 HTML 语言中，以使样式表与 HTML 文件更容易地组合起来，它们是：类选择符和 class 属性、id 选择符和 id 属性、上下文选择符、伪类、span 标记和 div 标记。

1. 类选择符和 class 属性

在样式引用的 4 种方式中，除了内联方式外，其余三种方式下，样式表中的样式定义在整个页面范围内都有效。但有时在页面中可能不希望同一种标记都遵循同一种样式，或者希望不同的标记能够遵循相同的样式。利用类选择符和标记的 class 属性就可做到这两点。方法是：在<style>标记中定义类选择符，在体部标记中将标记的 class 属性值设置为类名。

类选择符（Class Selector）在样式表中定义具有样式值的类，它有两种定义格式：

① 标记名.类名 {规则 1；规则 2；…}

② 类名 {规则 1；规则 2；…}

格式①的类选择符指明所定义的样式只能用在特定的标记上。例如：

```
<head><style type="text/css">
p.back { background-color:#666666;}
    ⋮
</span>…</head>
<body>…
<p class="back">本段文字的底色为#ddeeff</p>
<p>这是另一段</p>
…</body>
```

本例定义了一个类 back 的样式，供 HTML 文件的<p>标记使用，即只有 class 属性为"back"的标记<p>才遵循此样式。本例<body>部分有两个<p>标记，第一个设置了 class 属性值为 back，而第二个未设置，所以只有第一个<p>标记所辖的内容遵循该样式，第二个则不遵循。

例 5-4 已经使用了格式②的类选择符，其中定义了类 text，注意这相当于*.text，标记名是用通配符表示的，匹配所有标记，即所有 class 属性值为 text 的标记都遵循此格式。这种类选择符可以使不同的标记遵循相同的样式，只要将标记的 class 属性值设置为类名即可。

2．id 选择符和 id 属性

id 选择符（ID Selector）定义一个元素独有的样式。它与类选择符的区别在于，id 选择符在一个 HTML 文件中只能引用一次，而类选择符可以多次引用。id 选择符的定义格式为：

  #id 名 { 规则 1；规则 2；…}

要引用 id 选择符定义的样式，需在体部标记中将该 id 属性值设置为 id 名。例如：

  <html><head>…

  <style type="text/css">

  ⋮

  #colorid1 { color:green;}

  …</style></head>

  <body>…

  <h2 id="colorid1">id 选择符与 id 属性结合使用可对特定标记进行样式控制

  </h2>…

  </body></html>

当一个样式只需要在任何文档中应用 1 次时，使用 id 选择符是很合适的。前面已经提到，内联样式也适用此场合。两者相比，使用 id 选择符更好些，因为它可以将样式定义和引用分开，并且可以应用于多个 HTML 文件。因此建议使用 id 选择符方式，尽量少用内联样式。

3．上下文选择符

上下文选择符（Contextual Selector）定义嵌套标记的样式。例如：

  h2 em { color:darkred}

指明 HTML 文件中出现嵌套标记<h2>…<em>…</em>…</h2>之处将引用该样式。

上下文选择符由于应用场合十分特殊，故用得很少。

4．伪类

伪类是特殊的类，可区别标记的不同状态，能自动地被支持 CSS 的浏览器所识别。例如，visited links（已访问的链接）和 active links（可激活链接）描述了两个锚（anchors）的状态。

伪类定义格式为：

  选择符:伪类 { 属性: 值 }

伪类不用 HTML 语言的 class 属性来指定。

伪类的一个最常见的应用是指定超链接（<a>）以不同的方式显示链接（links）、已访问链接（visited links）和可激活链接（active links）。例如：

  a:visited {color: #0000FF; text-decoration: none}

  a:link {font-family: "宋体"; font-size: 9pt; color: #0000FF;

    text-decoration: none}

  a:hover {font-family: "宋体"; font-size: 12pt; color: #003333;

    background-color: #FFCC99; text-decoration: none}

本例的含义在例 5-4 中已经分析过了，这里的 link、visited、active 都不能为 class 属性赋值，故称为伪类。

5．span 标记

<span>标记是随 CSS 的产生而被新加入到 HTML 语言中的，增加该标记的目的是允许我们给出样式而不必将样式附加在一个 HTML 的原有标记（称为结构元素）上。它的存在纯粹是为了应用样式，所以当样式表失效时它就没有任何作用了。<span>标记可以带有 class、id、style 等与 CSS 样式有关的属性。

6．div 标记

<div>是 HTML 3.2 版就有的标记，是一个块级元素。<div>和</div>之间可以包含段落、标题、表格等其他块级元素。<div>将其中包含的内容形成一个独立段落。<div>在 HTML 3.2 中只有属性 align，HTML 4.0 新增了 class、id、style 属性。<div>与<span>的功能基本相同，区别在于<div>是块级元素，而<span>是行元素；另外，<div>可包含<span>，反之则不行。div 的例子如下：

```
<div style="font-family: '宋体'; color:green; ">
<h1>DIV 标记</h1>
<p>DIV 标记在 HTML3.2 中就有定义，但只有 align 属性，
    在 HTML4.0 中增加了 class，id 和 style 属性</p>
<p>因为 DIV 可以包括其他块级元素，所以利用它可以建立复杂的文档。</p>
</div>
```

5.3.3　样式的继承和作用顺序

1．样式的继承

看下面的例子。

```
<html><head><title>样式继承</title>
<style type="text/css">
<!- -
h2 { color:red;}
-->
</style></head>
<body><h2><u>DIV</u></strong>标记的作用</h2></body></html>
```

在<style>标记中定义了<h2>标记的样式，在<body>中<u>、</u>标记被包含在<h2>、</h2>中，那么<u>标记是否引用<h2>的样式呢？回答是肯定的。这就是样式继承的概念：我们将包含其他标记的标记称为父标记，则被包含的标记就是子标记，子标记将继承父标记的样式。在本例中包含在<u>和</u>之间的文字"DIV"将显示为红色。

样式的继承还有一种特殊形式——相对值继承方式，即以百分比继承。例如：

```
<style>
p.class1 {font-size:12pt;}
p.class2 {font-size:200%}
```

图 5-4　样式的相对值继承示例

p.class3 {font-size:100%}

</style>

若在 body 部分有以下语句：

<p class="class1">第一段</p>

<p class="class2">第二段</p>

<p class="class3">第三段</p>

则在浏览器中的显示效果如图 5-4 所示。

本例中的 p.class2 和 p.class3 样式的 font-size 属性分别以 200%、100%的比例继承 p.class1 的 font-size 属性值，即两者的 font-size 值分别为 200%×12pt=24pt，100%×12pt= 12pt。

2．样式的作用顺序

样式的作用域指对一个标记究竟哪个样式起作用。提出这个问题的原因在于，对一个标记来说可能有多个样式都符合生效条件。例如：

```
<html><head><title>样式的作用顺序</title>
<style type="text/css">
    p { color:red; font-size:22pt;}
    p.c1{color:green; font-size:12pt; }
    p {font-size:16pt;text-align:center;}
</style></head>
<body><p style="color:#ffaa66">第一段</p>
<p class="c1">第二段</p><p>第三段</p></body></html>
```

在这个例子中，针对<p>标记定义了三个样式表，对<p>中的文字和布局方式进行了说明。body 部分共出现了三个<p>标记，它们分别应该应用哪个样式表呢？

样式表的作用优先顺序遵循以下 4 条原则：

① 内联样式中所定义的样式优先级最高。

② 其他样式表按其在 HTML 文件中出现或被引用的顺序，越在后出现，优先级越高。

③ 选择符的作用顺序由高到低为：上下文选择符、类选择符、id 选择符。

④ 未在任何文件中定义的样式，将遵循浏览器的默认样式。

依据这些原则，对上例进行分析。第一和第三个样式表定义了 color、text-align、font-size，两个表中都有 font-size 属性，显然只有后一个值生效；所以对不带 class 和 style 属性的<p>标记，套用的样式值为：color—red，text-size—16pt，text-align—center。第二个样式表从属于类选择器 p.c1，只有 class 属性为 c1 的<p>标记才能引用，注意在这个样式表中只定义了 color 和 font-size，所以在其他<p>样式表中定义的 text-align 样式值，对 class 属性为 c1 的<p>标记也会生效。再来看 body 中的第一个<p>标记，它使用了内联样式，该内联样式仅定义了 color 属性，那么该<p>标记的其他显示属性将遵循样式表定义或使用浏览器默认样式，因此该<p>标记中的内容的显示属性值应为 color—#ffaa66，font-size—16pt，text-align—center，其余显示属性为浏览器默认值。同样可以分析出第二、三个<p>标记中内容的显示属性值分别应为 color—green，red；font-size—12pt，16pt；text-align—center，center；其余显示属性为浏览器默认值，参见图 5-5。

图 5-5 样式的作用顺序示例

由上例可以看出，当同时引用多个样式文件时，样式表的作用顺序较复杂，应特别注意。如果希望一个属性的值不被其他样式定义中相同属性的定义所覆盖，可用特定参数!important。例如将前例中第一个<p>样式定义改为：

p { color:red; font-size:22pt !important;}

则浏览器显示的"第一段"、"第二段"和"第三段"的字号都将为 22pt。

5.3.4　CSS 属性

CSS1 属性可分为字体属性、颜色及背景属性、文本属性、方框属性、分类属性和定位属性等几部分。本节将讨论每类属性的概况、常用属性的含义和用法。

1．字体属性

字体属性包括字体（font-family）、字号（font-size）、字体风格（font-style）、字体加粗（font-weight）、字体变化（font-variant）及字体综合设置（font）等属性。字体属性的含义明确，使用简单，下面用一示例说明其用法。

【例 5-5】CSS 字体属性用法示例。它在浏览器中的显示结果如图 5-6 所示。

```
<html><head><title>字体样式示例</title>
<style type="text/css">
body {font-family:"宋体","隶书";}
p {font-size:16pt;}
p.weight_1{font-weight:100;}
p.weight_9{font-weight:900;}
p.font_i{font-style:italic;}
span {font-size:14pt;}
span.font_n {font-variant:normal;}
span.font_v {font-variant:small-caps;}
span.font_all {font: bold italic 30px/40px;}
</style></head>
<body><p class="weight_1">第一段</p>
<p class="weight_9">第二段（加粗字体）</p>
<p class="font_i">第三段（斜体）</p>
<span class="font_n">PR 是正常显示，后面的英文字母会变为较小的大写字母。
　　　比较：PR</span>
<span class="font_v">OGRAMMING.</span><br><br>
<span class="font_all">这一行是字体综合设置：斜体、加粗，还可指定字高。</span>
</body></html>
```

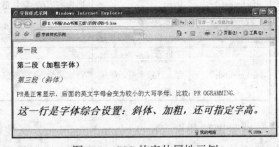

图 5-6　CSS 的字体属性示例

2．颜色和背景属性

颜色属性允许设计者指定页面元素的颜色，背景属性指定页面的背景颜色或背景图像的属性。颜色和背景类属性包括（前景）颜色（color）、背景颜色（background-color）、背景图像（background-image）、背景重复（background-repeat）、背景附属方式（background-attachment）、背景图像位置（background-position）以及背景属性（background）。表 5-1 列出了常用的颜色和背景属性。

表 5-1　颜色和背景属性表

属 性 名	可 取 值	含 义	举 例
color	英文单词 #RRGGBB #RGB	指定页面元素的前景色	h1{color:red} h2{color:#008800} h3{color:#080}
background-color	英文单词 #RRGGBB #RGB transparent	指定页面元素的背景色	body {background-color:white} h1{background-color:#0000F0} p { background-color:transparent}
background-image	统一资源定位器 URLs none	指定页面元素的背景图像	body {background-image:url(bg.gif)} p { background-image: url(http://www.htmlhelp.com/bg.jpg)}
background-repeat	repeat repeat-x repeat-y no-repeat	决定一个被指定的背景图像被重复的方式。默认值为repeat	body {background-repeat:no-repeat} p {background-repeat:repeat-x}
background-attachment	scroll fixed	指定背景图像是否跟随页面内容滚动。默认值为 scroll	body {background-attachment:fixed}
background-position	数值表示法 关键词表示法	指定背景图像的位置	body {background-position:30% 70%} p {background-position:bottom left}
background	背景颜色、背景图像、背景重复、背景位置	背景属性综合设定	body {background:url(bg1.gif) green repeat-y fixed left 20pt}

背景图像位置（background-position）属性可以确定背景图像的绝对位置，这是 HTML 标记不具备的功能。该属性只能应用于块级元素和替换元素（包括 img、input、textarea、select、object）。background-position 值的表示有两种方式：数值表示法和关键词表示法。

数值表示法用坐标值表示位置，坐标原点是背景图像位置属性所属元素的左上角。数值表示法又分为百分比表示和长度值表示两种。百分比表示的格式为：X% Y%；长度值表示的格式为：Xpt Ypt。它们的含义如图 5-7 所示。

例如，值 100pt 40pt 表示指定图像会被放于其所属元素的左起 100pt、上起 40pt 的位置。

关键词表示法以相应的英文单词表示位置。横向关键词有 left、center、right，纵向关键词有 top、center、bottom。关键词含义解释如下：

    top left=left top=0% 0%

    top=top cnter=center top=50% 0%

    top right=right top=100% 0%

left=left center=center left=0% 50%

center=center center=50% 50%

right=right center=center right=100% 50%

bottom left=left bottom=0% 100%

bottom=bottom center=center bottom=50% 100%

bottom right=right bottom=100% 100%

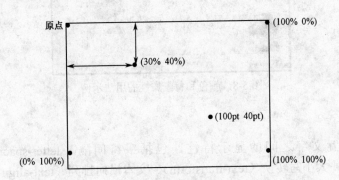

图 5-7　background-position 属性值表示

百分比和长度值的两种数值表示方法可以混用，如 30% 10pt，但不能和关键词表示法混用。长度表示法中如果只指定一个值，那么该值作为横向值，垂直值则默认为 50%。例如：background-position:30%与 background-position:30% 50%相同。

【例 5-6】CSS 颜色和背景属性的用法示例。它在浏览器中的显示结果如图 5-8 所示。

```
<html><head><title>颜色和背景属性的使用</title><style>
body {background-image:url(bg1.gif);background-repeat:repeat-y;}
p {color:green;background-color:aqua;background-image:url(bg2.gif);
background-repeat:no-repeat; background-position:40% 40pt}
</style></head>
<body><p>这是一段文字<br>
本段有一不同于 body 的背景图<br>
它从 40% 40pt 处开始显示<br>
并且不重复<br><br><br></p><br><br>
背景属性也可以用在 style 属性中，例如：<br>
<table width=90% border=2 cellpadding=50 cellspacing=2>
<tr><td style="color:darkred;text-align:right;background-repeat:no-repeat;
background-image:url(bg3.jpg);background-position:bottom left">
<span>本格背景图在[0% 100%]处</span></td>
<td style="color:red;background-repeat:no-repeat;
    background-image:url(bg3.jpg);background-position:top right">
<span>本格背景图在[100% 0%]处</span>
</td></tr><table></body></html>
```

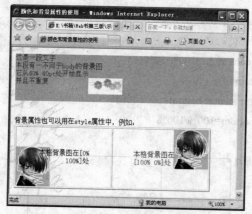

图 5-8　颜色和背景属性的用法示例

3．文本属性

文本属性设置文字之间的显示特性，包括字符间隔（letter-spacing）、文本修饰（text-decoration）、大小写转换（text-transform）、文本横向排列（text-align）、文本纵向排列（vertical-align）、文本缩排（text-indent）、行高（line-height）。现将文本属性的属性名、可取值及相关说明列于表 5-2 中。

表 5-2　文本属性表

属 性 名	可 取 值	含 义	举 例
letter-spacing	长度值|normal	设定字符之间的间距	h1 {letter-spacing:8pt} p {letter-spacing:14pt}
text-decoration	none|underline| overline| line-through| blink	设定文本的修饰效果，line-through 是删除线，blink 是闪烁效果。默认值为 none	a:link,a:visited,a:active { text- decoration:none}
text-align	left|right|center| justify（将文字均分展开对齐）	设置文本横向排列对齐方式	p {text-align:center} h1 {text-align:right}
vertical-align	baseline|super| sub|top|middle| bottom|text-top| text-bottom| 百分比	设定元素纵向对齐方式。值的含义见下面的说明。默认值为 baseline	img.mid { vertical-align:50%} span.sup { vertical-align:super} span.sub { vertical-align:sub}
text-indent	长度值|百分比	设定块级元素第一行的缩进量	p { text-indent:30pt} h1 { text-indent:10%}
line-height	normal|长度值| 数字|百分比	设定相邻两行的间距。默认值 normal	p { line-height:200%} p { line-height:30pt}

说明：

① vertical-align 属性的默认值为 baseline，表示该元素与其上级元素的基线对齐；该属性的值为百分比，表示在其上级元素的基线上变化的比例；该属性的其他值的含义如下。

super：上标； sub：下标；

top：垂直向上对齐； middle：垂直居中对齐；

bottom：垂直向下对齐；　　　　　　　　text-top：文字向上对齐；

text-bottom：文字向下对齐。

② line-height 属性的默认值为 normal，表示由浏览器自动调整行间距；该属性的值为数字，表示行间距等于文字大小乘以该数字所得的数值；该属性值为百分比，表示行间距为字大小的百分比。例如，字的大小为 14pt，line-height 属性值为 200%，则行间距为 14pt×200%=28pt。

【例 5-7】CSS 文本属性的用法示例。

    <html><head><title>文本属性用法</title>

    <style type="text/css">

    h2.space {letter-spacing:10pt;}

    p.ind {text-indent:20pt;color:darkred;background-color:#FFAAAA}

    h3.dec {text-decoration:line-through}

    p.hei1 {line-height:16pt}

    p.hei2 {line-height:32pt}

    span.super {vertical-align:super;}</style></head>

    <body>

    <h2 class="space">本行字符间距是 10pt</h2>

    <p class="ind">本段文字起始缩进 20pt，
然后可以跟正文。</p>

    <h3 class="dec">本行文字带有删除线。</h3>

    <p class="hei1">本行与下一行间距为 16pt，
本行与上一行间距为 16pt。</p>

    <p class="hei2">本行与下一行间距为 32pt，
本行与上一行间距为 32pt。</p>

    本行的 X 和 Y 带有上标：X<span class="super">3</span>+Y

    <span class="super">3</span></body></html>

例 5-7 在浏览器中的显示结果如图 5-9 所示。

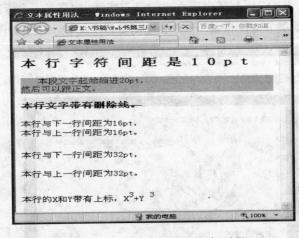

图 5-9　CSS 的文本属性用法示例

4．方框属性

方框属性用于设置元素的边界、边框等属性值，可应用这些属性的元素大多是块元素，包括 body、p、div、td、table、hx（x=1,2,…,7）等。方框属性包括边界（margin）、边界补白

（padding）、边框（border）等的设置，这部分属性繁多，设置方法复杂，详见附录 D（"CSS 样式表属性"）。以下通过例 5-8 说明常用的方框属性的用法。

【例 5-8】CSS 方框属性用法示例。

```
<html><head><title>方框属性用法例子</title>
<style type="text/css">
p { background-color:#ddeeff;
margin-top:10;          margin-right:30;
margin-bottom:10;       margin-left:30;
border-width:20pt;      border-style:groove;
border-color:blue;      padding:20pt;
width:600;              height:350;
}
img.float{ float:left;}
img.nofloat {clear:both}
</style></head>
<body><table border=1><tr><td>
<p>这是本段的开始文字！本行距段边框 20pt。<br><br>
<img class="float" src="hua.gif">这些文字应该围绕在图像右边显示。
左边这幅图像是一束花。<br>
<img class="nofloat" src="img2.jpg"><br>这些文字不围绕在图像两边。
</p></td></tr></table></body></html>
```

例 5-8 中，定义了标记<p>的方框属性：它的上下边框距其上级元素（本例中是表<table>）的边界距离为 10，左右边框距其上级元素的边界距离为 30；边框宽度为 20pt；边框的样式是 3D 凹线；边框颜色为 blue；<p>中内容距边框的距离为 20pt；<p>元素的宽度和高度分别是 500、300。本例还设置了元素与其周围文字的显示特性，定义了一个浮动文字的类 img.float 和一个清除浮动文字的类 img.nofloat。例 5-8 在浏览器中的显示结果如图 5-10 所示。

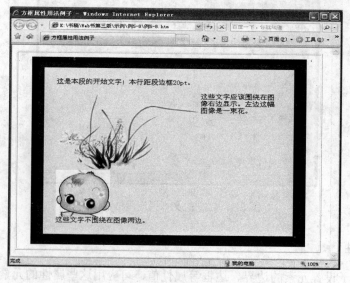

图 5-10　CSS 方框属性用法示例

5．列表属性

列表属性用于设置列表标记（ol 和 ul）的显示特性，包括 list-style-type、list-style-image、list-style-position、list-style 等属性，它们的名称、含义和相应说明列于表 5-3 中。

表 5-3　列表属性表

属性名	取值	含义
list-style-type	无序列表值： disc|circle|square 有序列表值： decimal| ower-roman| upper-roman| lower-alpha| upper-alpha 共用值：none	表项的项目符号。disc—实心圆点；circle—空心圆；square—实心方形；decimal—阿拉伯数字；lower-roman—小写罗马数字；upper-roman—大写罗马数字；lower-alpha—小写英文字母；upper-alpha—大写英文字母；none—不设定
list-style-image	url（URL）	使用图像作为项目符号
list-style-position	outside|inside	设置项目符号是否在文字里，与文字对齐
list-style	项目符号，位置	综合设置项目属性

【例 5-9】 CSS 列表属性用法示例。

```
<html><head><title>列表属性用法</title>
<style type="text/css">
ul.ul1 { list-style:square inside;}
ul.ul2 { list-style-image:url("check.gif");
        list-style-position:outside;}
ol.ol1 { list-style-type:upper-roman;
        list-style-position:inside;}
ol.ol2 { list-style:decimal outside;}
</style>
</head>
<body><h3>计算机系</h3>
<ul class="ul1">
        <li>计算机及应用 99（1）班</li>
        <li>计算机及应用 99（2）班</li>
</ul>
<ul class="ul2">
        <li>计算机及应用 99（3）班</li>
        <li>计算机及应用 98（1）班</li>
</ul>
<h3>电子系</h3>
<ol class="ol1">
        <li>电子信息工程 99（1）班</li>
        <li>电子信息工程 99（2）班</li>
</ol>
<ol class="ol2">
```

```
            <li>电子信息工程 98（1）班</li>
            <li>电子信息工程 98（2）班</li>
        </ol>
    </body></html>
```

6. 定位属性

CSS 提供用于二维和三维空间定位的属性，它们是 top、left、position。利用它们可以将元素定位于相对其他元素的相对位置或绝对位置。

（1）top、left、position 属性

top 属性设置元素与窗口上端的距离；left 属性设置元素与窗口左端的距离；position 属性设置元素位置的模式。top 和 left 属性通常配合 position 属性使用。

position 有三种取值：

- absolute：绝对位置，原点在所属块元素的左上角。
- relative：相对位置，该位置是相对 HTML 文件中本元素的前一个元素的位置。
- static：静态位置，按照 HTML 文件中各元素的先后顺序显示。

position 的默认值为 static。

【例 5-10】CSS 二维定位属性用法示例。本例在浏览器中的显示结果如图 5-11 所示。

```
        <html><head><title>二维定位属性用法</title>
        <style type="text/css">
        p { font-size:12pt; color:green; }
        div.block1 { position:absolute; top:80; left:120;
                     width:200;height:200;
                     background-color:#ddeeff; }
        img.pos1 { position:relative; top:20; left:20;
                   width:80;height:80; }
        div.block2 { position:absolute; top:80; left:420;
                     width:200;height:200;
                     background-color:#ddeeff; }
        img.pos2 { position:absolute; top:20; left:20;
                   width:80;height:80; }
        </style></head>
        <body><div class="block1"><img class="pos1" src="img1.gif"><br>
        <p>这是一幅鲜花图像。</p></div>
        <div class="block2"><img class="pos2" src="img1.gif"><br>
        <p>这是一幅鲜花图像。</p></div>
        </body></html>
```

（2）三维空间定位

CSS 允许在三维的空间中定位元素，与之相关的属性是 z-index，z-index 与 top 和 left 属性结合使用。z-index 将页面中的元素分成多个"层"，形成多个层"堆叠"效果，从而营造出三维空间效果。

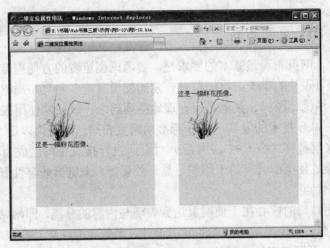

图 5-11　CSS 的二维定位属性用法示例

z-index 的取值为整数，可以为正，也可为负，值越大表示在堆叠层中越处于高层，为 0 表示基准，为负表示位置在 z-index=0 的元素之下。

【例 5-11】CSS 三维空间定位属性用法示例。本例在浏览器中的显示结果如图 5-12 所示。

```html
<html><head><title>三维定位属性用法</title>
<style type="text/css">
span { font-size:18pt;}
span.level2 { position:absolute; z-index:2; left:100;top:100; color:red;}
span.level1 { position:absolute; z-index:1; left:101;top:101; color:green;}
span.level0 { position:absolute; z-index:0; left:102;top:102; color:yellow;}
p.lev1 { position:absolute; top:200;left:150; z-index:2; font-size:34pt;color:blue;}
p.lev2 { position:relative; top:202 ;left:150; z-index:-2;
        font-size:28pt;color:darkred; }</style></head>
<body><span class="level2">三维定位属性用法。</span>
<span class="level1">三维定位属性用法。</span>
<span class="level0">三维定位属性用法。</span>
<p class="lev1">文字的重叠显示</p><p class="lev2">文字的重叠显示</p>
</body></html>
```

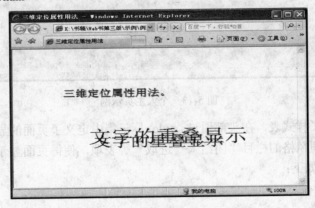

图 5-12　CSS 三维定位属性用法示例

5.3.5　CSS+DIV 页面布局

在网页设计中，网页布局最基本的要求是，要考虑浏览者的方便程度并能够明确地传达信息，以及兼顾网页设计的审美，给浏览者一定的视觉享受。网页布局就是把网页的各种构成要素，如文字、图像、图标、菜单等，合理地排列起来。以前常使用表格来对页面进行布局，随着互联网与 Web 技术的发展，Web 标准的网页布局已经成为以后 Web 的发展方向。当前，使用 CSS（层叠样式表）+DIV（层）对页面进行排版布局已成为标准的方式。使用 CSS+DIV 的布局模式使页面具有易于维护、显示效果好、浏览器兼容性好、下载速度快、适应不同终端需要等优点。

CSS+DIV 页面布局的核心在于使网页达到表现与内容的分离，即网站的结构、表现、行为三者分离。只有真正实现了结构分离的网页设计，才是真正意义上符合 Web 标准的网页设计。有关 CSS+DIV 页面布局的具体技术细节，请读者参考有关资料。

5.3.6　应用实例——设计个人主页

本节通过个人主页实例对 CSS 样式的使用进行总结，读者可从例子中得到启迪，多做多练，以达到举一反三、灵活运用的目的。

【例 5-12】设计如图 5-13 所示的个人主页。该主页使用表格作为主要结构，一个表的表项又是另一个表。表结构在页面设计中应用非常广泛，它可以灵活方便地规划显示区域。在 Internet 上许多 Web 页面都是应用表结构设计的，它还有下载速度快的优点。

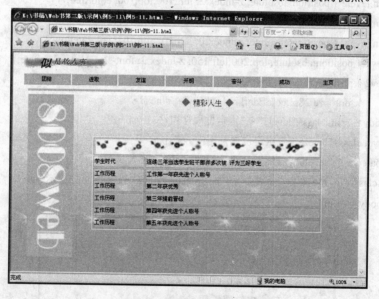

图 5-13　个人主页示例

本例大量使用了样式表，在头部通过<style>标记集中定义了页面的显示样式，通过内联样式定义了页面按钮风格的栏目"团结"、"进取"等表项，使得页面显示风格灵活多样。

例 5-12 源程序如下：

```
<html>
<meta http-equiv=Content-Type content="text/html; charset=gb2312">
<style type=text/css>
```

```
a:link {font-size: 9pt; text-decoration: none}
a:visited {font-size: 9pt; text-decoration: none}
a:active {font-size: 9pt; text-decoration: none}
a:hover {color: red; text-decoration: none}
body {font-size: 9pt; line-height: 14pt}    table {font-size: 9pt; line-height: 14pt}
tr {font-size: 9pt }                         td {font-size: 9pt }
.e {font-size: 16pt; font-family: "MS Sans Serif"; text-decoration: none}
</style></head>
<body bgColor=#ffffff leftMargin=0 background="fallb.jpg" topMargin=0>
<div align=center><center>
<table cellSpacing=0 cellPadding=0 width=720 border=0>
    <tr><td width="100%"><div align=center><center>
        <table cellPadding=0 width=760 border=0>
          <tr><td width="27%"><p align=center>
              <img border="0" src="s1.gif" width="200" height="40"></p></td>
              <td width="73%"></td></tr></table></center></div>
          <div align=center><center>
          <table cellPadding=2 width=743 border=0 name="nav">
          <tr><td style="border-right: 1px ridge; border-top: 1px ridge; border-left: 1px ridge;
              border-bottom: 1px ridge" align=middle width=103 bgColor=#a7d6ba>团结</td>
              <td style="border-right: 1px ridge; border-top: 1px ridge; border-left: 1px ridge;
              border-bottom: 1px ridge" align=middle width=103 bgColor=#a7d6ba>进取</td>
              <td style="border-right: 1px ridge; border-top: 1px ridge; border-left: 1px ridge;
              border-bottom: 1px ridge" align=middle width=103 bgColor=#a7d6ba>友谊</td>
              <td style="border-right: 1px ridge; border-top: 1px ridge; border-left: 1px ridge;
              border-bottom: 1px ridge" align=middle width=103 bgColor=#a7d6ba>开朗</td>
              <td style="border-right: 1px ridge; border-top: 1px ridge; border-left: 1px ridge;
              border-bottom: 1px ridge" align=middle width=103 bgColor=#a7d6ba>奋斗</td>
              <td style="border-right: 1px ridge; border-top: 1px ridge; border-left: 1px ridge;
              border-bottom: 1px ridge" align=middle width=103 bgColor=#a7d6ba>成功</td>
              <td style="border-right: 1px ridge; border-top: 1px ridge; border-left: 1px ridge;
              border-bottom: 1px ridge" align=middle width=86 bgColor=#a7d6ba>主页</td>
          </tr></table></center></div>
          <div align=center><center>
          <table cellSpacing=0 cellPadding=0 width=720 border=0>
          <tr><td width=718 bgColor=#ffffff colspan=2><hr color=#abd1ef size=5></td></tr>
          <tr><td width=105 bgColor=#ffffff rowspan=3>
              <img border="0" src="web.png" width="105" height="360"></td>
              <td width=613><p align=center>
              <font color=#ff6c26><span class=e>◆</span></font>
              <font color=#008000 size="3">精彩人生</font>
              <font color=#ff6c26><span class=e>◆</span></font></p></td></tr>
```

```
<tr><td width=613><div align=center><center>
<table cellspacing=0 cellPadding=0 width="85%" border=0>
<tr><td width="100%">
<table borderColor=#ffffff cellPadding=2 width="100%" border=1>
<tr><td borderColor=#70b8e2 width="100%" colspan=2>
<img border="0" src="18.gif" width="510" height="32"></td></tr>
<tr><td borderColor=#70b8e2 width="23%">学生时代</td>
<td borderColor=#70b8e2 width="77%">连续三年当选学生班
干部并多次被评为三好学生</td></tr>
<tr><td borderColor=#70b8e2 width="23%">工作历程</td>
<td borderColor=#70b8e2 width="77%">工作第一年获先进个
人称号</td></tr>
<tr><td borderColor=#70b8e2 width="23%">工作历程</td>
<td borderColor=#70b8e2 width="77%">第二年获优秀</td></tr>
<tr><td borderColor=#70b8e2 width="23%">工作历程</td>
<td borderColor=#70b8e2 width="77%">第三年提前晋级</td></tr>
<tr><td borderColor=#70b8e2 width="23%">工作历程</td>
<td borderColor=#70b8e2 width="77%">第四年获先进个人
称号</td></tr>
<tr><td borderColor=#70b8e2 width="23%">工作历程</td>
<td borderColor=#70b8e2 width="77%">第五年获先进个人
称号</td></tr>
</tr></table></center></div></td></tr></table></center></div>
</td></tr></table></center></div>
</body>
</html>
```

5.4　浏览器对象模型及应用

相对于传统的 HTML，DHTML 网页之所以称为"动态"，是因为其网页内容在下载到浏览器后，不必再通过 Web 服务器就可以使浏览器与用户互相交换信息。而浏览器之所以能够与网页交互，除了使用 CSS 所提供的网页版面配置和编排方式外，浏览器本身的对象模型也提供了操作网页元素的能力。

浏览器对象模型将网页处理为对象的集合，网页元素都可以是对象，具有属性、方法和事件，通过脚本语言就可以操作网页元素。浏览器对象模型遵循 W3C 所定义的文档对象模型 DOM 规范，通过使用 DOM，网页上的文字、图像等都能被作为对象来处理。IE 和 Netscape 浏览器的对象模型都是以 DOM 为基础的，因此它们是兼容的。但它们的主要不同之处是，IE 的对象模型可使用 VBScript、Jscript、JavaScript 等三种脚本语言，而 Netscape 对象模型仅能使用 JavaScript 语言。考虑到通用性，本章介绍使用 JavaScript 操作浏览器对象模型的技术。

5.4.1 浏览器对象模型

浏览器对象模型是按照层次组织的，从而形成树形结构，称为 Navigator 对象树，它对页面设计非常重要。Navigator 对象层次结构如图 5-14 所示。

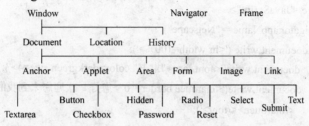

图 5-14　Navigator 对象层次结构

该结构中有三个顶层对象 Window、Navigator、Frame，常用对象的含义如下：

① Navigator 对象：封装了浏览器名称、版本、客户端支持的 mime 类型等环境信息。

② Window 对象：封装了有关窗口的属性和窗口操作。

③ Frame 对象：在浏览器中使用多个窗口时用到该对象，它与 Window 对象相似，对应子窗口。

④ Location 对象：包含基于当前 URL 的信息。

⑤ History 对象：包含浏览器的浏览历史信息。

⑥ Document 对象：最重要的对象之一，代表当前 HTML 文件。

⑦ Form 对象：包含表单的属性和操作。

⑧ Anchor 对象：包含页面中锚点的信息。

⑨ Button、Password、Checkbox 等对象：是 Form 的下层对象，对应 Form 中相应元素。

Navigator 对象层次结构中列出的对象并非在每个 HTML 文件中都出现，例如有些页面并不使用 Form，因此它就没有 Form 对象。但有几个对象是每个 HTML 文件都有的，它们是：Window、Navigator、Document、Location 和 History。

5.4.2 Navigator 对象

Navigator 对象包含正在使用的浏览器版本信息，包括 appName、appVersion、AppCodeName、userAgent、mimeType、plugins 属性和 javaEnabled、taintEnabled 方法。Navigator 对象的主要用途是判别客户浏览器的类别，以便针对不同浏览器的特性而设计不同的显示。Navigator 对象常用的属性和方法的含义见表 5-4。

表 5-4　Navigator 对象常用属性和方法表

属性或方法名	含　义
appName	以字符串形式表示浏览器名称
appVersion	以字符串形式表示浏览器版本信息，包括浏览器的版本号、操作系统名称等
appCodeName	以字符串形式表示浏览器代码名字，通常值为 Mozilla
userAgent	以字符串表示完整的浏览器版本信息，包括 appName、appVersion、appCodeName 信息
mimeType	在浏览器中可以使用的 mime 类型
plugins	在浏览器中可以使用的插件[①]
javaEnabled()	返回逻辑值，表示客户浏览器可否使用 Java

注：①mimeTypes 和 plugins 是两个数组，其元素分别是 MimeType 对象和 Plugin 对象。

【例 5-13】根据浏览器的类型显示不同的页面，结果如图 5-15 所示。

```
<html><head><title>Navigator 对象</title></head>
<body><center>
<font face="隶书" color=red size=6>欢迎您来访</font></center>
<script language="JavaScript">
        if (navigator.appName=="Netscape")
            document.write ('<hr width=100%>');
        else {   document.write('<font face="隶书" color=darkgreen size=4>');
                 document.write('<marquee border="0">您好！欢迎您来到我的主页
                     </marquee></font>');
              }
        document.write("<br><font size=4 color=blue>您使用的浏览器是:<br>");
        document.write(navigator.userAgent);
        document.write(navigator.appName);
        document.write("</font>");
</script></body></html>
```

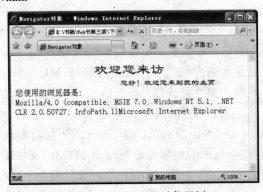

图 5-15　Navigator 对象示例

5.4.3　Window 对象

Window 对象描述浏览器窗口特征，它是 Document、Location、History 对象的父对象。另外，Window 对象还可认为是其他任何对象的假定父对象，如语句"alert("世界，你好！");"相当于语句"window.alert("世界，你好！");"。

Window 对象的属性有 parent、self、top、window、status、defaultStatus、frames 等，方法有 alert( )、open( )、close( )、confirm( )、prompt( )、focus( )、blur( )、setTimeout( )、clearTimeout( )等，以下分类讨论。

（1）与窗口有关的属性

包括 parent、self、top、window，这 4 个属性是特殊的，严格来说，它们并不能算做 Window 对象的属性，而是当前浏览器环境所涉及的 Window 对象的实例。因此它们的引用与一般对象属性不同：在它们的名称之前不能加对象名，如 self.status，而不是 window.self.status。

window 和 self 代表当前窗口；parent 代表当前窗口或帧（frame）的父窗口，主要在使用帧的页面中使用；top 是主窗口，是所有下级窗口的父窗口。

（2）与浏览器状态栏有关的属性

包括 status、defaultStatus，其值都为字符串。status 是浏览器当前状态栏显示的内容，defaultStatus 是浏览器状态栏显示的默认值。利用这两个属性可以设置和改变浏览器状态栏显示的内容。例如：

```
<a href="http://www.163.com" onMouseOver="status='访问网易'; return true">网易<br>
//当鼠标位于该超链接位置时，状态栏将显示字符串"访问网易"。
```

（3）与对话框有关的方法

包括 alert( )、confirm( )和 prompt( )三个方法，它们分别产生三个标准对话框。它们的语法分别为：

- alert(字符串);　//参数字符串为显示于对话框中的内容，无返回值。
- confirm(字符串);　//参数字符串为显示于对话框中的内容。若用户单击"确定"按钮，返回值为 true，否则返回值为 false。
- prompt(字符串 1，字符串 2);　//参数字符串 1 为显示于对话框中的内容，参数字符串输入的默认内容；如用户单击对话框的"确定"按钮，则返回用户在输入框中输入的字符串；如用户单击对话框的"取消"按钮，则返回 null。

例如：

```
alert("你好！");
confirm("你确定要继续吗？");
prompt("请输入您的姓名："," ********");
```

这三条语句所产生的对话框分别如图 5-16（a）、（b）、（c）所示。

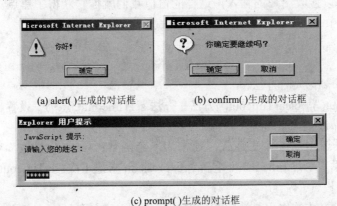

(a) alert( )生成的对话框　　(b) confirm( )生成的对话框

(c) prompt( )生成的对话框

图 5-16　与对话框有关的方法示例

（4）与窗口生成与撤销有关的方法

包括 open( )、close( )方法。open( )方法生成一个新窗口，语法为：

```
open("URL", "WindowName" [,"Window Features"]);
```

其中，参数 URL 是在新生成的窗口中载入的页面；WindowName 是新窗口的名字；Window Feature 是可选参数，该参数是一个字符串，表示新窗口的外观特征，可以指定多个特征，各特征值之间以逗号","相隔，特征值格式为：特征名=值，如 width=300，表示新窗口的宽度为 300 个像素点。该参数省略时，按默认特征生成新窗口。各特征值列于表 5-5 中。open( )返回指向新窗口的指针。

表 5-5 窗口特征值表

特 征 名	取 值	含 义
width	长度值	窗口的宽度
height	长度值	窗口的高度
toolbar	0（无）|1（有）或 No（无）|yes（有） 下同	是否显示标准工具栏。默认值为 0
location	0|1 或 no|yes	是否显示定位栏。默认值为 0
status	0|1 或 no|yes	是否显示状态栏。默认值为 0
menubar	0|1 或 no|yes	是否显示菜单栏。默认值为 0
srcollbars	0|1 或 no|yes	是否按需要显示滚动条。默认值为 0
resizable	0|1 或 no|yes	是否允许用户改变窗口大小。默认值为 1

例如，语句：

nw=open("a.htm","nw","width=100,height=80,toolbar=1,resizable=0");

将创建一个名为 nw 的新窗口，其中载入页面 a.htm，该窗口宽为 100，高为 80，用户不可改变显示工具栏的大小。注意各特征值与先后顺序无关。

方法 close( )用于关闭一个窗口。例如：

nw.close( );

（5）与窗口焦点有关的方法

包括 focus( )、blur( )方法。支持多窗口操作的操作系统在任何时刻都只有一个窗口处于"激活"状态，可以接收用户的输入，这样的窗口我们就称它获得了焦点，否则称它失去了焦点。方法 focus( )、blur( )使窗口分别获得和失去焦点，例如：

nw.focus( );

nw.blur( );

（6）与"超时"有关的方法

包括 setTimeout( )、clearTimeout( )方法。方法 setTimeout( )意为"设置超时"，其语法为：

setTimeout("expression",time);

其中，参数 expression 是一个表达式，通常为一个函数；time 是整数，单位是 ms。执行 setTimeout( )的结果是每隔 time ms 将重新对 expression 求值 1 次。setTimeout( )返回一个标志，指示这个"超时"设置。

clearTimeout( )方法的作用是清除指定的超时设置。语法为：

clearTimeout(timeId);　//参数 timeID 是由 setTimeout 返回的标志

（7）其他方法

● 属性 opener，是一个窗口名，该窗口是由 open( )打开的最新窗口。

● 属性 frames，是一个数组，数组的各成员是窗口内的各帧。

● 方法 scroll(x,y)：使窗口滚动到 x、y 处。

另外，HTML 文件被载入和退出窗口，分别会触发 Load 和 Unload 事件，即在 HTML 的 body 元素中可以设置 onLoad 和 onUnload 事件处理代码。

Window 对象内容丰富，在页面设计时可以充分利用该对象提供的属性和方法。以下举一个例子总结 Window 对象的主要属性和方法。

【例 5-14】在浏览器中显示一个如图 5-17（a）所示的初始用户输入界面，接收用户输入的姓名和电话号码，用户单击"输入完成"按钮后，将弹出如图 5-17（b）所示的对话框，要求用户再次确认，若单击"确认"按钮，则生成一个如图 5-17（c）所示的新窗口，显示用户输入的姓名和电话号码。若单击图 5-17（b）中的"取消"按钮，则弹出如图 5-17（d）所示的警告框。

(a) 初始用户输入界面

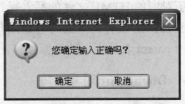

(b) 单击"输入完成"按钮后的对话框

(c) 单击"确定"按钮生成的新窗口

(d) 单击"取消"按钮弹出的对话框

图 5-17　Window 对象使用示例

```
<html><head><title>window 对象示例</title>
<script>
function confSubmit( ){
if ((ok=confirm("您确定输入正确吗？"))==true){
var nw=open("a.htm","nwin","width=500,height=200,toolbar=1");
nw.focus( );
nw.document.write("您的名字是:"+parent.document.input_form.nm.value);
nw.document.write("<br>");
nw.document.write("您的电话号码是:" + parent.document.input_form.phone.value);
}
else
    alert("请您重新输入！");
}
</script></head>
<body>
<script>defaultStatus="这是一个 window 对象使用示例。";</script>
<center><h1>window 对象使用示例一</h1></center><hr><br>
```

```
<form name="input_form"><h2>
请输入您的姓名：<input type=text name="nm" size=12 value=" "><br><br>
请输入您的电话号码：<input type=text name="phone" size=12><br><br>
  <input type=submit value="确定" onClick="confSubmit( )"></h2>
</form></body></html>
```

函数 confSubmit( )在 form 的"submit"按钮被单击后调用，该函数首先弹出一个 confirm 类型的对话框，然后根据用户的选择进行不同的操作，要注意的是用户单击"确定"按钮后的操作：利用 Window 对象的 open( )方法生成新窗口"nwin"，新窗口指针为 nw，在后面的对新窗口所对应的 HTML 文件的写入操作时，引用窗口对象是通过窗口指针而非窗口名；向新窗口对应 HTML 文件写入的内容是用户在原窗口输入的值，故引用这些值时须指明值所属的对象，用 parent 表示引用的是新窗口的父窗口对象。

5.4.4 Document 对象

前面的例子已经多次引用了 Document 对象的 write( )方法，该方法可以向 Document 对象所对应的 HTML 文件写入内容。一个 HTML 文件的页面对应一个 Document 对象，通过 Document 对象的属性和方法，可以创建 HTML 文件，所以它是浏览器对象中最有用的对象之一。

1. Document 对象的属性

Document 对象的属性较多，包括数值属性和对象数组属性。

（1）数值属性

数值属性是指 Document 对象的数值变量形式的属性，该属性本身不是任何对象或数组。Document 对象的数值属性大部分与 HTML 标记相对应，主要用于设置和改变页面的背景、文本、超链接颜色等显示特性。常用的数值属性列于表 5-6 中。

表 5-6 Document 对象的数值属性

属 性 名	取 值	含 义
alinkColor	颜色值	被激活的超链接文本颜色，即鼠标单击超链接时超链接文本的颜色
bgColor	颜色值	页面背景颜色
fgColor	颜色值	页面前景颜色，即页面文字的颜色
lastModified	日期字符串	HTML 文件最后被修改的日期，是只读属性
linkColor	颜色值	未被访问的超链接的文本颜色
referrer	URL 字符串	用户先前访问的 URL
title	字符串	HTML 文件的标题，对应<title>标记
URL	URL 字符串	本 HTML 文件完整的 URL
vlinkColor	颜色值	已被访问过的超链接的文本颜色

【例 5-15】 通过 JavaScript 设置页面的颜色和文字等属性。页面显示效果如图 5-18 所示。

```
<html><head><title>通过 Document 对象设置页面属性</title></head>
<body><script>
document.bgColor="#DDEEFF";
document.fgColor="darkred";
document.linkColor="#0088FF";
```

```
document.alinkColor="#0088FF";
document.vlinkColor="#0088FF";
document.write("<h1>通过 Document 对象设置页面属性示例</h1>");
document.write("<hr>");
document.write("<a href='a.htm'>去页面 A</a>");
document.write("<br><br>本 HTML 文件名是：  "+document.URL);
document.write("<br><br>本 HTML 文件最后被修改的时间是：  "+document.lastModified);
</script></body></html>
```

图 5-18   Document 对象的数值属性示例

（2）对象数组属性

Document 的对象数组属性包括 anchors、applets、forms、images、links 等，分别反映一个 HTML 文件中的锚点、Java Applet、表单、图像、超链接信息。

① anchor 对象和 anchors 数组

HTML 定义锚点（即超链接位置）的语法是：

```
<a [href=location 或 URL] name="anchorName"
        [target=windowName]>anchorText</a>
```

其中，以<a>标记的 name 属性来命名锚点，一个命名锚点对应一个 anchor 对象。anchors 数组是 HTML 文件中 anchor 对象的序列。anchor 对象没有属性，所以 anchors 数组是只读的。anchors 数组有一个属性 length，表示该数组的长度，即 HTML 文件中所命名锚点的数目。

【例 5-16】设计如图 5-19 所示的框架网页。窗口划分为左、右两个框架，文件 anchor1.htm 显示于左框架中，它包含一系列按钮，每个按钮对应右框架中显示的页面锚点；文件 anchor2.htm 显示于右框架中，它定义了被命名为 "0"，"1"，"2" 和 "3" 的 4 个锚点。当单击左框架中的某按钮时，右框架中显示被定位到的指定目标。主文件名为 anch.htm。

文件 anch.htm 的内容：

```
<html><head><title>anchors 数组示例</title></head>
<frameset cols="30%,*">
<frame src="anchor1.htm">
<frame src="anchor2.htm" name="anchors2">
</frameset></html>
```

文件 anchor1.htm 的内容：

```
<html><head><title>anchors:frame 1</title></head>
<body><script>
```

```
function linkToAnchor(num){
    if (parent.anchors2.document.anchors.length>=num)
        parent.anchors2.location.hash=num
    else
        alert("目标不存在！");
}
</script>
单击以下按钮可跳转到需要的目标：<br><br>
<form><input type="button" value="目标 0"
    name="anch0" onclick="linkToAnchor(0)"><br>
<input type="button" value="目标 1" name="anch1" onclick="linkToAnchor(1)"><br>
<input type="button" value="目标 2" name="anch2" onclick="linkToAnchor(2)"><br>
<input type="button" value="目标 3" name="anch3" onclick="linkToAnchor(3)">
</form></body></html>
```

文件 anchor2.htm：

```
<html><head><title>anchors:frame 2</title></head>
<body><p><a name="0"><b>Some persons</b></a>
<ol><li>Li Ming<li>Wang Lin<li>Zhang Shan<li>Zhu Yun<li>Ma Li<li>Lei Feng
</ol></p>
<p><a name="1"><b>Some countries</b></a>
<ul><li>China<li>Canada<li>U.S.A<li>Japan<li>Brazil</ul></p>
<p><a name="2"><b>Some colors</b></a>
<ul><li>red<li>bule<li>green<li>yellow<li>gray</ul></p>
<p><a name="3"><b>Some courses</b></a><ol><li>Data Structure and Programming
<li>Operating System<li>Computer Networks<li>Artificial Intelligence</ol></p>
</body></html>
```

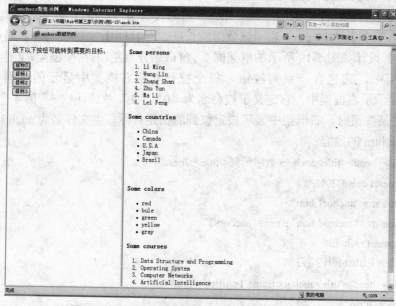

图 5-19 Document 对象的 anchors 数组的使用示例

在例 5-16 中需注意的是文件 anchor1.htm 中函数 linkToAnchor(num)中的语句：

```
if (parent.anchors2.document.anchors.length>=num)
    parent.anchors2.location.hash=num
```

因为通过 anchors 无法直接得到锚点名，所以这里通过 location 对象的 hash 属性来设置锚点。location 对象可决定浏览器窗口的 URL，通过设置 location.hash 即可决定在 HTML 文件中的锚点。

② image 对象和 images 数组

HTML 文件中的一个<img>标记对应一个 image 对象，即 image 对象将页面中的图像信息封装了起来，image 对象的属性与<img>标记的属性相对应。一个较完整的<img>定义如下：

```
<img name="img1" src="bk.gif" hspace="30" vspace="30" width="100" height="80"
    border="2" lowsrc="bk1.gif">
```

与<img>标记的定义相对应，image 对象的属性有：

name img 标记的名字，在 JavaScript 程序中可通过该名字引用对应的 image 对象。

src 图像文件的 URL。

width 图像的宽度。

height 图像的高度。

border 图像边框的宽度。

hspace 图像与左边或右边文字的空白大小。

vspace 图像与上边或下边文字的空白大小。

lowsrc 在 src 所指出的图像文件装载完之前显示的图像。

此外，image 对象还有 complete 属性，它是一个布尔值，表示图像文件是否装载完成。

一个 HTML 文件中各个<img>标记所对应的 image 对象，按照它们在文件中出现的先后顺序形成数组 images。通过 images 数组，可以按照需要动态地改变某些图像文件。例如，可以根据当前日期决定显示的图像，根据鼠标的位置决定超链接图像的内容（见例 5-17）以及实现动画显示等，这些是只使用 HTML 标记所不能完成的。

【例 5-17】实现一个简单的小动画，交替显示三幅图像。

```
<html><head><script language="JavaScript">
var ImageNum=1;
function Begin( ){
    document.MyImage.src=ImageArray[ImageNum].src;
    ImageNum++;
    if (ImageNum>3)
        ImageNum=1;
}
</script></head>
<body>
<img name="MyImage" src="images/alvbull1.gif" onLoad= "setTimeout('Begin( )',100)">
<script language="JavaScript">
var ImageArray=new Array( );
for (i=1;i<=3;i++)
{    ImageArray[i]=new Image( );
```

```
        ImageArray[i].src="images/alvbull"+i+".gif";
    }
    </script></body></html>
```

例 5-17 事先准备了三个图像文件，分别为 alvabull1.gif、alvabull2.gif、alvabull3.gif，程序每隔 0.1 秒更换一次所显示的图像文件，从而产生动画效果。

（3）链接对象和链接数组

链接数组提供 HTML 文件中的超链接，通过它可以得到超链接的信息并加以控制。链接数组的每个对象都是一个链接对象（Link）或 Area 对象。

Link 对象存储 URL 的信息，一个完整的 URL 包括协议、主机名或 IP 地址、协议端口号、路径名、hash 数。例如下面的 URL：

　　　　　http://www.njim.edu.cn:2000/java/index.html#follow-up

对应的各个部分的 Link 对象的属性如下：

hash	对应 hash 数，即锚点名，如#follow-up。
host	主机名或主机 IP 地址，如 www.njim.edu.cn。
hostname	主机和端口的组合，如 www.njim.edu.cn:2000。
href	代表整个 URL。
pathname	路径，如/java/index.html。
port	服务器端口号，如 2000。
protocol	代表协议，如 http。
search	查询信息，上例中没有对应部分。

查询数据前加一个问号，这些数据包含在 URL 的最后一项，格式为：

　　　　　? name=value

Area（位图映射机制）通过位图的不同位置来实现不同的链接。Area 对象在 JavaScript 中被作为特殊的 link，故被归到 links 数组中。Area 对象的属性与 Link 对象的属性完全相同。

【例 5-18】 links 数组用法示例。设计如图 5-20 所示的页面，利用按钮改变超链接的对象。

```
<html>
<head><title>links 数组使用示例</title></head>
<body><br><br><br><br>    选择以下按钮决定
<a href="javascript:alert('请按钮选择下一步访问的站点！')">访问哪个站点。</a>
<form><br>        
<input type="button" value="新　浪　网"
    onClick="document.links[0].href='http://www.sina.com.cn'"><br>  
<input type="button" value="搜　　　狐"
    onClick="document.links[0].href='http://www.sohu.com'"><br>  
<input type="button" value="中央电视台"
    onClick="document.links[0].href='http://www.cctv.com.cn'">
</form>
</body>
</html>
```

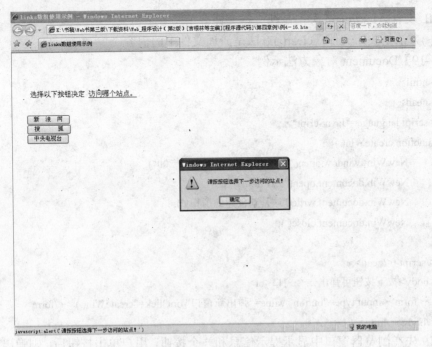

图 5-20　links 数组的用法示例

例 5-18 中，单击所要访问站点的按钮（如"中央电视台"），再单击"访问哪个站点"超链接，就将链接到所选择的站点。例 5-18 的 HTML 文件中只包含一个超链接，该超链接的值是根据用户单击的按钮决定的。本例的<a>标记的 href 属性值被赋为"javascript:alert('请按按钮选择下一步访问的站点！')"，这里的"javascript:"表示使用 JavaScript 协议，在它之后应跟 JavaScript 语句，这是 JavaScript 的另一种使用方式。

2. Document 对象的方法

Document 对象的方法主要有 write( )、writeln( )、open( )、close( )、clear( )。

（1）write( )和 writeln( )方法

write( )方法已经用过许多次了，用于输出内容到 HTML 文件中。其语法是：

    write(String1,String2,…);

write( )的参数可以是任意多个字符串，但至少有一个。当参数不是字符串时，将被自动转换为字符串。例如：

    document.write("欢迎访问本主页！");
    document.write("您是第"+i+"个访问本主页的贵宾");
    document.write("您是第",i,"个访问本主页的贵宾");

上面第二句和第三句的功能是一样的。

writeln( )方法的功能与 write( )相同，唯一的区别是，writeln( )在输出字符串后再输出一个换行符。

（2）open( )、close( )、clear( )方法

open( )方法打开一个已存在的文件或创建一个新文件来写入内容，允许的文件类型（称为 mime 类型）包括 text/html、text/plain、image/gif、image/jpeg、image/xbm、x-world/plug-in 等，这些类型的文件是可以被浏览器解释或被插件支持的，默认的文件类型是 text/html，即

标准 HTML 文件。text/plain 类型是纯文本文件。

close( )方法是关闭文件；clear( )方法是清理文件中的内容。

【例 5-19】Document 对象方法示例。

```
<html>
<head>
<script language="JavaScript">
function createWin( ){
    NewWin=window.open("","","width=200,height=200");
    NewWin.document.open("text/html");
    NewWin.document.write("这是新创建的窗口!");
    NewWin.document.close( );
}
</script></head>
<body>按下按钮可弹出一个窗口<br>
    <form><input type="button" value="弹出新窗口" onClick="createWin( )"></form>
</body></html>
```

例 5-19 先在浏览器窗口中显示提示信息和一个按钮，用户单击按钮后，则弹出一个新窗口，新窗口显示的内容由 NewWin.document.write("这是新创建的窗口! ")决定，该例在浏览器中的显示效果如图 5-21 所示。

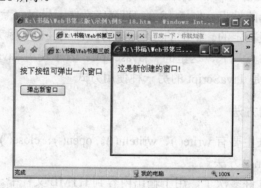

图 5-21　Document 对象方法示例

5.4.5　Form 对象

表单（Form）是 HTML 语言中动态更新页面内容的最常用的标记。3.1.4 节已经讨论了 Form 的语法和输入域的类型，本节讨论 JavaScript 与 Form。

在 JavaScript 中，Form 也是对象，它封装了网页中由<form>标记定义的表单的信息。它是最复杂的 Navigator 对象。

1. Form 对象的属性

Form 对象的属性与<form>标记语法定义中的属性相对应，包括：

① action——表单提交后启动的服务器应用程序的 URL，与<form>标记定义中的 action 属性相对应。

② name——表单的名称，与<form>标记定义中的 name 属性相对应。

③ method——指出浏览器将信息发送到由 action 属性指定的服务器的方法，它只可能是 get 或 post。Form 对象的此属性对应<form>标记定义中的 method 属性。

④ target——指出服务器应用程序执行结果的返回窗口，对应<form>标记定义中的 target 属性。

⑤ encoding——指出被发送的数据的编码方式，对应<form>标记定义中的 enctype 属性。

⑥ elements——这是一个数组，其元素是表单的各个输入域对象，即 Form 对象的子对象，详情请参见本节第 3 点的说明。

⑦ length——表单中输入域的个数。

【例 5-20】Form 对象属性的引用方法示例。设计如图 5-22 所示的页面，放置两个表单，包含文本框和按钮，通过 Form 对象的属性和方法，在页面中显示表单元素。

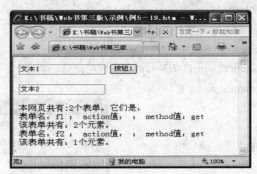

图 5-22　Form 对象属性引用方法示例

```
<html><body><form name="f1">
<input type="text" name="t1" value="文本 1">
<input type="button" value="按钮 1"></form>
<form name="f2"><input type="text" name="t2" value="文本 2"></form>
<script language="JavaScript">
document.write("本网页共有:"+document.forms.length+"个表单。它们是：<br>");
for (var i=0;i<document.forms.length;i++){
    document.write("表单名："+document.forms[i].name+"　；　");
    document.write("action 值："+document.forms[i].action+"　；　");
    document.write("method 值："+document.forms[i].method+"<br>");
    document.write("该表单共有："+document.forms[i].length+"个元素。<br>");
}
</script></body></html>
```

2. Form 对象的方法

Form 对象的方法包括 submit( )和 reset( )。

submit( )方法将触发 Submit 事件，引起 onSubmit 事件处理程序的执行。通常 Submit 事件被触发后，该表单中用户输入的数据将被提交给服务器端相应的程序；也可以通过给 onSubmit 事件处理程序返回 false 值来阻止数据被提交，利用这种功能可以实现对用户输入数据合法性的检查。

reset( )方法清除表单中的所有输入，并将各输入域的值设为原来的默认值，该方法将触发 onReset 事件处理程序的执行。

Form 对象的这两个方法实际上模拟了 submit 和 reset 两个按钮的功能。

【例 5-21】 用户输入数据合法性检查示例。设计如图 5-23 所示的页面，首先显示用户输入电话号码的界面，当用户输入了电话号码并单击"提交"按钮后，将执行合法性检查程序。若用户输入的电话号码值不符合要求（必须是数字，且数字位数为 11 位或 8 位），则提示出错信息，并且不提交服务器；否则将用户输入的电话号码数据提交给服务器。

```
<html><head><script language="JavaScript">
function Verify( ){
    var Tel=document.TelForm.TelNo.value;
    if ((Tel.length==8) | (Tel.length==11)){
        if (parseInt(Tel)!=0){
            NewWin=window.open("","","width=200,height=200");
            NewWin.document.open("text/html");
            NewWin.document.write("<H3>号码已经成功提交！</H3>");
            NewWin.document.close( );
        }
        else{
            alert("号码输入不正确！");
            return false;
        }
    }
    else{
        alert("号码输入不正确！");
        return false;
    }
}
</script></head>
<body>请输入您的电话号码：<br>
<form name="TelForm" onSubmit="Verify( )">
<input type="text" name="TelNo" value=""><br>
<input type="submit" value="提交号码" width=100>
<input type="reset" value="重置号码" width=100></form>
</body></html>
```

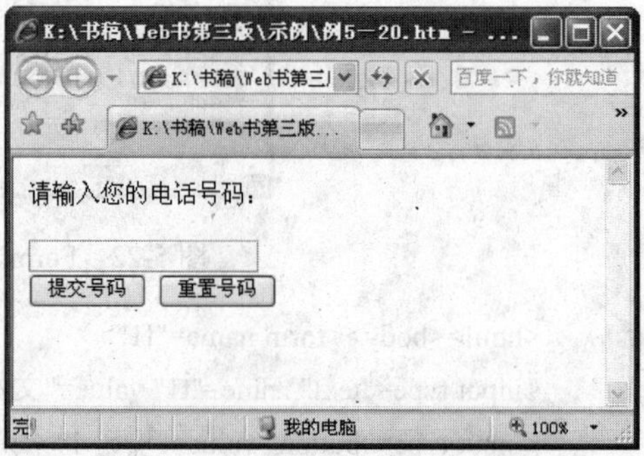

图 5-23　数据合法性检查示例

3. Form 对象的子对象

从 Navigator 对象树形结构可以看出，Form 对象包含多个子对象，这些子对象对应 Form 的各种输入域。也就是说，Form 的每种输入域在 JavaScript 中都是作为对象来处理的。

（1）按钮对象

Form 的按钮有三种类型：submit—提交按钮；reset—复位按钮；button—普通按钮。

按钮的属性包括：

name　　按钮名称。

type	按钮的类型。
value	按钮值，即按钮上显示的文字。
weidth	按钮的宽度。
height	按钮的高度。
form	按钮所属于的表单。

与按钮相关的事件与事件处理有：

Blur 事件和 onBlur 事件处理	失去焦点事件及处理。
Focus 事件和 onFocus 事件处理	获得焦点事件及处理。
Click 事件和 onClick 事件处理	单击 button 按钮的事件及处理。
Submit 事件和 onSubmit 事件处理	单击 submit 按钮的事件及处理。
Reset 事件和 onReset 事件处理	单击 reset 按钮的事件及处理。

按钮对象的方法有 blur( )、focus( )、click( )，它们将分别触发 onBlur、onFocus、onClick 事件处理程序。对于一个 submit 按钮，单击它与执行 Form 对象的 submit 方法是等价的；同样，对于一个 reset 按钮，单击它与执行 Form 对象的 reset 方法是等价的。

有关 Form 按钮子对象用法示例，读者可参见例 4-6（简易计算器模拟程序）。

（2）Form 对象的其他子对象

① text 对象（对应文本框 text），其属性有 name、type、form、value、defaultValue 等。name、type、value 属性的含义与按钮对象的同名属性相同；form 是包含该 text 的 form 的名称；defaultValue 属性是在网页被装入时文本框中显示的字符串。text 对象的方法有 focus( )、blur( )和 select( )。前两个方法与 button 对象的同名方法相同；select( )方法是文字框内的内容高亮度显示。与 text 对象有关的事件处理有 onFocus、onBlur、onChange、onSelect。text 对象的 Change 事件是在文字框的内容发生变化时被触发的，此时引起 onChange 事件处理程序的执行；用户在文字框内选择了内容，将触发 Select 事件，引起 onSelect 事件处理程序被执行。

② textarea 对象（对应文本域 textarea），它和 text 对象有相同的属性和方法，它们的相关事件也相同。

③ password 对象（对应口令域 password），它和 text 对象有相同的属性和方法，但注意它没有 OnClick 事件处理。

④ hidden 对象（对应隐藏域 hidden），它与 text 对象相比，没有 defaultValue 属性。

⑤ checkbox 对象（对应复选框 checkbox），它有 checked、defaultChecked、name、value、form、type 属性，其中 name、form、value 属性与其他 Form 子对象的同名属性含义相同；checked 属性是一个布尔值，反映当前复选框的状态，若 checked 为 true，则复选框被选中，否则未被选中；defaultChecked 属性也是一个布尔值，反映在复选框定义中是否有 checked 项，若有则 defaultChecked 属性值为 true，否则 defaultChecked 属性值为 false。checkbox 对象的方法有 blur( )、focus( )和 click( )，相应的事件有 Blur、Focus、Click，它们的含义与 button 对象完全相同。

⑥ radio 对象（对应单选钮 radio），它的属性、方法和事件与 checkbox 完全相同。

⑦ select 对象（对应选择列表 select），它拥有较多的属性和方法，还有 options 对象数组。其属性包括 form、name、length、type、selectedIndex 和 options。form、name 属性的含义与其他 Form 子对象同名属性相同；length 属性是 select 包含的选择项的个数；type 属性定

义对象为 select 对象并指示 multiple 是否定义；selectedIndex 属性是被选中的选择项的索引号。options 数组包含了该 select 定义中的每个 option 定义的属性，其每个元素是一个 option 对象，option 对象对应 select 定义中的 option 选项定义。option 对象的属性包括 defaultSelected、index、selected、text、value。defaultSelected 属性反映 option 定义中有否 seleted 项，其值是一个布尔量；index 属性是一个整数值，等于该 option 选项的索引号，注意 select 定义中的索引号由 0 开始；selected 反映该选择项当前是否被选中，其值是一个布尔量；text 属性是选择项的文本，其值是一个字符串；value 对应 option 定义中的 value 属性设置。select 对象的方法有 blur( )、focus( )，相关的事件处理有 onBlur、onFocus、onChange。下面给出一个示例说明 Form 子对象的用法。

【例 5-22】Form 子对象用法示例。设计如图 5-24 所示的页面，填写和选择个人信息，由系统进行检查和显示。

```
<html><head><script language="JavaScript">
sex=new Array( );
sex[0]="Male";
sex[1]="Female";
sele=0;
sex_sele=0;
function VerifyAndChgText( ){
    var Length=document.forms[0].length;
    var Type,Empty=false;
    for (var i=0;i<Length;i++){
        Type=document.forms[0].elements[i].type;
        if (Type=="text")
            if (document.forms[0].elements[i].value=="")
                Empty=true;
    }
    if (!Empty ){
        name="您的姓名是"+document.forms[0].NameText.value+"\n";
        alias="您的别名是"+document.forms[0].AliasText.value+"\n";
        sex_1="您的性别是"+sex[sex_sele]+"\n";
        area="您所在的地区是"+document.forms[0].area.options[sele].text+"\n";
        exp="备注信息是"+document.forms[0].exp.value+"\n";
        document.forms[0].info.value=name+alias+sex_1+area+exp;
    }
    else
        alert("您未输入完全！ ");
    return Empty;
}
</script></head>
<body><h4 align=center>请输入您的个人信息</h4><form>
您的姓名：<input type=text name="NameText" size=10><br>
```

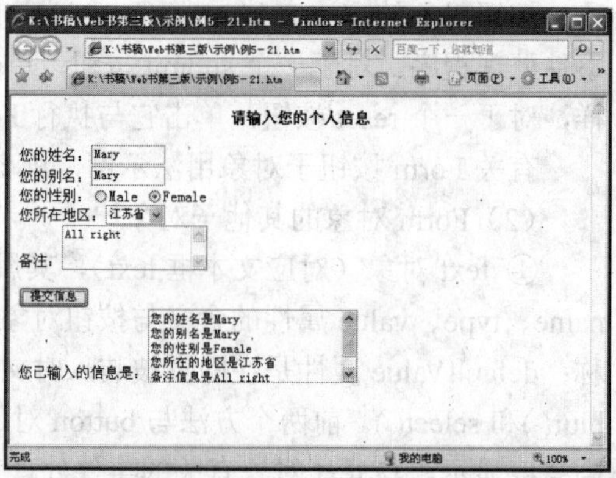

图 5-24　Form 子对象的用法示例

您的别名：<input type=text name="AliasText" size=10>

您的性别：<input type="radio" name="sex" onClick="sex_sele=0">Male

<input type="radio" name="sex" onClick="sex_sele=1">Female

您所在地区：<select name="area" onChange="sele=this.selectedIndex">

<option value="1" selected>江苏省

<option value="2" >北京市

<option value="3" >上海市

<option value="4">天津市

<option value="5">浙江省

</select>

备注：<textarea name="exp" rows=3 cols=20></textarea>

<input type=button value="提交信息" onClick="VerifyAndChgText( )">

您已输入的信息是：<textarea name="info" rows=5 cols=30></textarea>

</form></body></html>

例 5-22 首先生成一个表单，要求用户输入个人信息，当用户单击"提交信息"按钮后，程序检查其是否输入完全，若输入完全，则在最后一个文本域中显示用户刚才输入的信息；若输入不完全，则给出警告提示。

程序中定义了数组 sex，存放 radio 各选项文本，用于显示；select 选择项的显示内容则引用 options 数组中 option 对象的 text 属性，并定义了两个数组的下标 sele 和 sex_sele。前者用做 select 的 options 数组下标，后者用做 sex 数组下标，它们的值分别通过 select 对象的onChange、radio 的 onClick 事件处理获得。函数 VerifyAndChgText 检查用户是否在所有 text中输入信息，若是，则将其输入和选择的信息在 info 文本域中显示；若否，则以 alert 给出警告，该函数作为"提交信息"按钮的 onClick 事件处理程序被执行。

5.4.6 History 对象和 Location 对象

1. History 对象

History 对象又称为历史清单对象，它是一个保存有窗口或帧在某个时间段内访问的 URL信息的列表，并提供方法供用户在列表中查找。

History 对象的属性如下：
- current   当前历史项的 URL。
- length   反映在历史列表中的项数。
- next   下一个历史项的 URL。
- previous   前一个历史项的 URL。

History 对象的方法如下：
- back( )   装载历史列表中的前一个 URL。
- forword( )   装载历史列表中的下一个 URL。
- go( )   该方法的参数可以是整数或字符串。当参数是整数 i 时，该方法
将装载历史列表中与当前 URL 位置相距 i 的 URL，i 既可为正数，也可为
负数。当参数是字符串时，该方法将装载历史列表中含该字符串的最近的
URL。

【例 5-23】在 HTML 文件中实现页面的前进和后退。

```
<html><head><title>History 对象示例</title></head>
<body><center><h2>History 对象使用示例</h2></center><hr><br>
<form><input type=button value="往前翻 " onClick="history.go(-1)">
<input type=button value="重载当前页" onClick="history.go(0)">
<input type=button value="往后翻 " onClick="history.go(1)"></form>
</body></html>
```

图 5-25　History 对象用法示例

例 5-23 的运行结果如图 5-25 所示。

2. Location 对象

Location 对象用于存储当前的 URL 信息，通过对该对象赋值来改变当前的 URL，例 5-15 已经使用过该对象的 hash 属性，通过改变 location 的 hash 的值而改变了当前的页面。

Location 的属性与 Link 对象完全相同，包括 hash、host、hostname、href、pathname、port、protocol、search。

例如，下列两个语句将当前窗口的 URL 设置为 home.netscape.com：

```
window.location.href="http://home.netscape.com"
window.location="http://home.netscape.com"
```

5.4.7　Frame 对象

一个 Frame 对象对应一个<frame>标记定义。Frame 对象有如下几种属性：

- name　　　　框架的名称，对应<frame>标记定义中的 name 项。
- length　　　框架中包含的子框架数目。
- parent　　　包含当前框架的 Window 或 Frame。
- self　　　　代表当前框架。
- top　　　　指包含框架定义的最顶层窗口。
- indow　　　与 self 含义相同。
- frames 数组　对应当前窗口中的所有框架。

Frame 对象的方法有 blur( )、focus( )、setTimeout( )、clearTimeout( )，它们与 Window 对象的方法完全一致。实际上，一个 Frame 对象就是一个特殊的 Window 对象，在框架情况下，self 和 window 属性就是当前的框架窗口。与 Frame 对象相关的事件处理是 onBlur、onFocus、onLoad、onUnload。

一个浏览器窗口可以包含多个框架，框架之间的信息传递可以加强框架的功能。例 5-24 说明了框架之间的通信。

【例 5-24】 框架之间的通信示例。

① 文件 frame 通信.htm，定义框架结构。

```
<html>
```

```
<frameset rows="15%,*">
        <frame src="frame 通信 1.htm" name="Win1">
        <frame src="frame 通信 2.htm" name="Win2">
</frameset>
</html>
```

② 文件 frame 通信 1.htm，是主要文件。

```
<html><head>
<script language="JavaScript">
var Questions=new Array("您认为 LAN 指什么?","您知道 TCP/IP 吗?","您对计算机网络的认识?");
var CurrentQuestion=0;
var Answers=new Array( );
function PutQuestions( ){ //在 Win2 中输出问题并创建表单，接收用户输入的答案
    with (parent.Win2.document){
    open( );
    write("<html><body>");
    write("第",CurrentQuestion+1,"个问题: <font color=red>");
    write(Questions[CurrentQuestion]+"</font><br>");
    write("<form name=\'QuestionForm\'>");
    write("<textarea name=\'AnswerText\' cols=30 rows=5></textarea><br>");
    write("<input type=button value=\'提交答案\' onClick=\'parent.Win1.NextQ( )\'>");
    write("</form></body></html>");
    close( );
    }
}
function PrintAnswers( ){ //在 Win2 中输出问题和用户输入的答案
    with (parent.Win2.document){
    open( );
    write("<html><body>");
    for (var i=0;i<Questions.length;i++){
        write("问题",i+1,":",Questions[i]);
        write("答案: ",Answers[i],"<br>");
    }
    write("</body></html>");
    }
}
function NextQ( ){ //若问题未处理完，则调用 PutQuestions，否则，调用 PrintAnswers
if (CurrentQuestion<Questions.length){
    Answers[CurrentQuestion]=parent.Win2.document.QuestionForm.AnswerText.value;
    CurrentQuestion++;
    if (CurrentQuestion<Questions.length) PutQuestions( );
    else { Answers[CurrentQuestion]=
            parent.Win2.document.QuestionForm.AnswerText.value;
```

```
        PrintAnswers( );
    }}
}
</script></head>
<body onLoad="setTimeout('PutQuestions( )',1000)">
<h2 align=center>请您回答以下问题</h2></body></html>
```

③ 文件 frame 通信 2.htm，可以为空，但为了浏览器的识别，写入了一些内容。

```
<html><head><title>文件 frame 通信 2.htm </title></head>
<body>This is a frame</body></html>
```

例 5-24 程序运行结果如图 5-26 所示。

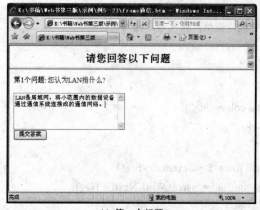

(a) 第一个问题　　　　　　　　　　　　　　　(b) 输出答案

图 5-26　框架之间通信的示例

frame 通信 1.htm 文件是对应于框架 Win1 的窗口文件，其中定义了两个数组 Questions 和 Answers，用于存放问题和用户提交的答案。该文件中的函数 PutQuestions( )、NextQ( )和 PrintAnswers( )均是在框架 Win2 对应的窗口中输出文件，体现了在 JavaScript 中进行框架间通信的灵活性。该文件首先在框架 2 中提出第一个问题，在用户提交了第一个问题的答案后，再继续提问，直至所有问题都处理完，然后在框架 2 中显示各问题和用户相应的答案。

在框架间通信时，要注意框架窗口之间的层次关系。例如，对应 Win1 框架的 frame 通信 1.htm 文件要操作 Win2 时，需指出它们之间的关系，即 parent.Win2，表示 Win2 是 Win1 父窗口的子窗口。

下面通过两个实例，进一步深入讨论 HTML 与 JavaScript 程序设计技术。

5.4.8　程序示例——用户注册信息合法性检查

用户通过表单将数据传递给服务器，如果将表单内的所有数据都交由服务器处理，则将加重服务器数据处理的负担。可利用 JavaScript 的交互能力，对用户的输入在客户端进行语法检查，然后把合法数据传递给服务器。例 5-25 就是在用户填写表单并提交时，对用户所输入的数据在客户端进行合法性检查的例子。

【例 5-25】设计如图 5-27 所示的用户注册页面。在单击"发送"按钮后，对输入框中输入的数据进行合法性检查。

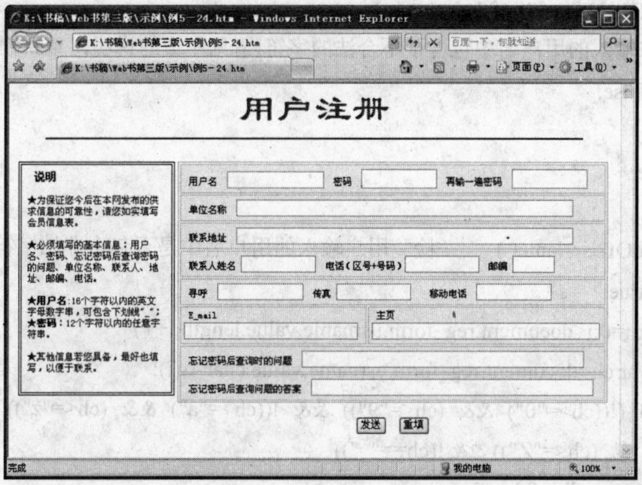

图 5-27 利用 JavaScript 进行客户端输入数据检查

源代码如下：

```
<html>
<script language="JavaScript">
function init( )
{ document.reg_form.usrname.focus( );      //初始将光标定位在用户名输入框
}
function Verify( )      //校验用户输入
{    if (VerifyUsrName( )==false) return false;                //校验用户名
     if (VerifyPasswd( )==false) return false;                 //校验密码
     if (VerifyDepart( )==false) return false;                 //校验单位名称
     if (VerifyAddr( )==false) return false;                   //校验地址
     if (VerifyPersonName( )==false) return false;             //校验联系人姓名
     if (VerifyPhone( )==false) return false;                  //校验电话号码
     if (VerifyZip( )==false) return false;                    //校验邮编
     if (VerifyBp( )==false) return false;                     //校验 Bp 号码
     if (VerifyFax( )==false) return false;                    //校验传真号
     if (VerifyHand( )==false) return false;                   //校验手机号
     if (VerifyEmail( )==false) return false;                  //校验电子邮件地址
     if (VerifyHomepage( )==false) return false;               //校验主页地址
     if (VerifyQuest( )==false) return false;                  //校验忘记密码时所提问题
     if (VerifyAnsw( )==false) return false;                   //校验问题答案
     return true;
}
function VerifyUsrName( )
{    if (document.reg_form.usrname.value.length==0)
     {    alert(" 用户名不能为空!请见左边的说明，输入合法的用户名。");
          return false;
     }
```

```
    if (validOfUsrName( )==false)
    { alert("您输入的用户名中包含了不合法的字符!请见左边的说明，重新输入。");
        return false;
    }
    return true;
}
function validOfUsrName( )        //检验用户输入的用户名中是否包含非法字符
{      valid=true;
       for (var i=0;i<document.reg_form.usrname.value.length;i++)
       {     var ch=document.reg_form.usrname.value.charAt(i);
            if (!((ch>="0") && (ch<="9")) && !((ch>="a") && (ch<="z")) && !((ch>="A") &&
                (ch<="Z")) && !(ch=="_"))
                    valid=false;
            if (!valid)
                    break;
       }
       return valid;
}
function VerifyPasswd( )
{     if (document.reg_form.pass.value.length==0)
      { alert(" 密码不能为空!请见左边的说明，输入您的密码。");
         return false;
      }
      if (document.reg_form.pass.value!=document.reg_form.pass2.value)
      { alert("您两次输入的密码不相同!请重新输入密码。");
         return false;
      }
      return true;
}
function VerifyDepart( )
{     if (document.reg_form.dname.value.length==0)
      {     alert("单位名称不能为空!请见左边的说明进行输入。");
            return false;
      }
      return true;
}
//说明：校验联系人姓名、地址、邮编等与校验单位名称的正确性的程序相似，读者可自行补齐，
其代码略去。
</script>
<body topmargin=6>
<center><font face="隶书" size=7 color=red>用户注册</font></center>
<hr width=90% color=blue><br>
```

```
<table border=0 aligen=center onLoad="init( )">
<tr><td valign=top><!—对用户填写表单数据的说明-->
<table border=1 align=left bordercolor=blue bgcolor=ivory width=200
        style="fontsize:14px;align:left;" cellpadding=8><tr><td>
<div style="color:darkred;font-size:12px;text-align:left;font-family:'宋体'">
<span style="color:darkred;font-size:14px"><b> 说明</b></span><br><br>
<div>★为保证您今后在本网发布的供求信息的可靠性，请您如实填写会员信息表。
</div><br>
<div>★必须填写的基本信息：用户名、密码、忘记密码后查询密码
的问题、单位名称、联系人、地址、邮编、电话。</div><br>
<div>★<font color=black><b>用户名</b></font>:16 个字符以内的英
文字母数字串，可包含下划线"_"；</br>
★<font color=black><b>密码</b></font>：12 个字符以内的任意字符串。</div><br>
<div>★其他信息若您具备，最好也填写，以便于联系。</div><br>
</div></td></tr></table></td>
<td valign=top align=center><!—表单输入区定义-->
<form action="reg_handle.asp" method="get" name="reg_form"
onSubmit="return Verify( )">
<table border=1 bordercolor=gold bgcolor=lavenderblush   width=550
style="font-size:12px;align:left;" cellpadding=4>
<tr><td width=550 ailgn=left colspan=2 >
 用户名  <input type=text size=16 name="usrname">
 密码  <input type=password size=12 name="pass">
 再输一遍密码  <input type=password size=12 name="pass2">
</td></tr>
<tr><td width=500    align=left colspan=2 >
 单位名称    <input type=text size=60 name="dname"></td></tr>
<tr><td width=550 colspan=2 align=left>
 联系地址    <input type=text size=60 name="address"></td></tr>
<tr><td width=550 align=left colspan=2>
 联系人姓名 <input type=text size=12 name="person_name">
 电话（区号+号码）<input type=text size=12 name="tel">
 邮编 <input type=text size=6 name="postcode"></td></tr>
<tr><td width=500 align=left colspan=2>
 寻呼  <input type=text size=14 name="bpcode">
 传真 <input type=text size=12 name="fax">
    移动电话  <input type=text size=12 name="hand"></td></tr>
<tr><td width=250 ailgn=left>
 E_mail <input type=text size=30 name="email"></td>
<td width=300 align=left> 主页<input type=text size=40 name="homepg">
</td></tr>
<tr><td width=550 colspan=2 align=left>
```

 忘记密码后查询时的问题 <input type=text size=50 name="quest">

</td></tr>

<tr><td width=550 colspan=2 align=left>

 忘记密码后查询问题的答案 <input type=text size=50 name="answ">

</td></tr></table>

<input type=submit value="发送"> <input type=reset value="重填">

</form></td></tr></table></body></html>

例 5-25 在浏览器中加载页面后，首先触发 onLoad 事件，执行 init( )函数。init( )函数将初始光标定位在用户名输入框。页面的总体结构是一个表，表又分为左、右两个部分，左部是对表单数据填写的说明，而右部则是表单输入区域。在表单属性中设置了 onSubmit 事件的处理函数 Verify( )，Verify( )函数分别再调用函数 VerifyUsrName( )、VerifyPasswd( )等 14 个函数分别检查用户名、密码等 14 个用户输入数据的合法性，若某个输入数据不合法，则以警告对话框提示用户重新输入。全部数据经过检查后，则认为用户输入的数据符合要求，函数 Verify( )返回真值，即 onSubmit 事件处理返回真值，那么浏览器就开始发往服务器。否则 onSubmit 事件处理返回假值，那么数据不会提交给服务器处理。

5.4.9 程序示例——扑克牌游戏程序

【例 5-26】读者一定很熟悉用扑克牌计算 24 点的游戏吧，下面就用 JavaScript 来设计一个在浏览器中计算 24 点的游戏程序。游戏开始后，系统随机给出 4 个 1~9 之间的整数，用户给出这 4 个数的运算式，运算式中可包括加（+）、减（-）、乘（*）、除（/）运算符；若用户给出的算式的值为 24，则系统弹出一个对话框告之结果正确，否则告之结果错误。

本例共设计如下 5 个文件：

① game.htm——"开始新游戏"界面，显示游戏规则，提供一个"新游戏"功能按钮，用户单击该按钮即可生成一个新窗口，在该窗口中加载文件 poker.htm 文件，开始一次新游戏的过程。

② poker.htm——主文件，它首先产生 4 个 1~9 之间的随机数，并将输入焦点定于结果算式输入框，然后等待用户输入；用户输入的时间限制为 1 min（60 000 ms），每隔 1 ms poker.htm 在状态栏提示用户所剩余的时间；若用户在规定的时间内在文本框中输入算式并单击"提交答案"按钮，poker.htm 将检查该答案，若计算正确，则弹出新窗口，其中加载文件 yes.htm，提示用户答案正确；若计算错误或算式不合法，也弹出新窗口，在其中加载文件 no.htm，提示用户答错了；若计时时间满了，而用户还未输入算式，也将弹出"超时"窗口，在其中加载文件 timeout.htm，提示用户超时，同时结束本次游戏。在该文件的 init( )函数中，利用 Math 对象的数学函数 random( )产生一个 0~1 之间的随机数；函数 ceil(number)将返回一个大于或等于 number 的最小整数，因此表达式 Math.ceil(Math.random( )*9)将返回一个 1~9 之间的随机整数。该函数还利用 setTimeout( )方法设置用户答题时间限制和状态栏提示信息的更新时间。文件中其他函数的功能以及 HTML 语句的作用在下面的源文件中都给出了详细注解，在此不再赘述。

③ yes.htm——当用户输入正确答案后弹出的提示窗口中要加载的文件。

④ no.htm——当用户输入错误答案后弹出的提示窗口中要加载的文件。

⑤ timeout.htm——超时后弹出的提示窗口中要加载的文件。

各文件的内容如下。

（1）文件 game.htm

```
<html><head><title>扑克牌游戏</title>
<style type="text/css">
body {margin-top:16;}
h3{ background-color:#ffddcc;color:darkred;width:16%;height:60px;
vertical-align:50%;}
</style></head><body><h3><br>  游戏规则：</h3><br>
<p><h4>规则 1. 要进行新游戏，请按"新游戏"按钮，此时将生成一个新窗口，其中给出 4 个
1~9 之间的整数。
<br>规则 2. 在新窗口的输入框输入四则运算式，可以使用括号，运算数为给出的 4 个值，每个
数只能使用 1 次，结果需等于 24。
<br>规则 3. 若您认为给出的 4 个数的运算结果不可能为 24，则可按"放弃这局"按钮。
</h4></p>
<form>
<input type="button" value="新游戏"
        onClick="open('poker.htm','newWin','width=500,height=400,status=1')">
</form></body></html>
```

（2）文件 poker.htm

```
<html><head>
<script language="JavaScript">
//全局变量定义
var card = new Array( );      //存储 4 张牌
for (k=0;k<4;k++)
    card[k]=0;              //赋初值
var cardUsed = new Array( );//每张牌是否被使用过的标记
for (k=0;k<4;k++)
    cardUsed[k] = false;      //赋初值
var TimeID,StatID;            //时间和状态标记
var count = 60;              //计时器
function Init( ) {               //初始化函数，生成 4 个随机数，并设置时间和状态标记
var i;
status = "您有 1min 的时间考虑与输入答案！";
for (i=0;i<4;i++)            //用随机函数产生 4 张牌
    card[i] = Math.ceil(Math.random( )*9);
StatID = setTimeout("ChangeStatus( )",1000);
TimeID = setTimeout("open('timeout.htm','timeoutWin',
        'width=200,height=100');close( )",60000);
}      //End of Init
//状态栏刷新函数定义
```

```javascript
function ChangeStatus( ) {                              //每隔 1s 刷新 1 次状态栏显示
clearTimeout(StatID);                                   //清除状态标记
count--;                                                //剩余时间减少 1s
status = "剩余时间为: "+count+"s";
setTimeout("ChangeStatus( )",1000);                     //每隔 1s 调用 1 次 ChangeStatus
}
//输入合法性判断函数, 若算式合法, 返回 true, 否则返回 false
function IsValid( ) {                                   //判定用户输入的算式是否正确
var exp = document.expForm.expText.value;               //取用户输入的算式
var expLen = exp.length;                                //算式长度
var i,j;
var numberUsed = 0;                                     //算式中使用的运算数的个数
for (i=0;i<expLen-1;i++){
    var ch = exp.charAt(i);                             //取第 i 个字符
    if (ch>='0' && ch<='9') {                           //当前处理的是数值字符
    for (j=0;j<4;j++)
        if ((ch == card[j]) && (!cardUsed[j])) {
        //该数字是否是给出的 4 个数之一且未被使用过
        numberUsed++;
        cardUsed[j] = true;                             //置数字已被使用过标记
        }
    }
    else {   //当前处理的是运算符
        if ((ch!="+") && (ch!="-") && (ch!="*") && (ch!="/") && (ch!="(")
            && (ch!=")"))
        {   alert("您输入的算式是非法的!");
            return false;
        }
    }
}
if (numberUsed!=4) {   //算式中未使用全部 4 个数字
    alert("您输入的算式是非法的!");
    return false;
}
return true;
}
function calResult( ) { //计算算式结果函数
    clearTimeout(TimeID);   //清除计时标记
    if (IsValid( )) {   //算式合法
        if (eval(document.expForm.expText.value)==24)   //若算式的值等于 24
```

```
            {  //弹出新窗口，提示结果正确
                winid = open("yes.htm","nwin1","width=200,height=100");
                close( );
                return;
            }
        }
        //算式的值不等于 24 或算式不合法，弹出新窗口，提示结果错误
        winid = open("no.htm","nwin2","width=200,height=100");
        close( );
        return;
    }
</script></head>
<!—将输入焦点设置在答案输入框中-->
<body onLoad="document.expForm.expText.focus()">
<script language="JavaScript">
Init( ); //生成四张牌
document.write("您可以使用的四张牌是：<br>");
for (i=0;i<4;i++)
    document.write(card[i]+"    ");
</script>
<br><form name="expForm">请在右边的输入框中输入您的答案：  
<input type=text name="expText" size=12 value=" "><br><br><br>  
<input type=button value="提交答案" onClick="calResult( )">
<input type=button value="放弃该局" onClick="self.close( )"></form></body></html>
```

（3）文件 yes.htm

```
<html>
<body onLoad="setTimeout('close()',60000);return true">恭喜您，您答对了！</body>
</html>
```

（4）文件 no.htm

```
<html>
<body onLoad="setTimeout('close()',60000);return true">对不起，您答错了！</body>
</html>
```

（5）文件 timeout.htm

```
<html>
<body onLoad="setTimeout('close()',60000);return true">
对不起，您超时了！请重新开始。</body></html>
```

该程序的运行过程是，首先加载文件 game.htm，将出现如图 5-28（a）所示的界面，然后单击"新游戏"按钮，弹出如图 5-28（b）所示的游戏窗口，在答案输入框中输入算式，并单击"提交答案"按钮；若答案正确，将出现图 5-28（c）所示的提示窗口；若答案不正确或超时，所出现的提示窗口与图 5-28（c）类似。

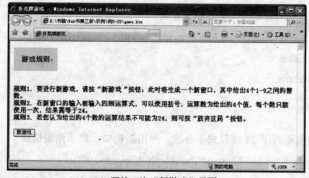

(a) 开始一次"新游戏"界面

(b) "游戏"界面

(c) 答案正确的提示窗口

图 5-28 扑克牌游戏示例

5.5 HTML DOM

5.5.1 HTML DOM 概述

DOM，即 Document Object Model，文档对象模型，它是由 W3C 提出的。W3C 于 1998 年 10 月推出 DOM Level 1，又于 2000 年 11 月推出了规范 DOM level 2。DOM 是一个跨平台的、可适应不同程序语言的文件对象模型，它采取直观且一致的方式，将 HTML 或 XML 文档进行模型化处理，提供存取和更新文件内容、结构和样式编程接口。使用 DOM 技术，不仅能够访问和更新页面的内容及结构，而且还能操纵文件的风格样式。

DOM 是从 DHTML 对象模型发展而来的，它是对 DHTML 对象模型进行了根本变革的产物。使用 DHTML 对象模型技术，能够单独地访问并更新 HTML 页面上的对象，每个 HTML 标记通过它的 id 和 name 属性被操纵，每个对象都具有自己的属性、方法和事件，通过方法操纵对象，通过事件触发因果过程。DOM 则比 DTHML 对象模型功能更全面，它提供一个对整个文件的访问模型，而不仅仅再局限于单一的 HTML 标记范围内。DOM 将文件作为一个树形结构，树的每个节点表现为一个 HTML 标记或 HTML 标记内的文本项。树形结构精确地描述了 HTML 文件中标记间以及文本项间的相互关联性，这种关联性包括 child（孩子）类型、parent（双亲）类型和兄弟（sibling）类型。

DOM 将 HTML 或 XML 文件转换为内部树形结构，使程序设计者能够更容易地处理文件的内容，其优点是：① 平台无关性，DOM 提供跨平台的编程接口，是一种处理 HTML 和

XML 文件的标准 API。② 可支持对 HTML 及 XML 两种文件的处理。

5.5.2 DOM 节点树

DOM 是一种结构化的对象模型，采用 DOM 技术访问和更新 HTML（或 XML）页面内容时，首先依据 HTML（或 XML）源代码，推出页面的树形结构模型，然后按照树形结构的层次关系来操纵需要的属性。例如，要更新页面上的文本项内容，如果采用 DTHML 对象模型，需要使用 innerHTML 属性，但必须要注意，并不是所有的 HTML 对象都支持 innerHTML 属性；而如果采用 DOM 技术，则只要修改相关树节点都具有的 nodeValue 属性值即可。

【例 5-27】一个产生表格的 HTML 文件示例。DOM 将该文件作为如图 5-29 所示的树形结构。

```
<table>
<tbody>
    <tr>
        <td>商品类别</td>
        <td>数量</td>
    </tr>
    <tr>
        <td>日用百货</td>
        <td>10</td>
    </tr>
    <tr>
        <td>电器</td>
        <td>20</td>
    </tr>
</tbody>
</table>
```

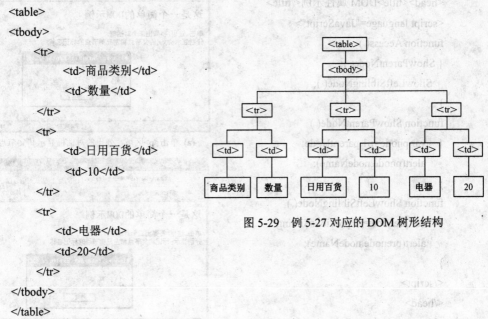

图 5-29 例 5-27 对应的 DOM 树形结构

文件的 DOM 树形结构表示 HTML 文件各对象的关系。在 DOM 树形结构中，每个节点都是一个对象，各节点对象都有属性和方法。树中的叶节点为文字节点，页面显示的内容就是各文字节点的内容。

5.5.3 DOM 树节点的属性

DOM 树形结构的节点有只读属性和读/写属性两类，通过只读属性可以浏览节点，并可获得节点的类型及名称等信息；通过读/写属性可以访问文字节点的内容。DOM 树节点的属性列于表 5-7 中。

表 5-7 DOM 树节点的属性

属　　性	访　问	说　　明
nodeName	只读	返回节点的标记名
nodeType	只读	返回节点的类型：1—标记；2—属性；3—文字
firstChild	只读	返回第一个子节点的对象集合
lastChild	只读	返回最后一个子节点的对象集合

属　　性	访　　问	说　　明
parentNode	只读	返回父节点对象
previousSibling	只读	返回左兄弟节点对象
nextSibling	只读	返回右兄弟节点对象
data	读/写	文字节点的内容，其他节点返回 undefined
nodeValue	读/写	文字节点的内容，其他节点返回 null

【例 5-28】在下列 JavaScript 程序中，分别用 parentNode 和 previousSibling 获得父节点和左兄弟节点，用 nodeName 属性输出节点的标记名。本例在浏览器中的运行结果如图 5-30（a）、（b）所示。

```
<html>
<head><title>DOM 属性示例</title>
<script language="JavaScript">
function Access( )
{ ShowParentNode( );
  ShowLeftSiblingNode( );
}
function ShowParentNode( )
{   var pnode=p1.parentNode;
    alert(pnode.nodeName);
}
function ShowLeftSiblingNode( )
{   var prenode=p1.previousSibling;
    alert(prenode.nodeName);
}
</script>
</head>
<body>
<h2>这是一个简单的 DOM 示例</h2>
<p id="p1" onClick="Access( )">
单击这里将弹出二个对话框, <br>
分别显示 P 标记的父节点和左兄弟节点的标记名称<br>
    </p>
</body>
</html>
```

(a) 单击<p>区域，弹出的对话框显示其父节点名

(b) 单击(a)中对话框"确定"按钮弹出显示其左兄弟节点名的对话框

图 5-30　例 5-28 的运行结果

对该文件的分析可知，标记<p>的父标记和<body>，左兄弟是<h2>。

DOM 有两个对象集合：attributes 和 chileNodes。

- attributes 是节点内容的对象集合。
- childedNodes 是子节点的对象集合，可使用从 0 开始的索引值进行访问。

可以对文字节点使用 data 或 nodeValue 属性访问和修改节点的内容，常用的是 nodeValue 属性。

5.5.4 访问 DOM 节点

用 DOM 的方法可以创建 HTML 或 XML 文件，并可以通过 JavaScript 程序随时改变文件的节点结构或内容，建立动态网页效果。表 5-8 列出了 DOM 的方法。

表 5-8 DOM 的方法列表

方 法 名	说 明
appendChild objParent.appendChild(objChild)	为 objParent 节点添加一个子节点 objChild，返回新增的节点对象
applyElement objChild.applyElement(objParent)	将 objChild 新增为 objParent 的子节点
clearAttributes objNode.clearAttributes()	清除 objNode 节点的所有属性
createElement document.createElement("TagName")	建立一个 HTML 节点对象，参数 TagName 为标记的名称
createTextNode document.createTextNode(String)	建立一个文字节点，参数 String 是节点的文字内容
cloneNode objNode.cloneNode(deep)	复制 objNode，参数 deep 若为 false，则仅复制该节点；否则，复制以该节点为根的整棵树
hasChildNodes objNode.hasChildNodes( )	判断 objNode 是否有子节点，若有则返回 true，否则返回 false
insertBefore objParent.insertBefore(objChild,objBrother)	在 objParent 节点的子节点 objBrother 之前插入一个新的子节点 objChild
mergeAttributes objTarget=mergeAttributes(objSource)	将节点 objSource 的属性复制合并到节点 objTarget 中
removeNode objNode.removeNode(deep)	删除节点 objNode，若 deep 为 false，则只删除该节点；否则，删除以该节点为根的子树
replaceNode objNode.replaceNode(objNew)	用节点 objNew 替换节点 objNode
swapNode objNode1.swapNode(objNode2)	交换节点 objNode1 与 objNode2

【例 5-29】 使用 DOM 的方法生成一个表格。它在浏览器中的运行结果如图 5-31（a）、（b）所示。

```
<html>
<head><title>使用 DOM 生成表格</title>
<script language="JavaScript">
function genTable(pNode)
{
var i,j;
var contents=new Array(3);
for (i=0;i<3;i++)
        contents[i]=new Array(2);
contents[0][0]="商品类别";
contents[0][1]="数量";
```

```
        contents[1][0]="日用百货";
        contents[1][1]="10";
        contents[2][0]="电器";
        contents[2][1]="20";
        var tableNode=document.createElement("TABLE");
        var tBodyNode=document.createElement("TBODY");
        var t1,t2;
        for (i=0;i<3;i++)
        {
            t1=document.createElement("TR");
            tBodyNode.appendChild(t1);
            for (j=0;j<2;j++)
            {
                t1=document.createElement("TD");
                t2=document.createTextNode(contents[i][j]);
                t1.appendChild(t2);
                tBodyNode.childNodes[i].appendChild(t1);
            }
        }
        pNode.appendChild(tableNode);
        tableNode.id="test";
        tableNode.border=2;
        tableNode.appendChild(tBodyNode);
    }
    </script>
    </head>
    <body id="tableTest">
    <h2 onClick="genTable(tableTest)">单击此处将生成一个表格</h2>
    <hr>
    </body>
    </html>
```

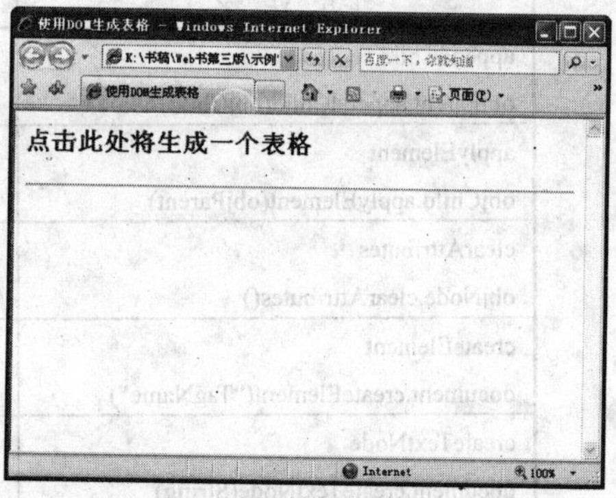

（a）初始显示

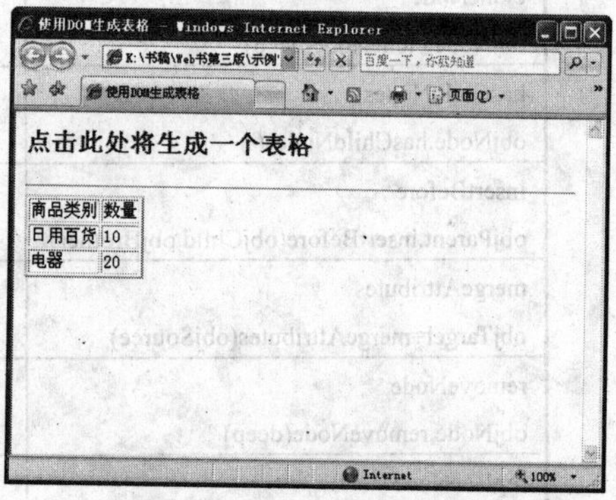

（b）单击文字后，生成一表格

图 5-31　例 5-29 的显示结果

　　DOM 可以操纵文档的树形结构，包括创建新节点、删除存在的节点或在树形结构中移动节点等。而 DTHML 对象模型则不允许更改文档结构，只能操纵现有的对象。这一点是 DOM 对 DHTML 对象模型最本质的改进。

本 章 小 结

　　本章首先介绍了页面设计的概况，着重讨论了使用脚本语言和 CSS 样式表进行动态页面设计的技术。

　　动态页面设计是本章讨论的重点。设计客户端动态页面核心的是使用 DHTML，即动态

HTML。DOM 是从 DHTML 对象模型发展而来的，它是对 DHTML 对象模型进行了根本变革的产物。DOM 则比 DTHML 对象模型功能更全面，它提供一个对整个文档的访问模型。页面设计中常用的两种脚本语言 JavaScript 和 VBScript 都支持对象编程，而用它们进行动态页面设计就必须掌握它们所提供的浏览器对象的特点和使用方法。本章以大量的示例介绍了使用 JavaScript 语言进行浏览器对象编程的技术。

CSS 是 W3C 协会制定的一套扩展样式标准，其中重新定义了 HTML 中原来的文字显示样式，并增加了一些新概念，如类、层等，可以对文字重叠、定位等，提供了更为丰富多彩的样式；并且 CSS 可进行集中样式管理，此外 CSS 还允许将样式定义单独存储于样式文件中，这样可以把显示的内容和显示样式的定义分离开，便于多个 HTML 文件共享样式定义。CSS 属性可分为字体属性、颜色及背景属性、文本属性、方框属性、分类属性和定位属性等几大类。

习　题　5

5.1　简述 DHTML 的含义。

5.2　试总结 CSS 样式引用的方式，并举例说明。

5.3　试总结样式作用的顺序，并举例说明。

5.4　试列举你所知道的常用页面开发工具，并简述其特点。

5.5　试用 HTML、CSS 样式表设计你的个人主页，主要内容包括简介、兴趣爱好、特长等。

5.6　简述浏览器对象模型的含义。

5.7　浏览器对象模型中包含哪些主要对象？

5.8　Navigator 对象有哪些常用属性和方法？

5.9　Window 对象有哪些常用属性和方法？

5.10　Document 对象有哪些常用属性和方法？

5.11　Form 对象有哪些常用属性和方法？

5.12　Form 对象有哪些子对象？它们有什么特点？

5.13　如何通过浏览器对象实现页面框架间的通信？

5.14　如何通过浏览器对象实现对用户输入数据在浏览器端的正确性验证？这样做有什么优点？

5.15　简述 DOM 的含义。

上机实验 5

5.1　用 CSS 控制网页显示样式。

【目的】掌握用 CSS 样式表控制网页显示样式的方法。

【内容】利用 CSS 样式表实现例 5-12 中的个人主页（图片可另选）。

【步骤】

（1）打开记事本程序。

（2）输入能够生成如图 5-13 所示页面的 html 文件（图片可另选），保存为 ex5-1.html 文件。

（3）双击 ex5-1.html 文件，在浏览器中查看结果。

5.2 用 JavaScript 脚本语言实现客户端输入数据的正确性检查。

【目的】

（1）掌握表单的使用方法。

（2）掌握使用 JavaScript 脚本语言对客户端输入数据的操作方法。

【内容】在例 5-25 所给出的信息基础上，完成所有的程序，并进行测试。

【步骤】

（1）打开记事本程序。

（2）输入能够生成如图 5-27 所示页面的 html 文件，并嵌入实现客户端输入正确性检查的 JavaScript 程序源代码，保存为 ex5-2.html 文件。

（3）双击 ex5-2.html 文件，在浏览器中查看结果。

第6章 ASP 程序设计

ASP（Active Server Pages，活动服务器网页）是一种运行于服务器端的 Web 应用程序开发技术，它既不是一种语言，也不是一种开发工具，而是一种服务器端的脚本语言环境。我们可以结合 HTML 网页、ASP 指令和 ActiveX 组件建立动态、交互且高效的 Web 服务器应用程序。它属于 ActiveX 技术中的服务器端技术。本章将通过一些实例详细介绍 ASP 中的 5 个常用对象的属性、方法和事件，使读者学会利用 ASP 技术开发 Web 应用程序。

6.1 初识 ASP

6.1.1 ASP 的运行环境

ASP 的运行需要服务器来解释。微软公司的信息服务器 IIS（Microsoft Internet Information Server）是一种集成了多种 Internet 服务（WWW 服务、FTP 服务等）的服务器软件，作为当今流行的 Web 服务器之一，它提供了强大的 Internet 和 Intranet 服务功能。

1. 安装 IIS 信息服务器

IIS 5.0 是 Windows 2000 的内建组件，安装 Windows 2000 Server 及 Windows.NET Server 系统时自动安装。而对于 Windows 2000 Professional 用户来说，它是可选项，默认情况下不安装。如果在 Windows 2000 Professional 系统的安装过程中没有选择 IIS 5.0，则可用"控制面板"中的"添加/删除程序"进行添加，操作步骤如下：

（1）启动"添加/删除程序"应用程序，出现"添加/删除程序"对话框。

（2）单击"添加/删除 Windows 组件"按钮，在"Windows 组件向导"对话框中，选择"Internet 信息服务"组件，如图 6-1 所示。单击"详细信息"按钮可以进行进一步设置，例如，选装 FTP 服务、SMTP 服务等。

（3）单击"下一步"按钮，系统开始安装。

（4）安装完成后，单击"完成"按钮，即结束 IIS 的安装过程。

在 IIS 安装完成之后，就意味着已经为计算机安装了一个 Web 服务器。如需检测是否成功安装，可打开 Internet Explorer 浏览器，在地址栏中输入 http://localhost/ 或输入 http://computername/（computername 为计算机名）或输入 http://127.0.0.1/，即可出现 Windows 2000 附带的两个测试页面。如果没有出现这两个页面，则意味着 IIS 没有安装成功或 IIS 没有启动。

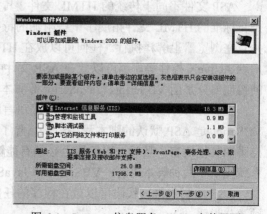

图 6-1 Internet 信息服务（IIS）安装界面

2．设置 Web 站点

当成功安装 IIS 服务器后，就创建了一个默认的 Web 站点（在添加 IIS 组件时选中 World Wide Web 服务器）。"默认 Web 站点"一般是向所有用户开放的 WWW 站点。打开"控制面板"的"管理工具"，双击"Internet 服务管理器"图标，进入"Internet 信息服务"窗口，如图 6-2 所示。单击左窗格中的加号＋，选择"默认 Web 站点"。单击鼠标右键，选取"属性"项，进入"默认 Web 站点属性"设置对话框。

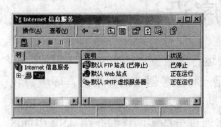

图 6-2　Internet 信息服务管理器

（1）设置"Web 站点"。在"IP 地址"下拉列表框中，选择 Web 服务器要连接的 IP 地址。若选择"全部未分配"，则表示连接本地计算机的所有 IP 地址。"TCP 端口"采用默认的 80 端口。

（2）设置"主目录"。"本地路径"是指当输入地址为本计算机的 IP 地址时，与该地址对应的物理地址为"C：\inetpub\wwwroot"。

（3）设置默认"文档"。选中"启用默认文档"项，可以看到默认的主页名称为 default.htm、default.asp 等。这样，在地址栏中只要输入计算机的 IP 地址，浏览器就会自动执行与默认文档同名的文件。当然，用户也可以添加新的默认文档。

3．设置虚拟目录

（1）在"Internet 信息服务"窗口，右击"默认 Web 站点"，选择"新建""虚拟目录"项，出现"虚拟目录创建向导"对话框。

（2）单击"下一步"按钮，在"虚拟目录创建向导"对话框中，输入虚拟目录名 book。

（3）单击"下一步"按钮，通过"浏览"下拉列表选择要设置为虚拟目录的文件夹（放置 ASP 文件的文件夹）。

（4）单击"下一步"按钮，设置虚拟目录的访问权限。

（5）单击"下一步"按钮，即可完成虚拟目录的设置。

注意：本章所有的例题均存放在虚拟目录 book 下。

6.1.2　ASP 文件结构

ASP 文件不同于传统的 HTML 文件，其关键在于服务器端脚本程序的应用。实际上，它是将标准的 HTML 文件拓展了一些附加的特征，像标准的 HTML 文件一样包含 HTML 对象，并且在浏览器上解释执行。任何可以放在 HTML 中的内容，如 Java applets、客户端脚本、客户端 ActiveX 控件等，都可以放在 ASP 文件中。与一般的程序不同，ASP 程序无须编译，它的控制部分是用 VBScript、JavaScript 等脚本语言来设计的。

在 ASP 文件结构中，各种脚本程序语言解释器被称为脚本程序引擎（Scripting Engine），VBScript 是 ASP 默认的脚本程序引擎。除了 VBScript 外，ASP 也允许网页编写者使用自己熟悉的其他语言，当然，服务器上必须有能解释这种脚本语言的脚本解释器。安装 ASP 时，系统提供了两种脚本语言：VBSrcipt 和 JavaScript。

ASP 的脚本语言代码可以放在程序的任何位置，只需用<%和%>标记将其括起来，且不须事先说明。

一般地，一个 ASP Web 页面包含以下 4 个部分：

（1）普通 HTML 文件，用普通 Web 页面编程。

（2）客户端脚本程序代码，用<Script>和</Script>定界符括起来。

（3）服务器端 ASP 脚本程序代码，用<%和%> 定界符括起来。

（4）Server_SideInclude 语句，使用#INCLUDE 语句在 Web 页面中嵌入其他 Web 页面，其中，<%和%>是标准的 ASP 定界符，而<Script>和</Script>是客户端脚本或服务器端脚本定界符。

6.1.3　一个简单的 ASP 程序

前面简单介绍了 ASP 程序的结构，下面看一个简单的 ASP 程序实例。

【例 6-1】以不同的字体和不同的颜色输出一段"朋友，你好！"的文字。其运行效果如图 6-3 所示。

程序代码（6-1.asp）如下：

```
<html>
<body>
<%randomize                   '用"<%"和"%>"定界符括起来的部分就是服务器端的脚本
for i=3 to 7                  '控制输出文字的次数及字号大小
colour=int(5*rnd())           '产生 0~4 间的随机数
select case colour            '由 colour 的值确定文字的颜色
case 1
colour="red"
case 2
colour="yellow"
case 3
colour="blue"
case 4
colour="green"
case 0
colour="brown"
end select%>
<font size=<%=i%> color=<%=colour%>>朋友，你好！<br></font>
<%next%>
</body>
</html>
```

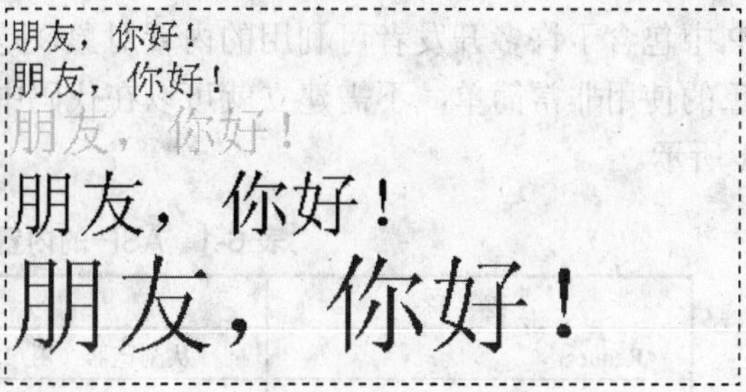

图 6-3　例 6-1 的执行结果

以上程序可以用文本编辑器（Notepad）或专用开发工具（Dreamweaver）来输入，并将其放在 Web 服务器的虚拟目录（如 book/）下。在浏览器的地址栏中输入

http://localhost/book/6-1.asp

可以看到如图 6-3 所示的运行结果。

如果选择浏览器下的"查看/文件"命令，将看到经服务器执行后生成的 HTML 文件，其中服务器端脚本部分均已解释成了标准的 HTML 标记。

```
<HTML>
<BODY>
```

```
<FONT SIZE=3 COLOR=RED>
朋友，你好！<BR>
</FONT>
<FONT SIZE=4 COLOR=GREEN>
朋友，你好！<BR>
</FONT>
<FONT SIZE=5 COLOR=YELLOW>
朋友，你好！<BR>
</FONT>
<FONT SIZE=6 COLOR=BLUE>
朋友，你好！<BR>
</FONT>
<FONT SIZE=7 COLOR=BROWN>
朋友，你好！<BR>
</FONT>
</BODY>
</HTML>
```

6.2 ASP 的内建对象和应用组件

ASP 中包含了许多开发者可利用的内置对象，提供基本的请求、响应、会话等处理功能。ASP 对象的使用非常简单，不需建立就可以在代码中直接调用。ASP 主要有 6 个内置对象，如表 6-1 所示。

表 6-1 ASP 的内置对象

名　　称	说　　明
Request	从浏览器（用户端）获取信息
Response	发送信息到浏览器
Server	提供 Web 服务器工具
Session	存储使用者的信息
Application	在一个 ASP 应用内让不同使用者共享信息
Objectcontext	提供分布式事务处理

运用最多的是前三个对象。

Request 对象通过 HTTP 请求可以很容易地得到用户端的信息。

Response 对象可以控制发送给用户端的信息。

Server 对象有两个重要的方法：MapPath( )和 CreateObject( )。MapPath( )将 Web 服务器的虚拟路径还原成实际路径，CreateObject( )建立服务器组件对象。

Session 对象维护仅供个别用户独享的永久或半永久信息，它的有效时间从用户初次浏览 ASP 应用的页面开始到用户不再继续调用该 ASP 应用页面导致超时为止。

Application 对象可存储同一 ASP 应用内提供给所有用户共享的信息，其有效范围为构成该 ASP 应用的所有 ASP 页面，有效时段为该 ASP 应用初始化到 IIS/WWW 服务结束为止。

ASP 的应用组件是 ASP 内置的服务组件，须建立对象以后再使用。其特点是可用各种程序语言开发，与厂商无关，可跨越网络调用、跨操作系统运行。一个服务器组件就相当于一个对象，它通过属性和方法来使用服务器资源，完成大部分服务器端的工作。ASP 本身自带的服务器内置组件如表 6-2 所示。

表 6-2　ASP 的内置组件

名　　称	说　　明
广告轮显组件（Ad　Rotator）	使用独立数据库文件的方式，帮助用户构建容易维护、修改的广告 Web 页面
浏览器兼容组件（Browser　Capabilities）	判别客户端的浏览器类型和使用设置
数据库存取组件（Database　Access）	提供存取数据库的绝佳路径，是所有内置组件当中最强大的一个
文件超链接组件（Content　Linking）	建立像书本一样的表格超链接点 Web 页面，是建立索引 Web 站点的利器
文件存取组件（File　Access　Component）	提供文件的输入、输出方法，让用户在服务器上存取文件毫不费力

在 ASP 提供的服务器组件中，最重要的一个是数据库访问组件 ADO（Active Data Object），我们将在第 8 章详细介绍。

6.3　Request 对象

Request 对象的主要功能是从客户端取得信息，包括获取浏览器种类、用户输入表单中的数据、Cookies 中的数据和客户端认证等。用户可以像使用一般对象一样使用 Request 对象。Request 对象包括 5 个数据集合、1 个属性和 1 个方法。

Request 对象的语法如下：

Request[. 数据集合 | 属性 | 方法](变量)

其中，符号 [ ] 表示参数可以省略。

内部对象 Request 拥有以下 5 个数据集合：

Form　　　　　　取得客户端表格元素中所填入的信息。

QueryString　　　取回 URL 请求字符串。

ServerVariable　　取得服务器端环境变量的值。

ClientCertificate　从客户端取得身份验证的信息。

Cookies　　　　　取得客户端浏览器的 Cookies 值。

6.3.1　Form 数据集合

表单是标准 HTML 语言的一部分，它允许用户利用表单中的文本框、复选框、单选钮、列表框等控件为服务器端的应用提供初始数据，用户通过单击表单中的命令按钮提交他们的输入数据。在 ASP Web 页面上，用户可以使用 Request 对象的 Form 集合收集来自客户端的以表单形式发往服务器的信息。其使用语法如下：

Request.Form(String 参数)[（索引.计数）]

其中，String 参数指定集合要检索的表格元素名称（如 Text、Radio 等）。索引是一个可选参数，可以让我们取得 Form 下名称相同的表格元素，它的值是 0~Request.Form(String 参数).count 之间的任意整数。Request.Form(String 参数).count 属性值代表所有名称相同的表格元素的数目，如果不存在名称相同的表格元素其返回值为 1，若该表格元素不存在则返回值为 0。

【例 6-2】一个用户登录的实例，它利用 Form 数据集合从客户端获取表单信息。本程序的运行页面有两个，图 6-4 是用户信息的输入页面。图 6-5 是读取表单信息的输出页面。

图 6-4　用户信息输入页面 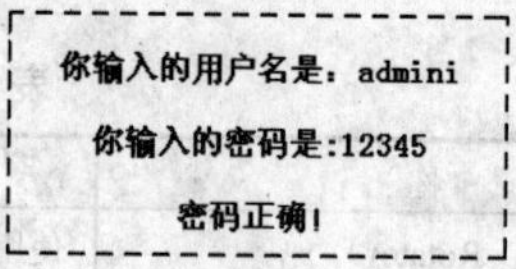　　　　图 6-5　读取表单信息的输出页面

用户信息输入页面程序代码（6-2.htm）如下所示：

```
<html>
<body>
<h2 align="center">用户登录</h2>
<hr>
<form action="6-2.asp" method="post">
<p>用户名：<input type="text" size="10" name="name"></p>
<p>密码：<input type="password" size="8" name="pass"></p>
<p><input type="submit" name="b1" value="提交"></p>
</form>
</body>
</html>
```

特别要注意的是，程序中 Form 集合对应的方法为 Post，而 QueryString 集合对应的方法为 get。当用户输入了用户名和密码后单击"提交"按钮，将由程序 6-2.asp 读取表单中的数据并进行口令验证。这是由 action="6-2.asp"指定的。其程序代码如下：

```
<html>
<body>
<center><h2>
<p>你输入的用户名是：<%=request.form("name")%></p>
<p>你输入的密码是:<%=request("pass")%></p>
<%if request("pass")="12345" then        '验证密码是否为 12345
response.write "密码正确！"
else
response.write "密码不正确！"
end if %>
</body>
</html>
```

当用户输入密码 12345 时，口令验证的结果为正确密码，否则为不正确。

6.3.2　QueryString 数据集合

QueryString 数据集合可以利用 QueryString 环境变量来获取客户的请求字符串。一般来讲，这个 HTTP 查询字符串变量直接定义在超链接的 URL 中，即接在？字符之后，例如：

> http://localhost/book/query.asp?name=user

其使用语法如下：

> Request.QueryString(变量名称)[（索引.计数）]

其中，索引是一个任选的参数，可以让用户取得?字符后名称相同的变量名。而且在?字符之后还可以用符号&来连接两个不同的参数，例如：

> http://localhost/bppk/answer.asp?Y=yes&N=no

计数（count）是一个整数，其值为 0～Request.QueryString(变量名称).count 之间的任意数。Request.QueryString(变量名称).count 表示所有名称相同的变量数，如果不存在名称相同的变量其值为 1，若该变量不存在其值为 0。

【例 6-3】通过 Request.QueryString 集合获取客户端信息。运行结果如图 6-6 所示。

程序代码（6-3.asp）如下：

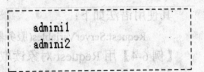

图 6-6　例 6-3 的运行结果

```
<%for each item in Request.QueryString("name")
Response.Write item & "<BR>"
next
%>
```

当在浏览器的地址栏键入 http://localhost/book/6-3.asp?name=admini1&name=admini2 后，Request.QueryString 集合获取客户端输入的信息 admini1 和 admini2，并通过 Response.Write 方法在页面上输出。当然，也可以利用如下的 count 属性来读取客户端输入的信息，执行结果与图 6-6 所示相同。

```
<%
for i=1 to Request.QueryString("name").count
Response.Write Request.QueryString("name")(i) & "<BR>"
next
%>
```

此处 Request.QueryString("name").count 的属性值为 2。

6.3.3　ServerVariables 数据集合

ServerVariables 数据集合帮助客户端取得服务器端的环境变量信息。它由一些预定义的服务器环境变量组成，如发出请求的浏览器的信息、构成请求的 HTTP 方法、用户登录 Windows NT 的账号、客户端的 IP 地址等，这些变量为使用 ASP 编程带来了方便。但这些变量是只读变量，只能查阅，不能设置。表 6-3 列出了一些主要的服务器环境变量。

表 6-3　服务器环境变量

名　　　称	说　　　明
ALL_HTTP	客户端发送的所有 HTTP 标题文件
CONTENT_LENGTH	客户端发出内容的长度
CONTENT_TYPE	内容的数据类型，如 text/html。同附加信息的查询一起使用，如 HTTP 查询 GET、POST 和 PUT
LOCAL_ADDR	返回接受请求的服务器地址。如果在绑定多个 IP 地址的多宿主机器上查找请求所使用的地址时，这一变量非常重要

名　称	说　明
LOGON_USER	用户登录 Windows NT 的账号
QUERY_STRING	查询 HTTP 请求中问号（?）后的信息
REMOTE_ADDR	发出请求的远程主机 (client) 的 IP 地址。
REMOTE_HOST	发出请求的主机 (client) 名称。如果服务器无此信息，它将设置为空的 REMOTE_ADDR 变量
REQUEST_METHOD	该方法用于提出请求。相当于用于 HTTP 的 GET、HEAD、POST 等
SERVER_NAME	出现在自引用 URL 中的服务器主机名、DNS 域名或 IP 地址
SERVER_PORT	发送请求的端口号
SCRIPT_NAME	服务器端脚本文件的虚拟路径

其使用语法如下：

　　Request.ServerVariables(服务器环境变量)

【例 6-4】用 Request 对象读取服务器环境变量。运行结果如图 6-7 所示。

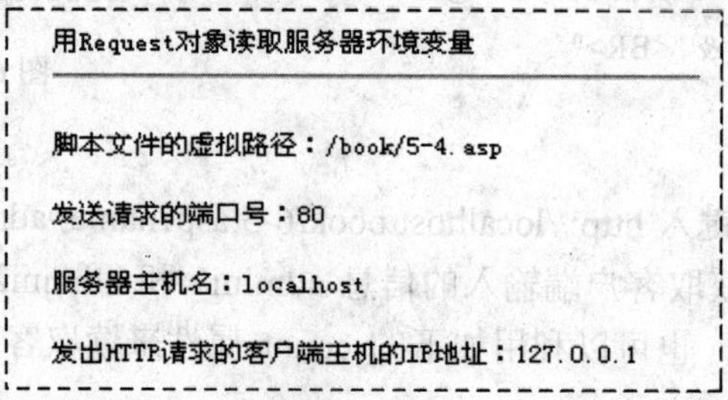

```
用Request对象读取服务器环境变量
─────────────────────────────

脚本文件的虚拟路径：/book/5-4.asp

发送请求的端口号：80

服务器主机名：localhost

发出HTTP请求的客户端主机的IP地址：127.0.0.1
```

图 6-7　例 6-4 的运行结果

程序代码（6-4.asp）如下：

```
<hr>
<p>脚本文件的虚拟路径：<%=request.ServerVariables("script_name")%></p>
<p>发送请求的端口号：<%=request.ServerVariables("server_port")%></p>
<p>服务器主机名：<%=request.ServerVariables("server_name")%></p>
<p>发出 HTTP 请求的客户端主机的 IP 地址：<%=request.ServerVariables("remote_addr")%></p>
```

6.3.4　ClientCertificate 数据集合

ClientCertificate 数据集合从 Web 浏览器发布请求中获取验证字段。当客户浏览器支持安全套接字层（Secure Sockets Layer，SSL）协议（即 URL 以 https://开头，而不是以 http://开头），且浏览器所连接的 Web 服务器页运行于 SSL 的时候，客户验证信息将被发送给 Web 服务器。如果客户端浏览器没有送出身份验证信息，或者服务器端（Web Server）没有设置向客户端要求身份验证的命令，那么 ClientCertificate 集合就返回 Empty 值。一般情况下，IIS 默认为不向客户端要求身份验证的命令。

其使用语法如下：

　　Request. ClientCertificate(key[SubField])

其中，key 指定要获取的验证字段名称，涉及的关键字如表 6-4 所示。SubField 为可选参数，用于按 Subject 或 Issuers 关键字检索单独的字段。在使用 Subject 和 Issuers 关键字时，有一些附属参数，如表 6-5 所示，这些参数可以直接加在关键字的后面，如 IssuersO、SubjectCN 等。

表 6-4   ClientCertificate 数据集合使用的关键字

关键字	关键字含义描述
Subject	返回子参数所指定的信息。假如未加入参数，那么 ClienCertificate 方法会返回用逗号分开的信息，如 C=US，O=MSft，…
Issuers	返回含有验证发行者信息的数值
ValidForm	返回取得身份验证信息的起始时间，这个时间的形式采用 VBScript 的时间格式，如 9/26/96 11：59：59 PM
ValidUntil	返回身份验证终止的时间
SerialNumber	返回用 ASCII 码表示的 4 组十六进制序号，其间用"-"分开，如 04-A1-CC-02
Certificate	返回完整的身份验证，采用二进制格式
Flags	提供附加的客户验证信息的一组标志。包括： CeCertPresent—给出一个客户验证 CeUnrecognized Issuer—链中的最后一个验证来自未知发行者

表 6-5   Subject 和 Issuers 关键字的附属参数

参数	意义
C	指定国家的名称
O	指定公司或组织的名称
OU	指定组织部门名称
CN	指定客户端的一般名称
L	指定客户端的位置
S	指定州名或省名
T	指定个人的职位头衔
GN	指定名（Given name）
I	指定姓名的姓（Initials）

6.3.5   Cookies 数据集合

Cookies 数据集合记录客户端的信息，它允许用户检索在 HTTP 请求中发送的 Cookie 值。其使用语法如下：

    Request.Cookies(String)[(key)|.attribute]

其中，String 是要检索其值的 Cookie。key 为可选参数，用于从 Cookies 字典中检索子关键字的值。attribute 属性指定 Cookies 自身的有关信息。

attribute 参数可以是下列之一：

① Domain——若被指定，则 Cookie 将被发送到对该域的请求中。

② Expires——指定 Cookie 的过期日期。为了在会话结束后将 Cookie 存储在客户的磁盘上，必须设置该日期。若此项属性的设置未超过当前日期，则在任务结束后 Cookie 将到期。

③ HasKeys——确定 Cookie 是否包含多个关键字。若包含多个，则 HasKeys 返回 True。否则返回 False。其值为只读。

④ Path——若被指定，则 Cookie 将只发送到对该路径的请求中。如果未设置该属性，则使用应用程序的路径。

⑤ Secure——设置该 Cookie 的安全性。

【例 6-5】首先设置一个名为 user 的 Cookie，且包含两个子关键字 name 和 password，其值分别为 admini 和 12345，然后读取该 Cookie 值。程序
（6-5.asp）运行结果如图 6-8 所示。

```
<%response.cookies("user")("name")="admini"
    response.cookies("user")("password")="12345"
    if request.cookies("user").haskeys then %>
名为 user 的 Cookie 有下列值<p>
<%for each key in request.cookies("user")
    response.write(key &  的值是: & request.cookies("user")(key) & "<p>")
    next
else
    response.write(user &  的值是 : request.cookies("user") & "<p>")
end if
%>
```

名为user的Cookie 有下列值

password 的值是: 12345

name 的值是: admini

图 6-8　例 6-5 的运行结果

例 6-5 通过包含一个 key 值来访问 Cookies 字典的所有子关键字的值。如果访问 Cookies 字典时直接调用 Request.Cookies("user")而未指定其中任何一个关键字，那么所有的关键字都会作为单个查询字符串返回。结果如下：

PASSWORD=12345&NAME=admini

如果客户端浏览器发送了两个同名的 Cookie，那么 Request.Cookies 将返回其中路径结构较深的一个。例如，如果有两个同名的 Cookie，但其中一个的路径属性为/www/，而另一个为/www/home/，客户端浏览器同时将两个 Cookie 都发送到/www/home/目录中，那么 Request.Cookie 将只返回第 2 个 Cookie。

6.3.6　TotalBytes 属性

此属性为只读属性，可取回客户端响应数据的字节数。其使用语法如下：

Counter=Request.TotalBytes

其中，Counter 变量取回客户端送回的数据字节大小，它一般与 BinaryRead 方法配合使用。

6.3.7　BinaryRead 方法

此方法用二进制编码方式读取客户端 POST 数据。其使用语法如下：

Variant=Request.BinaryRead(Counter)

其中，Counter 变量是利用 TotalBytes 属性取回客户端送回的数据字节大小。例如：

```
<%
counter=request.Totalbytes
bindata=request.binaryread(counter)
%>
```

注意：该方法与 Request.Form 方法合用可能会造成运行错误！

6.4 Response 对象

Response 对象的功能与 Request 对象正好相反，它用于将服务器端的信息发送到客户浏览器，包括将服务器端的数据用超文本格式发送到浏览器上，重定向浏览器到另一个 URL 或设置 Cookie 的值。

例如：用户在一个 Form 表单中输入查询条件，通过 Request.Form 集合将查询数据提交到服务器端，服务器按照查询条件访问数据库，查找相关的信息，通过 Response.Write 方法将查询结果返回到客户端，从而形成动态的交互式应用。

Response 对象的语法如下：

> Response.数据集合|属性|方法

Response 对象中的数据集合主要有 Cookies，其功能是设置 Cookie 的值。常用的方法与属性如下：

Response.Write 方法	输出信息到客户端。
Response.Redirect 方法	重定向客户端到另一个 URL 位置。
Response.Clear 方法	清除在缓冲区的 HTML 数据。
Response.Flush 方法	将缓存在服务器端的信息送客户端显示。
Response.End 方法	服务器立即停止处理脚本，并返回当时的状况。
Response.Buffer 属性	设置是否缓冲输出。

关于 Response 对象的其他一些属性和方法，请参考本书附录 E（ASP 对象、属性和方法）。

6.4.1 Response 对象的方法

1．Write 方法

Write 是 Response 对象中最常用的一个方法，它可以把信息从服务器端直接送到客户端。其使用语法如下：

> Response.Write　String

其中，String 为变量或字符串，变量可以是所使用的脚本语言中的任意数据类型。

【例 6-6】Write 方法示例。程序（6-6.asp）运行结果如图 6-9 所示。

```
<html>
欢迎您光临本站！ <br>
<%response.write "欢迎您光临本站！" & "<br>"     '
输出字符串
word="欢迎您光临本站！"
response.write word   %><BR>
<%=word %>
</html>
```

```
欢迎您光临本站！
欢迎您光临本站！
欢迎您光临本站！
欢迎您光临本站！
```

图 6-9　例 6-6 的执行结果

例 6-6 程序执行后，输出了 4 行同样的字符串。最后一行输出时我们省略了 Write 方法，直接用 "=" 输出，达到了同样的效果。使用 Write 方法时需要注意，字符串中不允许包含 %>字符，否则服务器的脚本引擎会将标识符%>当作 ASP 结束符来处理，从而产生错误输出。

为避免发生这一情况，可以用转义字符序列"%\>"来代替，例如：

```
<html>
<body>
<%Response.Write "<Font Height=200%\>" & "程序的输出结果为: font Height=200% " %>
</body>
</html>
```

又如：

```
<%randomize
for I=1 to 10 step 1
size=int(rnd()*10)
response.write "<font size=" & size   & ">字号的大小是：" & size & "</font>" &         "<br>"
next
%>
```

上述代码中，使用 Write 方法把 HTML 标记以字符串的形式直接发送到客户端由浏览器解释执行，而服务器端的脚本引擎将不会对其进行任何操作。如果要发送一个回车符或一个引号，可以使用 chr 函数，例如：

```
<%response.write "孔子云：" & chr(34) & "三人行，必有我师。" & chr(34) & chr(13) & chr(10)%>
```

注意：chr(34)是引号，chr(13)和chr(10)等价于回车符后跟一个换行符。

2. Redirect 方法

与 Write 方法将服务器端的信息送到客户端不同，Redirect 方法引导客户端的浏览器立即重定向到程序指定的 URL 位置，也就是进入另一个 Web 页面，类似于 HTML 文件中的超链接。其使用语法如下：

```
Response.Redirect   String
```

其中，String 为网址变量或 URL 字符串。例如：

```
Response.Redirect http://www.edu.cn/
```

【例 6-7】根据用户身份，为不同用户指定不同的登录页面。

身份选择程序（6-7.htm）如下：

```
<html>
<body>
<form action="6-7.asp" method=post>
<select name=status>
<option value="1"> 管理员</option>
<option value="2"> 教师</option>
<option value="3">学生</option>
</select>
<br>
<p>
<input type=submit value="确定" >
```

当用户选择了其中一个单选钮并单击"确定"按钮后，将执行程序 6-7.asp，它会根据用户登录的身份来指定相应的页面。如果用户是管理员，它将转向 administer.asp 页面，如果用户是教师和学生，它将分别转向 teacher.asp 和 student.asp 页面。6-7.asp 程序代码如下：

```
<%address=request.form("status")
select case address
case "1"          '管理员
response.redirect "administer.asp"
case "2"          '教师
response.redirect "teacher.asp"
case "3"          '学生
response.redirect "student.asp"
end select
%>
```

在调用 Redirect 方法时，用户使用的 URL 值可以是一个确定的 URL，或是一个虚拟目录下的文件名，还可以是一个与请求页面存储在同一个文件夹下的文件名，如例 6-7。

3．Clear 方法

Clear 方法清除 Web Server 缓冲区中的内容，但不能清除 HTTP 首部。其使用语法如下：

```
Response.Clear
```

在使用这一方法时，Response 对象的 Buffer 属性必须设置为 True，否则将会导致程序执行时出错。

4．End 方法

该方法的功能是通知服务器立即停止处理 ASP 程序，在调用 End 方法之后出现的所有代码都不会被执行，包括纯 HTML 代码的显示。如果 Response.Buffer 已设置为 True，则 End 方法会立即把存储在缓冲区中的内容发送到客户端，并清除缓冲区中的所有内容。End 方法的使用语法如下：

```
Response.End
```

若在停止脚本处理的时候，还想取消向客户端的输出，可与 Clear 方法联合使用。代码形式如下：

```
<% Response.Clear
Response.End %>
```

5．Flush 方法

使用 Flush 方法，系统立即把缓存在服务器端的 Response 输出信息送客户端显示。与 Clear 方法一样，Response 对象的 Buffer 属性值也必须设置为 True，否则同样会产生运行模式错误。其使用语法如下：

```
Response.Flush
```

【例 6-8】Flush、Clear、End 方法示例。程序（6-8.asp）的运行结果如图 6-10 所示。

```
<%response.buffer=true%>
<html>
<title>response 对象的方法</title>
```

```
<body>
<%
for I=1 to 100
    response.write I
    if I mod 10 =0   then
        response.write "<br>"
        response.flush
    elseif I>=50 then
        response.write "I 值大于 50 停止输出!"
        'response.clear
        response.end
    end if
next
response.write "程序停止!"
%>
</body>
</html>
```

```
12345678910
1112131415161718 1920
2122232425262728 2930
3132333435363738 3940
4142434445464748 4950
51I 值大于50停止输出!
```

图 6-10   例 6-8 的运行结果

从例 6-8 的运行结果可以看到,由于调用了 Response 对象的 End 方法,脚本 response.write "程序停止!"不会被执行,因而也不会有"程序停止!"的信息输出。若将 response.clear 前的注释符去掉,那么最后一行的输出也没有。在程序中有无 response.flush,程序的运行结果都不会有多大变化,但它们的含义却是不同的。本例中,每缓存 10 个 I 值后才送浏览器进行输出。若去掉 response.flush,则 50 个 I 值同时显示在浏览器上。若同时再加上 response.clear,那么程序根本就不会有输出。

6.4.2   Response 对象的属性

1. Buffer 属性

Buffer 属性用来设置是否把 Web 页面输出到缓冲区。Buffer 属性的默认值为 False。一般地,Response.Buffer 都放在 ASP 文件的第一行,放在其他位置会造成运行时的错误。

Buffer 属性使用语法如下:

    Response.Buffer=BooleanValue(布尔值)

当 Buffer 属性值为 True 时,该设置使 Web 服务器对脚本处理的所有结果进行缓冲,直到对脚本的处理结束,或者直到调用了 Response 对象的 Flush 或 End 方法为止。值得注意的是,当 Buffer 属性设置为 True 时,如果调用了 End 方法,缓冲区的内容也会发送给客户端。当 Buffer 属性值为 False 时,Web 服务器在处理脚本时就向客户发送信息,而不是一直等到所有的脚本处理完才发送。此时如果调用 Response 对象的 Clear、End、Flush 方法都会出现运行时错误。

2. Expires 属性

当一个页面被传给浏览器,这个页面通常被缓存在用户的机器上,这样,下一次访问该页面时,就不必重新下载这个页面了。可以用 Response 对象的 Expires 属性来控制这个页面在缓存中的有效时间。

Expires 属性的使用语法如下：

Response.Expires=Intnum

其中，Intnum 设置保留的时间长度，单位是 min（minutes）。如果用户在某个页过期之前又回到此页，就会显示缓冲区中的页面；否则，就下载一个新的页面。假如该参数设置为 0（即Response.Expires=0），则不把页面保留在客户端的缓存中。这样客户每次链接该页面时，都强制使客户重新向 Web 服务器请求该页面。这是一个较实用的属性，常用在 ASP 的登录页面中。另外，如果在脚本中多次设置 Expires 属性，系统将采用最小的设置值。

3．ExpiresAbsolute 属性

与 Expires 属性不同，ExpiresAbsolute 属性指定缓存于浏览器中的页面的确切到期日期和时间。在未到期之前，若用户返回到该页，就显示该缓存中的页面。

ExpiresAbsolute 属性的使用语法如下：

Response.ExpiresAbsolute[=[日期][时间]]

其中，日期的值用标准的"月/日/年"格式表示。如果未指定日期，则该页面在脚本运行当天的指定时间到期。如果未指定时间，该页面在当天晚上的 12 时到期。由于时间在传给浏览器前将被转换成 GTM（格林尼治时间）格式，必须在服务器上安装正确的时区信息，并知道客户机的确切位置。下列语句指定页面在 2005 年 2 月 1 日下午 14 时 15 分 30 秒到期。

<% Response.ExpiresAbsolute=#Feb 1,2005 14:15:30# %>

和 Expires 属性一样，多次设置该属性时，当前页面的到期时间将是脚本中设置的最早的日期和时间。

6.4.3　Response 对象的数据集合

Cookies 是 Response 对象中唯一的数据集合。使用 Cookies 可以设置客户端浏览器内的Cookie 值。若对一个不存在的 Cookie 赋值，系统就会创建这个 Cookie；如果它已经存在，用户设置的新值会覆盖已经写入客户机的旧值。

Cookie 数据集合使用的语法如下：

Response.Cookies (var)[(key)|.attribute]=cookie 值

其中，var 代表 Cookie 的名称。如果指定了 key，则该 Cookie 就是一个字典。attribute 指定Cookie 自身的有关信息，可取值 Domain、Expires、Path、HasKeys，意义同前（见 6.3.5　Cookies数据集合）。下面这段代码用来设置 Cookie 值，其中，关键字分别为 name 和 password。

```
<% response.cookies("user")("name")="admini"
    response.cookies("user")("password")="12345"%>
```

如果用户想清除 user 中的数据，可使用下列代码：

```
<%
if not request.cookies("user").haskeys then
  response.cookies("user")=""
else
  for each key in request.cookies("user")
    response.cookies("user")(key)=""
```

```
        next
    end if
    %>
```

6.5　Session 对象

在开发 Web 应用程序时，经常会遇到这样一个问题：当用户浏览网站时，如何去跟踪和记录他的一些特定信息（如用户身份），而不需用户每次向服务器发出请求时都得验证自己的身份。使用 Session 对象就可以解决这一问题。

Session 是前端浏览器与服务器每一次会话的标识变量，它附加在每次会话的所有网页数据中，在一段时间内有效。每个访问用户都可单独拥有一个 Session 变量，存储用户会话所需的信息。这样，当用户在应用程序的各 Web 页之间跳转时，就可通过 Session 对象传递信息。Session 对象的一个典型用途就是记录用户在一个购物中心站点挑选的所有商品。在选定商品后，用户会继续进入结账的 Web 页面，在这里显示所选的商品和价格。即使用户离开了这个 Web 站点，然后访问其他站点，Session 对象的变量值也会被保存起来。需要注意的是，会话状态仅在支持 Cookie 的浏览器中保留，如果客户关闭了 Cookie 选项，Session 也就不能发挥作用了。

Session 对象的使用语法如下：

　　Session.属性|方法|事件

其属性、方法、事件包括：

SessionID 属性　　　　返回用户的会话验证。

TimeOut 属性　　　　应用程序会话状态的超时时限，以 min 为单位。

Abandon 方法　　　　删除所有存储在 Session 对象中的变量。

Session_OnStart 事件　该事件在服务器创建新的会话时发生。

Session_OnEnd 事件　该事件在会话被放弃或超时时发生。

6.5.1　Session 对象的属性

1．SessionID 属性

当用户第一次在一个应用程序中申请一个 ASP 页面时，ASP 将使用一个复杂的算法赋予 Session 一个值，然后将这个值以 Cookie 的形式保存在用户计算机上。随后，每当用户向 Web 服务器请求一个页面时，该 Cookie 就被放在 HTTP 请求的首部发送到服务器上，这样服务器就能够根据 SeesionID 识别用户。为了防止他人在传输过程中截取 Cookie 值，可以使用"安全套接字层" SSL 加密技术。创建和检查这些 Cookie 需要一定的系统开销，可以使用 <%@EnableSessionState=False%>标记来禁用 Web 服务器或特定页面的 Cookie。SessionID 属性就是用来访问这一值的，它以长整型数据类型返回。

SessionID 属性的使用语法如下：

　　Session.SessionID

【例 6-9】读取 SessionID 示例。程序（6-9.asp）的运行结果如图 6-11 所示 。

　　<html>

```
<head><title> SessionID 实例演示</title></head>
<body>
<%response.write("系统给你的 SessionID 编号
是" & session.sessionid)%>
</body>
</html>
```

系统给你的SessionID编号是136461269

图 6-11   例 6-9 的执行结果

2. Timeout 属性

如果用户在指定时间内没有请求或刷新应用程序中的任何页，会话将自动结束。这段时间的默认值是 20 min。对于一个特定的会话，如果想设置一个与默认的超时值不同的值，可以设置 Session 对象的 Timeout 属性。Timeout 属性以 min 为单位，它为该应用程序中的 Session 对象指定超时时限。

Timeout 属性的使用语法如下：

    Session.Timeout[=Minutes]

Timeout 属性值的大小直接影响 Web 服务器上存储资源的使用。如果浏览每个网页所需的时间较长，可以将该属性值设大一些。如果停留的时间较短，就应该将该值设小一些。因为该属性值对所有的用户都有效，过长的 Timeout 属性值将导致打开的会话过多而耗尽服务器的内存资源，例如：

    <% Session.Timeout = 5 %>

6.5.2   Session 对象的方法

Session 对象只有一个方法——Abandon 方法。该方法用于释放 Web 服务器用于保存某个用户会话信息的存储空间。但是，这个方法并不影响其他用户的会话信息。如果用户未调用 Abandon 方法，那么该会话信息也会在 Timeout 属性设定的时间之后，由服务器自动删除。

Abandon 方法的使用语法如下：

    Session.Abandon

6.5.3   Session 对象的事件

Session 对象有两个事件：一个是 Session_OnStart 事件，另一个是 Session_OnEnd 事件。

1. Session_OnStart 事件

Session_OnStart 事件在服务器创建新会话时发生。服务器在执行请求的页之前先处理该脚本。Session 对象的 OnStart 事件中的代码（如果有的话）保存在 Global.asa 文件中。这里的 Global.asa 文件是一个特殊的文件，它被放在每一个应用程序的主目录下。在 Session_OnStar 事件程序内，用户可以声明所有的内部对象实例，它的一般语法如下：

```
<Script Language="VBScript"RUNAT=Server>
Sub Session_OnStart
…
End Sub
</Script>
```

【例 6-10】在设计 Web 应用时，要求所有的用户都必须经过登录页面进行身份检查。如果有人想跳过这一检查，就可以通过 Global.asa 文件中的下面这段程序代码，将用户引导到例 6-2 的登录页面上。

```
<SCRIPT RUNAT=Server Language=VBScript>
Sub Session_OnStart
dim startpage
dim currentpage
startPage = "6-2.htm"
currentPage = Request.ServerVariables("SCRIPT_NAME")
if strcomp(currentPage,startPage,1) then
Response.Redirect(startPage)
end if
End Sub
</SCRIPT>
```

在例 6-10 中，每当新用户请求 Web 页时，服务器都会创建一个新会话。这样对于每个请求，服务器都要执行 Session_OnStart 事件过程脚本。若用户未经过登录页面而直接进入了主页面，本程序会将用户重定向到登录页面上。上述程序只能在支持 Cookie 的浏览器中运行，因为不支持 Cookie 的浏览器不能返回 SessionID Cookie。

2．Session_OnEnd 事件

Session_OnEnd 事件在用户会话结束时或脚本中调用了 Session 对象的 Abandon 方法时被触发。Session_OnEnd 事件过程同样保存在 Global.asa 文件里。它的一般语法如下：

```
<Script Language="VBScript"RUNAT=Server>
Sub Session_OnEnd
…
End Sub
</Script>
```

6.6 Cookie

Cookie 其实是一个标记。每个 Web 站点都有自己的标记，标记的内容可以随时读取，但只能由该站点的页面完成。每个站点的 Cookie 与其他所有站点的 Cookie 存在同一文件夹的不同文件内（可以在 C:盘的 Cookies 文件夹中找到它们）。使用 Cookie 可以在页面之间交换信息，这一功能经常被用在认证客户密码、电子公告板以及 Web 聊天室等 ASP 程序中。ASP 脚本可使用 Request 和 Response 对象的 Cookies 数据集合，获取和设置 Cookie 的值。

6.6.1 将 Cookie 写入浏览器中

将 Cookie 写入浏览器中，可使用 Response.Cookies。例如：

```
Response.Cookies("bookname")="English"
```

此时仅将 Cookie 值发送到浏览器，它只能用在当前的用户会话中。如果要在用户重新启动浏览器之后仍然能够确认用户，就必须强制浏览器将 Cookie 存储在计算机的硬盘上。要保存 Cookie，可将 Response.Cookies 的 Expires 属性设置为当日之后的某一天。例如：

```
<%Response.Cookies("book")("name1")="English"
Response.Cookies("book")("name2")="Chinese"
Response.Cookies("book").expires=#december 31,2005#
%>
```

在硬盘上产生的 Cookie 值如图 6-12 所示。

6.6.2 从浏览器获取 Cookie 的值

若要从浏览器获取 Cookie 的值，可使用 Request.Cookies 集合，例如：

```
<%=Request.Cookies("bookname")%>
```

若要从带索引的 Cookie 中获取关键字值，可使用关键字名，例如：

```
<%=Request.Cookies("book")("name1")%>
<%=Request.Cookies("book")("name2")%>
```

6.6.3 设置 Cookie 路径

由 ASP 存储在用户 Web 浏览器中的每个 Cookie 都包含路径信息，当浏览器请求的文件位置与 Cookie 中指定的路径相同时，浏览器自动将 Cookie 转发给服务器。默认情况下，Cookie 路径为当前 ASP 应用程序的路径。若要给 Cookie 声明一个不同于默认的应用程序路径的路径，可使用 ASP 的 Response.Cookies 集合的 Path 属性。例如，下列脚本将路径/home/赋给名为 bookname 的 Cookie：

```
<%Response.Cookies("bookname")= "English"
    Response.Cookies("bookname").expires=#december 31,2005#
    response.cookies("bookname").path="/home/" %>
```

在硬盘上产生的 Cookie 值如图 6-13 所示。

```
book
name2=Chinese&name1=English
localhost/book■1024■375144448■
29756762■2582868688■29698572■*■
```

图 6-12 Cookie 值 1

```
bookname■English■
localhost/home/
1024■375144448■29756762■
2071241392■29698573■*■
```

图 6-13 Cookie 值 2

【例 6-11】一个 Cookie 应用实例。该应用由两个页面组成，其中一个页面为用户信息输入页面，如图 6-14 所示。另一个为输入信息显示页面，如图 6-15 所示。

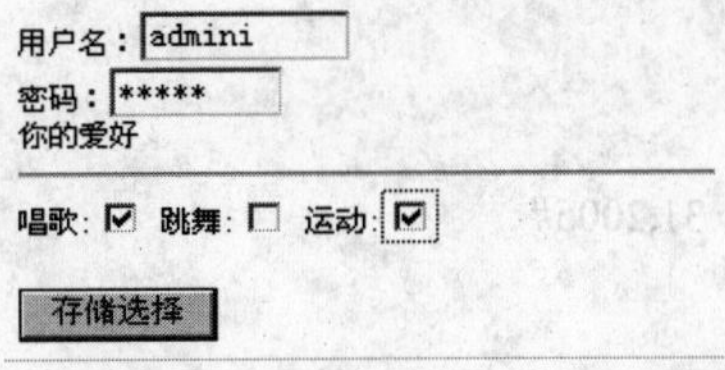

图 6-14 例 6-11 的用户信息输入页面

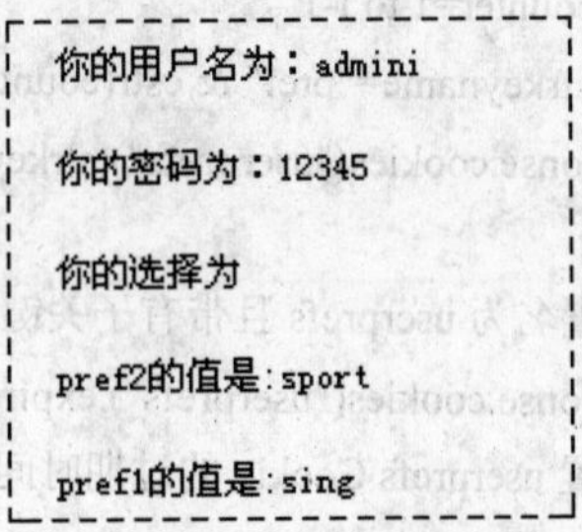

图 6-15 例 6-11 的输入信息显示页面

程序 6-11.htm 如下：

```
<html>
<head><title>Cookie 应用实例</title></head>
<body>
<form action="6-11.asp" method=post>
用户名：<input type=text name="name" size=10><br>
密码：<input type=password name="pass" size=8><br>
你的爱好<hr>
唱歌:<input type=checkbox name="chkuser" value="sing">
跳舞:<input type=checkbox name="chkuser" value="dance">
运动:<input type=checkbox name="chkuser" value="sport">
<p><input type=submit value="存储选择">
</form>
</body>
</html>
```

当单击"存储选择"按钮后，执行如下 6-11.asp 程序：

```
<%name=request.form("name")
password=request.form("pass")
'读取用户名和口令
i=1
for counter=1 to request.form("chkuser").count
redim preserve userprefs(i)
'定义一个可调数组 userprefs
userprefs(i-1)=request.form("chkuser")(counter)
'读取用户的其他信息并存入数组 userprefs 中
i=i+1
next
response.cookies("username")=name
'设置名为 username 的 Cookie
response.cookies("username").expires=#december 31,2005#
'设置 username Cookie 的过期时间
response.cookies("pass")=password
response.cookies("pass").expires=#december 31,2005#
for counter=1 to i-1
    strkeyname="pref" & cstr(counter)
response.cookies("userprefs")(strkeyname)=userprefs(counter-1)
next
'设置名为 userprefs 且带有子关键字的 Cookie
response.cookies("userprefs").expires=#december 31,2005#
'设置 userprefs Cookie 的过期时间
%>
<p>你的用户名为：<%=request.cookies("username")%>
```

```
<p>你的密码为：<%=request.cookies("pass")%>
<p>你的选择为</p>
<%for each key in request.cookies("userprefs")
response.write(key & "的值是:")
response.write(request.cookies("userprefs")(key) ) & "<p>"
next %>
```

6.6.4 Cookie 与 Session 的比较

用 Response 对象可以建立 Cookie 文件，以记录来访客户的各种信息。Session 对象的概念与 Cookie 很相似，也可以记录客户的状态信息。它们所不同的是，Cookie 是把信息记录在客户端的机器中，而 Session 对象则是把信息记录在服务器中。

6.7 Application 对象

在同一虚拟目录及其子目录下的所有 asp 文件构成了 ASP 应用程序。我们可以使用 Application 对象，让同一个应用内的多个用户共享信息，并在服务器运行期间持久地保存数据。Application 对象的使用语法如下：

    Application.属性|方法|事件

Application 对象没有内置属性，但用户可以设置自己的属性。Application 对象的方法和事件如下：

Lock 方法	锁定 Application 对象，禁止其他用户修改 Application 对象的值。
Unlock 方法	解除锁定，允许其他用户修改 Application 对象的值。
Application_OnStart 事件	第一个用户访问该站点时发生。
Application_OnEnd 事件	关闭 Web 服务器时发生。

6.7.1 Application 对象的属性

虽然 Application 对象没有内置的属性，但用户可以创建自己的属性，又称 Application 变量。其使用语法如下：

    Application(" 属性 |集合名称 ") = 属性值

一旦有了自定义属性，它就会持久地保存在服务器内存中，直到服务器关闭。例如：

    <% Application("MyVar") = "Hello"

    Set Application("MyObj") = Server.CreateObject("MyComponent") %>

由于存储在 Application 对象中的数据可以被所有用户读取，所以 Application 对象的属性特别适合在应用程序的各用户之间传递信息。

6.7.2 Application 对象的方法

Application 对象有两个方法：Lock、UnLock 方法，专门用于控制 Application 自定义属性或 Application 变量的读/写操作。

1. Lock 方法

用于锁定对象，禁止其他用户修改 Application 中的属性。这样在同一时刻只有一个用户对 Application 对象进行操作，以保证数据的一致性和完整性。直到调用 Application 对象的 Unlock 方法，才允许下一个用户修改 Application 的属性。如果用户没有明确地调用 Unlock 方法，则服务器将在.asp 文件结束或超时后解除对 Application 对象的锁定。

Lock 方法的使用语法如下：

```
Application.Lock
```

2. Unlock 方法

与 Lock 方法相反，它用于解除对 Application 对象的锁定，允许其他用户修改 Application 对象的属性。UnLock 方法的使用语法如下：

```
Application.UnLock
```

【例 6-12】用 Application 对象记录页面的访客数。程序（6-12.asp）的运行结果如图 6-16 所示。

```
<% Application.Lock
Application("count") = Application("count")  + 1
Application.Unlock
%>
欢迎光临本网页，你是本页的第  <%= Application("count") %>  位访客！
```

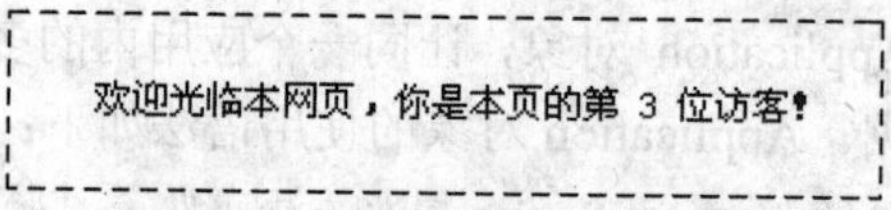

欢迎光临本网页，你是本页的第 3 位访客！

图 6-16 例 6-12 的运行结果

6.7.3 Application 对象的事件

Application 对象具有两个事件：Application_OnStart 和 Application_OnEnd 事件。与 Session 对象的事件过程定义一样，它的事件代码也必须写在 Global.asa 文件中。

1. Application_OnStart 事件

Application_OnStart 事件仅在第 1 个用户请求时发生，并且只被每个应用触发一次。如果随后还有第 2、3 个用户访问该站点，Application_OnStart 事件都不会再发生，因为应用已处于运行状态。Application_OnStart 事件的语法如下：

```
<SCRIPT Language=VBScript RUNAT=Server>
Sub Application_OnStart
…
End Sub
</SCRIPT>
```

通常我们会利用这一事件过程来初始化一些具有应用程序作用域的变量。并且在应用程序结束之前，这些变量将一直保存在服务器内存之中。

2. Application_OnEnd 事件

Application_OnEnd 事件在退出应用时或 Web 服务器被关闭时，于 Session_OnEnd 事件之后发生。同样对每个应用来说，Application_OnEnd 事件也仅被触发一次。Application_OnEnd

事件的语法如下：

```
<SCRIPT Language=VBScript RUNAT=Server>
Sub Application_OnEnd
. . .
End Sub
</SCRIPT>
```

6.7.4 Session 对象和 Application 对象的比较

通过对 Session 对象和 Application 对象的讨论不难看出，它们之间有许多相似之处。两者都允许用户自定义属性，对象中的变量都可以进行存取，都有生命周期和作用域，但它们的生命周期和作用范围却是完全不同的。

Session 对象是每位链接者自己所拥有的，每有一个链接就为它单独产生一个 Session 对象，有多少个链接就有多少个对象，结束一个链接就终止一个 Session 对象。而 Application 对象是所有该网页链接者公有的一个对象。当有第一个链接时产生，直至所有链接都断开或 IIS 服务器被关闭而终止。因而，Session 对象通常用来记录单个用户的信息，如身份密码、个人喜好等；Application 对象则用来记录所有用户的公共信息，如主页访问计数器、公共讨论区信息等。

6.8　Server 对象

Server 对象是 ASP 中非常重要的一个内部对象。利用它提供的一些方法，可以实现许多高级功能。例如，在服务器上启动 ActiveX 对象例程，并使用 Active Server 服务提供像 HTML 和 URL 编码这样的函数。

Server 对象的使用语法如下：

Server.属性|方法

Server 对象的属性和方法包括：

ScriptTimeOut 属性　　规定了一个脚本文件执行的最长时间。

HTMLEncode 方法　　对 ASP 文件中特定的字符串进行 HTML 编码。

URLEncode 方法　　根据 URL 规则对字符串进行编码。

MapPath 方法　　转换相对路径或虚拟路径。

CreateObject 方法　　创建已经注册到服务器上的 ActiveX 组件实例。

6.8.1　Server 对象的属性

Server 对象只有一个 ScriptTimeOut 属性。其主要功能是设置一个脚本文件运行的最长时间。即脚本文件必须在该段时间内运行完毕，否则脚本程序将自动终止。

ScriptTimeOut 属性的使用语法如下：

Server.ScriptTimeOut=n

其中，n 为指定的延时时间长度，单位是 s（秒）而不是 min（分钟）。系统的默认值为 90 s。用户可以通过设置参数 n 的值来改变某个脚本文件运行的最长时间，但不能低于 90 s，否则仍以默认值作为脚本文件执行的最长时间。

【例 6-13】运行下列脚本文件（6-13.asp），每隔 3 s 显示一个"*"，脚本的运行时间小于 100 s。程序的运行结果如图 6-17 所示。

```
<%Server.ScriptTimeOut=100%>
<html>
<head>
<title>Scriptimeout 属性</title>
</head>
<body>
<%for i=1 to 25
nexttime=dateadd("s",3,time)        '设置延时时间为 3 秒
do while time<nexttime              '延时 3 s
loop
response.write("<p>*</p>")
next %>
</body>
</html>
```

图 6-17　例 6-13 的运行结果

如果将程序中的延时时间从 3 s 改为 5 s，即改为 dateadd("s",5,time)，脚本运行时将产生超时错误。因为此时脚本的运行时间超过了 125 s，而程序的首部却将 Server.ScriptTimeOut 的属性值设置为 100 s。

6.8.2　Server 对象的方法

1. HTMLEncode 方法

HTMLEncode 方法允许对特定的字符串进行 HTML 编码。如果想显示某个 HTML 页面中涉及的实际 HTML 代码或 ASP 脚本，用户必须使用 Server 对象的 HTMLEncode 方法。这样，当在浏览器中显示 HTML 字符串时，就不会把它解释为文本格式的指令。例如下面一行代码：

```
< %response.write("现在显示的是<H3>号字体！")%>
```

运行以后的结果如图 6-18 所示，这不是我们希望看到的结果。我们需要的结果是："现在显示的是<H3>号字体！"。这是因为当遇到 HTML 标记时，浏览器总是将它解释为格式指令。

图 6-18　运行结果

HTMLEncode 方法的使用语法如下：

```
Server.HTMLEncode(String)
```

其中，string 指欲编码的字符串，它的功能是将字符串编码为 ASCII 形式的 HTML 文件。如果将上例代码改写为：

```
<%response.write Server.HTMLEncode("现在显示的是<H3>号字体！")%>
```

就可以得到"现在显示的是<H3>号字体！"的显示效果。

2. URLEncode 方法

URLEncode 方法类似于 HTMLEncode 方法，但它将 URL 编码规则应用到指定的字符串

中。当字符串数据以 URL 的形式传递到服务器时，在字符串中不允许出现空格，也不允许出现特殊字符。如果有空白字符在结果中会使用"+"字符来代替，特殊字符则用%、数值与字符的方式表示。

URLEncode 方法的使用语法如下：

Server.URLEncode(String)

其中，String 指 URL 字符串。例如下列代码：

<%response.write Server.URLEncode("welcome to china!
welcome to nanjing!")%>

的运行结果为：

welcome+to+china%21%3Cbr%3Ewelcome+to+nanjing%21

3. MapPath 方法

MapPath 方法将指定的虚拟路径（当前服务器上的绝对路径或相对于当前页面的路径）映射到物理路径上。

MapPath 方法的使用语法如下：

Server.MapPath(String)

其中，String 指虚拟路径字符串。语句<%=server.mappath("/")%>中 String 以一个正斜杠(/)或反斜杠 (\) 开始，MapPath 方法将返回服务器端的宿主目录。例如：

C:\Interpub\wwwroot

若想取得当前运行的 ASP 文件所在的真实路径，可用下列语句：

<%=Server.MapPath(Request.Servervariables("path_info"))%>

其输出结果如下：

C:\Inetpub\wwwroot\book\test.asp

若路径参数不是以斜杠字符开始的，它们将被映射到当前目录。假设文件所在目录为：

C:\Inetpub\Wwwroot\book

则以下脚本：

< %= server.mappath("data.txt")%>

< %= server.mappath("asp/data.txt")%>

的输出结果为：

C:\inetpub\wwwroot\book\data.txt

C:\inetpub\wwwroot\book\asp\data.txt

该方法通常用来打开一个数据库文件或文本文件。因为在 Web 页面中使用的路径都是虚拟路径，而打开这些文件必须指定文件所在的实际路径，因此必须使用 Server.MapPath 方法将其转换为物理路径。例如下列语句：

filename3=server.MapPath(".")&"\sport.htm"   '取文件 sport.htm 的路径

set objstream2=objfile.openTextFile(filename3)   '按此路径打开该文件

需要注意的是，MapPath 方法不检查返回的路径是否正确或在服务器上是否存在。

4. CreateObject 方法

Server 对象提供的 CreateObject 方法是 ASP 内置对象中最重要的一个方法，它可创建已经注册到服务器上的 ActiveX 组件实例。可以通过使用 ActiveX 服务器组件，实现一些仅依赖脚本语言无法实现的功能，使得 ASP 具有了强大的生命力。如实现数据库访问、文件访问等。

CreateObject 方法的使用语法如下：

Server.CreateObject("ProgID")

其中，ProgID 指定组件标识。组件可以是各种形式的可执行程序（dll、exe 等），不必考虑它的位置，只要在 Windows 中登记注册了这些程序，COM 就会在系统注册表（Registry）里维护这些资料，让程序员调用。例如，下面的语句就是创建一个名为 myconn 的 ADODB 的对象实例。

<%set myconn=Server.CreateObject("ADODB.Connection")%>

而代码

< % set objfile=Server.CreateObject("Scripting.FileSystemObject")%>

产生一个名为 objfile 的 FileSystemObject 对象实例。

必须注意的是，CreateObject 方法仅能创建外置对象实例，不能创建系统的内建对象实例，下列语句是错误的：

<%set a=Server.CreateObject("Application")

set r=Server.CreateObject("Response")%>

另外，用该方法建立的对象实例仅在创建它的页面中有效，即当 ASP 处理完该页面后，对象自动消亡。若想在其他页面中也使用该对象实例，可将该对象实例存储在 Session 对象或 Application 对象中。例如：

<%set session("conn")=Server.CreateObject("ADODB.Connection")%>

6.8.3   Server 对象的应用

在许多应用中，经常涉及对一个已经存在的文本文件的处理，此时可以利用 Server 对象的 CreateObject 方法和 ASP 内置的 File Access 组件来访问文本文件。先简单介绍如下 File Access 组件的几个常用方法：

OpenTextFile 方法	打开一个指定文件夹下的文本文件。
CreateTextFile 方法	创建一个指定文件夹下的文本文件。
Readall 方法	将整个数据流读入一个字符串中。
Write 方法	将一个字符串写入文件中。
Close 方法	关闭文件，并释放资源。

利用上面的一些方法就可以对一个文本文件进行增、删、改操作。

【例 6-14】修改存放在虚拟目录 book 下的文本文件 data.txt。若不存在则创建它。程序（6-14.asp）的运行效果如图 6-19 所示。

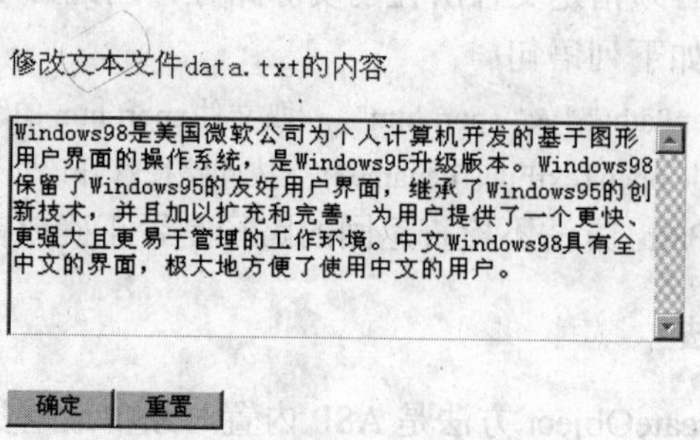

修改文本文件data.txt的内容

Windows98是美国微软公司为个人计算机开发的基于图形
用户界面的操作系统，是Windows95升级版本。Windows98
保留了Windows95的友好用户界面，继承了Windows95的创
新技术，并且加以扩充和完善，为用户提供了一个更快、
更强大且更易于管理的工作环境。中文Windows98具有全
中文的界面，极大地方便了使用中文的用户。

确定   重置

图 6-19   例 6-14 的运行结果

操作步骤如下：

① 利用 Server 对象的 CreateObject 方法创建一个名为 objfile 的 FileSystemObject 对象实例。

② 判断 data.txt 文本文件是否存在。若不存在，调用 objfile 对象的 CreateTextFile 方法创建该文本文件。若存在，则调用 objfile 对象的 OpenTextFile 方法打开它。

③ 通过 Readall 方法将文件中的字符读入文本区中进行修改。

④ 修改完毕后由程序 6-15.asp 将修改后的结果重新写入文本文件 data.txt 中。

程序 6-14.asp 代码如下：

```
<%response.expires=0%>
<HTML>
<HEAD>
<TITLE>Server 对象的应用</TITLE>
</HEAD>
<BODY bgcolor=white>
<font color=red size=5>修改文本文件 data.txt 的内容</font>
<form method=post action="6-15.asp">
<%dim objfile
dim objstream3
set objfile=Server.CreateObject("Scripting.FileSystemObject")
  '创建一个名为 objfile 的 FileSystemObject 对象实例
If (not objfile.fileExists(server.MapPath("../book")&"\data.txt")) Then
set objstream3=objfile.createtextfile(server.MapPath("../book")&"\data.txt")
   '判断 data.txt 文件是否存在于当前文件夹下，若不存在，则创建一个同名新文件
objstream3.writeline()
end If
set objstream3=objfile.OpenTextFile(server.MapPath("../book")&"\data.txt")
'取得文本文件 data.txt 的物理路径，并打开它
Response.Write "<TEXTAREA NAME=s1"&" ROWS=8 COLS=50>"
strtext=objstream3.readall            '读取文件中的字符到变量 strtext 中
response.write strtext
Response.Write "</TEXTAREA>"
objstream3.close                '关闭该文本文件
set objstream3=nothing
set objfile=nothing%>
<br><br>
<INPUT type="submit" value=" 确定 "><INPUT type="reset" value=" 重置 ">
</form>
</BODY>
</HTML>
```

修改完毕，单击"确定"按钮，程序 6-15.asp 将修改后的内容重新写入 data.txt 文件中。

程序 6-15.asp 代码如下：

```
<HTML>
```

```
<HEAD>
<TITLE>Server 对象的应用</TITLE>
</HEAD>
<BODY>
<%
dim objfile
dim objstream1
set objfile=Server.CreateObject("Scripting.FileSystemObject")
set objstream1=objfile.CreateTextFile(server.MapPath("../book")&"\data.txt",true)
 '创建一个新的文本文件 data.txt
objstream1.write request.form("s1")
 '将文本区中的内容写入到文本文件 data.txt 中
objstream1.close
set objstream1=nothing
set objfile=nothing
%>
<script language="javascript">
window.location.href="6-14.asp";
</script>
</BODY>
```

6.9　ASP 程序设计举例——建立网上课堂讨论区

通过前面的学习，读者对 ASP 技术已有了一定的了解。它与传统的客户/服务器应用程序最大的不同在于：在一个 ASP 文件既包含客户端的应用逻辑，又包含服务器端的应用逻辑，加上混合的脚本编程和 HTML，使得程序的源代码难以理解和维护。所以在编写 ASP 应用程序时，须清楚地知道现在编写的脚本是在服务器端执行的还是在客户浏览器端执行的，分清楚不同脚本语言的语法、变量和对象，确保它们被正确地构造、赋值和使用。要能充分理解整个 ASP 程序执行的流程，弄清楚在浏览器端应该得到什么样的 HTML 文件，服务器端脚本能否被正确地执行并输出预期的 HTML 结果。另外，ASP 脚本程序在语法上与浏览器端的脚本程序相同，它们的差别在于，前者是在服务器端执行的，所以不支持图形界面的方法或组件，因此像 Input Box 及 MsgBox 函数在服务器端脚本中都不能使用。本节将通过一个综合应用实例，来帮助读者进一步掌握和理解 ASP 对象的使用方法。

【例 6-15】建立一个课堂讨论区。登录到这个讨论区的用户可以在这里畅所欲言，查看别人的发言。该实例的用户登录页面如图 6-20 所示。

在输入用户名时，要求用户名不少于 6 个字符，否则出现如图 6-21 所示的对话框。

图 6-20　用户登录页面　　　　　图 6-21　用户名输入错提示对话框

单击"登录"按钮进入讨论区主页面，如图 6-22 所示。

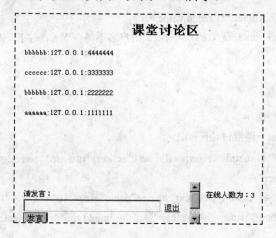

图 6-22　讨论区的主页面

该应用程序由 7 个文件组成：

login.htm　　　　实现登录界面。

stru.asp　　　　　构建课堂讨论区的框架。

message.asp　　　显示讨论的内容。

speak.asp　　　　讨论信息的输入页面。

list.asp　　　　　显示正在讨论区的用户数。

logout.asp　　　　退出讨论区的程序。

global.asa　　　　定义 Session_Onstart 和 Session_Onend 事件过程。

1. login.htm 源程序

```
<html>
<script language="Javascript">
var errfound=false;
function validlength(item,len)    //求用户名的长度
{
      return (item.length>=len);
}
function error(elem,text)         //输出出错信息
{
if (errfound) return;
window.alert(text);
elem.select( );
elem.focus( );
errfound=true;
}
function validate( )            //测试用户名的长度是否大于 6 个字符
{
```

```
errfound=false;
if (! validlength(document.f1.name.value,6))
error(document.f1.name,"无效的用户名！！用户名不得少于 6 个字符！");
return !errfound;
}
</script>
<! -- 生成登录界面 -->
<h1 align="center">课堂讨论区</h1>
<form name="f1" onsubmit="return validate();"action="stru.asp" method="post">
<div align="center">
请输入你的用户名<input type="text" name="name" size="10">
<input type="submit" name="b1" value="登录"><input type="reset" name="b2" value="重置">
</div>
</form>
</html>
```

2．stru.asp 源程序

```
<%session("name")=request.form("name")          '读取输入的用户名%>
<HTML>
<!-- 定义用户界面的框架结构 -->
<frameset rows="80%,*" frameborder=0 framespacing=0>
<frame name="d1" src="message.asp" >
<frameset cols="60%,*" frameborder=0 framespacing=0>
<frame name="d2" src="speak.asp">
<frame name="d3" src="list.asp" >
</frameset>
</frameset>
</HTML>
```

3．speak.asp 源程序

```
<html>
<%content=request.form("content")           '读取文本框控件的内容
if content="" then%>                         '若内容为空，则显示讨论区的输入页面
<form method="post" action="speak.asp">
请发言：<input type="text" name="content" size="30">
<a href="logout.asp"target="_parent">退出</a>
<input type="submit" value="发言">
</form>
<%else
name=session("name")                         '读取用户名
content=request.form("content")              '读取发言内容
```

```
ip=request.servervariables("remote_addr")    '读取用户的 IP 地址
application.lock
'将用户名、IP 地址以及发言内容写入 application 对象中
application("message")=name+":"+ip+":"+content+"<p>"+application("message")
application.unlock
show=application("message")
'确保显示最新的 15 条信息，其他的内容删除
i=1
for n=1 to 15
i=instr(i,show,"<p>")+3
if i=3 then exit for
next
if not(i=3) then
application.lock
application("message")=left(show,i-2)
application.unlock
end if%>
<script language="Javascript"> //更新讨论区的输入页面和讨论区内容页面
top.d2.location.href="speak.asp"
top.d1.location.href="message.asp"
</script>
<%end if%>
</html>
```

4．message.asp 源程序

```
<html>
<head>
<!-- 输出发言内容 -->
<META HTTP-EQUIV="REFRESH" CONTENT="3;message.asp">
</head>
<center><h1>课堂讨论区</h1></center>
<%=application("message")%>
</html>
```

5．list.asp 源程序

```
<html>
<head>
<!-- 显示在线人数 -->
<META HTTP-EQUIV="REFRESH" CONTENT="10;list.asp">
</head>
<p>在线人数为：<%response.write application("count1")%></p>
```

```
<html/>
```

6. logout.asp 源程序

```
<%session.abandon                    '退出讨论区
response.redirect "login.htm"%>
```

7. Global.asa 源程序

```
<script language=VBScript runat=server>
sub session_onstart            '统计在线人数，每进来 1 人 count1 加 1
application.lock
application("count1")=application("count1")+1
application.unlock
end sub
sub session_onend             '统计在线人数，每离开 1 人 count1 减 1
application.lock
application("count1")=application("count1")-1
application.unlock
end sub
</script>
```

本 章 小 结

ASP 是服务器端的脚本环境。通过 ASP 可以结合 HTML 页面、脚本命令和 ActiveX 组件，创建交互能力很强的 Web 服务器应用程序。ASP 文件是一些与 HTML 页面类似的文本文件，其后缀名为.asp。在 ASP 文件中常用的脚本语言为 VBScript 和 JavaScript，当然也可以使用其他的脚本语言，只需提供相应的脚本引擎。

ASP 中包含了许多开发者可利用的内置对象，提供基本的请求、响应、会话等处理功能。ASP 内置对象的使用非常简单，不需建立就可以在代码中直接调用它们。ASP 对象主要有：Request、Response、Server、Session 和 Application 对象。其中前三个对象是最常用的。Request 对象通过 HTTP 请求可以得到客户端的信息。Request 对象控制发送给客户端的信息。而 Server 对象可以建立服务器组件对象。

ASP 的应用组件是 ASP 内置的服务组件，通过 Server 对象的 CreateObject 方法建立以后才可使用。其中文件存取组件、ADO 组件等都是功能非常强大的 ActiveX 服务组件。

习 题 6

6.1 试述 Application 对象与 Session 对象有哪些内部触发事件，各事件的触发条件是什么，各事件的触发顺序又如何？

6.2 Request 对象的主要作用是什么？

6.3 Response 对象的 Buffer 属性取不同值时对程序的运行结果有何影响？

6.4 Session 和 Cookie 对象都可用来记录客户的信息，它们在使用上有何不同？试述两者使用上的利弊。若想关闭 Cookie 如何设置？

6.5 试述 Server 对象的 MapPath 方法的作用。它与服务器环境变量 ServerVariables("script_name")的作用相同吗？

6.6 试述 global.asa 文件的作用及其所在的位置。

上机实验 6

6.1 设计一个学生情况调查表，并对调查信息进行保存。

【目的】学会利用 Server 对象的 CreateObject 方法创建文件访问对象实例。

【内容】建立一个学生情况调查表，并将学生填写的内容写入数据文件 student.txt 中。调查表的页面如图 6-23 所示。

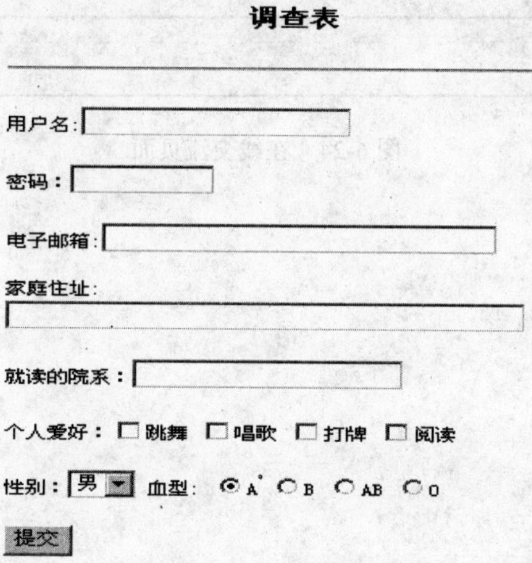

图 6-23 调查表页面

【步骤】

（1）创建一个空白的 HTML 文件，设计如图 6-23 所示的调查表页面。

（2）创建一个空白的 ASP 文件。添加 ASP 程序代码，读取表单中的数据，并将数据写入文件 student.txt 中。

（3）运行 HTML 文件程序。

（4）查看 student.txt 文件的内容。

6.2 实现《Web 程序设计》课程网站的在线交流功能。

【目的】学会 Application 变量的使用方法。

【内容】实现网站的在线交流功能，在线人数最多为 15 人。该页面由上、下两个框架页面构成，上面一个显示交流信息，下面一个为信息输入窗口。如图 6-24 所示。

【步骤】

（1）创建一个空白的 HTML 文件，设计图 6-24 所示的上、下型框架页面。

（2）为上面一个页面设计界面、添加代码，并以文件名 message.asp 保存。

（3）为下面一个页面设计界面、添加代码，并以文件名 speak.asp 保存。

（4）运行 HTML 文件程序，查看运行结果。

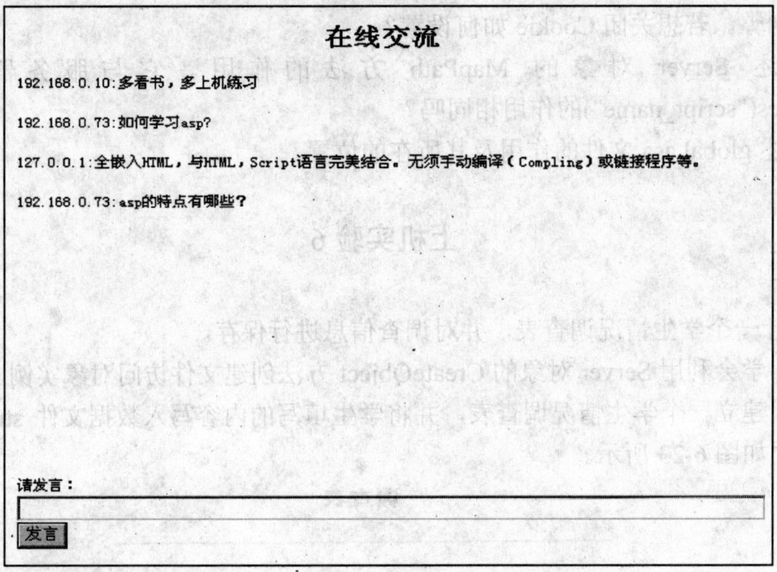

在线交流

192.168.0.10:多看书，多上机练习

192.168.0.73:如何学习asp?

127.0.0.1:全嵌入HTML，与HTML，Script语言完美结合。无须手动编译（Compling）或链接程序等。

192.168.0.73:asp的特点有哪些?

请发言：

[发言]

图 6-24　在线交流页面

第7章 ASP.NET 程序设计

ASP.NET 是 MicroSoft 公司推出的新一代 Active Server Pages，是微软发展的新体系结构.NET 的一部分，与 ASP 的解释方式不同，ASP.NET 采用的是一种编译方式，所以执行效率比 ASP 高得多，它采用的完全面向对象的技术也让编程变得更加简单。传统的 ASP 对象，如 Application、Session、Response、Request、Server 等将继续作为 ASP.NET 的一部分存在。

7.1 初识 ASP.NET

7.1.1 ASP.NET 的运行环境

在 6.1 节，我们介绍了 ASP 的运行环境。ASP.NET 与 ASP 一样，也是一种服务器端的技术，需要比 ASP 更高的软件环境。除了在计算机上安装 IIS 信息服务器外，还需另外加装.NET Framework。如果要使用.NET Framework 提供的 ADO.NET 对象来访问数据库，计算机中还必须安装有 MDAC（Microsoft Data Access Components）2.7 或以上版本。所以计算机要能够执行 ASP.NET 程序，必须安装如下软件：

（1）Windows 2000 Professional/Server、Windows XP 或 Windows Server 2003。

（2）IIS 5.0（Internet 信息服务管理器 5.0）及以上版本。

（3）.NET Framework SDK。

（4）MDAC 2.7（Microsoft Data Access Components 2.7）及以上版本。

第（2）项软件的安装方法，在 6.1 节中已有详尽介绍，这里不再赘述。下面介绍第（3）、（4）项软件的安装。

1. .NET Framework SDK

.NET Framework SDK 软件包是一个已经压缩好的 exe 安装文件，可从 Microsoft 公司网站上免费下载到最新的版本。下载后双击安装文件，根据提示采用默认设置即可完成.NET Framework SDK 的安装。需要注意的是，在安装.NET Framework 之前必须已经完成 IIS 5.0 和 MDAC 2.7 的安装，否则无法使用。

2. MDAC 2.7

MDAC 2.7 是一个支持数据库访问操作的软件。在 ADO.NET 中，包括两个数据提供程序：SQL Server .NET 和 OLE DB.NET。有了 MDAC，SQL Server .NET 数据提供程序就可以不通过 OLE DB 或开放数据库连接层（ODBC）直接访问 SQL Server 了。

MDAC 2.7 不是操作系统自带的，需要时可从 Microsoft 公司网站上下载，大小约 5MB，下载后直接双击安装文件即可安装。

7.1.2 一个简单的 ASP.NET 程序——用户登录程序

下面是一个简单的 ASP.NET 程序。通过这个实例，可以大致地了解 ASP.NET 程序的架构和编程语法。

【例 7-1】一个用户登录程序，分为学生、教师、管理员三类用户。输入用户名和密码以后，将根据用户的身份分别显示不同的欢迎词。其运行结果如图 7-1 所示。

源程序代码（7-1.aspx）如下：

```
<%@ Page Language="VB" AutoEventWireup="true"%>
<script runat="server">
        '登录按钮的单击事件过程
        Protected Sub Button1_Click(ByVal sender As Object, ByVal e As System.EventArgs) Handles
Button1.Click
            If usename.Text = "administrator" And Radioteacher.Checked = "True" _
            And usepassword.Text <> "" Then
                '输出身份是管理员的欢迎词
                Response.Write("欢迎你管理员同志！")
            ElseIf Radioteacher.Checked = "True" And usepassword.Text <> "" Then
                Response.Write("欢迎你" & usename.Text & "老师！") '身份是老师
            ElseIf usepassword.Text <> "" Then
                Response.Write("欢迎你" & usename.Text & "同学！") '身份是学生
            End If
        End Sub
        Protected Sub Button2_Click(ByVal sender As Object, ByVal e As System.EventArgs) Handles
Button2.Click
            usename.Text = ""
            usepassword.Text=""
            usename.Focus()
        End Sub
</script>
<html>
<head>
   <title>无标题页</title>
</head>
<body bgcolor="White">
<p></p>
用户登录
<hr/>
<%-- 下面构造一个表单--%>
    <form id="form1" runat="server">
     <div>
     <!--RadioButton 单选钮 -->
```

欢迎你关山月老师!

用户登录
_____

○学生 ◉教师
用户名：关山月
密码：
登录 取消
登录时间是：2010-5-11 下午 13:34:33

图 7-1 例 7-1 运行结果

```
                <asp:RadioButton ID="Radiostudent" GroupName="sel" runat="server" checked="true" Text="学生" />
                <asp:RadioButton ID="Radioteacher" GroupName="sel" runat="server"
                Text="教师" /><br/>
                <!--TextBox 单行文本输入框-->
                用户名: <asp:TextBox ID="usename" runat="server"></asp:TextBox><br/>
                <!--TextBox 密码文本输入框-->
                密码: <asp:TextBox ID="usepassword" runat="server" TextMode="Password"></asp:TextBox><br/>
                <asp:Button ID="Button1" runat="server" Text="登录" />
                <asp:Button ID="Button2" runat="server" Text="取消" />
        </div>
        <!--输出当前日期和时间-->
        登录时间是: <%=Now%>
        </form>
    </body>
</html>
```

说明: 以上程序可以用文本编辑器(Notepad)或其他编辑器输入,并保存在 Web 服务器的虚拟目录下。在浏览器的地址栏中输入 http://localhost/ 7-1.aspx,就可以看到如图 7-1 所示的运行结果。

7.1.3 ASP.NET 程序结构分析

ASP.NET 程序文件是一个扩展名为.aspx 的文本文件。当客户端请求到来时,Web 服务器将请求提交给 ASP.NET 模块处理,在服务器上动态编译和执行,产生一个 HTML 流,然后传送给发出请求的客户端浏览器。

1. 页面的基本结构和语法

ASP.NET 的页面结构通常由以下一个或多个元素构成: 页面编译指令、代码声明块、代码呈现块、代码注释、ASP.NET 控件、文本和 HTML 标记、服务器端包含指令。

（1）页面编译指令

页面编译指令是供编译器处理 ASP.NET 页面和用户控件时使用的命令,可以放在页面的任何位置,作为惯例,通常将它放在 ASP.NET 文件的开头,如例 7-1 中的第一行:

```
<%@ Page Language="VB" AutoEventWireup="true" %>
```

页面编译指令的语法格式如下:

```
<@% 指令名 属性=属性值 %>
```

当然,页面编译指令不是文件中必须的。在.aspx 文件中常用的页面编译指令有以下几种:

@Page   配置页面被处理和编译时与之相关的属性。

@Import   将命名空间导入到当前页面中。

@Register   允许注册其他控件以便在页面上使用。

@Assembly   在编译时将程序集链接到页面,使程序员可以使用程序集公开的所有类和方法。

@Implements   定义要在页或用户控件中实现的接口。

① @Page 指令。它是最常用的一个页面编译指令。每个 aspx 文件只包含一个@page 指

· 189 ·

令，定义多个属性时，以空格分开。

@Page 指令的语法格式如下：

    <%@ Page 属性名="属性值" [属性名="属性值"] %>

@Page 指令常用的属性如表 7-1 所示。

表 7-1　@Page 指令的常用属性

属　　性	说　　明
AutoEventWireup	取值 True 或 False。指定页面的事件是否自动触发。默认值为 True，自动传送
Buffer	指定是否启用 HTTP 相应缓冲区。默认值为 True，启用缓冲区
CodeFile	指定与页面相关的后台代码文件名
Errorpage	用于在出现未处理页异常时，重定向目标 URL
Explicit	指定页面是否使用 Visual Basic Option Explicit 模式进行编译。默认值为 True，表示所有的变量都必须先定义后使用
Inherits	定义页要继承的基类，可以是从 Page 派生而来的任何类
Language	指定编程逻辑中使用的程序设计语言。可以是任何一种.NET 支持的程序设计语言，如 VB、C#等

例如：

    <%@ Page Language="VB" AutoEventWireup="false" CodeFile="Default.aspx.vb"

        Inherits="_Default" %>

@Page 指令是页面默认指令，可以省略 Page，也可以写成：

    <%@ Language="VB" AutoEventWireup="false" CodeFile="Default.aspx.vb"%>

② @Import 指令。将名称空间导入当前页面中，这样页面便可以使用该名称空间中定义的类和接口。被导入的名称空间可以是.NET 框架类库或用户定义的其他名称空间。

@Import 指令的语法格式如下：

    <@Import Namespace="value" %>

其中，value 为要引入的名称空间。每条@ Import 指令只能引入一个名称空间。若要引入多个名称空间，需使用多条@ Import 指令。例如：

    <%@ Import Namespace="System.Data" %>

    <%@ Import Namespace="System.Data.OleDb" %>

以上表示在 ASP.NET 网页中使用了两个名称空间。接下来我们要申明变量，但此变量必须是已引入的两个名称空间所属的类，例如：

    Dim MyConnection As OleDbConnection

    Dim MyCommand As New OleDbCommand

说明：OleDbConnection 及 OleDbCommand 都是 System.Data.OleDb 下的类。

（2）代码声明块

定义一段在服务器上运行的程序代码，用来生成动态的 Web 页面，一般写在程序的开始部分。语法格式如下：

    <script　language="编程语言" runat="server">

        代码

    </script>

其中，属性 language 的值可以是.NET 支持的任何一种编程语言，如 VB.NET、C#、Jscript.NET 等。如果没有指定，则采用@Page 指令中配置的语言。若@Page 指令中也没有定义，默认是 VB.NET。例 7-1 中<script runat="server">，表明使用@Page 指令中配置的 VB.NET 语言。

（3）代码呈现块

定义呈现网页时所执行的内嵌代码。语法格式如下：

    <% 内嵌代码 %>

如例 7-1 中的内嵌代码：

    <%=Now%>

代码呈现块在 ASP 中至关重要，而在 ASP.NET 中已被更好的机制代码声明块所取代。

注意：<%和%>标记中不能编写事件处理过程。

（4）代码注释

注释是程序代码不可缺少的部分，注释的目的是帮助开发人员和其他人员理解程序代码。注释元素开始标记和结束标记中的内容在执行时既不会被服务器处理，也不会交付给结果页面显示。ASP.NET 文件中的注释有三种形式： HTML 注释、代码注释和服务器端注释标记。

① HTML 注释。语法格式如下：

    <!--注释-->

如例 7-1 中的 HTML 注释：

    <!--TextBox 密码文本输入框-->

② 服务器端注释标记。语法格式如下：

    <%--注释--%>

如例 7-1 中的服务器端注释标记：

    <%--下面构造一个表单--%>

③ 代码注释。一般来说，ASP.NET 程序的绝大多数地方都可以使用服务器端注释标记 <%--注释--%>，但在代码声明块和代码呈现块中通常习惯使用编程语言的注释标记。语法格式如下：

    <script   language="C#" runat="server">
         代码
         /*
             注释块
         */
    </script>

或者：

    <script   language="VB" runat="server">
         代码
         '注释
    </script>

在例 7-1 中有如下 VB.NET 语言的注释标记：

    '输出身份是管理员的欢迎词

注意：如果在代码呈现块<% 、%>中使用服务器端注释，将会出现编译错误。

（5）ASP.NET 控件

ASP.NET 控件主要有 HTML 服务器控件、Web 服务器控件，它们是构成用户界面和展示数据的重要元素，其中 HTML 服务器控件是从 HTML 标记发展而来的，增加了 id 属性和 runat 属性，运行于服务器端。例如：

```
<input type="button" id="Submit1" value="登录" runat="server" onServerClick="b-click" />
```

而 Web 服务器控件除了具有 HTML 控件的属性外,还有方法和事件。如例 7-1 中使用的 Web 服务器控件 Button1 以及它的事件过程:

```
<asp:Button ID="Button1" runat="server" Text="登录" />
Protected Sub Button1_Click(ByVal sender As Object, ByVal e As System.EventArgs) Handles
Button1.Click
    If usename.Text = "administrator" And Radioteacher.Checked = "True" _
    And usepassword.Text <> "" Then
        '输出身份是管理员的欢迎词
        Response.Write("欢迎你管理员同志!")
    ElseIf Radioteacher.Checked = "True" And usepassword.Text <> "" Then
        Response.Write("欢迎你" & usename.Text & "老师!") '身份是老师
    ElseIf usepassword.Text <> "" Then
        Response.Write("欢迎你" & usename.Text & "同学!") '身份是学生
    End If
End Sub
```

需要注意的是,ASP.NET 服务器控件必须放置在<form runat="server"></form>标记之间,并标记为 runat="server",如例 7-1 中使用的各种 Web 服务器控件。其具体内容将在 7.3 节中讨论。

（6）文本和 HTML 标记

如例 7-1 中的文本“用户登录”和众多的 HTML 标记<hr/>、<p>、<form>等。

（7）服务器端包含指令

它可以将指定文件的原始内容插入到 ASP.NET 页内的任意位置,其作用相当于将两个文件合并成一个文件。被插入的文件可以是网页文件(.aspx)、用户控件文件(.ascx)和 Global.asax 文件。语法格式如下:

```
<!--#include file|virtual=filename-->
```

file 关键字指示要包含的文件在服务器上的物理路径,可以是绝对路径或相对路径,但必须与页面文件在同一路径下。

virtual 关键字指示使用网站的虚拟路径。和 file 一样,可以是绝对路径或相对路径。

filename 是 file 或 virtual 的属性值,是一个以双引号括起来的文件名。

例如,如果一个被命名为 footer.inc 的文件属于一个名为 /myapp 的虚拟目录,则下面的指令将把 footer.inc 的内容插入到包含该行的文件中:

```
<!--#include virtual ="/myapp/footer.inc"-->
```

2. ASP.NET 的页面模式

ASP.NET 页面由两部分组成:可视元素和编程逻辑。

① 可视元素由 HTML 标记、静态文本和 ASP.NET 服务器控件构成,以<HTML>标记开始,</HTML>标记结束,用于实现 Web 应用程序与用户交互的界面。

② 编程逻辑由程序设计语言编写的代码构成,介于标记<Script>和</Script>之间,用于完成 Web 应用程序的功能。

过去,ASP 程序设计中采用的是可视元素和编程逻辑混合在一个.asp 文件中的模式。现在，ASP.NET 提供两种管理模式，分别是单文件页模式和代码隐藏页模式，它们的功能完全相同。

（1）单文件页模式。就是过去的 ASP 模式。它将可视元素和编程逻辑放在同一个.aspx 文件中，其中编程逻辑以代码声明块的形式嵌入到脚本中，放在程序的前面。而由 HTML 标记、静态文本和 ASP.NET 服务器控件构成的可视元素则放在程序的后面，如例 7-1。

（2）代码隐藏页模式。它是 ASP.NET 新引入的一种代码绑定技术，它将可视元素和编程逻辑分别放置在两个文件中。实现界面设计的可视元素仍存放在扩展名为.aspx 的文件中，而由服务器执行的编程逻辑则存放在扩展名为.aspx.vb（假设此处使用的程序设计语言是 VB.NET）的文件中。为了实现两个文件的关联，必须对.aspx 文件中 Page 指令的 CodeFile 属性进行设置。若.aspx 文件名为 login.aspx，则 CodeFile 属性应设置为：

```
<%@PageLanguage="VB" AutoEventWireup="false" CodeFile="login.aspx.vb" Inherits="login" %>
```

这一模式对于代码的重用、程序的调试和维护均有重要意义。采用代码隐藏页模式还可以有效地保护代码，提高程序的安全性。

若例 7-1 采用代码隐藏页模式，代码将分别存放在两个文件中。其中 login.aspx 文件的内容如下：

```
<%@ Page Language="VB" AutoEventWireup="false" CodeFile="login.aspx.vb" Inherits="login" %>
<html>
<head runat="server">
    <title>无标题页</title>
</head>
<body>
<p></p>
用户登录
<hr/>
<%--下面构造一个表单--%>
<form id="form2" runat="server">
<div>
<!--RadioButton 单选钮 -->
<asp:RadioButton ID="Radiostudent" GroupName="sel"
    runat="server" checked="true" Text="学生" />
 <asp:RadioButton ID="Radioteacher" GroupName="sel" runat="server"
    Text="教师" /><br/>
 <!--TextBox 单行文本输入框-->
    用户名：<asp:TextBox ID="usename" runat="server"></asp:TextBox><br/>
 <!--TextBox 密码文本输入框-->
    密码：<asp:TextBox ID="usepassword" runat="server"
    TextMode="Password"></asp:TextBox><br/>
    <asp:Button ID="Button1" runat="server" Text="登录" />
    <asp:Button ID="Button2" runat="server" Text="取消" />
</div>
<!--输出当前日期和时间-->
登录时间是：<%=Now%>
```

```
        </form>
      </body>
    </html>
```

login.aspx.vb 文件的内容如下：

```
Partial Class login
Inherits System.Web.UI.Page
Protected Sub Button1_Click(ByVal sender As Object, ByVal e As System.EventArgs) Handles
Button1.Click
    If usename.Text = "administrator" And Radioteacher.Checked = "True" _
    And usepassword.Text <> "" Then
        '输出身份是管理员的欢迎词
        Response.Write("欢迎你管理员同志！")
    ElseIf Radioteacher.Checked = "True" And usepassword.Text <> "" Then
        Response.Write("欢迎你" & usename.Text & "老师！") '身份是老师
    ElseIf usepassword.Text <> "" Then
        Response.Write("欢迎你" & usename.Text & "同学！") '身份是学生
    End If
End Sub
Protected Sub Button2_Click(ByVal sender As Object, ByVal e As System.EventArgs) Handles
Button2.Click
    usename.Text = ""
    usepassword.Text = ""
    usename.Focus()
End Sub
End Class
```

3. ASP.NET 的文件类型

一个完整的 ASP.NET 应用，指某个虚拟目录及其子目录中 Web 服务、Web 页面、服务器控件、执行代码以及配置参数等所有文件的综合。ASP.NET 的所有文件用不同类型的扩展名加以区分，下面是 ASP.NET 中几种常用的文件类型。

（1）.aspx 页面文件。该文件由可视元素和编程逻辑两部分组成，如同过去的.asp 文件，浏览器可执行此类文件，向服务器提出浏览请求。

（2）.ascx 用户控件文件。内含用户控件，可内含在多个.aspx 文件中。

（3）.resx 资源文件。资源是在逻辑上由应用程序部署的任何非可执行数据。通过在资源文件中存储数据，无须重新编译整个应用程序即可更改数据。

（4）.aspx.cs 或.aspx.vb 代码分离文件。将 Web 页面编程逻辑存放在一个单独的文件中，该文件称为代码隐藏页文件。.aspx.cs 是用 C#语言编写的页面文件。.aspx.vb 是用 VB.NET 语言编写的页面文件。

（5）Web.config 配置文件。该文件向它所在的目录和所有子目录提供配置信息。

（6）global.asax 配置文件。ASP.NET 系统环境设置文件，相当于 ASP 中的 global.asa 文件。

4. ASP.NET 事件驱动的编程模型

ASP.NET 采用事件驱动的编程模型,添加到网页上的 Web 服务器控件通过所触发的事件来执行系列操作。但 ASP.NET 事件的概念与传统的基于客户端程序的事件概念不同,主要是事件的触发位置和事件的处理位置不同。基于客户端程序的事件在客户端触发、在客户端处理,而 ASP.NET 的事件不论发生在客户端还是发生在服务器端基本上都是在服务器端处理。在客户端触发的事件要求客户端提供一个俘获事件信息并将该事件信息传递到服务器上的机制。服务器接收到该信息后,ASP.NET 解析该信息,找出事件的类型,查找并调用相应的事件处理过程。从俘获信息、传输、解析、控制权转移到事件处理过程,都是由 ASP.NET 的服务器负责,无须人工干预。但是,服务器端事件的响应过程是一个服务器和客户端交互的过程,由于受网络带宽的限制,如果设计过多的服务器端响应事件,会造成事件信息在客户端和服务器端频繁传递,从而降低网络的性能。为此,在服务器端响应的事件是十分有限的。为了减少事件信息的频繁传递,客户端发生的事件,并不是每发生一次就向服务器传送一次信息。默认情况下,只有当服务器控件按钮(Button)被单击时,才向服务器传递事件信息。其他控件的事件,一般都是先保存在客户端的缓冲区,等到下一次向服务器传递信息时,才和其他信息一起传送到服务器。如需要立即得到响应,只需将该控件的 AutoPostBack 属性设置为 True。

ASP.NET 中的事件有:HTML 事件、在 ASP.NET 生成页面时自动触发的几个事件以及用户与页面交互时触发的事件等。ASP.NET 页面事件处理过程如图 7-2 所示。

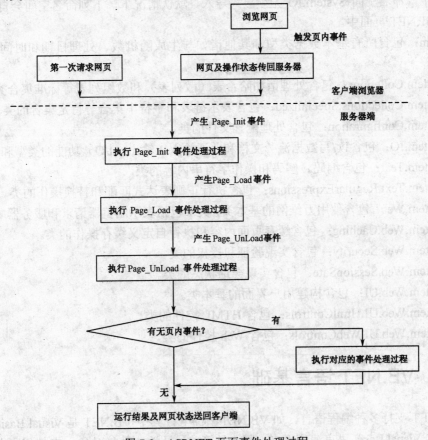

图 7-2　ASP.NET 页面事件处理过程

7.1.4 命名空间

命名空间又称名称空间或名字空间。它将一些提供相似功能或具有相似状态的类聚合在一起组成一个在逻辑上相关的单元，以便在.NET 中使用，它是.NET 框架的重要组成部分。命名空间采用树形结构管理方式，每一层之间用"."隔开，记录类的名称及其所在的位置。命名空间不仅由类和对象组成,而且含有子命名空间,如 System.data.sqlclient 就是 System.data 的子命名空间。在.NET 系统类库中包含 80 多个命名空间，命名空间 System.IO 的一个实例就包含了那些用于处理输入和输出操作的类。

为了在 ASP.NET 页面中使用这些类，必须使用前面介绍的页面指令@Import 将命名空间导入到 aspx 页面。若将命名空间导入到扩展名为.aspx.vb 的后台页面中，则需使用关键字 Imports。例如，将以下命名空间导入到 aspx 页面：

```
<%@ Import Namespace="System.data"%>
<%@ Import Namespace="System.data.sqlclient"%>
<%@ Import Namespace=" System.IO " %>
```

将以上命名空间导入到.aspx.vb 后台页面，使用以下方法：

```
Imports System.data
Imports System.data.sqlclient
Imports System.IO
```

实际上，命名空间 System.IO 无须显式导入。默认情况下，下列命名空间会自动导入到每一个 ASP.NET 页面中。

System：包含所有基本数据类型和其他诸如与生成随机数、处理日期和时间相关的那些类。

System.Colletions：包含处理诸如哈希表（散列表）和数组列表等标准集合类型的类。

System.Collections.Specialized：包含表示链表和字符串集合等特定集合的类。

System.Configuration：包含处理配置文件的类。

System.IO：包含读/写数据流／文档和普通输入／输出（I/O）功能的类型和类。

System.Text：包含编码、解码和操作字符串内容的类。

System.Text.RegularExpressions：包含执行正则表达式匹配和替换操作的类。

System.Web：包含使用万维网的基本类,其中包括表示浏览器请求和服务器响应的类。

System.Web.Caching：包含缓存页面内容和执行自定义缓存操作的类。

System.Web.Security：包含实现验证和授权的类。

System.Web.SessionSate：包含实现会话状态的类。

System.Web.UI：包含构建用户界面的基本类。

System.Web.UI.HtmlControls：包含 HTML 控件的类。

System.Web.UI.WebControls：包含 Web 控件的类。

7.2　VB.NET 语言基础

ASP.NET 支持多种编程语言，如 VB.NET、C#等，其中 VB.NET 是 Visual Basic.NET 的简称，它从 Visual Basic 语言演变而来，是一种简单、易学、面向对象、支持继承性的编程语言。前面章节已经介绍过 ASP 的脚本语言 VBScript，那是 Visual Basic 的子集，为了让那些具有 ASP 编程基础的读者快速地学会 ASP.NET，因此本章采用 VB.NET 编程语言编写 ASP.NET 程序，以使读者的学习更加容易。

7.2.1 数据类型与运算符

1. 基本数据类型

在 VB.NET 中，用户既可以使用系统已定义好的数据类型——基本数据类型，也可以根据实际需要，构造一个临时的数据类型——用户自定义数据类型。VB.NET 提供的基本数据类型有数值型、文本型、逻辑型、日期型和对象型等。表 7-2 列出了基本数据类型的存储空间大小和取值范围。

表 7-2 VB.NET 的基本数据类型

数 据 类 型		存 储 空 间	取 值 范 围
数值型	Byte （字节型）	1B	0 ～255
	Integer（整型）	4B	–2147483648～2147483647
	Short（短整型）	2B	–32768～32767
	Long（长整型）	8B	–9223372036854775808 ～ 9223372036854775807
	Single（单精度浮点）	4B	负数：–3.402823E38～–1.401298E–45 正数：1.401298E–45～3.402823E38
	Double（双精度浮点）	8B	负数：–1.79769313486231E308～–4.94065645841247E-324 正数：4.94065645841247E–324～1.79769313486231E308
	Decimal（十进制型）	12B	当无小数时，整数取值范围为：+/–7922E16251426433759354395 0335 有 28 位小数时，取值范围为：+/–7.922E16251426433759354395 0335
文本型	String（字符串）	字符串长度	大约 0～20 亿个字符
	Char（字符）	2B	0～65535
Boolean（逻辑型）		2B	True 或 False
Date（日期型）		8B	0001 年 1 月 1 日至 9999 年 12 月 31 日
Object（对象型）		4B	可存放程序中的对象和任何类型的数据

（1）数值型。包括 Byte、Integer、Short、Long、Single、Double、Decimal。

Byte（字节型）用于存储二进制数，占用 1 字节存储空间。取值范围从 0～255。

Short（短整型）、Integer（整型）和 Long（长整型）用于保存整数。在这三个数据类型中，Short 占用的存储空间最小，Long 占用的存储空间最大。因而 Short 表示的整数范围最小，Long 表示的整数范围最大。

Single（单精度型）和 Double（双精度型）用于保存浮点实数，通常以指数形式表示。Single 型占用 4 字节，有效位数 7 位。Double 型占用 8 字节，有效位数 14 位。例如：

```
Dim data As Single
data=1.2345E+2
```

注意：字母 E 前后的尾数部分和指数部分均不能省略，并且指数部分要为整数。

Decimal（十进制型）是 Visual Studio.NET 框架内的通用数据类型，可以表示 28 位十进制数，且小数点的位置可根据数的范围及精度要求而定。

（2）文本型。有两种：Char 类型和 String 类型。

Char（字符）型数据以 0~65535 之间整数形式存储，每个整数代表一个 Unicode 字符。给 Char 型变量赋值时应按下面的格式进行。例如：

Dim Thischar as Char

Thischar="B"C

表示将一个字符"B"赋值给变量 Thischar，变量 Thischar 实际得到的值是字符"B"的 ASCII 码 66。后面的 C 表示这是一个 Char 型数据，而非 String 型数据。

String（字符串）型数据是用一对英文双引号括起来的一串字符。例如：

Dim S As String

S="How do you do!"

（3）逻辑型。又称布尔型，只有 True 和 False 两个值。当逻辑型转换成数值型数据时，True 转换为-1，False 转换为 0。当数值型数据转换为逻辑型时，非 0 转换为 True，0 转换为 False。

（4）日期型。可表示日期和时间数据。日期范围从公元 0001 年 1 月 1 日到 9999 年 12 月 31 日，而时间范围从 00:00:00 到 23:59:59。日期型数据必须用＃括起来，年、月、日格式为 mm/dd/yyyy，如#01/27/1995#。

（5）对象型。用来存储程序中的对象，或者存放任何类型的数据。例如：

Dim objDb as Object

objDb= New TableRow()   '声明一个 TableRow 对象

…

又如：

Dim Anything as Object

Anything=128

Anything="VB.net"

此时 Object 类型等价于 VB 6.0 中的 Variant 类型。

2. 常量与变量

（1）常量。程序执行过程中其值始终不变的量。在 VB.NET 中有三种类型的常量：直接常量、符号常量和系统常量。

① 直接常量就是在程序中直接给出的数据值。如 12、23.12E5、"VB"、True、#12/25/2010# 等。

② 符号常量是用 Const 语句声明的用户自定义常量，一旦赋值其值就不可改变。语法格式如下：

[Public|Private] Const <常量名> [As 类型] = <常量表达式>

例如：

Const   Pi   As Single =3.14159

③ 系统常量是由系统提供的内部常量，无须声明即可引用。如系统常量 vbCrLf 表示回车换行。

（2）变量。在程序执行过程中其值可以变化的量。每一个变量都有一个名称和数据类型，变量必须"先声明，后使用"。

① 变量名的命名规则。变量名由字母、数字、下划线组成，且必须以字母开头，长度不超过 255 个字符。不能与 VB.NET 的系统保留字同名。

② 变量的声明。声明变量就是通知应用程序按照变量的类型事先为其分配适当的存储空间。一般情况下，VB.NET 不允许使用未经声明的变量。变量声明语句的语法格式如下：

        [Public|Private|Protected|Friend]Dim <变量名> As <类型>

例如：

        Dim I,J As Integer, Flag As Boolean

声明了两个整型变量 I、J 和一个逻辑型变量 Flag。

注意：当页面指令中含有 Explicit="false"设置时，允许使用没有声明的变量。例如：

        <%@ Page Language="VB" Explicit="false"%>

③ 变量的作用域。由变量在程序中的声明位置决定，可以使用不同的关键字来定义不同的变量。如果在过程内用 Dim 语句声明一个变量，那么此变量就是一个过程级变量，仅在定义它的过程中有效。若在过程外用 Dim 或 Private 语句定义一个变量，该变量就是一个模块级变量，在定义它的模块内的所有过程中有效。若是用 Public 定义的变量，则是全局变量，在所有模块的所有过程中有效。

【例 7-2】变量作用域示例。

```
<script runat="server">
    Dim a As Integer                '模块级变量
    Private b As Integer            '模块级变量
    Sub page_load(ByVal sender As Object, ByVal e As EventArgs)
        Dim c As Integer            '过程级变量
        Call example()
        Response.Write("a=" & a)
        Response.Write("b=" & b)
        Response.Write("c=" & c)
    End Sub
    Sub example()
        Dim c As Integer            '过程级变量
        a = 4
        b = 5
        c = 6
    End Sub
</script>
```

执行上述程序，输出结果为 a=4 b=5 c=0。此例中，变量 a、b 均为模块级变量，它们的作用域为<script>所辖的代码区域，所以在 page_load 过程和 example 过程中均有效。本例在 example 过程中给变量 a、b 赋值，在 page_load 过程中输出 a、b 值。而变量 c 则是一个过程级变量，虽然在两个过程中均有出现，但是两个完全不相关的变量。因为在过程 page_load 中仅仅是声明了变量 c，没有重新赋值，所以输出的是它的默认初始值 0。

3. 数组

数组是同类型变量的有序集合。集合中的变量称为数组元素（又称下标变量）。数组中所有元素具有相同的数据类型和名称（Object 型数组除外），并依据各自不同的下标值相互区分。只有一个下标的数组称为一维数组，有两个下标的数组称为二维数组，依次类推。

（1）数组的声明

与变量一样，数组在使用之前必须事先声明，目的是告诉计算机为其留出所需存储空间，编译系统将数组存放在一片连续的物理存储空间中。数组声明语句的语法格式如下：

Dim　<数组名>（上界 1[,上界 2]…）As <数据类型>

例如：

Dim a(10) As Integer, b(2, 1) As Single

声明了两个数组，数组 a 是一维整型数组，有 11 个元素，分别是 a(0)，a(1)，…，a(10)；数组 b 是一个二维单精度型数组，有 3 行 2 列共 6 个元素，分别是 b(0, 0)，b(0, 1)，b(1, 0)，b(1, 1)，(2, 0)，b(2, 1)。

三点说明：

① 数组名的命名规则遵循变量名命名法则。

② 数组的下界固定为 0。

③ 当数组类型为 Object 型时，数组的各个元素可以具有不同的数据类型。

（2）数组的访问

数组中的每个元素都可以看成是一个独立的变量，凡是允许简单变量出现的地方，都可以使用数组元素。如参与表达式计算、赋值等。例如：

Dim A(10) As Integer，i As Integer

A(0)= 10

A(1)=A(0)+2

上述程序给数组 A 的 A(0) 和 A(1) 两个元素分别赋值 10 和 12。

例如：

Dim B(3 ,3) As Integer

B(3,0)=30

B(2,1)=21

B(1,2)=12

B(0,3)=3

执行上述语句后，数组 B 的值如表 7-3 所示。

表 7-3　数组 B 中各元素的值

	B 数组的第 1 列		B 数组的第 2 列		B 数组的第 3 列		B 数组的第 4 列	
B 数组的第 1 行	B(0,0)	0	B(0,1)	0	B(0,2)	0	B(0,3)	3
B 数组的第 2 行	B(1,0)	0	B(1,1)	0	B(1,2)	12	B(1,3)	0
B 数组的第 3 行	B(2,0)	0	B(2,1)	21	B(2,2)	0	B(2,3)	0
B 数组的第 4 行	B(3,0)	30	B(3,1)	0	B(2,2)	0	B(3,3)	0

注意：一旦定义了一个数值型数组，就为其每个元素设置了初值 0。所以此处没有重新赋值的数组元素值均为 0。

（3）数组函数

① Lbound 函数。功能是返回数组某维的下界值。函数格式如下：

    LBound(<数组名>[, <维数>])

若默认"维数"参数，则函数返回数组第一维的维下界值。

例如：

    Dim Len1,Len2,Len3 As Integer

    Dim A(4) As Integer

    Dim C(3, 5) As Single

    Len1= LBound(A)

    Len2= LBound(C)

    Len3=LBound(C, 2)

执行上述代码后，变量 Len1、Len2、Len3 的值分别为 0、0、0。

② Ubound 函数。功能是返回数组某维的上界值。函数格式如下：

    UBound(<数组名>[, <维数>])

若默认"维数"参数，则函数返回数组第一维的维上界值。

例如：

    Dim Len1,Len2,Len3 As Integer

    Dim A(4) As Integer

    Dim C(3, 5) As Single

    Len1= UBound(A)

    Len2= UBound(C)

    Len3=UBound(C, 2)

执行上述代码后，变量 Len1、Len2、Len3 的值分别为 4、3、5。

（4）动态数组

声明数组时，如果指定了数组的维数和下标的范围，这样的数组称为"静态数组"。相对于"静态数组"，数组声明时，不指定数组的大小，仅用一对圆括号表示，这样的数组称为"动态数组"。在使用时，利用 ReDim 语句对数组的维数和下标范围进行说明。因而动态数组的使用需要经过两个步骤：声明数组和分配空间。

① 动态数组的声明。语法格式如下：

    Dim <数组名> ( ) [As <数据类型>]

例如：

    Dim Arr() As Integer

声明了一个名为 Arr 的动态数组，其数据类型为 Integer。

② 为动态数组分配空间。语法格式如下：

    ReDim [Preserve] <数组名> (上界 1[,上界 2]…) As <数据类型>

例如：

    Dim Arr() As Integer

    Dim N as Integer

    N=5

    ReDim Arr(N)

首先声明了一个 Integer 型的动态数组，然后再用 ReDim 语句为其分配存储空间，共计 6 个单元。此处，ReDim 语句中的数组上界可以是一个变量，如上例中的N，这是与静态数组不一样的。在用 Dim 语句声明了数组的类型以后，就不能再用 ReDim 语句改变数组的类型。若写成 ReDim Arr(N) As Single，则会出错。若想保留修改过的动态数组中的数据必须使用保留字 Preserve。

4．运算符

运算符是执行某种运算功能的符号。VB.NET 中的运算符包括算术运算符、关系运算符、逻辑运算符、连接运算符、赋值运算符。

（1）算术运算符。指进行数学运算的运算符。VB.NET 算术运算符及其运算优先级如表 7-4 所示。

表 7-4　VB.NET 算术运算符及其运算优先级

运　算　符	说　　明	优　先　级	举　　例	运　算　结　果
^	乘方	1	3^2	9
-	负号	2	-3	-3
*	乘	3	2*3	6
/	除	3	10/3	3.333333333
\	整除	4	10\3	3
Mod	取模	5	10 Mod 3	1
+	加	6	4+2	6
-	减	6	6-2	4

（2）关系运算符。也称比较运算符，用于两个表达式的值进行比较，结果是一个逻辑值，即真（True）或假（False）。VB.NET 提供 8 个关系运算符，如表 7-5 所示。

表 7-5　VB.NET 关系运算符

运　算　符	功　　能	举　　例	结　　果
=	等于	"ABC"="ABBC"	False
>	大于	"ABCDE">"ABS"	False
>=	大于等于	"abc">="ABC"	True
<	小于	27<7	False
<=	小于等于	"27"<="7"	True
<>	不等于	"abc"<>"ABC"	True
Like	比较两个字符串是否匹配。匹配为 True，否则为 False	"abc" Like "*abc"	True
Is	比较两个对象是否一致。一致为 True，否则为 False。它要求两个操作数为 Object 类型	Button1 Is Button2	False

三点说明：

① 关系运算符的优先级相同，运算时按从左到右的顺序进行。

② 如果两个操作数是数值型，按其值大小进行比较。如果两个操作数是字符串，按字符的 ASCII 值从左到右逐个比较，即首先按 ASCII 值比较两个字符串的第一个字符，如果相等，再比较第二个字符，依次类推，直到出现不同字符为止。

③ Like 运算符的第一个操作数要求是 String 型，第二个操作数要求是 String 或字符串的标准样式。字符串的标准样式主要由以下 5 点组成：

- ?代表单个字符。
- *代表 0 或多个字符。
- #代表 0～9 的单个数字。
- [字符列表]代表任何在列表中的字符。
- [!字符列表]代表任何不在列表中的字符。

例如：

```
Dim Check As Boolean
Check="中华人民共和国" Like "中*国"        '返回 True
Check="E" Like "[A-Z]"                '返回 True
Check="@" Like "[!A-Z]"               '返回 True
Check="a2a" Like "a#a"                '返回 True
Check="aM5b" Like "a[L-P]#[!c-e]"     '返回 True
Check="CAT123khg" Like "B?T*"         '返回 False
```

（3）逻辑运算符。用于执行逻辑运算。参加运算的数据必须为逻辑型数据，结果亦为逻辑型。常用的逻辑运算符如表 7-6 所示。

表 7-6 VB.NET 逻辑运算符

运 算 符	作 用	优 先 级	说 明	举 例	结 果
Not	非	1	取反操作	Not False Not True	True False
And	与	2	只有两个操作数均为 True 时，结果才为 True	True And False True And True	False True
Or	或	3	只要有一个操作数为 True，结果就为 True	True Or False False Or False	True False
Xor	异或	4	两个操作数不同时，结果为 True，否则为 False	True Xor False True Xor True	True False

（4）连接运算符。将两个字符串拼接成一个字符串，亦称字符串连接运算符，有"&"和"+"两种形式。在进行字符串连接运算时两者是完全等价的。但由于"+"运算符的二义性，在使用时须特别注意。

例如：

```
"123"＋45           结果为：168
"123"＋"45"         结果为："12345"
"abcdef"+12345      结果为： 出错！
"abcdef" & 12345    结果为："abcdef12345"
123 & 45            结果为："12345"
```

（5）赋值运算符。用于给变量赋值。VB.NET 除了原有的基本赋值运算符"="外，又引入了复合赋值运算符。表 7-7 中列出了 VB.NET 中的赋值运算符。

表 7-7 VB.NET 赋值运算符

运 算 符	举 例	说 明
=	a=b	将 b 的值赋给 a
+=	a+=b	a=a+b
-=	a-=b	a=a-b

运　算　符	举　　例	说　　明
*=	a*=b	a=a*b
/=	a/=b	a=a/b
\=	a\=b	a=a\b
&=	a&=b	a=a&b
^=	a^=b	a=a^b

（6）运算符的优先级。在表达式中，若包含多种运算符时，系统会按预定的次序进行运算，这个次序就是运算符的优先级。运算符的优先次序如图 7-3 所示。

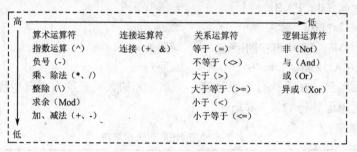

图 7-3　运算符的优先级

算术运算符的优先级最高，然后依次是连接运算符、关系运算符、逻辑运算符。需要注意的是，所有关系运算符的优先级是相同的。

7.2.2　控制语句

1. 分支语句

（1）If...Then 语句。单分支结构语句。语法格式如下：

　　If　条件表达式　Then
　　　　语句组
　　End If

当条件表达式的值为 True 时，执行 Then 后的语句组，否则执行 End If 后的语句。此处的条件表达式可以是关系表达式或逻辑表达式。当语句组中仅有一条语句时，也可以写成如下格式：

　　If　条件表达式　Then　语句

（2）If...Then...Else 语句。双分支结构语句。语法格式如下：

　　If 条件表达式　then
　　　　语句组 1
　　Else
　　　　语句组 2
　　End If

当条件表达式的值为 True 时，执行语句组 1，否则执行语句组 2。

（3）If...Then...ElseIf 语句。多分支结构语句。语法格式如下：

　　If 条件表达式 1 Then

```
                语句组 1
        ElseIf  条件表达式 2 Then
                语句组 2
        ElseIf  条件表达式 3 Then
                语句组 3
        [Else
                语句组 n+1]
        End If
```

如果条件表达式 1 的值为 True，执行语句组 1；否则，如果条件表达式 2 的值为 True，执行执行语句组 2；……，如果前面所有条件都不成立，则执行语句组 n+1。

（4）Select Case 语句。另一种形式的多分支结构语句。语法格式如下：

```
        Select   Case 测试表达式
            Case   测试项 1
                语句组 1
            Case   测试项 2
                语句组 2

                ...

            Case Else
                语句组 n+1

        End Select
```

Select Case 语句的执行过程是：先求"测试表达式"的值，然后将该值与 Case 子句中的"测试项"进行比较。若与某个"测试项"相匹配，执行该 Case 子句中的语句组，随后将控制转移到 End Select 后面的语句。若与所有测试项均不匹配，执行 Case Else 子句中的语句组 n+1。如果"测试表达式"的值与多个测试项相匹配，则只执行第一个。

此处，测试表达式可以是变量、算术表达式或字符表达式。并且测试项的数据类型必须与测试表达式的类型相一致。测试项可以为下列形式之一：

- 具体取值。如 Case 3,6,9,12（用逗号隔开）。
- 连续的数据范围。如 Case "A" To "Z"。
- 满足某个判决条件。如 Case Is>=0。

Case 子句中允许出现多个形式的组合，例如：

```
        Case   1 To 5, 9, Is > x
```

【例 7-3】根据学生的分数，评定不同的成绩等级，其中分数 score 值由随机函数产生。分数 90 及以上评定为优秀，分数 80～89 之间评定为良好，分数 70～79 之间评定为中，分数 60～69 之间上评定为及格，60 以下为不及格。

```
        Sub page_load(ByVal sender As Object, ByVal e As EventArgs)
            Dim score As Integer
            Randomize()
            score = Int((100 - 1 + 1) * Rnd() + 1)      '随机函数产生 0－100 之间的数
            Select Case score
                Case 90, 91 To 100
                    Response.Write("该生成绩为：优秀")
```

```
                    Case Is >= 80
                        Response.Write("该生成绩为：良好")
                    Case Is >= 70
                        Response.Write("该生成绩为：中")
                    Case Is >= 60
                        Response.Write("该生成绩为：及格")
                    Case Else
                        Response.Write("该生成绩为：不及格")
            End Select
        End Sub
```

执行上述程序，若 score 值为 78，则显示"该生成绩为：中"。

2．循环语句

（1）For…Next 语句。循环次数已知的情况下，通常使用该循环控制语句。语法格式如下：

```
    For  循环控制变量＝初值 To 终值 [Step 步长]
        …
        [Exit For]
        …
    Next  循环控制变量
```

其中，循环控制变量、初值、终值和步长必须为数值型的量，通常是整型。省略"Step 步长"时，默认步长为 1。For 和 Next 之间的语句称为循环体。Exit For 语句的功能是强制退出 For 循环。

For…Next 循环执行流程如下：

① 将初值赋给循环控制变量。

② 判断循环控制变量的值是否超出终值范围，若没有，则执行循环体；否则，退出循环，执行 Next 语句后的下一条语句。怎样判断循环变量是否超出终值范围呢？当步长为正时，判别循环变量的值是否大于终值；当步长为负时，判别循环变量的值是否小于终值。

③ 执行到 Next 语句时，将循环控制变量的值增加一个步长，转到第②步，继续循环。

（2）Do…Loop 语句。根据条件控制循环次数的语句，通常用于循环次数事先不确定的情况。它有两种形式。

形式 1 语法格式如下：

```
    Do While | Until <条件表达式>
        …
        [Exit Do]
        …
    Loop
```

这种形式首先判断条件表达的值。对于 Do While 形式，若表达式的值为 True，执行循环体中的语句，否则结束循环，执行 Loop 之后的语句。对于 Do Until 形式，则当表达式的值为 False 时，执行循环体中的语句，否则结束循环。

形式 2 语法格式如下：

```
Do
    …
    [Exit Do]
    …
Loop While | Until <条件表达式>
```

这种形式首先执行循环体语句，然后再进行条件判断。对于 Do While 形式，仍然是表达式的值为 True，执行循环。对于 Do Until 形式，表达式值为 True，结束循环。

形式 1 是"先判断，后执行"，所以循环体有可能一次也不会执行到；形式 2 则是"先执行，后判断"，循环体至少会执行一次。两种形式的 Exit Do 语句都是强制退出 Do 循环。

7.2.3 过程和函数

在程序设计时，通常会将一个较大的程序分成若干相对较小的、能够完成某种逻辑功能的程序代码段，我们把这种程序代码段称为子程序或过程。VB.NET 包含 4 种过程：Sub 过程、Function 过程、事件过程和 Property 过程。

1. Sub 过程

（1）Sub 过程的定义。Sub 过程在使用之前必须"先定义，后使用"。Sub 过程定义的语法格式如下：

```
[Private|Public|Protected] Sub  <过程名>  ([参数列表])
    语句组 1
    Exit Sub
    语句组 2
End Sub
```

① 过程说明语句和 End Sub 语句之间的部分称为过程体。End Sub 语句表示过程结束。

② Exit Sub 语句强制退出 Sub 过程。

③ Private|Public|Protected 表示子程序的访问控制类型，默认为 Public。

④ 参数列表中的每个参数称为"形式参数"，多于一个时用逗号隔开。若省略则称为无参过程。参数定义的语法格式如下：

```
[ByVal | ByRef] 参数名 [As 数据类型]
```

【例 7-4】编写一个求两个数最大值的 Sub 过程。

```
Private Sub MyMax(ByVal a As Integer, ByVal b As Integer)
    Dim Max As Integer
    If a>b Then
        Max=a
    Else
        Max=b
    End If
    Response.Write(Max)
End Sub
```

（2）Sub 过程的调用。用 Call 语句实现 Sub 过程的调用。语法格式如下：

```
Call <过程名>（实在参数表）
```

① 系统执行该语句时将控制转移到指定的 Sub 过程并执行该 Sub 过程。

② 实在参数简称实参，它可以是常量、变量或表达式。实在参数表中的实参个数、类型及顺序必须与 Sub 过程中定义的形参一一对应，各个参数间用逗号分隔。

【例 7-5】调用例 7-4 中的 MyMax 过程。

    Call MyMax(5,9)

结果显示 9。

2. Function 过程

（1）Function 过程的定义。Function 过程同样必须"先定义，后使用"。Function 过程定义的语法格式如下：

    [Private|Public] Function <函数名> ([参数列表]) [As 数据类型]
      语句组 1
        Exit Function
      语句组 2
    End Function

函数过程的框架由 Function 语句和 End Function 语句构成，它们之间的语句称为函数体。

① Exit Function 语句强制退出 Function 过程。

② [As 数据类型]子句定义函数类型。省略该选项时，函数的数据类型为 Object（变体）类型。

③ Private|Public|和参数列表的含义同 Sub 过程。

④ 在函数体中必须有返回结果的语句。可以是下列两种方式之一：使用表达式给函数名赋值，使用 Return 语句返回函数值。

【例 7-6】编写一个求 $N!$ 的函数子程序。

```
Public Function fact(ByVal n As Integer) As Long
    Dim i As Integer,term As long
      term = 1
      For i = 1 To n
          term = term* i
      Next i
      Fact= term         'A 句：使用表达式给函数名赋值，返回函数值
    End Function
```

若将 A 句替换为 Return term，同样可以将函数值带给调用的主程序。

（2）Function 过程的调用。可以像 Sub 过程调用那样，使用 Call 语句。但更多的是出现在表达式中作为表达式的一部分被引用。调用函数过程的语法格式如下：

    <函数过程名> ([实在参数表])

【例 7-7】调用求 $N!$ 的函数子程序，求 1!+3!+5!+7!的值。

```
Dim y As Long
y = fact(1) + fact(3) + fact(5) + fact(7)
Response.Write(y)
```

执行上述程序显示结果 5167。

3．参数传递

过程间的数据交换一般是通过参数传递来实现的。在VB.NET中参数的传递方法有两种：一种是按值传递，另一种是按地址传递。

（1）按值传递

若在形参前加上ByVal关键字就是按值传递。调用时将实参值的副本存放在为虚参开辟的一个临时存储空间中，因而在过程中改变形参的值不会影响到实参。按值传递方式只能从过程外部向过程内部传递数据。在VB.NET中按值传递是默认的参数传递方式。

（2）按地址传递

若形参前加上关键字ByRef就是按地址传递。调用时将实参在内存的地址传递给形参，也就是实参、形参共用一个内存空间。所以在过程中改变形参的值就是改变对应实参的值。按地址传递参数方式不仅可以从过程外部向过程内部传递数据，而且也可以从过程内部向过程外部传递数据。

在过程中具体用传值还是传地址，主要考虑的因素是：若需从过程调用中通过形参返回结果，使用传地址方式，否则使用传值方式。

【例7-8】编写一个求两个自然数的最大公约数的函数过程，并调用该过程求数25和15的最大公约数。

```
Function maxcommonDivisor(ByVal a As Integer, ByVal b As Integer) As Integer        'A 句
    Dim t As Integer
    Do While b <> 0
        t = a Mod b
        a = b
        b = t
    Loop
    Return a
End Function
Sub page_load(ByVal sender As Object, ByVal e As EventArgs)        '事件过程
    Dim x, y, z As Integer
    x = 25 : y = 15
    z = maxcommonDivisor(x, y)
    Response.Write(x & "和" & y & "的最大公约数为： " & z)
End Sub
```

执行程序显示结果为：25和15的最大公约数为：5

若将A句替换为：

```
Function maxcommonDivisor(ByRef a As Integer, ByRef b As Integer) As Integer
```

执行上述程序显示结果为：5和0的最大公约数为：5

很显然结果是不正确的。这是因为此次函数过程中的形参a、b采用的是地址传递方式，而在函数过程中改变了形参a、b的值，这样page_load过程中与之对应的实参x、 y的值也跟着发生变化，从而产生了一个错误结果。此时使用地址传递显然是不合适的。

4．常用的标准函数

VB.NET有两类函数：一类是用户自定义的函数过程，如前面介绍的Function过程；另

一类是系统提供的标准函数。标准函数实际上是系统已预先定义好的函数过程，用户只需通过函数名及函数的参数即可调用。VB.NET 的标准函数可以分为以下几类。

（1）数学函数。表 7-8 是常用的数学函数。

表 7-8　VB.NET 常用数学函数

函　数　名	功　　能	举　例	结　果
Sqrt(x)	求 x 的平方根，x≥0	Sqrt(16)	4
Abs(x)	求 x 的绝对值	Abs(-5.3)	5.3
Exp(x)	求以 e 为底的指数幂，即 e^x	Exp(2)	7.38905609893065
Log(x)	求以 e 为底的自然对数	Log(15)	2.70805020110221
Sgn(x)	符号函数，x 为正数，返回 1；x 为负数，返回-1；x 为 0，返回 0	Sgn(2.3)	1
		Sgn(-2.3)	-1
Rnd(x)	产生（0，1）区间的单精度型随机数。参数 x 可以省略	Rnd()	
Sin(x)	求 x 的正弦函数，x 单位是弧度	Sin(3.141592/6)	0.499999905662436
Cos(x)	求 x 的余弦函数，x 单位是弧度	Cos((3.141592/6)	0.86602545825025
Tan(x)	求 x 正切值，x 单位是弧度	Tan(3.141592/6)	0.577350123947459
Atn(x)	求 x 反正切值	Atan(3.141592/6)	0.482347821607832

在使用数学函数之前必须通过页面编译指令@Import 将 System.Math 命名空间导入到当前页面中。格式如下：

　　　　<%@ Import Namespace="System.Math" %>

例如：

　　　　Dim x1, x2

　　　　Const pi = 3.14159

　　　　x1 = Abs(-45)　　　　'变量 x1 的值为 45

　　　　x2 = Sin(60 * pi / 180)　　'变量 x2 的值为 0.866024961519134

若不事先导入 System.Math 命名空间，在使用数学函数时必须使用如下形式：

　　　　Dim x1, x2

　　　　Const pi = 3.14159

　　　　x1 = System.Math .Abs(-45)　　　　'变量 x1 的值为 45

　　　　x2 = System.Math . Sin(60 * pi / 180)　　'变量 x2 的值为 0.866024961519134

（2）类型转换函数。表 7-9 是常用的类型转换函数。字符"□"代表空格字符。

表 7-9　VB.NET 常用类型转换函数

函数名	功　　能	举　例	结　果
Val(x)	将字符串 x 中的数字字符串转换成数值	Val("123ABC")	123
Str(x)	将数值 x 转换为字符串（含符号位）	Str(123.45)	"□123.45"
		Str(-123.45)	"-123.45"
Cstr(x)	将数值 x 转换为字符串（对于正数符号位不予保留）	Cstr(123.45)	"123.45"
		Cstr(-123.45)	"-123.45"
Asc(x)	求出字符 x 的 ASCII 值	Asc("A")	65
Chr(x)	求 ASCII 值为 x 的字符	Asc(97)	"a"
CInt(x)	小数部分四舍五入，如果小数点后为 0.5，则按"奇进偶不进"的原则舍入	CInt(-7.8)	-8
		CInt(-7.5)	-8
		CInt(-8.5)	-8

函　数　名	功　　　能	举　　例	结　　果
Fix(x)	将 x 的小数部分舍去	Fix(-7.8)	-7
Int(x)	取小于等于 x 的最大整数	Int(-7.8)	-8

（3）字符串函数。表 7-10 是常用的字符串函数。举例中的字符串 s 的值是"ABC123"，字符"□"代表空格字符。

表 7-10　VB.NET 常用字符串函数

函　数　名	功　　　能	举　　例	结　　果
Len(s)	求字符串 s 的长度（字符个数）	Len("AB□")	3
Left(s,n)	取字符串 s 左边的 n 个字符	Left(s,3)	"ABC"
Right(s,n)	取字符串 s 右边的 n 个字符	Right(s,3)	"123"
Mid(s,n1,n2)	从字符串 s 的左边第 n1 个字符开始向右取 n2 个字符	Mid(s,2,3) Mid(s,3,1)	"BC1" "C"
Ucase(s)	将字符串 s 中的字符改为大写	Ucase("Abc")	"ABC"
Lcase(s)	将字符串 s 中的字符改为小写	Lcase("ABC")	"abc"
Ltrim(s)	去掉字符串 s 左边的空格	Ltrim("□x□y□")	"x□y□"
Rtrim(s)	去掉字符串 s 右边的空格	Rtrim("□x□y□")	"□x□y"
Trim(s)	去掉字符串 s 两边的空格	Trim("□x□y□")	"x□y"
Instr([n,]s, "字符")	从字符串 s 的第 n 个位置开始查找指定的字符。若找到，返回该字符在 s 中的位置。若找不到，返回 0。n 的默认值为 1	Instr(2,s, "BC") Instr(2,s, "AB") Instr(s, "AB")	2 0 1

（4）日期/时间函数。表 7-11 是 VB.NET 常用的日期函数。

表 7-11　VB.NET 常用日期函数

函　数　名	功　　　能	举　　例	结　　果
Now	返回系统当前日期和时间	Now()	2010-8-24 09:20:30
Year(x)	返回 x 的年号	Year("Jan 27,2010")	2010
Month(x)	返回 x 的月份（1~12）	Month("Jan 27,2010")	1
Day(x)	返回 x 的日期（1~31）	Day(Now())	24
Hour(x)	返回时间 x 的小时数	Hour(Now())	9
Minute(x)	返回时间 x 的分钟数	Minute(Now())	20
Second(x)	返回时间 x 的秒数	Second(Now())	30
Weekday(x)	返回一个整数，表示日期 x 对应的是星期几（1~7）。默认情况下，Sunday 为 1，Monday 为 2	Weekday("Jan 27,2010")	4

7.3　服务器控件

　　ASP.NET 为用户提供了一组使用方便、功能强大的服务器控件。它是一组可重用的组件或对象，是 ASP.NET 页面上能够被服务器代码访问和操作的控件。每个服务器控件都有自己的属性和方法，可以响应事件，是 Web 应用程序的重要元素。所有的服务器控件都有一个 Id 属性，它是服务器端代码访问和操作该控件的唯一标识。除此之外，服务器控件还具有一个共同的属性 Runat="server"，这个属性标志着控件是在服务器端进行处理的。

7.3.1 服务器控件的分类

ASP.NET 服务器控件主要分为以下三种类型：HTML 服务器控件、Web 服务器控件和用户自定义服务器控件。其中 Web 服务器控件又分为标准服务器控件、验证控件、导航控件、数据控件、登录控件等。

1. HTML 服务器控件

HTML 服务器控件是以 HTML 标记为基础衍生出来的控件。它与 HTML 标记相比增加了两种属性：Id 和 Runat。在程序执行过程中可以动态地读取和修改其各种属性值，HTML 服务器控件最主要地是改变了页面设计的方法和数据提交的方式，为实现页面元素和编程逻辑的分离提供了便利。HTML 服务器控件类是在命名空间 Syetem.Web.UI.HtmlControls 中定义的。HTML 服务器控件的语法格式如下：

    < 控件标记 Id ="控件名称" 属性 1=属性值 1 ... Runat="Server"/>

例如，如下输入密码的文本框控件：

    <input Id ="Password1" type="password" Runat="Server"/>

2. Web 服务器控件

Web 服务器控件是针对 HTML 控件的不足而新增的控件，相比 HTML 服务器控件具有更多的内置功能，增加了方法和事件驱动能力。它定义在 Syetem.Web.UI.WebControls 命名空间中。除了包括一些常见的按钮和文本框控件外，还增加了一些特殊用途的控件，如数据访问控件、日历控件等。Web 服务器控件的语法格式如下：

    <asp:控件标记 Id ="控件名称" 属性 1="属性值 1" ...Runat="Server" />

或   <asp:控件标记 Id ="控件名称" 属性 1="属性值 1" ...Runat="Server">

    </ asp:控件标记>

例如，如下输入密码的文本框控件：

    <asp:TextBox Id="TextBox1" TextMode="Password" Runat="Server"/>

或   <asp:TextBox Id="TextBox1" TextMode="Password" Runat="Server"></asp:TextBox>

3. 用户自定义服务器控件

自定义控件被定义在命名空间 System.Web.UI.Control 或 Syetem.Web.UI.WebControls 中，是编程人员自行设计和开发的控件。它存放在扩展名为.ascx 的文件中，使用时只须将它们集成进 ASP.NET 应用程序中。通过这个方法，用户不仅可以使用自己定义的控件，还可以很方便地使用第三方提供的现成控件，如图表工具和树形图等，且大部分控件都可以在网上免费下载，这为广大程序开发者高效、快速的地开发 Web 程序提供了方便。

7.3.2 Web 服务器控件的属性、事件和方法

Web 服务器控件是 ASP.NET 的特定对象，采用事件驱动的编程模型，客户端触发的事件在服务器端处理。每一个控件都有它自己的属性、方法和事件。但不同的控件也可以有相同

的属性、方法和事件。

1. Web 服务器控件的共有属性

控件属性是控件特性的描述，包括控件的外观特性和非可视化特性。共有属性指大多数控件所具有的属性，如标识控件的 ID 属性，表示大小的 Width 和 Height 属性等。Web 服务器控件的共有属性如表 7-12 所示。

表 7-12　Web 服务器控件共有属性

属　　性	说　　明	属　　性	说　　明
AccessKey	定义控件的加速键	Font-Names	控件使用字体的列表
BackColor	控件的背景颜色	Font-Size	字体的大小
BorderColor	控件的边框颜色	Font-Underline	字体是否使用下划线
BorderStyle	控件的边框样式	ForeColor	控件上文本的颜色
BoderWidth	控件的边框宽度	Height	控件的高度
CSSClass	控件使用的样式表类	TabIndex	控件的 Tab 键顺序
Enabled	指定控件能否被访问	Text	控件上显示的文本
Font-Bold	字体是否为粗体	ToolTip	设置控件的提示信息
Font-Name	控件上文本的字体	Visible	设置控件是否可见
Runat	属性值固定为 Server	Width	控件的宽度

Web 服务器控件的属性既可以在设计阶段通过属性页窗口设置，也可以在运行阶段通过程序代码设置。下面的程序代码分别用两种方法设置 Label 控件的 Text 属性。

```
<Script Language="VB" Runat="Server" >
Sub Page_Load(Sender As Object, e As EventArgs)
    Label2.Text="这也是标签"        '在程序中设置 Label2 控件的 Text 属性
End Sub
</Script>
<!--在设计阶段设置 Label1 控件的 Text 属性-->
< asp:Label Id ="Label1" Text="这是标签" Runat="Server"/><br>
<!--在设计阶段没有设置 Label2 控件的 Text 属性-->
< asp:Label Id ="Label2" Runat="Server"/>
```

2. Web 服务器控件的方法

Web 服务器控件的方法主要实现一些特定的功能，如使控件获取焦点等，实质上就是函数和过程。服务器控件的常用方法如表 7-13 所示。

表 7-13　Web 服务器控件常用方法

方　　法	说　　明
ApplyStyleSheetSkin	将页面样式表中定义的属性应用于该控件
DataBind	将控件与某个数据源进行绑定
Dispose	从内存中释放控件之前，给控件一个执行清除任务的机会
Focus	把输入焦点设置为该控件
GetType	获取当前实例的类型

如例 7-1 中 Button2_Click 事件过程中的语句：

usename.Focus()

3．Web 服务器控件事件和事件过程

Web 服务器控件事件是使某个控件进入活动状态的一种操作或动作。例如，按下某个键、单击一下鼠标等都可触发一个控件事件。在例 7-1 中，单击"登录"和"取消"按钮都会触发 Button 控件的鼠标单击事件。事件发生以后，如果有相应的事件处理过程，就会完成过程所要求的功能。如"取消"按钮的单击事件过程，将"用户名"输入框和"密码"输入框的内容清空，并将光标定位到"用户名"输入框上。

7.3.3　标准服务器控件

1．Label 控件（标签框）

Label 控件主要用于文本显示。

（1）语法格式。Label 控件语法格式如下：

    <asp:Label Id ="控件名称" Text="所要显示的文字" Runat="Server" />

或   <asp:Label Id ="控件名称" Runat="Server" >所要显示的文字</asp:Label>

（2）属性。Text 属性是 Label 控件最重要的属性，设置在控件上显示的文本，可以通过程序修改 Text 属性值。

【例 7-9】定义一个 Id 属性为 Label1、文字内容为标签控件、字体属性为楷体大字体、宽度属性为 160 像素，背景色为绿色的服务器控件。程序代码如下：

    <asp:Label Id="Label1"　Text="标签控件"　Runat="Server"　BackColor="Lime"

        Font-Names="楷体_GB2312"　Font-Size="Larger"　Width="160px"/>

2．TextBox 控件（文本框）

TextBox 控件通常用来接收用户的输入信息，如文本、数字和日期等。默认情况下，TextBox 控件是一个单行文本框，只能输入一行内容。但可以通过修改控件属性，将文本框修改为多行或密码形式。

（1）语法格式。TextBox 控件语法格式如下：

    <asp:TextBox Id="控件名称"　Runat="Server"　AutoPostBack="True | False"

        Columns="字符数目" MaxLength="字符数目"　Rows="列数"

        Text="字符串"　TextMode="SingleLine | Multiline | Password"　Wrap="True | False"

        OnTextChanged="事件过程名"/>

（2）属性。除了前面介绍的共有属性外，TextBox 控件还有如表 7-14 所示的一些属性。

（3）事件。TextChanged 事件。当文本框中的内容改变并且按下回车键，或焦点改变到另一个控件时将会触发 TextChanged 事件。

3．Button 控件（命令按钮）

Button 控件是接收用户输入命令的提交按钮。单击该按钮会触发按钮的 Click 事件，并

执行相应的事件过程。

表 7-14　TextBox 控件的属性说明

属　　性	说　　明
AutoPostBack	该属性为一个布尔值。当取值为 True 时，向服务器发送文本框的内容，如果和上次发送的内容不同，就会触发 TextChanged 事件。当值为 False 时，不触发
Columns	设置文本框的显示宽度（单位：字符）
MaxLength	设置文本框中允许输入的最大字符数。当 TextMode 属性设置为 MultiLine 时，该属性无效
Rows	设置多行文本框的显示行数。本属性在 TextMode 属性设置为 MultiLine 时有效
Text	用于获取或设置文本框中的内容
TextMode	设置文本框的显示模式。共有三种取值： 1. SingleLine—只可以输入一行。默认为 SingleLine 2. PassWord—密码输入，输入的字符以*代替 3. MultiLine—可输入多行
Wrap	设定是否自动断行。本属性在 TextMode 属性设置为 MultiLine 时有效

（1）语法格式。Button 控件语法格式如下：

　　　　<asp:Button Id="控件名称" Runat="Server" Text="按钮上的文字"

　　　　　　OnClick="事件过程名"　MouseOver="事件过程名" OnMouseOut="事件过程名" />

（2）属性。Text 属性。按钮上显示的文字，用以提示用户进行何种选择。

（3）事件。

① Click 事件。用鼠标单击 Button 控件时触发。Click 事件的使用方法见例 7-1 中的 Button1_Click 和 Button2_Click 的事件过程。

② MouseOver 事件。当用户的光标进入按钮范围时触发。可以利用此事件完成诸如当光标移入按钮范围时，使按钮发生某种显示上的改变，用以提示用户可以进行选择了。

③ OnMouseOut 事件。当用户光标脱离按钮范围时触发。

4．RadioButton 控件（单选钮）

这个控件表示一个单选钮，用于从一组互斥的单选钮选项中选择一个。

（1）语法格式。RadioButton 控件语法格式如下：

　　　　<asp:RadioButton Id="控件名称" Runat="Server" AutoPostBack="True | False"

　　　　　　Checked="True | False" GroupName="单选按钮组名称" Text="标识控件的文字"

　　　　　　TextAlign="Right|left" OnCheckedChanged="事件过程名"/>

（2）属性。RadioButton 控件常用的属性如表 7-15 所示。

表 7-15　RadioButton 控件常用属性

属　　性	说　　明
AutoPostBack	当按钮状态改变时决定页面是否被传回。属性值为 True 时，传回；值为 False 时，不传回
Checked	设置或获取按钮的当前状态。选中时，Checked 值为 True
GroupName	设置单选按钮组的名称。同组中的按钮只能选中一个
TextAlign	设置文本的位置是在按钮的左边或右边，默认 Right
Text	单选按钮边所显示的文本

（3）事件。CheckedChanged 事件，当单选钮的状态发生变化时触发该事件，前提是

AutoPostBack 属性值为 True。否则，该事件将被延迟。

5. RadioButtonList 控件（单选钮列表）

RadioButtonList 控件由一组 RadioButton 控件组成。这些按钮自动包含在一个组中，并且一组只能选中一个选项。使用 RadioButtonList 控件比使用多个 RadioButton 控件要方便得多。若要将按钮绑定到数据源，只能使用 RadioButtonList 控件。

（1）语法格式。RadioButtonList 控件语法格式如下：

```
<asp:RadioButtonList Id="控件名称" Runat="Server" AutoPostBack="True | False"
    CellPadding="像素" CellSpacing="像素"
    RepeatDirection="Vertical | Horizontal"
    RepeatLayout="Flow | Table" TextAlign="Right | Left"
    RepeatColumns="列表的列数"
    OnSelectedIndexChanged="事件过程名">
    <asp:ListItem value="选项值 1" selected=" True | False " text="选项文字 1"/>
    <asp:ListItem value="选项值 2" selected=" True | False " text="选项文字 2"/>
    …
</asp:RadioButtonList>
```

（2）属性。RadioButtonList 控件常用属性如表 7-16 所示。

表 7-16　RadioButtonList 控件常用属性

属　　性	说　　明
AutoPostBack	决定更改 RadioButtonList 控件中的内容时，是否自动回送到服务器。默认值为 False，不回送
CellPadding	表示单元格的边框和内容之间的距离，单位是像素点数（px）
CellSpacing	表示单元格和单元格之间的距离，单位是像素点数（px）
Items	表示 RadioButtonList 控件中各选项的集合。如 RadioButtonList1.Items(i)表示第 i 个选项，i 从 0 开始。每个选项都有三个基本属性。①Text 属性—表示每个选项的文本。②Value 属性—表示每个选项的选项值。③Select 属性—表示该选项是否选中
RepeatColumns	设置列表使用的列数
RepeatDirection	设置 RadioButtonList 控件的排列方式。当属性值为 Horizontal 时，各选项以行优先排列；当属性值为 Vertical 时，各选项以列优先排列
RepeatLayout	设置 RadioButtonList 控件的排列方式。属性值为 Table 时，以一个不可见的表结构形式显示；属性值为 Flow 时，不以表结构显示
SelectedIndex	获取控件中选定项的索引值。第一项值为 0
SelectedItem	获取控件中选定项的 Text 属性值
SelectedValue	获取控件中选定项的 Value 属性值
TextAlign	设置显示文本的位置是在按钮的左边或右边，默认 Right

【例 7-10】单选钮列表控件示例。如图 7-4 所示，4 个选项对应的单选钮列表控件的设置代码如下：

```
<asp:RadioButtonList ID="RadioButtonList1" Runat="Server" Height="77px"
    Width="141px" CellPadding="1" CellSpacing="1" RepeatColumns="2">
    <asp:ListItem Selected="True" Value="1">篮球</asp:ListItem>
    <asp:ListItem Value="2">排球</asp:ListItem>
```

```
<asp:ListItem Value="3">乒乓球</asp:ListItem>
    <asp:ListItem Value="4">羽毛球</asp:ListItem>
</asp:RadioButtonList>
```

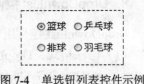

（3）事件。SelectedIndexChanged 事件。当用户选择了
控件中的某一选项时触发该事件。

图 7-4　单选钮列表控件示例

6．CheckBox 控件（复选框）

CheckBox 控件用于在页面中创建复选框，允许用户从一组可选项中同时选中多个选项。

（1）语法格式。CheckBox 控件语法格式如下：

```
<asp:CheckBox Id="控件名称" Runat="Server" AutoPostBack="True | False"
    Text="标识控件的文字" TextAlign="Right|Left " Checked="True | False"
    OnCheckedChanged="事件过程名"/>
```

（2）属性。CheckBox 控件常用的属性如表 7-17 所示。

表 7-17　CheckBox 控件常用属性

属　　性	说　　明
AutoPostBack	决定单击 CheckBox 控件时是否自动回送到服务器
Checked	设置或获取复选框的选中状态。值为 True 时，表示选中。值为 False 时，表示未选中
Text	设置或获取复选框的标识文本
TextAlign	设置显示文本的位置是在复选框的左边或右边，默认 Right

（3）事件。CheckedChanged 事件。当复选框的状态发生变化时触发。如果 AutoPostBack
的值是 False，这个事件将被延迟触发。

7．CheckBoxList 控件（复选框列表）

CheckBoxList 控件由一组 CheckBox 控件组成，可以同时选中多个选项，用于数据绑定。

（1）语法格式。CheckBoxList 控件语法格式如下：

```
<asp:CheckBoxList Id="控件名称" Runat="Server" AutoPostBack="True | False"
    CellPadding="像素" RepeatColumns="列表的列数"
    RepeatDirection="Vertical|Horizontal"
    RepeatLayout="Flow|Table"
    TextAlign="Right|Left"
    OnSelectedIndexChanged="事件过程名">
    <asp:ListItem value="选项值 1" selected=" True | False " text="选项文字 1" />
    <asp:ListItem value="选项值 2" selected=" True | False " text="选项文字 2" />
    …
</asp:CheckBoxList>
```

（2）属性。各属性的含义参见表 7-16 RadioButtonList 控件的常用属性。

（3）事件。SelectedIndexChanged 事件。当复选列表框中的选项改变时触发该事件。

8. DropDownList 控件（下拉列表框）

DropDownList 控件用于在页面中创建一个下拉列表，供用户从中选择一个选项。

（1）语法格式。DropDownList 控件语法格式如下：

```
<asp:DropDownList Id="控件名称" Runat="Server" AutoPostBack="True | False"
    OnSelectedIndexChanged="事件过程名">
    <asp:ListItem value="选项值 1" selected=" True | False " text="选项文字 1"/>
    <asp:ListItem value="选项值 2" selected=" True | False " text="选项文字 2"/>
    …
</asp:DropDownList>
```

（2）属性。DropDownList 控件常用的属性如表 7-18 所示。

表 7-18　DropDownList 控件常用属性

属　　性	说　　明
AutoPostBack	当用户更改选项内容时，决定页面是否回传。值为 True，回传，触发 SelectedIndexChanged 事件；值为 False，不回传
Items	表示 DropDownList 控件中各选项的集合。如 DropDownList1.Items(i)表示第 i 个选项，i 从 0 开始。每个选项都有三个基本属性。①Text 属性—表示该选项的文本。②Value 属性—表示该选项的选项值。③Select 属性—表示该选项是否选中。此外，Items 集合还有一个 Count 属性，表示 DropDownList 控件中选项的数目
SelectedIndex	获取所有选中选项的最小索引值。若未选定任何项，则返回值为-1
SelectedItem	获取列表中具有最小索引值的选定项。通过该属性可获得选定项的 Text 属性值

（3）事件。SelectedIndexChanged 事件。当用户在列表中进行选择时触发该事件。

（4）方法。

① Add 方法——将选项添加到 DropDownList 控件的列表末尾。

② RemoveAt 方法——删除 DropDownList 控件中指定的选项。

③ Clear 方法——清除 DropDownList 控件中的所有选项。

④ Insert 方法——将一个新的选项插入到 DropDownList 控件的指定位置。

【例 7-11】在一个下拉列表框控件中添加 4 个选项，并将第一项设置为默认选项。界面如图 7-5 所示。单击"插入一项"按钮，插入"西瓜"选项。单击"删除一项"按钮，删除列表中的第二项。单击"清除所有"按钮，清空列表项。程序代码如下：

```
<script language="vb" runat=server>
    Sub Page_Load(ByVal Sender As Object, ByVal e As EventArgs) Handles Me.Load
        If Not Page.IsPostBack Then
            DropDownList1.Items.Add("香蕉")
            DropDownList1.Items.Add("苹果")
            DropDownList1.Items.Add("梨子")
            DropDownList1.Items.Add("菠萝")
            DropDownList1.Items(0).Selected = True
        End If
    End Sub
    Sub Button1_Click(ByVal sender As Object, ByVal e As EventArgs) Handles Button1.Click
```

图 7-5　下拉框控件示例

```
        DropDownList1.Items.Insert(0, "西瓜") '将西瓜添加到列表中使其成为第一项
    End Sub
    Sub Button2_Click(ByVal sender As Object, ByVal e As EventArgs) Handles Button2.Click
        DropDownList1.Items.RemoveAt(1)        '删除列表中的第二项
End Sub
Sub Button3_Click(ByVal sender As Object, ByVal e As EventArgs) Handles Button3.Click
        DropDownList1.Items.Clear()            '清除所有项
 End Sub
</script>
<html>
<head runat="server">
</head>
<body>
    <form id="form1" runat="server">
    <div>
        <asp:DropDownList ID="DropDownList1" runat="server">
        </asp:DropDownList>
        <asp:Button ID="Button1" runat="server" Text="插入一项" />
        <asp:Button ID="Button2" runat="server" Text="删除一项" />
        <asp:Button ID="Button3" runat="server" Text="清除所有" />
    </div>
    </form>
</body>
</html>
```

9. ListBox 控件（列表框）

ListBox 控件用于在页面中创建一个列表框，供用户从中选择一个或多个选项，具有许多与 DropDownList 控件相似的属性和方法。与 DropDownList 控件不同之处，在于 ListBox 控件的列表框不隐藏，始终展开。

（1）语法格式。ListBox 控件语法格式如下：

```
<asp:ListBox Id="控件名称" Runat="Server" AutoPostBack="True | False"
Rows="一次能显示的行数"    SelectionMode="Single | Multiple"
OnSelectedIndexChanged="事件过程名">
    <asp:ListItem value="选项值 1" selected="true|false" text="选项文字 1"/>
    <asp:ListItem value="选项值 2" selected="true|false" text="选项文字 2"/>
    …
</asp:ListBox>
```

（2）属性。ListBox 控件的许多属性与 DropDownList 控件相同，表 7-19 列出的是 ListBox 控件独有的属性。

（3）事件。与 DropDownList 控件一样也有一个 SelectedIndexChanged 事件。

（4）方法。同 DropDownList 控件。

表 7-19　ListBox 控件的属性

属　　　性	说　　　明
Rows	设定 ListBox 控件所能显示的列表项行数
SelectionMode	设定 ListBox 控件是否可以按住 Shift 或 Ctrl 键进行多选。默认值为 Single，单选

【例 7-12】一个模拟选课的案例，如图 7-6 所示。在页面中用到了一个普通文本框控件、一个密码文本框控件、一个 RadioButtonList 控件、一个 DropDownList 控件、一个 ListBox 控件、一个 CheckBoxList 控件、两个 Button 控件、一个多行文本框控件以及一个用于显示选课信息的 Label 控件。其中 DropDownList 控件（院）与 ListBox 控件（系）实现下拉联动。程序代码 7-12.aspx 如下：

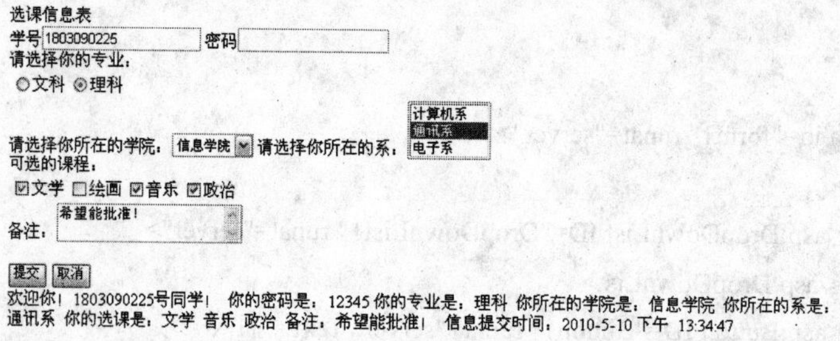

图 7-6　模拟选课案例

```
<%@ Page Language="VB" AutoEventWireup="true" %>
<script runat="server">
        '处理单击提交按钮事件
Protected Sub Button1_Click(ByVal sender As Object, ByVal e As EventArgs) Handles Button1.Click
        Dim s, temp As String, i As Integer
        s = "欢迎你！" & Textnum.Text & "号同学！" & " "
        s = s & "你的密码是：" & Textpassword.Text & "   "
        s = s & "你所在的专业是：" & Radiodepart.SelectedItem.Text & " "
        s = s & "你所在的学院是：" & DropDowncollege.SelectedItem.Text & " "
        s = s & "你所在的系是：" & Listdepart.SelectedItem.Text & " "
        temp = ""
        '向 temp 加入被选择的选课项目
For i = 0 To CheckBoxcourse.Items.Count - 1
        If CheckBoxcourse.Items(i).Selected Then
            temp = temp & CheckBoxcourse.Items(i).Text & " "
        End If
Next i
If temp <> "" Then s = s & "你的选课是：" & temp & " "
If Textmem.Text <> "" Then s = s & "备注：" & Textmem.Text & " "
labelmessage.Text = s & "信息提交时间：" & Now() & " "
End Sub
    '处理双下拉框联动
```

```
Sub selchange(ByVal sender As Object, ByVal e As EventArgs)
    Dim snum As String
    snum = DropDowncollege.SelectedValue
    Listdepart.Items.Clear()
    Select Case snum
        Case "0"
            Listdepart.Items.Add("计算机系")
            Listdepart.Items.Add("通讯系")
            Listdepart.Items.Add("电子系")
        Case "1"
            Listdepart.Items.Add("测绘测量系")
            Listdepart.Items.Add("土木工程系")
            Listdepart.Items.Add("地下工程系")
        Case "2"
            Listdepart.Items.Add("建筑设计系")
            Listdepart.Items.Add("建筑规划系")
        End Select
        Listdepart.Items(0).Selected = True
    End Sub
    Protected Sub Button2_Click(ByVal sender As Object, ByVal e As System.EventArgs) Handles
Button2.Click
        Textnum.Text = ""
        Textpassword.Text = ""
        labelmessage.Text = ""
    End Sub
</script><html ><head runat="server"></head>
<body>
    <form id="form1" runat="server">
    <div>
        <asp:Label ID="Label1" runat="server" Text="选课信息表"></asp:Label>
        <br />
        学号<asp:TextBox ID="Textnum" runat="server"></asp:TextBox>
        密码<asp:TextBox ID="Textpassword" runat="server"
            TextMode="Password"></asp:TextBox>
        <br />
        请选择你的专业：<asp:RadioButtonList ID="Radiodepart" runat="server"
            RepeatDirection="Horizontal">
            <asp:ListItem Selected="True">文科</asp:ListItem>
            <asp:ListItem>理科</asp:ListItem>
        </asp:RadioButtonList>
        请选择你所在的学院：<asp:DropDownList ID="DropDowncollege" runat="server"
        autopostback="true" OnSelectedIndexChanged ="selchange">
```

```
            <asp:ListItem Value="0" selected="true">信息学院</asp:ListItem>
            <asp:ListItem Value="1">土木学院</asp:ListItem>
            <asp:ListItem Value="2">建筑学院</asp:ListItem>
         </asp:DropDownList>
      请选择你所在的系：<asp:ListBox ID="Listdepart" runat="server" Rows="3"></asp:ListBox>
      <br />
      可选的课程：<asp:CheckBoxList ID="CheckBoxcourse" runat="server"
         RepeatDirection="Horizontal">
         <asp:ListItem>文学</asp:ListItem>
         <asp:ListItem>绘画</asp:ListItem>
         <asp:ListItem>音乐</asp:ListItem>
         <asp:ListItem>政治</asp:ListItem>
      </asp:CheckBoxList>
      备注：<asp:TextBox ID="Textmem" runat="server" TextMode="MultiLine"/>
      <br />
      <asp:Button ID="Button1" runat="server" Text="提交" />
      <asp:Button ID="Button2" runat="server" Text="取消" />
      <br />
      <!--Label 显示用户信息的标签-->
      <asp:Label ID="labelmessage" runat="server" ></asp:Label>
      </div>
   </form>
</body>
</html>
```

10．Image 控件（图像）

Image 控件用于在页面上显示图片。

（1）语法格式。Image 控件语法格式如下：

```
<asp:Image Id="控件名称" Runat="Server" ImageUrl="图片的存放路径"
   AlternateText="提示文本"  ImageAlign="NotSet|AbsBottom|Absmiddle|BaseLine|Left|
   Middle|Right|TextTop|Top"/>
```

（2）属性。Image 控件常用的属性如表 7-20 所示。

表 7-20 Image 控件常用属性

属　　性	说　　明
ImageUrl	设置显示图片的存储路径，可以是绝对路径，也可以是相对路径
AlternateText	将鼠标放在图像上所显示的提示文本。图像不可用时，作为替换文本
ImageAlign	设置图片相对于其他元素的对齐方式

11．ImageButton 控件（图像按钮）

ImageButton 控件与 Image 控件几乎一样，只是增加了一个鼠标单击事件。

（1）语法格式。ImageButton 控件语法格式如下：

> <asp:ImageButton Id="控件名称" Runat="Server" ImageUrl="图片的存放路径"
>   AlternateText="提示文本"　ImageAlign="NotSet|AbsBottom|Absmiddle|BaseLine|Left|
>   Middle|Right|TextTop|Top" onClick="事件过程名"/>

（2）属性。属性参见表 7-20 Image 控件常用属性。

（3）事件。Click 事件。当单击 ImageButton 控件按钮时触发。

12．HyperLink 控件（超链接）

使用 HyperLink 控件可以实现到其他网页的超链接，类似于 HTML 的<a herf="…">标记。在程序中，修改其属性可以动态修改链接文本和目标网址。

（1）语法格式。HyperLink 控件语法格式如下：

> <asp:HyperLink Id="控件名称" Runat="Server" NavigateUrl="链接的地址"
>   Text="超链接的文字"　Target="目标页的显示位置"
>   ImageUrl="图片存放的路径"/>

（2）属性。HyperLink 控件的常用属性如表 7-21 所示。

表 7-21　HyperLink 控件常用属性

属　　性	说　　明
NavigateUrl	指定单击控件时要链接的目标地址
Text	设置超链接的显示文字
Target	设置目的页面被打开的目标窗口和框架。常用属性值及含义如下： _Blank —— 在一个新的窗口打开目的页面 _Self —— 在当前窗口打开目的页面 _Parent —— 在父窗口打开目的页面 _Top —— 在最上层窗口打开目的页面
ImageUrl	指定一个图片文件，使 HyperLink 控件的外观显示为该图片。若同时还设置了 Text 属性，则优先显示图片

13．LinkButton 控件（超链接按钮）

LinkButton 控件用于创建类似于超级链接的按钮，它具有与 HyperLink 控件相同的外观，与 Button 控件完全相同的功能。它与 HyperLink 控件的区别在于：HyperLink 控件能自动导航到指定的目标页面，而 LinkButton 控件没有 NavigateUrl 属性，它会触发服务器端的 Click 事件。

（1）语法格式。LinkButton 控件语法格式如下：

> <asp:LinkButton Id="控件名称" Runat="Server" Text="按钮上的文字"
>   Onclick="事件过程名"/>

（2）属性。Text 属性用于设置或获取按钮上的显示文本。

（3）事件。Click 事件。与 Button 控件相同，当单击 LinkButton 控件时，触发该控件的 Click 事件。

14．Table 控件（表）

Table 控件创建一个具有行和列的表。Table（表）由 TableRow（表中的行）对象组成，而 TableRow 又由 TableCell（表中的单元格）对象组成。

（1）语法格式。Table 控件语法格式如下：

<asp:Table Id="控件名称" Runat= "Srever" CellPadding="xx 像素"

CellSpacing="xx 像素" GridLines="None|Horizontal|Vertical|Both"

HorizontalAlign="Center|Justify|Left|NotSet|Right">

    <asp:TableRow>

    <asp:TableCell>...</asp:TableCell>

    ...

    </asp:TableRow>

    ...

</asp:Table>

（2）属性。Table 控件的常用属性如表 7-22 所示。TableRow 对象常用属性和 TableCell 对象常用属性如表 7-23 和表 7-24 所示。

表 7-22　Table 控件常用属性

属　性	说　明
CellPadding	设置单元格的边框和内容之间的距离。单位：像素
CellSpacing	设置表中单元格之间的距离。单位:像素
Rows	获取表中行的集合。Rows 集合包含如下属性和方法： ① Count 属性—Rows 集合中元素的个数，即表的行数 ② Add 方法—添加一个新的 TableRow 对象，即在表格的末尾添加一个新行 ③ AddAt 方法—在指定位置插入一个 TableRow 对象，即插入一个新行到表的指定位置 ④ Remove 方法—删除一个 TableRow 对象，即从表中删除一行 ⑤ RemoveAt 方法—删除指定位置的 TableRow 对象，即删除指定位置的行 ⑥ Clear 方法—清除集合中所有的 TableRow 对象，即删除表中所有的行
GridLines	指定表中显示的网格线的样式。None—不显示单元格边框，Horizontal—只显示水平边框，Vertical—只显示垂直边框，Both—同时显示水平和垂直边框
HorizontalAlign	设置表格的水平对齐方式。Center—居中，Justify—左右边距对齐，Left—左对齐，NotSet—未设置，Right—右对齐

表 7-23　TableRow 对象常用属性

属　性	说　明
HorizontalAlign	设置行的水平对齐方式。可以是 Center、Justify、Left、NotSet、Right
VerticalAlign	设置行的垂直对齐特性。可以是 Middle、Top、Bottom
Cells	获取表中某行单元格的集合。Cells 集合的主要属性和方法如下： ① Count 属性—Cells 集合中元素的个数，即表的列数 ② Add 方法—添加一个新的 TableCell 对象，即在表中添加一个新的单元格 ③ AddAt 方法—在指定位置插入一个 TableCell 对象，即插入一个新的单元格到指定位置 ④ Remove 方法—删除一个 TableCell 对象，即从表中删除一个单元格 ⑤ RemoveAt 方法—删除指定位置的 TableCell 对象，即删除指定位置的单元格 ⑥ Clear 方法—清除集合中所有的 TableCell 对象，即删除表中某行的所有单元格

表 7-24　TableCell 对象常用属性

属　性	说　明
ColumnSpan	指定一个给定的单元格可以跨多少列
RowSpan	指定一个给定的单元格可以跨多少行
VerticalAlign HorizontalAlign	指定单元格的垂直和水平对齐属性
Wrap	指定单元格的内容是否允许换行。默认值为 False，不允许换行
Text	单元格中的文本

【例 7-13】Table 控件应用示例。本例中单击命令按钮 1 时，可以显示或隐藏一个 4×4 的表格，如图 7-7 所示。该表格由程序动态产生。单击"修改表格"按钮（按钮 2），将该表修改成一个 3×3 的表格，如图 7-8 所示。单击"清除表格"按钮（按钮 3），清除整个表格。程序代码 7-13.aspx 如下：

图 7-7　产生一个 4×4 表格　　　　　图 7-8　修改成一个 3×3 表格

```
<html>
<head runat="server">
<script language="vb" runat="server">
    Dim rowsnum As Integer
    Dim cellsnum As Integer
    Dim i As Integer
    Dim j As Integer
    Dim k As Integer
    Dim r As Object
    Dim c As Object
    Protected Sub Button1_Click(ByVal sender As Object, ByVal e As System.EventArgs) Handles
Button1.Click
        If Button1.Text = "显示表格" Then
            Table1.Visible = True
            Button1.Text = "隐藏表格"
            createtable()
        Else
            Table1.Visible = False
            Button1.Text = "显示表格"
        End If
    End Sub
```

```
Sub createtable()
    rowsnum = 4
    cellsnum = 4
    k = 0
    For i = 0 To rowsnum - 1              '创建一个 4 行 4 列的表格，内容为 1-16 的数字
        r = New TableRow()               ' 建立一个新行
        For j = 0 To cellsnum - 1
            c = New TableCell()          ' 建立一个单元格
            k = k + 1
            c.Text = k                   '向新单元格中填数据
            r.Cells.Add(c)               '将单元格添加到行中
        Next
        Table1.Rows.Add(r)              '将行添加到表中
    Next
End Sub
Protected Sub Button2_Click(ByVal sender As Object, ByVal e As System.EventArgs) Handles
Button2.Click
    If Button1.Text = "隐藏表格" Then
        createtable()
        '修改表格使其成为 3 行 3 列
        Table1.Rows.RemoveAt(rowsnum - 1)              '移去最后一行
        For i = 0 To Table1.Rows.Count - 1
            c = Table1.Rows(i).Cells(cellsnum - 1)     '选取每一行的最后一列
            Table1.Rows(i).Cells.Remove(c)             '移去每一行的最后一列
        Next i
    End If
End Sub
Protected Sub Button3_Click(ByVal sender As Object, ByVal e As System.EventArgs) Handles
Button3.Click
    If Button1.Text = "隐藏表格" Then
        Table1.Rows.Clear()                            '清除表中的所有行
    End If
End Sub
</script>
</head>
<body>
    <form id="form1" runat="server">
    <div>
        <asp:Table ID="Table1" runat="server" CellPadding="1" CellSpacing="1"
            GridLines="Both">
        </asp:Table>
        <asp:Button ID="Button1" runat="server" Text="显示表格" />
```

```
            <asp:Button ID="Button2" runat="server" Text="修改表格" />
            <asp:Button ID="Button3" runat="server" Text="清除表格" />
        </div>
    </form>
</body>
</html>
```

15．Panel 控件（面板）

Panel 控件是一个容器控件，用于将其他控件组合在一起。组合在一起的控件可以整体隐藏或显示，方法是将 Panel 控件的 Visible 属性设置为 False 或 True。

（1）语法格式。Panel 控件语法格式如下：

```
<asp:Panel Id="控件名称"   Runat="Server" BackImageUrl="图片存放路径"
HorizontalALign="Center|Justify|Left|NotSet|Right" Visible="True|False"
Wrap="True|False" />
```

（2）属性。Panel 控件的常用属性如表 7-25 所示。

表 7-25　Panel 控件常用属性

属　　性	说　　明
BackImageUrl	背景图片的存放路径
HorizontalALign	设置面板中控件的水平对齐方式
Visible	设置 Panel 控件及其上控件是否显示在网页中。值为 True（默认值）时，显示；值为 False 时，不显示
Wrap	设置该控件中的内容是否允许换行。值为 True（默认值）时，自动换行；值为 False 时，不换行

7.4　ASP.NET 的对象

在第 6 章中，介绍了 ASP 的几个常用内部对象，如 Response、Request 等。在 ASP.NET 中，依然可以看到它们的身影，使用方法大致相同。除此之外，ASP.NET 还增加了一个非常重要的 Page 对象。与 ASP 不同的是，这些对象是由.NET Framework 封装好的类来实现的。本节主要介绍新增的 Page 对象及其他几个对象的使用方法。

7.4.1　对象简介

ASP.NET 定义的对象是在页面初始化请求时自动创建的，所以在程序中可以直接使用，不必事先声明。例如，例 7-1 中的语句 Response.Write("欢迎你管理员同志！")，就是直接使用了 Response 对象。既然是对象，它们也和 Web 服务器控件一样具有对象的三要素：属性、事件和方法。

1．访问对象属性的语法格式

对象名.属性名

例如：

Request.Path

是获取当前请求的物理路径。

2．访问对象方法的语法格式

对象名.方法名(参数表)

例如：

Response.Write("欢迎你管理员同志！")

输出欢迎词。

3．对象事件处理的定义语法格式

对象名_事件名(参数表) 或 事件名(参数表)

如例 7-1 中的 Button2 对象事件：

```
Protected Sub Button2_Click(ByVal sender As Object, ByVal e As System.EventArgs)    Handles
Button2.Click
    usename.Text = ""
    usepassword.Text=""
    usename.Focus()
End Sub
```

在 ASP.NET 事件处理过程中都有以下两个参数：① sender As Object，表示发生该事件的源对象；② e As EventArgs，表示传递给事件处理过程的额外描述，作为辅助之用。

ASP.NET 的常用对象如表 7-26 所示。

表 7-26　ASP.NET 的常用对象

对　　象	功　　能
Page	页面对象，用于整个页面的操作
Request	从客户端获取信息
Response	向客户端输出信息
Cookie	用于保存 Cookie
Session	存储特定用户的信息
Application	存储同一个应用程序中所有用户间的共享信息
Server	创建 COM 组件和进行有关设置
Mail	在线发送 E-mail

7.4.2　Page 对象

Page 对象用来设置与网页有关的各种属性、事件和方法，由命名空间 System.Web.UI 中的 Page 类来实现。Page 类用于表示一个 .aspx 文件，又称为 Web 窗体页。因而 ASP.NET 的每个页面都派生自 Page 类，并继承这个类公开的所有方法和属性。

1．Page 对象的属性

Page 对象的常用属性如表 7-27 所示。

表 7-27　Page 对象的常用属性

表 7-27　Page 对象的常用属性

属　　性	说　　明
IsPostBack	网页加载状况。值为 False，表示网页第一次加载；值为 True，表示响应客户端请求而被重新加载。见例 7-11
IsValid	表示网页上的验证控件是否全部通过验证。值为 True，表示全部通过验证；值为 False，表示至少有一个验证失败
ErrorPage	当前网页发生未处理的异常时，将转向错误信息网页；若未设置此属性值，将显示默认错误信息网页

2．Page 对象的方法

Page 对象的常用方法如表 7-28 所示。

表 7-28　Page 对象的常用方法

方　　法	说　　明
DataBind()	将数据源与页面上的服务器控件进行绑定
Dispose()	让服务器控件在释放内存前执行清理操作
FindControl(Id)	在页面上搜索标识为 Id 的服务器控件。若找到，返回该控件；若找不到，则返回 Nothing
MapPath(VirtualPath)	将虚拟路径 VirtualPath 转换为实际路径

3．Page 对象的事件

Page 对象的常用事件如表 7-29 所示。

表 7-29　Page 对象的常用事件

事　件　名	说　　明
Init	当网页初始化时触发该事件
Load	当加载网页时触发该事件
Unload	网页完成处理工作被卸载时触发该事件
DataBinding	当网页上的服务器控件连接数据源时触发该事件
Disposed	网页从内存释放时触发该事件

　　Init 事件和 Load 事件的区别是：它们都是在加载网页时触发的事件，但 Init 事件先于 Load 事件，并且 Init 事件只在第一次加载时触发，所以只触发一次，而 Load 事件则可能触发多次。在例 7-11 中我们使用了 Page 对象的 IsPostBack 属性，如果将条件判断语句去掉，直接执行下拉框控件的 Add 方法就会发现，每单击一次命令按钮（"清除所有"按钮除外）就会重复添加下拉框控件中原来的选项。在这种情况下，必须将 Load 事件替换为 Init 事件，从而保证下拉框控件中的内容只添加一次。修改程序如下：

```vb
<script language="vb" runat=server>
Sub Page_Init(ByVal Sender As Object, ByVal e As EventArgs)
    DropDownList1.Items.Add("香蕉")
    DropDownList1.Items.Add("苹果")
    DropDownList1.Items.Add("梨子")
    DropDownList1.Items.Add("菠萝")
    DropDownList1.Items(0).Selected = True
```

4．Page 对象的使用

【例 7-14】Page 对象 FindControl 方法和 MapPath 方法应用示例。执行以下程序（7-14.aspx），单击"提交"命令按钮，显示结果如图 7-9 所示。

```
System.Web.UI.WebControls.Button
D:\我的文档\Visual Studio 2008\WebSites\WebSite1\VisualStudio2008

提交
```

图 7-9　Page 对象的方法示例

```
<script  runat=server>
    Protected Sub Button1_Click(ByVal sender As Object, ByVal e As System.EventArgs)
    Handles Button1.Click
        Dim a As Object
        '搜索标识为 Button1 的服务器控件
        a = Page.FindControl("Button1")
        Response.Write(a)
        Response.Write("<br>")
        '将虚拟路径转换为物理路径
        Response.Write(Page.MapPath("VisualStudio2008"))
    End Sub
</script>
<html ><head runat="server"></head>
<body>
    <form id="form1" runat="server">
        <asp:Button ID="Button1" runat="server" Text="提交" /> <br />
    </form>
</body>
</html>
```

7.4.3　Request 对象和 Response 对象

1．Response 对象

Response 对象控制输出给客户端的信息或将访问重定向到另一个网址。它派生自 HttpResponse 类，命名空间为 System.Web。

（1）Response 对象的常用属性和方法。如表 7-30 和表 7-31 所示。

表 7-30　Response 对象的常用属性

属　　性	说　　明
BufferOutput	设置 HTTP 输出是否启用缓冲处理，默认为 True，启用。该属性等价于 Buffer 属性
Charset	设置字符的编码方式
ContentType	获取或设置输出流的 HTTP MIME 类型
Cookies	设置客户端的 Cookie
Expires	获取或设置浏览器上缓存页过期之前的分钟数，如果用户在缓存之前返回同一页，则显示缓存的版本
IsClientConnected	获取客户端是否与服务器保持连接的信息

表 7-31　Response 对象的常用方法

方　　法	说　　明
ClearContent	清除缓冲区的内容。该方法等价于 Clear 方法
End	输出当前缓冲区的内容并终止当前页面的处理
Flush	将当前缓冲区的内容发送到客户端并清除缓冲区
Redirect	将客户端重定向到新的 URL
Write	将指定的内容写入页面文件
WriteFile(filename)	将指定文件的内容直接输出至客户端

（2）Response 对象的用法。

【例 7-15】使用 Write 方法输出信息。

```
Protected Sub Page_Load(ByVal sender As Object, ByVal e As System.EventArgs) Handles
Me.Load
    Dim str = "欢迎使用 ASP.NET" & "<br>"
    Response.Write(str)                              '输出变量值
    Response.Write("欢迎使用 ASP.NET" & "<br>")      '输出字符串
    Response.Write(Now())                            '输出函数值
End Sub
```

以上两种方法输出"欢迎使用 ASP.NET"是完全等价的。需要说明的是，在.NET 中不允许使用 ASP 的格式，例如：

```
Response.Write str
Response.Write "欢迎使用 ASP.NET" & "<br>"
```

【例 7-16】使用 Redirect 方法重定向到另一个 URL。

设计一个程序将搜索引擎 Baidu 嵌入到自己的网页中。程序界面如图 7-10 所示。

图 7-10　重定向到搜索页面

程序代码（7-16.aspx）如下：

```
<script runat="server">
Protected Sub Button1_Click(ByVal sender As Object, ByVal e As System.EventArgs) Handles
Button1.Click
    If TextBox1.Text <> "" Then
        Response.Redirect("http://www.baidu.com/s?wd=" & TextBox1.Text)
    End If
End Sub
```

```
    </script>
    <html><head runat="server"></head>
    <body>
        <form id="form1" runat="server">
            请输入<asp:TextBox ID="TextBox1" runat="server"></asp:TextBox>
            <asp:Button ID="Button1" runat="server" Text="搜索" />
        </form>
    </body>
    </html>
```

运行程序，在文本框中输入"ASP.NET"字符串，单击"搜索"按钮，立即进入 baidu 搜索引擎，查找与 ASP.NET 有关的资料。

【例 7-17】利用 WriteFile 方法将文件 info.txt 的内容发送到浏览器。程序代码如下：

```
    <script runat=server>
        Protected Sub Page_Load(ByVal sender As Object, ByVal e As System.EventArgs) Handles Me.Load
            Response.Charset = "gb2312"            '设置字符编码方式
            Response.WriteFile("Info.txt")
        End Sub
    </script>
```

2．Request 对象

Request 对象派生自 HttpRequest 类，命名空间为 System.Web。它的主要作用是从客户端获取数据，包括使用 Post 方法和 Get 方法传递参数等。

（1）Request 对象的常用属性和方法。Request 对象的常用属性如表 7-32 所示。Request 对象还包含多个有用的数据集合，它们是只读的。表 7-33 列出了 Request 对象常用的数据集合。Request 对象的常用方法，如表 7-34 所示。

表 7-32　Request 对象的常用属性

属　　性	说　　明
ApplicationPath	获取 ASP.NET 应用的虚拟目录（URL）
HttpMethod	获取客户端使用的 HTTP 数据传输方式（Post 或 Get 或 Head）
Path	获取当前请求网页的虚拟路径和网页名称
TotalBytes	获取客户端请求数据的字节数
PhysicalPath	获取当前请求网页的物理路径
URL	获取当前请求网页的 URL 完整信息
UserHostAddress	获取客户端的 IP 地址
UserHostName	获取客户端的 DNS 名称

表 7-33　Request 对象常用数据集合

集　　合	说　　明
Cookies	获取客户端的 Cookies 信息
Browser	获取客户端浏览器支持的功能信息
Form	获取客户端表单元素中所填入的信息
QueryString	获取当前请求 URL 上的附加数据
ServerVariable	获取服务器端环境变量的值，由一些预定义的服务器环境变量组成。常用的变量参见表 6-3

表 7-34　Request 对象的常用方法

方　　　法	说　　　明
Mappath(VirtualPath)	将参数 VirtualPath 指定的虚拟路径映射为实际路径
SaveAs(filename,includeHeaders)	将 HTTP 请求保存到磁盘。其中参数 filename 是保存文件的路径及文件名，includeHeaders 指定是否保存 HTTP 标头

（2）Request 对象的用法。

【例 7-18】使用 Request 对象的属性和集合，设计一个获取客户端机器和浏览器信息的网页。运行结果如图 7-11 所示。

```
浏览器名称和主版本号：IE6
浏览器名称：IE
浏览器平台：WinXP
客户端IP地址：127.0.0.1
当前请求的虚拟路径：/WebSite1/Default11.aspx
当前请求的物理路径：D:\我的文档\Visual Studio 2008\WebSites\WebSite1\Default11.aspx
```

图 7-11　例 7-18 的运行结果

程序代码如下：

```
<script runat=server>
    Protected Sub Page_Load(ByVal sender As Object, ByVal e As System.EventArgs) Handles Me.Load
        Response.Write("浏览器名称和主版本号：" & Request.Browser.Type & "<br>")
        Response.Write("浏览器名称：" & Request.Browser.Browser & "<br>")
        Response.Write("浏览器平台：" & Request.Browser.Platform & "<br>")
        Response.Write("客户端 IP 地址：" & Request.UserHostAddress & "<br>")
        Response.Write("当前请求的虚拟路径：" & Request.Path & "<br>")
        Response.Write("当前请求的物理路径：" & Request.PhysicalPath & "<br>")
    End Sub
</script>
```

【例 7-19】使用 Request 对象的 Form 集合在网页之间传递数据。本例在页面 7-19-1.aspx 中输入用户名和密码，提交给页面 7-19-2.aspx，页面 7-19-2.aspx 通过 Form 集合得到并显示提交的信息。运行界面分别如图 7-12 和图 7-13 所示。

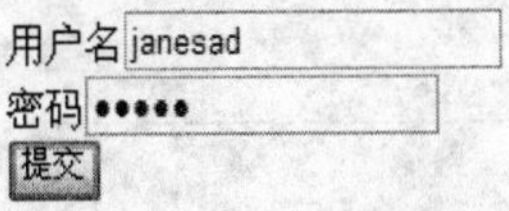

用户名 janesad
密码 •••••
提交

你的用户名：janesad
你的密码：12345

图 7-12　程序 7-19-1.aspx 的运行界面 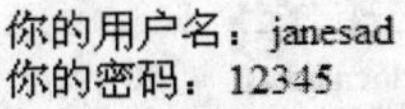　　　图 7-13　程序 7-19-2.aspx 的运行界面

程序（7-19-1.aspx）的代码如下：

```
<html><head id="Head1" runat="server"> <title>无标题页</title></head>
<body>
<form id="form1" method="post" action="7-19-2.aspx">
    用户名<input name="usename" type="text" /><br />
    密码<input name="usepass" type="password" /><br />
```

```
            <input type="submit" value="提交" />
        </form>
        </body>
        </html>
```
程序 7-19-2.aspx 的代码如下：

```
<script runat="server">
    Protected Sub Page_Load(ByVal sender As Object, ByVal e As System.EventArgs) Handles
    Me.Load
            Response.Write("你的用户名：" & Request.Form("usename") & "<br>")
            Response.Write("你的密码：" & Request.Form("usepass") & "<br>")
    End Sub
</script>
```

【例 7-20】使用 Request 对象的 QueryString 集合在网页之间传递数据。将程序 7-19-1.aspx
中 Form 的 Method 属性值修改为 Get。将程序 7-19-2.aspx 的代码修改为如下形式：

```
<script runat="server">
    Protected Sub Page_Load(ByVal sender As Object, ByVal e As System.EventArgs) Handles
    Me.Load
        Response.Write("你的用户名：" & Request.QueryString("usename") & "<br>")
        Response.Write("你的密码：" & Request.QueryString("usepass") & "<br>")
    End Sub
</script>
```

再次运行程序 7-19-1.aspx，可以得到与图 7-12 和图 7-13 同样的界面。

比较上述两种网页之间传递数据的方法可以看到，除了实现方式上有所区别，在传递数据时，Form 集合方式的地址栏里不带有传递数据的参数值，如下所示：

http://localhost/WebSite1/7-19-2.aspx

而 QueryString 集合方式的地址栏里带有传递数据的参数值，如下所示：

http://localhost/WebSite1/7-19-2.aspx?usename=Janesad&usepass=12345

由此可见，使用 QueryString 集合传递数据是不安全的。在 ASP.NET 中，即便是 Form 集合现在也很少使用，而是使用服务器控件来制作表单，这样在程序中就可以直接访问服务器控件从而得到用户的输入信息。

【例 7-21】通过 ServerVariable 集合获取服务器端环境变量。如服务器名称、服务器 IP 地址、服务器连接端口等。程序运行结果如图 7-14 所示。

```
服务器名称:localhost
服务器连接端口:14319
服务器端的IP地址:127.0.0.1
当前网页的实际路径:D:\我的文档\Visual Studio 2008\WebSites\WebSite1\Default19.aspx
```

图 7-14 获取的服务器端环境变量的值

程序（7-21.aspx）代码如下：

```
<script runat="server">
    Protected Sub Page_Load(ByVal sender As Object, ByVal e As System.EventArgs) Handles
```

```
Me.Load
    Response.Write("服务器名称:" & Request.ServerVariables("server_name") & "<br>")
    Response.Write("服务器连接端口:" & Request.ServerVariables("server_port") & "<br>")
    Response.Write("服务器端的 IP 地址:" & Request.ServerVariables("local_addr") & "<br>")
    Response.Write("当前网页的实际路径:"  &
    Request.ServerVariables("path_translated") & "<br>")
End Sub
</script>
```

【例 7-22】Request 对象 Mappath 方法和 SaveAs 方法应用示例。程序代码如下:

```
Protected Sub Page_Load(ByVal sender As Object, ByVal e As System.EventArgs) Handles
Me.Load
    '将虚拟路径 kk 映射到物理路径 D:\我的文档\Visual Studio 2008\WebSites\WebSite1 下
    Response.Write(Request.MapPath("kk"))
    '在 D 盘根目录下产生一个 aaa.txt 文件, 其内容为 HTTP 标头
    Request.SaveAs("d:\aaa.text", True)
End Sub
```

7.4.4　Application 对象和 Session 对象

1. Application 对象

Application 对象派生自 HttpApplicationState 类, 用于保存所有客户的公共信息。Application 对象的用途是记录整个网站的信息, 它可以使同一个应用内的多个用户共享信息, 并在服务器运行期间持久地保存数据。Application 对象变量的生命周期起始于 Web 服务器开始执行时, 终止于 Web 服务器关机或重新启动。

利用 Application 特性, 可以创建"聊天室"和"网站计数器"等常用网页应用程序。

（1）Application 对象的常用属性、方法和事件。Application 对象的常用属性如表 7-35 所示。Application 对象的常用方法如表 7-36 所示。

表 7-35　Application 对象的常用属性

属　　性	说　　明
All	将所有 Application 对象变量传回到 Object 类型的数组中
AllKeys(index)	返回下标为 index 的变量名
Count	获取 Application 对象变量的个数
Item(name,index)	通过 name 或 index 返回 Application 对象变量值

表 7-36　Application 对象的常用方法

方　　法	说　　明
Add(name,value)	添加一个新的 Application 对象变量, 名为 Name, 值为 value
Clear	清除所有 Application 对象变量
Get(name,index)	获取名称为 name 或下标为 index 的变量值
GetKey(index)	获取索引值为 index 的变量名
Lock	锁定。禁止其他用户修改 Application 对象变量

方　　法	说　　明
Remove(name)	清除名为 name 的变量
RemoveAll	清除所有的 Application 对象变量
RemoveAt(index)	清除索引为 index 的变量
Set(name,value)	将名为 name 的变量值修改为 value
UnLock	解除对 Application 对象变量的锁定

Application 对象事件主要有以下 4 个：

① Start 事件——在整个 ASP.NET 应用程序第一次执行时触发。

② End 事件——与 OnStart 事件正好相反，在整个应用程序结束时触发。

③ BeginRequest 事件——在每一个 ASP.NET 被请求时触发。客户每访问一次 ASP.NET 程序，就触发一次 OnBeginRequest 事件。

④ EndRequest 事件——结束 ASP.NET 程序时，触发该事件。

这些事件过程的代码由用户编写，保存在 global.asax 文件中，并存放在网站的根目录下。当客户端发出网页申请时，首先检查根目录下是否有 global.asax 文件，如果有就先执行该文件中的相关事件过程。

Application 对象的 Start 事件过程定义格式如下：

```
Sub Application_Start(ByVal sender As Object, ByVal e As EventArgs)
    …
End Sub
```

（2）Application 对象的使用。

【例 7-23】 使用 Application 对象和 RadioButtonList 控件设计一个 Web 应用程序,统计网民的学历分布情况。可分为：博士、硕士、本科、大专、高中、初中 6 个层次。运行界面如图 7-15 所示。程序代码分为两部分：一部分存放在文件 global.asax 中，另一部分存放在扩展名为.aspx 的文件中。

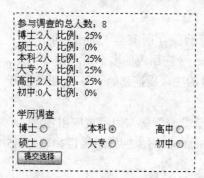

图 7-15　网民学历调查

global.asax 文件中的内容：

```
<script runat="server">
    Sub Application_Start(ByVal sender As Object, ByVal e As EventArgs)
        Dim count(7) As Integer, i As Integer
        '定义一个数组型的 Application 对象变量
        Application("storecount") = count       'A 句
        '定义一个统计调查人数的 Application 对象变量
        Application("users")＝0
    End Sub
    Sub Application_End(ByVal sender As Object, ByVal e As EventArgs)
        '应用结束时，清除所有 Application 对象变量
        Application.RemoveAll()
    End Sub
</script>
```

扩展名为.aspx 的程序内容：

```
<script  runat=server>
Protected Sub Button1_Click(ByVal sender As Object, ByVal e As System.EventArgs) Handles Button1.Click
    '定义一个数组，用来统计各学历层次的人数
    Dim count(5) As Integer, i As Integer
    '读取 Application 对象变量的值，存放在数组 count 中
    count = Application("storecount")
    '查询选中项，并将其对应的数组值加 1
    For i = 0 To 5
        If RadioButtonList1.Items(i).Selected = True Then
            count(RadioButtonList1.SelectedIndex)= count(RadioButtonList1.SelectedIndex) + 1
        End If
    Next
    Application.Lock()     '加锁
    '将参与调查的人数加 1
    Application("users") = Application("users") + 1       'B 句
    '保存统计结果到 Application 对象变量中
    Application("storecount") = count
    Application.UnLock()   '解锁
    '输出调查结果
    Response.Write("参与调查的总人数：" & Application("users") & "<br/>")
    For i = 0 To 5
        Response.Write(RadioButtonList1.Items(i).Text & ":")
        Response.Write(count(i) & "人 比例："
        & count(i) / Application("users") * 100 & "%<br/>")
    Next i
End Sub
</script>
    <html><body><form id="form1" runat="server" >
        学历调查<br />
    <asp:RadioButtonList ID="RadioButtonList1" runat="server" RepeatColumns="3" TextAlign="Left" Width="356px">
                <asp:ListItem Value="1">博士</asp:ListItem>
                <asp:ListItem Value="2">硕士</asp:ListItem>
                <asp:ListItem Value="3">本科</asp:ListItem>
                <asp:ListItem Value="4">大专</asp:ListItem>
                <asp:ListItem Value="5">高中</asp:ListItem>
                <asp:ListItem Value="6">初中</asp:ListItem>
    </asp:RadioButtonList>
    <asp:Button ID="Button1" runat="server" Text="提交选择" />
    </form></body></html>
```

global.asax 文件中，包含两个事件过程。在 Application_Start 事件过程中，创建了一个数组型的 Application 对象变量 storecount，存放各学历层次的人数，其中 A 句可替换为 Application.Add("storecount", count)。另外还创建了一个统计参与人数的 Application 对象变量 users。在 Application_End 事件过程中，调用 Application 对象的 RemoveAll 方法，清除所用的 Application 对象变量。aspx 文件中，Button1_Click 事件过程中的 B 句也可以用 Application.Set("users", Application("users") + 1) 替换。Application.Lock()方法的使用是为了避免多个用户同时修改 Application("users")变量的值。加锁以后，同一时刻只允许一个用户对其进行操作，直到调用 Application.UnLock()方法解锁为止。

需要说明的是，该程序存在严重漏洞。当用户在同一个浏览器中反复选择，多次单击"提交"按钮时，统计数字会不断更新，从而造成调查数据的不可靠。

2. Session 对象

Session 对象派生自 System.Web.SessionState 类，命名空间为 System.Web。Session 对象记录特定用户的信息，即使客户从一个页面跳转到另一个页面，该 Session 信息仍然存在，客户在该网站的任何一个页面都可以存取 Session 信息。它与 Application 对象的不同在于，Session 对象是每个连接用户独自拥有，而 Application 对象是所有连接用户共同拥有。也就是说，某一个时刻若有 10 个连接者，则 Session 对象个数为 10，而 Application 对象个数为 1。

（1）Session 对象的常用属性、方法和事件。Session 对象的常用属性如表 7-37 所示。Session 对象的常用方法如表 7-38 所示。

表 7-37　Session 对象的常用属性

属　性	说　明
Count	获取 Session 对象变量的个数
IsReadOnly	该值指示会话是否为只读，默认值为 False
IsNewSession	该值指示会话是否与当前请求一起被创建
Item(name,index)	通过 name（变量名）或 index（索引）获得 Session 对象变量值
SessionID	标识每个 Session 对象的标识码
Timeout	设置 Session 对象的失效时间，单位为分钟，默认值为 20 分钟

表 7-38　Session 对象的常用方法

方　法	说　明
Add(name，value)	增加一个新的 Session 变量，名为 name，值为 value
Clear	清除全部 Session 变量
Abandon	释放 Session 对象，调用此方法将触发 OnEnd 事件
Remove(name)	清除名称为 name 的 Session 变量
RemoveAll	清除所有的 Session 变量
RemoveAt(index)	清除会话集合中下标为 index 的 Session 变量

Session 对象有以下两个主要事件。与 Application 对象相同，Session 对象的事件过程代码也是由用户编写，保存在 global.asax 文件中。

① Start 事件。当用户首次请求 ASP.NET 网页时，将创建 Session 对象并触发该事件。同一浏览器只会触发此事件一次，除非发生 End 事件或重新启动浏览器。

Start 事件过程的定义格式如下：

```
Sub Session_Start(ByVal sender As Object, ByVal e As EventArgs)
        '在新会话启动时运行的代码
End Sub
```

② End 事件。在用户执行 Session.Abandon 方法或在 Timeout 属性设置的时间之内没有再次访问网页时都会触发该事件。用户在客户端直接关闭浏览器，并不会触发该事件。该事件通常用来处理用户结束会话后的善后工作，如保存相关数据或改写在线人数等。

（2）Session 对象的用法。

【例 7-24】利用 Session 对象和 Application 对象设计一个用户登录页面，要求在另一个页面中显示用户名、网站的点击率和网站的在线人数。若跳过登录页面，则强制转向登录页面。程序代码分别存放在 global.asax、7-24-1.aspx、7-24-2.aspx 三个文件中。

global.asax 文件内容：

```
<script runat="server">
    Sub Application_Start(ByVal sender As Object, ByVal e As EventArgs)
        '定义一个 Application 对象变量,记录网站的访客数
        Application("usercount") = 0
        '定义一个 Application 对象变量,记录网站的在线人数
        Application("onlinecount") = 0
    End Sub
    Sub Application_End(ByVal sender As Object, ByVal e As EventArgs)
        '应用结束时，清除所有 Application 对象变量
        Application.RemoveAll()
    End Sub
    Sub Session_Start(ByVal sender As Object, ByVal e As EventArgs)
        '开始一个新的会话，访问计数加 1
        Application("usercount") = Application("usercount") + 1
        '开始一个新的会话，在线人数加 1
        Application("onlinecount") = Application("onlinecount") + 1
        Session("username") = ""
        Session.Timeout = 1   '会话有效期设置为 1，方便观察
    End Sub
    Sub Session_End(ByVal sender As Object, ByVal e As EventArgs)
        '结束一个会话，在线人数减 1
        Application("onlinecount") = Application("onlinecount") - 1
    End Sub
</script>
```

登录页面文件 7-24-1.aspx 的内容：

```
<script runat="server">
        '登录按钮的单击事件过程
    Protected Sub Button1_Click(ByVal sender As Object, ByVal e As System.EventArgs) Handles Button1.Click
        If usename.Text <> "" Then
```

```
            Session("username") = usename.Text '输入的用户名存入 Session 变量中
            Session("loginID") = True    '设置登录标志变量
            Response.Redirect("7-24-2.aspx ")    '将网页转向显示页面
          End If
      End Sub
  </script>
  <html><body bgcolor="White">
  用户登录<hr/>
  <form id="form1" runat="server" >
        用户名：<asp:TextBox ID="usename" runat="server"></asp:TextBox><br/>
                <asp:Button ID="Button1" runat="server" Text="登录" />
  </form>
  </body>
  </html>
```

显示页面文件 7-24-2.aspx 的内容：

```
  <script   runat=server>
  Protected Sub Page_Load(ByVal sender As Object, ByVal e As System.EventArgs) Handles Me.Load
      If Session("loginid") = True Then            '测试是否经过登录页面
          '在显示页面输出 Session("username")变量的值
          Response.Write(Session("username") & "你好！ " & "<br> ")
          Response.Write("你是第" & Application("usercount") & "位访客" & "<br>")
          Response.Write("目前在线人数:" & Application("onlinecount") & "<br>")
          Session("loginid") = False    '重新设置登录标志变量
      Else
          Response.Redirect("7-24-1.aspx ")    '将网页转向登录页面
      End If
    End Sub
  </script>
```

运行程序 7-24-1.aspx，看到如图 7-16 所示的登录界面。输入用户名，单击"登录"按钮，转向图 7-17 所示的显示界面。若是直接运行 7-24-2.aspx 程序，则会跳转到登录页面。因为在登录页面中设置了一个登录标志变量 Session("loginID")，只有经过登录页面该变量的值才会置为 True，从而通过显示页面的测试。

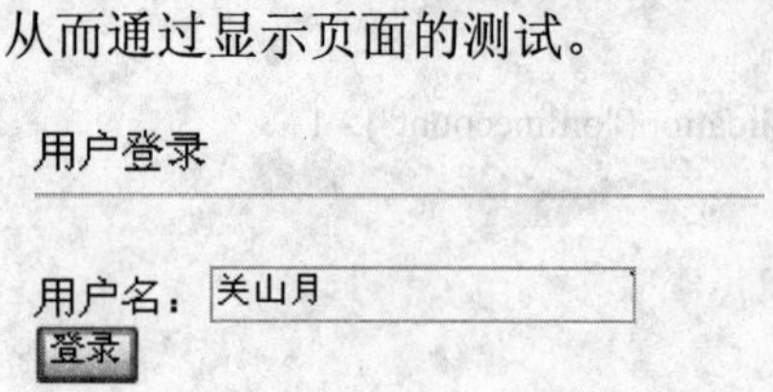

用户登录
_____

用户名：关山月
登录

关山月你好！
你是第6位访客
目前在线人数:1

图 7-16 登录界面 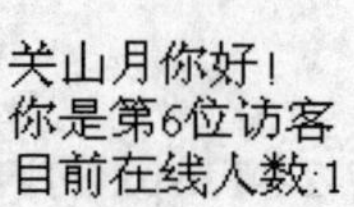   图 7-17 显示界面

【例 7-25】修改例 7-23 程序，防止用户在一个浏览器中多次提交信息。

在 global.asax 文件中增加一个 Session_start 事件过程如下：

```
  Sub Session_Start(ByVal sender As Object, ByVal e As EventArgs)
```

'建立首次提交标志 Session 变量 isfirst，并将其值设为 True

Session("isfirst") = True

End Sub

修改.aspx 文件代码声明块如下：

```
<script    runat=server>
 Protected  Sub  Button1_Click(ByVal  sender  As  Object,  ByVal  e  As  System.EventArgs)  Handles
Button1.Click
        '定义一个数组，用来统计各学历层次的人数
        Dim count(5) As Integer, i As Integer
        '读取 Application 对象变量的值，存放在数组 count 中
        count = Application("storecount")
        '查询选中项，并将其对应的数组值加 1
        For i = 0 To 5
           If RadioButtonList1.Items(i).Selected = True Then
             count(RadioButtonList1.SelectedIndex) =
                count(RadioButtonList1.SelectedIndex) + 1
           End If
        Next
        If Session("isfirst") Then         '首次提交，才是有效信息
            Application.Lock()      '加锁
            '将参与调查的人数加 1
            Application("users") = Application("users") + 1
            '保存统计结果到 Application 对象变量中
            Application("storecount") = count
            Application.UnLock()          '解锁
             '输出调查结果
           Response.Write("参与调查的总人数：" & Application("users") & "<br/>")
           For i = 0 To 5
                Response.Write(RadioButtonList1.Items(i).Text & ":")
                Response.Write(count(i) & "人  比例："
                 & count(i) / Application("users") * 100 & "%<br/>")
           Next i
           Session("isfirst") = False        '将首次提交标志变量设置为 False
        Else
           Response.Write("你已经参与过统计！不可再参加！")
        End If
     End Sub
  </script>
```

程序中的粗体为修改后的内容。

7.4.5　Server 对象

Server 对象派生自 HttpServerUtility 类，命名空间为 System.Web。Server 对象是专为处理服务器上的特定任务而设计的，特别是与服务器的环境和处理活动有关的任务。

1．Server 对象的常用属性和方法

Server 对象的常用属性如表 7-39 所示。

表 7-39　Server 对象的常用属性

属　　　性	说　　　明
MachineName	获取服务器端机器的名称，只读属性
ScriptTimeout	获取和设置程序执行的最长时间，即程序必须在该时间段内执行完毕。单位为秒，系统默认值为 90 秒

例如，使用 Server 对象的 MachineName 属性获取计算机名称：

Response.Write(Server.MachineName)

Server 对象的常用方法如表 7-40 所示。

表 7-40　Server 对象的常用方法

方　　　法	说　　　明
CreateObject(type)	创建 COM 对象的一个服务器实例
Execute(path)	执行由 path 指定的 ASP.NET 程序，执行完毕后仍继续原程序的执行
HtmlEncode(string)	对要在浏览器中显示的字符串 string 进行编码
HtmlDecode(string)	与 HtmlEncode 相反，还原为原来的字符串
MapPath(path)	将参数 path 指定的虚拟路径转换为物理路径
Transfer(path)	结束当前 ASP.NET 程序的执行，并开始执行参数 path 指定的程序
UrlEncode(string)	对字符串 string 以 Url 格式进行编码
UrlDecode(string)	对 Url 格式字符串进行解码

2．Server 对象的使用

（1）HtmlEncode 和 HtmlDecode 方法。普通的输出语句中如果包含 HTML 标签，将会被浏览器解释为 HTML 的内容，得不到所希望的结果。如果使用的 Server 对象的 HtmlEncode 方法就可将 HTML 标记原样输出。而 HtmlDecode 方法，则可将 HTML 编码字符按 HTML 语法进行解释。

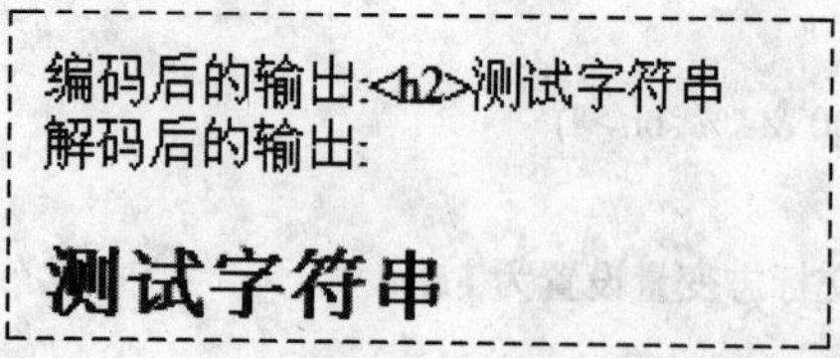

编码后的输出:<h2>测试字符串
解码后的输出:

测试字符串

图 7-18　对 HTML 标记的编码和解码

【例 7-26】HtmlEncode 和 HtmlDecode 方法应用示例。程序的运行结果如图 7-18 所示。程序代码如下：

```
Protected Sub Page_Load(ByVal sender As Object, ByVal e As System.EventArgs) Handles Me.Load
    Dim str As String
    str = "<h2>测试字符串"
    Response.Write("编码后的输出:" & Server.HtmlEncode(str))
    Response.Write("<br>")
```

```
Response.Write("解码后的输出:" & Server.HtmlDecode(str))
    End Sub
```

（2）UrlEncode 和 UrlDecode 方法。在利用 Request 对象的 QueryString 集合获取标识在 URL 后面的参数时，参数可能带有空格、"？"、中文等特殊字符，如"login.aspx?name=关山月"，如何处理呢？此时，这些特殊字符都被进行了 URL 编码，从而保证了浏览器中提交的文本能够正确传输。

【例 7-27】UrlEncode 和 UrlDecode 方法应用示例。程序运行结果如图 7-19 所示。

Url编码后的输出:login.aspx%3fname%3d%e5%85%b3%e5%b1%b1%e6%9c%88
Url解码后的输出:login.aspx?name=关山月

图 7-19　URL 方法对字符串的编码和解码

程序代码如下：

```
Protected Sub Page_Load(ByVal sender As Object, ByVal e As System.EventArgs) Handles Me.Load
    Dim str As String
    str = "login.aspx?name=关山月"
    Response.Write("编码后的输出:" & Server.UrlEncode(str))
    Response.Write("<br>")
    Response.Write("解码后的输出:" & Server.UrlDecode(str))
End Sub
```

（3）利用 Server 对象进行路径映射。在应用程序中给出的文件路径通常都是虚拟路径，若想将虚拟路径转换为实际的物理路径或想得到服务器的根目录，可使用 Server 对象的 MapPath 方法。例如：

```
Server.MapPath("login.aspx")        '获得文件 login.aspx 的物理路径
Server.MapPath(".")                 '获得应用程序根目录的物理路径
Server.MapPath("/")                 '获得服务器根目录的物理路径
```

（4）执行指定程序。前面介绍过使用 Response 对象的 Redirect 方法，可以转向新的网页去执行。而 Server 对象的 Execute 方法和 Transfer 方法也可以转向新的网页。与 Response 对象重定向发生在客户端不同，Server 对象的重定向发生在服务器端，并且 Server 对象只能重定向到同一个应用中的其他文件，而 Response 对象可以重定向到其他网站。Execute 方法和 Transfer 方法的区别在于：Execute 方法执行新的网页后，仍然返回原网页继续执行，类似于其他语言中的函数和过程调用；而 Transfer 方法执行完新的网页后，则停止运行。

【例 7-28】Execute 方法和 Transfer 方法比较应用示例。

程序 7-28-1.aspx 的代码如下：

```
Protected Sub Page_Load(ByVal sender As Object, ByVal e As System.EventArgs) Handles Me.Load
    Response.Write("Execute 方法的使用" & "<br>")
    Server.Execute("7-28-2.aspx")
    Response.Write("Transfer 方法的使用" & "<br>")
    Server.Transfer("7-28-2.aspx")
    Response.Write("程序结束")
End Sub
```

程序 7-28-2.aspx 的代码如下：

```
Protected Sub Page_Load(ByVal sender As Object, ByVal e As System.EventArgs)Handles Me.Load
    Response.Write("Execute 方法和 Transfer 方法比较" & "<br>")
End Sub
```

运行程序 7-28-1.aspx，结果如图 7-20 所示。

由图 7-20 不难看出，执行 Server.Execute ("7-28-2.aspx")语句，转向程序 7-28-2.aspx，执行完毕后，仍返回程序 7-28-1.aspx，继续执行 Server.Transfer("7-28-2.aspx")语句。此时再次转向程序 7-28-2.aspx，运行完毕没有返回程序 7-28-1.aspx，所以图中没有看见"程序结束"的输出显示。

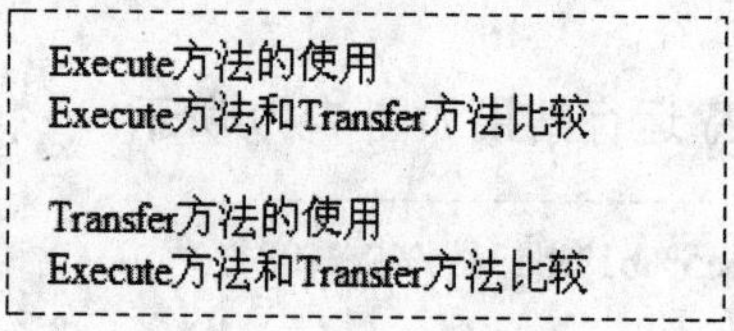

```
Execute方法的使用
Execute方法和Transfer方法比较

Transfer方法的使用
Execute方法和Transfer方法比较
```

图 7-20　Execute 方法和 Transfer 方法的比较

7.5　ASP.NET 应用举例——建立网上课堂讨论区

在前面几节详细介绍了.NET 程序的结构、语法以及服务器控件和 ASP.NET 对象，下面通过一个综合实例，将所学的概念融会贯通，完整地展示.NET 程序的应用架构。

【例 7-29】建立一个网上课堂讨论区。登录到这个讨论区的用户可以在这里畅所欲言，查看别人的发言。这是一个和例 6-15 具有同样功能的 Web 应用。通过这个例子可以比较 ASP.NET 程序和 ASP 程序的异同之处。该实例的用户登录界面如图 7-21 所示。

输入用户名时，要求用户名不得少于 6 个字符，否则出现如图 7-22 所示的错误提示信息。单击"登录"按钮进入讨论区的主页面，如图 7-23 所示。

课堂讨论区

请输入用户名 marysad 　[登录] [重置]

图 7-21　用户登录页面

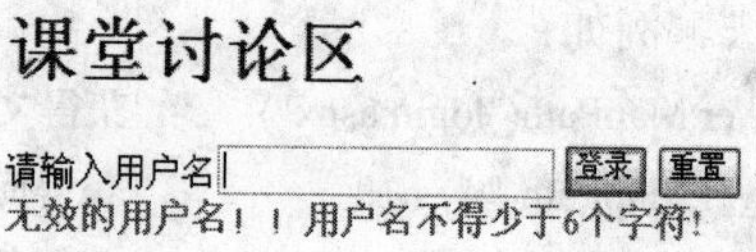

课堂讨论区

请输入用户名 [　　　　　] [登录] [重置]
无效的用户名！！用户名不得少于6个字符！

图 7-22　输入错误提示信息

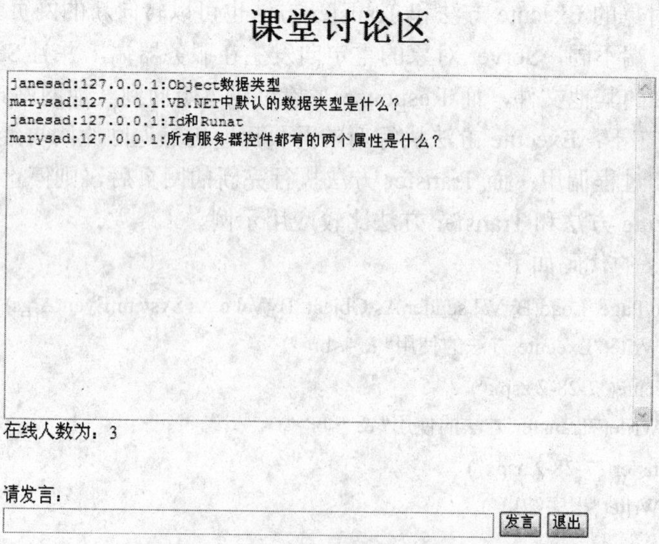

课堂讨论区

```
janesad:127.0.0.1:Object数据类型
marysad:127.0.0.1:VB.NET中默认的数据类型是什么?
janesad:127.0.0.1:Id和Runat
marysad:127.0.0.1:所有服务器控件都有的两个属性是什么?
```

在线人数为：3

请发言：

[　　　　　　　　　　　　] [发言] [退出]

图 7-23　讨论区主页面

该应用程序由 5 个文件组成：

Login.aspx 　用户登录页面。

Main.aspx 　讨论区框架页面文件。

Display.aspx 　显示讨论的内容。

Speak.aspx 　发言信息输入页面。

Global.asax 　定义 Session_Start、Session_End 和 Application_Start 事件过程。

1．Login.aspx 源程序

```
<%@ Page Language="VB" AutoEventWireup="false"
CodeFile="login.aspx.vb" Inherits="login" %>
<script runat="server">
Protected Sub Button1_Click(ByVal sender As Object, ByVal e As System.EventArgs) Handles
Button1.Click
            If usename.Text <> "" And Len(usename.Text) >= 6 Then
                '通过登录验证，进入讨论区
                Session("usename") = usename.Text
                Response.Redirect("main.aspx")
            Else  '用户名少于 6 个字符
                messsage.Visible = True
                messsage.Text = "无效的用户名！！用户名不得少于 6 个字符!"
                usename.Text = ""
                usename.Focus()
            End If
End Sub
Protected Sub Button2_Click(ByVal sender As Object, ByVal e As System.EventArgs) Handles
Button2.Click
        usename.text=""
        usename.Focus()
End Sub
</script>
<html >
<head runat="server"> <title></title></head>
<body>
<h1>课堂讨论区</h1>
    <form id="form1" runat="server">
    <div>
        请输入用户名<asp:TextBox ID="usename" runat="server"></asp:TextBox>
        <asp:Button ID="Button1" runat="server" Text="登录" />
        <asp:Button ID="Button2" runat="server" Text="重置" /> <br />
        <asp:Label ID="messsage" runat="server" visible="false" Font-Bold="True"
        ForeColor="#FF3300"></asp:Label>
    </div>
```

```
        </form>
    </body>
</html>
```

2. Main.aspx 源程序

```html
<html>
    <frameset rows="*,131" cols="*" frameborder=0>
        <frame name="display" src="display.aspx" scrolling="auto" />
        <frame name="speak" src="speak.aspx" scrolling="auto" />
    </frameset>
</html>
```

3. Display.aspx 源程序

```vbnet
<%@ Page Language="VB" AutoEventWireup="false"
CodeFile="display.aspx.vb" Inherits="display" %>
<script runat="server">
        Sub page_load(ByVal sender As Object, ByVal e As EventArgs) Handles Me.Load
            '在多行文本框中显示讨论内容
            Content.Text = Replace(Application("message"), "<para>", vbCrLf)
            '在文本框中显示在线人数
            count.Text = "在线人数为：" & Application("usercount")
        End Sub
</script>
<html>
<head>
<META HTTP-EQUIV="Refresh" content="1;display.aspx">
</head>
<form id="form1" runat="server">
 <div>
        <center><h1>课堂讨论区</h1></center>
        <asp:TextBox ID="content" runat="server" Height="305px" ReadOnly="True"
            TextMode="MultiLine" Width="586px"></asp:TextBox><br/>
        <asp:Label ID="count" runat="server" ></asp:Label>
 </div>
</form>
</html>
```

4. Speak.aspx 源程序

```vbnet
<%@ Page Language="VB" AutoEventWireup="false"
CodeFile="speak.aspx.vb" Inherits="speak" %>
<script runat="server" >
Protected Sub Button1_Click(ByVal sender As Object, ByVal e As System.EventArgs) Handles
```

```
Button1.Click
        Dim usename As String, useip As String
        If speakmess.Text <> "" Then
                usename = Session("usename")     '读取用户名
                useip = Request.ServerVariables("remote_addr")    '读取用户 IP 地址
                Application.Lock()
                '将用户名、用户地址，发言内容写入 Application 变量
                 Application("message") = usename + ":" + useip + ":" + speakmess.Text + "<para>" +
Application("message")
                        Application.UnLock()
                        speakmess.Text = ""
        End If
End Sub
Protected Sub Button2_Click(ByVal sender As Object, ByVal e As System.EventArgs) Handles
Button2.Click
                Session.Abandon()
End Sub
</script>
<html><head runat="server"><title>无标题页</title>
</head>
<body>
<form id="form1" runat="server">
    <div>
    请发言：<br/>
    <asp:TextBox ID="speakmess" runat="server" Width="444px" ></asp:TextBox>
    <asp:Button ID="Button1" runat="server" Text="发言" />
    <asp:Button ID="Button2" runat="server" Text="退出" /> <br /> <br />
    </div>
</form>
</body>
</html>
```

5. Global.asax 源程序

```
<%@ Application Language="VB" %>
<script runat="server">
Sub Application_Start(ByVal sender As Object, ByVal e As EventArgs)
                Application("message") = ""
                Application("usercount") = 0
End Sub
Sub Session_Start(ByVal sender As Object, ByVal e As EventArgs)
                Session("username") = ""
                Session.Timeout = 15
```

```
                    Application("usercount") = Application("usercount") + 1
    End Sub
    Sub Session_End(ByVal sender As Object, ByVal e As EventArgs)
                    Application("usercount") = Application("usercount") - 1
    End Sub
</script>
```

本 章 小 结

本章介绍了 ASP.NET 程序的基本结构和语法。与 ASP 的单文件页模式相比，ASP.NET 引入了一个新的的页面模式——代码隐藏页模式，这一模式对于代码的重用、程序的调试和维护均有着重要的意义。除此之外，还可以有效地保护代码，提高程序的安全性。在 ASP.NET 应用中，使用了多种文件类型，分别起着不同的作用，其中使用最频繁的文件类型是.aspx、.aspx.vb 和.aspx.cs。命名空间是.NET 框架中又一个重要的概念，它采用树形结构管理方式，将一些提供相似功能或具有相似状态的类聚合在一起组成一个在逻辑上相关的单元，以便于使用。

ASP.NET 支持的编程语言有 VB.NET、C#、Jscript.NET 等，为了本书的读者能快速掌握.NET 的编程方法，本章重点介绍了 VB.NET 语言。从数据类型、运算符、各种控制语句到过程和函数等语法知识都一一进行了介绍。

从 HTML 标记发展到现在的服务器控件，彻底地改变了页面设计的方法和数据提交的方式，为实现页面元素和编程逻辑的分离提供了便利。服务器控件不仅使用方便、功能强大，而且是服务器能够访问和操作的控件。ASP.NET 服务器控件主要分为三种类型：HTML 服务器控件、Web 服务器控件和用户自定义服务器控件。其中 Web 服务器控件又分为标准服务器控件、验证控件、导航控件、数据控件、登录控件等，这些是构成 Web 页面的重要元素。本章重点介绍了标准服务器控件。

ASP.NET 的对象是程序设计不可缺少的重要元素，这些对象由.NET Framework 中封装好的类来实现。其中包括 Page、Response、Request、Application、Session 和 Server 对象等。它们为开发者提供基本的请求、响应、会话等处理功能。

习 题 7

7.1 所有服务器控件都有哪两个属性？

7.2 与 Web 页面相关联的文件是哪两个？各有什么功能？

7.3 Web 页面可以使用哪三种控件？

7.4 命名空间是什么？Page 类位于哪个命名空间？

7.5 在 VB.NET 中默认的数据类型是什么？

7.6 创建一个可以存放任何数据类型的二维数组 A，其第一维包含 9 个元素，第二维包含 2 个元素。

7.7 简述 Page 对象的 IsPostBack 和 IsValid 属性的含义，分别说明 Page 对象的 Init 事件、Load 事件和 Unload 事件何时发生。

7.8 Application 对象和 Session 对象的事件代码写在哪里？

7.9 在 ASP.NET 程序中如何获得浏览器的信息？

上机实验 7

7.1 找出从 3~100 之间的所有素数。

【目的】学会 VB.NET 编程方法。

【内容】编写 Web 应用程序，找出从 3~100 之间的所有素数，并显示在 Web 页中。

【步骤】

（1）用 Notepad 记事本或.NET 开发软件建立一个空白的 aspx 程序文件，在 Page_load 事件过程中添加求素数的程序代码。

（2）执行 aspx 程序文件，查看运行结果。

7.2 将若干数据排序。

【目的】学会编写 Sub 过程，掌握过程调用的方法。

【内容】编写程序，将给定数组中的数据进行排序，并将排序结果显示在页面中。要求设计一个实现排序的 Sub 子过程。其中包含一个形参 SortMode，当该参数的传入值为 0 时，从小到大排序；传入值为 1 时，由大到小排序。

【步骤】

（1）建立一个空白的 aspx 程序文件。

（2）在 aspx 程序文件中建立一个实现排序功能的 Sub 子过程。

（3）建立一个主程序过程，可以是 Page_load 事件过程，并在主过程中调用 Sub 子过程。

（4）执行 aspx 程序文件，查看运行结果。

7.3 设计一个学生信息调查表。

【目的】学会使用标准服务器控件。

【内容】设计一个学生信息调查表页面。内容包含学号、姓名、性别、出生年月日、出生地、家庭住址等。当数据填写完成后，单击"确定"按钮，将输入的信息在页面上显示出来。单击"重置"按钮，实现输入重置。程序运行界面如图 7-24 所示。

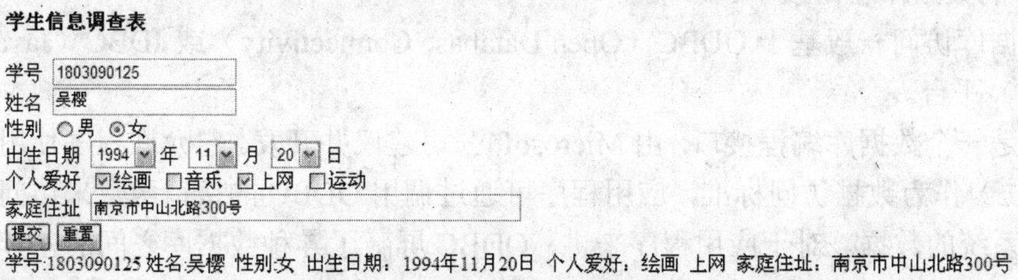

图 7-24　学生信息调查表页面

【步骤】

（1）建立一个空白的 aspx 程序文件，按图 7-24 设计学生信息调查表页面。

（2）添加"提交"命令按钮的事件过程代码，读取服务器控件中的数据。

（3）运行程序，查看结果。

7.4 设计一个网页访问计数器。

【目的】学会使用 Application 对象。

【内容】编写程序使得当第 10 个用户访问该页面时，显示一条祝贺信息。

【步骤】

（1）建立一个空白的 aspx 程序文件。

（2）添加 Page_load 事件过程，设置一个 Application 变量统计访问人数。当人数为 10 时，显示一条祝贺信息。

第8章　Web 数据库程序设计

数据库应用系统在现有计算机应用软件中占有很大的比例。Internet 技术的飞速发展使得基于 Web 的应用需求大量涌现，越来越多的 Web 站点建立在数据库基础上，而 Web 页面和数据库的交互是众多 Web 应用程序实现的关键问题之一。本章将着重介绍 ASP 服务器端组件 ActiveX Data Objects（ADO）以及基于.NET 框架的 ADO.NET 技术，讨论 ADO 和 ADO.NET 对数据库的访问操作。

8.1　Web 数据库访问技术

与传统数据库应用系统的开发不同，Web 数据库系统不能仅依赖某个 DBMS 实现整个应用系统，而是通过一些 Web 应用程序，组合 HTML、脚本语言及其某些特定的扩展功能实现数据库的访问。实际上，在 Internet 环境下，不仅仅是数据库应用系统，其他应用系统的开发也不能单纯用一种语言环境来实现。

一个 Web 应用系统一般采用 Browser/Web Server/Application Server 模式实现，因此，对于应用系统来说，Web 程序设计语言、应用服务器平台以及二者之间的接口技术是必不可少的。就数据库应用系统来说，应用服务器就是数据库服务器，因而 Web 访问数据库的关键是与数据库服务器间的接口。Microsoft 公司推出的通过对服务器端的组件 ADO 以及 ADO.NET 对象的调用实现数据库访问的技术，极大地简化了 Web 应用开发工作。本章主要介绍 ASP 和 ASP.NET 的数据库访问技术。

Web 数据库访问一般基于 ODBC（Open Database Connectivity）或 JDBC（Java Database Connectivity）平台。

ODBC 是一个数据库编程接口，由 Microsoft 公司建议并开发。它允许程序使用结构化查询语言（SQL）作为数据访问标准，应用程序可通过调用 ODBC 的接口函数来访问来自不同数据库管理系统的数据。对于应用程序来讲，ODBC 屏蔽了异种数据库之间的差异。Web 也是一类应用，和其他应用程序一样可以通过 ODBC 实现对数据库的访问。图 8-1 为采用 ODBC 访问数据库的 Web 应用系统模型。

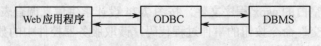

图 8-1　ODBC 应用系统模型

JDBC 与 ODBC 一样是支持基本 SQL 功能的一个通用低层的应用程序编程接口（API），它在不同的数据库功能模块层次上提供一个统一的用户界面，只不过由于 ODBC 提供的是 C 语言 API，而 JDBC 提供一个 Java 语言的 API，这使得独立于 DBMS 的 Java 应用程序的开发成为可能，同时也提供了多样化的数据库连接方式。

JDBC 有两种接口：面向程序开发人员的 JDBC API 和面向低层的 JDBC Driver API。JDBC API 是一系列抽象的接口，它使应用程序员能够进行数据库连接，执行 SQL 命令，并且得到返回结果。JDBC Driver API 是面向驱动程序开发商的编程接口。

JDBC 是较早的 Web 开发平台，在 Web 应用中，常通过嵌于网页（HTML 语言）中的 Java applets 利用 JDBC 来访问数据库。图 8-2 为用 JDBC 实现 Web 数据库访问的方法。

图 8-2　JDBC 技术的 Web 数据库模型

8.2　ODBC 接口

8.2.1　ODBC 接口概述

ODBC 是 Microsoft 公司建议并开发的数据库 API 标准，它为异种数据库提供统一的访问接口，使应用程序能用结构化查询语言 SQL 访问数据库，从而对操作数据库的应用程序屏蔽了不同数据库管理系统的访问差异，也使数据库系统的开发不仅仅局限于某个 DBMS。

在 Windows 平台下，ODBC 用动态链接库（Dynamic Link Libraries，DLL）调用 ODBC 驱动程序来完成对数据库的访问。对应于某一种 DBMS 有相应的 ODBC 驱动程序，当 DBMS 改变时，只要更换 ODBC 驱动程序而无须更改应用程序。

作为一种 API 标准，ODBC 主要定义了以下一些内容：

（1）ODBC 函数库。它为应用程序提供连接 DBMS、执行 SQL 语句、提取访问结果的程序接口。

（2）SQL 语法。它遵循 X/Open and SQL Access Group Call Level Interface Specification 标准。

（3）错误代码。

（4）连接、登录 DBMS。

（5）数据类型。

ODBC 接口具有相当的灵活性，构成 SQL 语句的字符串可以在源程序中给出，或者在运行时动态生成，同一个应用程序可以存取不同的 DBMS。应用程序不必关心 ODBC 与 DBMS 底层的通信协议。

8.2.2　ODBC 的应用

一个 ODBC 应用的建立应涵盖以下内容：

（1）建立需要操作数据库的应用程序。该程序通过调用 ODBC 函数提交 SQL 语句。

（2）提供运行环境。该环境应包含数据库驱动程序，它负责处理 ODBC 函数调用，向数据源提交 SQL 请求，向应用程序返回结果。必要时，将 SQL 语法翻译成符合 DBMS 语法规定的格式。

（3）具有由用户数据库、DBMS 等构成的可供应用程序访问的数据源。

其中，数据库驱动程序应由驱动程序管理器加载到操作系统中，在 Windows 环境下，驱动程序是一个带有入口函数库的 DLL。

对一个应用程序来说，驱动程序管理器和驱动程序的操作是不可见的，因而通过 ODBC

访问数据库的基本步骤如下：

- 创建数据源；
- 建立一个与数据源的对话连接；
- 向数据源发出 SQL 请求；
- 定义一个缓冲区和数据格式用于存储访问结果；
- 提取结果；
- 处理各种错误；
- 向用户报告结果；
- 关闭与数据源的连接。

8.2.3　创立并配置数据源

由于目前很多 Web 应用基于 Windows 平台，所以本节将以 Windows 环境下的 ODBC 接口配置为例，介绍如何在 Windows 环境下创建可供应用程序使用的数据源。本章后面所列举的编程示例均以此为平台。

正常安装了 Windows 操作系统之后，系统中会含有 ODBC 接口管理程序。用户可通过 ODBC 数据源管理程序或系统函数调用两种方式创建或配置数据源。下面是采用 ODBC 管理程序来创建和配置数据源的过程。

在 Windows 环境下，数据源 DSN 又分为用户 DSN、系统 DSN 和文件 DSN 三种。用户和系统 DSN 存储在 Windows 注册表中。系统 DSN 允许所有用户登录到特定的服务器上访问数据库。用户 DSN 使用适当的安全身份证明限制数据库到特定用户的连接。文件 DSN 从文本文件中获取表格，提供对多用户的访问，并且通过复制 DSN 文件，可以轻易地从一个服务器转移到另一个服务器。在 Web 数据库设计中，一般应采用系统数据源配置。例如配置一个

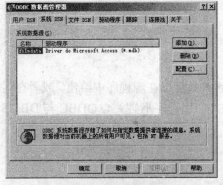

图 8-3　数据源管理器对话框

Access 数据源的过程如下：

（1）在 Windows 下进入控制面板，打开 ODBC 数据源，若是 Windows 2000 平台，则打开管理程序下的数据源 ODBC，屏幕上将出现图 8-3 所示的 ODBC 数据源管理器对话框。

（2）选择"系统 DSN"选项卡，即选择系统数据源。要使系统的所有应用程序都可以使用它，必须选用"系统 DSN"，这是 Web 站点的需要。单击"添加"按钮，进入"创建新数据源"对话框，如图 8-4 所示。

（3）选择所使用的数据库驱动程序，如选择 Microsoft Access Driver (*.mdb)，单击"完成"按钮，出现如图 8-5 所示的对话框。

（4）为该数据源命名并输入数据源名，单击"选择"按钮，为该数据源指定一个已创建好的 Access 数据库（*.mdb），该数据库应该是 Web 应用程序中即将要访问的数据库，然后回到图 8-4"创建新数据源"对话框。单击"确定"按钮，直到关闭 ODBC 管理器，此时就完成了一个数据源的创建过程。

若要修改该数据源配置，可在图 8-3 的"数据源管理器"对话框中选定要更改的数据源，再单击"配置"按钮。

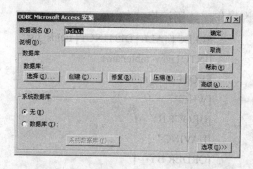

图 8-4 "创建新数据源"对话框   图 8-5 "ODBC Microsoft Access 安装"对话框

数据源创建后，即可在应用程序中使用了。在 8.4 节以后的篇幅中，将介绍采用 ADO 组件和 ADO.NET 技术，通过已建立的数据源实现 Web 数据库应用系统。

8.3 数据库语言 SQL

8.3.1 SQL 概述

SQL（Structured Query Language）是一个被广泛采用、适用于关系数据库访问的数据库语言工业标准。它包括数据定义、数据操纵、数据查询和数据控制等语句标准。目前所有主流的 DBMS 软件商均提供对 SQL 的支持。SQL 最早出现在 1981 年，由 IBM 公司推出其雏形。1986 年由美国国家标准协会（ANSI）公布了 SQL 的第一个标准 X3.135—1986。不久，国际标准化组织 ISO 也通过了这个标准，即通常所说的 SQL—86。1989 年，ANSI 和 ISO 公布了经过增补和修改的 SQL—89。此后，又于 1992 年公布了 SQL—92，又称 SQL—2。SQL—2 对语言表达式进行了较大扩充。

SQL 不是一种 DBMS，也不是真正、独立的计算机语言，它没有 IF 语句，也没有其他如 FOR、GOTO 这样的流程控制语句，它是一种数据库子语言，是一种控制与 DBMS 交互的语言，它包含 40 余条针对数据库管理任务的语句，这些语句可嵌入在 C 语言、Java 语言以及各类脚本语言中，如 Web 页面常用的 JavaScript、VBScript 中，以扩展这些语言的数据库访问能力。SQL 具有以下 4 项功能：

（1）数据定义。定义数据模式。

（2）数据查询。从数据库中检索数据。

（3）数据操纵。对数据库数据进行增加、删除、修改等操作。

（4）数据控制。控制对数据库用户的访问权限。

SQL 语言主体大约由 40 条语句组成，每一条语句都对 DBMS 产生特定的动作，如创建新表、检索数据、更新数据等。SQL 语句通常由一个描述要产生的动作的谓词（Verb）关键字开始，如 CREATE、SELECT、UPDATE 等。紧随语句的是一个或多个子句（Clause），子句进一步指明语句对数据的作用条件、范围、方式等。

8.3.2 主要 SQL 语句

1. 查询语句 SELECT

SELECT 是 SQL 的核心语句，它功能强大，和各类 SQL 子句结合，可完成多种复杂的查询操作。其语法格式如下：

```
SELECT [ALL | DISTINCT] fields_list
[INTO] new_tablename
FROM table_names
[WHERE …]
[GROUP BY…]
[HAVING…]
[ORDER BY…]
```

其中：

ALL	选择符合条件的所有记录，为语句默认值。
INTO	将查询结果放入指定新表中。
DISTINCT	略去选择字段中包含重复数据的记录。
Fields_list	用 "," 隔开的字段名列表，列出需查询的记录字段，可用*代替所有字段。
FROM	SQL 子句，指定 SQL 语句所涉及的表（Table）。
Table_names	SELECT 语句所涉及的表名，用 "," 隔开。
WHERE	SQL 子句，指定查询结果应满足的条件。
GROUP BY	SQL 子句，按照指定的字段将查询结果分组。
HAVING	SQL 子句，指定查询结果分组后需满足的条件，只有满足 HAVING 条件的分组才会出现在查询结果中。
ORDER BY	SQL 子句，指定查询结果按哪些字段排序，是升序（ASC）还是降序（DESC）。

【例 8-1】用最基本的 SELECT 语句实现从 department 表中检索出所有部门的相关资料。

```
SELECT dept_no,dept_name,location
FROM department
```

该语句执行后的结果为：

dept_no	dept_name	location
001	research	Dallas
002	accounting	Seattle
003	marketing	Dallas

【例 8-2】用 WHERE 子句指定查询条件，要求列出位于 Dallas 的所有部门：

```
SELECT dept_no,dept_name
FROM department
WHERE location= 'Dallas'
```

语句执行后的结果如下：

dept_no	dept_name
001	search
003	marketing

【例 8-3】 用 INTO 子句从雇员表 employee 中将属于 001 部门的雇员信息检索出来，并放入一个新数据库表 researchemp 中，新表按 emp_name 字段升序排列。

```
SELECT *
```

```
INTO researchemp
FROM employee
WHERE dept_no= '001'
ORDER BY emp_name ASC
```

2. 插入数据语句 INSERT

INSERT 可添加一个或多个记录至一个表中。INSERT 有两种语法形式：

（1）INSERT INTO target [IN externaldatabase] (fields_list)

{DEFAULT VALUES|VALUES（DEFAULT|expression_list）}

（2）INSERT INTO target [IN externaldatabase] fields_list

{SELECT…|EXECUTE…}

其中，① target 是追加记录的表（Table）或视图（View）的名称。② externaldatabase 是外部数据库的路径和名称。③ expression_list 是要插入的字段值表达式列表，其个数应与记录的字段个数一致，若指定要插入值的字段 fields_list，则应与 fields_list 的字段个数一致。

使用第（1）种形式将一个记录或记录的部分字段插入到表或视图中。第（2）种形式的 INSERT 语句插入来自 SELECT 语句或来自使用 EXECUTE 语句执行的存储过程的结果集。

【例 8-4】用第（1）种 INSERT 形式，将一个雇员的信息插入到雇员表中。

```
INSERT INTO employee VALUES('255001', 'Ann', 'Jones', 'd3')
```

【例 8-5】用第（2）种 INSERT 形式，将从部门表 department 中检索出的位于 Dallas 的部门记录插入到 dallas_dept 表中。

```
INSERT INTO dallas_dept(dept_no,dept_name)
SELECT dept_no,dept_name
FROM department
WHERE location='Dallas'
```

3. 删除数据语句 DELETE

DELETE 从一个或多个表中删除记录。语法格式如下：

```
DELETE
FROM table_names
[WHERE…]
```

【例 8-6】删除表 works_on 中所有经理的记录。

```
DELETE FROM works_on
WHERE job='manager'
```

【例 8-7】从数据库表中删除雇员 Ann 的相关记录。

```
DELETE FROM works_on
WHERE emp_no IN
(SELECT emp_no
    FROM   employee
    WHERE emp_no='Ann')
```

4. 更新数据语句 UPDATE

UPDATE 语句用来更新表中的记录。语法格式如下：

```
UPDATE table_name
SET Field_1=expression_1[,Field_2=expression_2…]
[FROM table1_name|view1_name[,table2_name|view2_name…]]
[WHERE…]
```

其中，① Field 是需要更新的字段；② Expression 是要更新字段的新值表达式。

【例 8-8】更新 employee 表中雇员 Jhon 的部门。

```
UPDATE employee
SET dept_no='d3'
WHERE emp_fname=' Jhon'
```

【例 8-9】将雇员 jones 的岗位置空。

```
UPDATE works_on
SET job=NULL
FROM works_on,employee
WHERE emp_lname='jones'
AND works_on.emp_no = empoyee.emp_no
```

8.4 使用 ADO 访问数据库

8.4.1 ADO 概述

ADO（ActiveX Data Objects）是 Microsoft 公司 Web 服务器端的内置组件，它允许人们编写程序，通过一个 OLEDB（数据库对象链接嵌入技术）提供者，如 Microsoft SQL Server、Microsoft Access 系统，访问并操纵数据库服务器中的数据。ADO 由 ASP 技术支持，其数据库访问模型如图 8-6 所示。

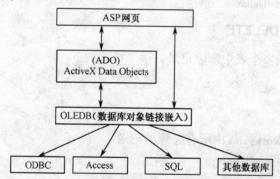

图 8-6   采用 ADO 技术的 Web 数据库访问模型

ADO 几乎兼容所有的数据库系统，从小型数据库 Microsoft Access、FoxPro 到大型数据库 SQL Server、Oracle、Informix、Sybase 等，ADO 提供相同的处理方法。ADO 也支持多种程序设计语言，如 VB、VC++ 以及各类脚本语言，在 ASP 页内用 VBScript 和 JavaScript 语言对 ADO 编程尤为方便。

8.4.2   ADO 的对象类和对象模型

ADO 技术通过 ADO 对象的属性和方法完成相应的数据库访问目的。ADO 共有以下 7

种独立对象类。

（1）Connection 连接对象。表示与数据源的连接关系。应用程序通过连接对象访问数据源，连接是交换数据所必需的环境。

（2）Command 命令对象。定义一些特定的命令语法，以执行相应的动作。通过已建立的连接，Command 对象用某种方式来操作数据源。一般情况下，命令对象可以在数据源中添加、删除或更新数据，也可在表中以记录行的格式检索数据。命令对象通常还用于完成较复杂的数据库查询。

（3）RecordSet 记录集对象。表示来自数据库表或命令执行结果的记录，并可通过 RecordSet 对象控制对数据源数据的增、删、改操作。

（4）Property 属性对象。描述对象的属性，每个 ADO 对象都有一组唯一的属性来描述或控制对象的行为。属性有两种类型：内置和动态。内置属性是 ADO 对象的一部分且随时可用。动态属性则由特别的数据源提供者添加到 ADO 对象的属性集合中，仅在该提供者被使用时才能存在。

（5）Error 错误对象。描述连接数据库时发生的错误。

（6）Field 域（字段）对象。表示 RecordSet 对象的字段，一个记录行包含一个或多个域（字段）。记录集可以看成由记录行和记录字段构成的二维网格。每一个 Field 对象包含名称、数据类型和值的属性，其中值的属性即为来自数据源的真实数据。

（7）Parameter 参数对象。描述 Command 对象的命令参数，即命令所需要的变量部分。参数可以在命令执行之前更改。例如，可重复发出相同的数据检索命令，但每一次可指定不同的检索参数。参数对象使命令调用者与命令间参数的传递成为可能。

ADO 对象模型反映了 ADO 对象之间的关系。图 8-7 是 ADO 的对象模型。

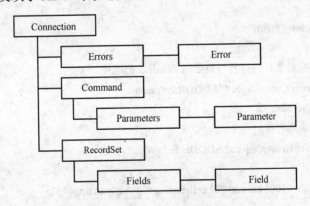

图 8-7   ADO 的对象模型

可以看出，ADO 的 7 个对象是分层次的。顶层有三个对象：Connection、Command、RecordSet；Error、Parameter、Field 则分别是 Connection、Command、RecordSet 的子对象；另一个未在图中反映的是 Property 对象。任何一种对象都具有 Property 对象以描述该对象的属性。

集合是 ADO 的另一概念，它是一种可方便地包含其他对象的对象类型。集合对象具有存储和访问集合内其他对象的方法。使用集合方法可按集合内对象的名称（字符串）或集合内对象的序号（整型数）对集合中的对象进行访问。集合的类型与顶层的三个对象有关，Connection、Command、RecordSet 对象都有各自的集合，同时也共有一个属性集合。在图 8-7

中，Errors、Parameters、Fields 及另一个 Properties 集合是 ADO 提供的 4 种类型的集合。

（1）Errors 集合。Connection 对象具有的集合，包含与数据源连接时因发生相关错误而产生的 Error 对象。

（2）Parameters 集合。Command 对象具有的集合，包含应用于 Command 对象的参数所形成的所有 Parameter 对象。

（3）Fields 集合。RecordSet 对象具有的集合，包含所有表示 RecordSet 对象记录字段的 Field 对象。

（4）Properties 集合。Connection、Command、RecordSet、Field 对象都具有的集合，它包含所有属于各个包含对象的 Property 对象。

8.4.3 ADO 样例

【例 8-10】下面是一个视频网站某个页面的源代码，它完成在页面上列出数据库表中所有电影的名称、影片级别及主要演员的功能。存放这些电影信息的数据表名为 films。

```
<!--#INCLUDE file="ADOVBS.inc"-->
<%Dim Conn, RS
Dim StrSQL
Dim MusicID, MusicName,Musiclevel,Musicstars
%>
<HEAD>
<TITLE>影视在线</TITLE>
<META http-equiv="Content-Type" content="text/html; charset=gb2312">
</HEAD>
<BODY bgcolor="#ffffff" >
<%
'建立一个连接对象，并打开与数据源 filmdata 的连接
set Conn=Server.CreateObject("ADODB.connection")
Conn.Open "Mydata"
'建立一个记录集对象
Set RS = Server.CreateObject("ADODB.Recordset")
 %>
<TABLE width="700" border="0" cellspacing="0" cellpadding="0">
<%
'定义一个 SQL 命令串
StrSQL = "select filmID,name,level,stars from films"
'通过记录集的 Open 方法执行 SQL 命令串
RS.Open StrSQL,Conn,adOpenForwardOnly,adLockReadOnly
'将以表格的形式在页面上显示检索出的数据
While Not RS.EOF
        '以下 4 条语句取出记录集 Fields 集合中的 4 个 field 对象的值
        MusicID = RS.Fields("filmID").Value
        MusicName = RS.Fields("name").Value
```

```
                    MusicLevel= RS.Fields("level").Value
                    MusicStars= RS.Fields("stars").Value
        %><TR>
                <TD height="21" width="45">
                <A href="filmlist.asp?ID=<%= MusicID %>"><%= MusicName %></A>
                </TD>
                 <TD height="21" width="45">
                <%= MusicLevel %></A>
                </TD>
                <TD height="21" width="45">
                <%= MusicStars %></A>
                </TD>
        </TR>
                <%
            '移向下一条记录
            RS.MoveNext
        Wend
        '关闭记录集，关闭连接
        RS.Close
        Conn.Close
        %>
        </TABLE>
        </BODY>
```

该程序首先建立了与数据源"filmdata"的连接对象 Conn，并建立了可表示数据库表记录的记录集对象 RS，"StrSQL = "select filmID,name,level,stars from films""定义了一条 SQL 语句，它从 films 表中检索出所有记录的 filmId, name, level, stars 域的值。"RS.Open StrSQL,Conn, adOpenForwardOnly,adLockReadOnly"语句执行该查询，并将检索结果放置在 RS 记录集中。While Not RS.EOF … Wend 循环体中的语句完成在页面上列表并分行显示每条记录的字段 name, level 和 stars。

8.5 用 Connection 对象连接数据库

8.5.1 Connection 对象的常用属性和方法

从例 8-10 可以看出，运用 ADO 访问数据库需要一个打开的数据库连接，这个连接就是 ADO 的连接对象 Connection。Connection 对象建立与所要访问的数据源的关联关系，它具有一组属性和方法，用于表示、维护这个关联关系，并可用 Connection 对象的 Execute 方法实现 SQL 语句的执行。

Connection 对象的常用属性和方法如下：

（1）Mode 属性。关闭 Connection 对象时使用，用于设置数据的可用权限，其属性值是系统定义的一些常量。

（2）Sate 属性。指明 Connection 对象所处的状态，这些状态有关闭、打开、正在连接、正在执行命令等。

（3）ConnectionTimeout 属性。设置对象建立连接等操作失败时的等待时间。

（4）DefaultDatabase 属性。设置连接数据源的默认数据库。

（5）ConnectionString 属性。设置连接数据源的一些信息。

（6）Open 方法。建立到数据源的物理连接。

（7）Execute 方法。执行指定的查询、SQL 语句、存储过程或特定的文本。

（8）Cancel 方法。取消用异步方式执行的 Execute 或 Open 方法的调用。

（9）Close 方法。关闭一个连接。在对 Connection 对象操作结束时，使用它释放所有与之关联的系统资源。

8.5.2 打开和关闭数据库连接

一个连接对象只有与某个数据源产生关联，才能访问相应的数据源，产生关联的方法就是打开一个 Connection 对象，而当所有对数据源的操作完成后，应关闭这个 Connection 对象。

1. 打开 Connection 对象

打开连接对象可采用 Connection 对象的 Open 方法，其语法格式为：

    Open(ConnectionString, UserID, Password, Options)

其中，① ConnectionString 是由分号分隔的一系列连接信息字符串，包括数据源名、客户端数据源等信息。② UserID 是可选字符串，是需要与数据源建立连接的用户名，由数据库管理员提供。在具有用户认证功能的数据源中用到，如 Microsoft SQL Sever。③ Password 是连接用户的密码。④ Options 是可选项，指定打开连接的方式是同步还是异步。选项默认值为同步连接，当 Options 值为 adAsyncConnect 时，打开的是异步连接。异步方式指不必等 Open 方法执行完毕，就立即返回执行下一条语句。

2. 关闭 Connection 对象

采用 Connection 对象的 Close 方法，其语法格式为：

    对象实例名.Close

【例 8-11】下面是一段使用连接对象的代码示例，能够反映连接对象的基本步骤。

```
<% '建立一个连接对象
Set Conn=Server.CreateObject（"ADODB.Connection"）
'打开连接对象，使之与已建立的数据源 MyData 关联
Conn.Open "MyData"
'执行一条 SQL 语句
Conn.Execute "INSERT INTO sales (ID,GoodsName) VALUES ('100011', 'Computer') "
Conn.Close        '关闭连接对象
%>
```

本例中，用 Open 方法打开一个已建立的数据源"MyData"（创建数据源方法，参见 8.2 节 ODBC 接口）。也可以不经建立数据源而直接产生与数据库的关联，但需要知道数据库文件的准确路径。如果在连接对象打开时指定数据库驱动类型和数据库文件，同样可以建立与

数据库的关联。例如语句：

        Conn.Open "DRIVER={Microsoft Access Driver(*.mdb)};DBQ=c:\MyDataBase\MyData.mdb"

可以建立与 Access 数据库 Mydata.mdb 的连接关系。

8.5.3　通过 Connection 对象执行 SQL 语句

连接对象被打开后，可以通过对象的 Execute 方法完成 SQL 语句的执行。

Execute 方法的语法格式如下。

        Execute(CommandText , RecordsAffected , Option)

其中，① CommandText 是要执行的 SQL 命令串，或表示语句的字符串变量。② RecordAffected 指定保存 SQL 语句所影响的记录数的变量参数。③ Option 指定执行 SQL 语句的选项参数，如指定 CommandText 串的类型，可优化执行性能。系统提供如下常量参数。

- AdCMDTable：被执行的字符串是一个表的名字。
- AdCMDText：被执行的字符串是一个命令文本。
- AdCMDStoredProc：被执行的字符串是一个存储过程名。
- AdCMDUnknow：不指定字符串的内容（默认值）。

另外，Execute 方法的调用分有括号和无括号两种形式。前者执行有返回结果的 SQL 语句。如 SELECT 语句会产生检索的结果记录，应采用有括号形式；若无括号，则执行一个无返回结果的语句，如 INSERT 语句。

【例 8-12】从数据库表 sales 中检索所有记录并返回记录数。

```
<!-- #INCLUDE file=" ADOVBS.inc"-->
<%
Set Conn=Server.CreateObject("ADODB.Connection")
Conn.Open "MyData"
'执行一个有结果返回的 SQL 命令
Set RS=Conn.Execute("SELECT * FROM sales", RecCount , AdCMDText)
RS.Close
Conn.Close
%>
```

本例中，Set RS=Conn.Execute("SELECT * FROM sales", RecCount , AdCMDText)语句执行后，查询结果将存储在 RS 中，其中 RecCount 表示查询所得到的记录个数。

值得注意的是，AdCMDTable 等常量使用之前，应在 ASP 页中包含名为 ADOVBS.inc 的文件，该文件在 ASP 支撑环境下被安装后应已装入硬盘，通常存放在\ProgramFiles\Common Files\System\ADO 目录下。若没有，则需查找到它，并将其复制到 Project 目录下。若用 JavaScript 编程，则应包含 ADOJAVAS.inc 文件。

Execute 方法执行的命令串也可用字符串变量表示，在该方法调用之前，可首先将 SQL 语句串放入一个变量中。

【例 8-13】用 MySQL 变量表示一个 SQL 命令串。

```
<!-- #INCLUDE file=" ADOVBS.inc"-->
<%
Set Conn=Server.CreateObject("ADODB.Connection")
```

```
Conn.Open "MyData"
'定义一个命令字符串，放在变量 MySQL 中
MySQL="INSERT INTO sales (ID,GoodsName) VALUES ('100036', 'Printer')"
'执行一个无返回结果的 SQL 命令，在 sales 表中插入一个记录
Conn.Execute MySQL
Conn.Close
%>
```

8.5.4　Connection 对象的事务处理

在数据库系统中，事务是一个重要的概念。一个事务是指完成一定功能的一组相关操作步骤。执行过程中，任何一步的失败都被视为事务处理不成功，系统将复原至事务开始前的状态。

Connection 对象的 BeginTrans、CommitTrans、RollBackTrans 方法可用来实现事务处理。BeginTrans 标记事务的开始，CommitTrans 标记事务的结束，RollBackTrans 恢复之前所做的事务处理操作。

【例 8-14】以下是进行事务处理的一段代码。该例采用 Web 站点进行网上交易，允许用户使用信用卡付账完成网上交易。为了记录交易信息，在数据库中设立了两个表：CreditCard 和 Shipping，分别记录购买商品的信用卡号和被购买商品的交易情况。当交易发生时将更新这两张表，更新过程为一个事务处理过程。若该事务处理过程中，一张表已更新，而第二张表未更新时，机器发生故障，则该事务的整个处理过程无效，第一张表的内容也保持事务开始前的状态。源程序如下：

```
<%
Set Conn=Server.CreateObject("ADODB.Connection")
Conn.Open "MyData"
Conn.BeginTrans        '事务开始
'在 CreditCard 表中记录交易的信用卡号
Conn.Execute "INSERT INTO CreditCard (CreNo) VALUES ('5555-446780190') "
'在 Shipping 表中使被购买商品的次数增 1
        Conn.Execute "UPDATE Shipping SET SalesCount =SalesCount+1 WHERE ID='100020' "
Conn.CommitTrans            '事务提交（结束）
Conn.Close
%>
```

本例中，一旦交易成功，应同时记录信用卡号和商品的购买次数，两个步骤有一个不成功，则表 CreditCard 和 Shipping 恢复到 Conn.BeginTrans 语句前的状态。

例 8-14 中所用 BeginTrans 和 CommitTrans 方法是防止在事务处理过程中，意外故障使数据库中的数据处于不一致状态，采用这两个方法界定事务处理步骤可以使意外产生后，数据库能自动恢复至事务开始前的原态。事务处理中的另一个方法——RollBackTrans 方法，则用来人为地使事务处理恢复到事务开始之前。

【例 8-15】采用 RollBackTrans 方法进行事务恢复。

```
<%
Set Conn=Server.CreateObject("ADODB.Connection")
```

```
Conn.Open "MyData"
Conn.BeginTrans
Conn.Execute "INSERT INTO CreditCard (CreNo) VALUES ('5555-446780190') "
Conn.Execute "UPDATE Shipping SET SalesCount=SalesCount+1 WHERE ID='100020' "
IF WeekDayName(WeekDay(Date))= "Sunday" Then
'取消所执行的事务步骤
    Conn.RollBackTrans
ELSE
    Conn.CommitTrans
END IF
Conn.Close
%>
```

本例中，IF WeekDayName(WeekDay(Date))= "Sunday" 判别交易当日是否为星期天（非交易日），若是，则将执行 Conn.RollBackTrans，撤销之前所做的记录交易信息的操作，使表 CreditCard 和 Shipping 恢复到事务开始时的状态。

8.6 用 Command 对象执行数据库操作

8.6.1 Command 对象的常用属性和方法

执行 SQL 语句可以通过打开的 Connection 对象，或用 ADO 的 Command（命令）达到同样的目的。ADO 的 Command 对象表示一个 SQL 命令字符串并能执行这个命令串。通过 Command 对象可执行一句或一批 SQL 查询，也可驱动 SQL Server 的存储过程。运用 Command 对象参数集合和调用存储过程的能力，能进行比 Connection 对象更强大的数据库访问操作。 Command 对象的常用属性和方法如下：

（1）ActiveConnection 属性。指定与 Command 对象关联已打开的连接对象。

（2）Name 属性。指定 Command 对象的名字。

（3）CommandText 属性。定义一个可执行的命令串。

（4）CommandType 属性。指定命令的类型。

（5）Execute 方法。执行命令。

8.6.2 用 Command 对象执行 SQL 语句

要采用 Command 对象完成数据库查询过程，首先要创建一个 Command 对象实例，然后指定其 ActiveConnection（当前打开的连接）属性、CommandText（要执行的命令串）属性，必要时可指定 CommandType（命令串的类型）属性以优化执行时的性能。命令对象的 Execute( ) 方法可以完成对 SQL 语句、存储过程的执行。

Execute 方法的语法格式为：

Execute (RecordsAffected, Parameters, Options)

其中，① RecordsAffected 是可选项，返回操作所影响的记录数。② Parameters 是可选项，返回 SQL 语句传送的参数值。③ Options 为可选项，通过系统提供的一组常量指定 CommandText 属性值的使用方式或 Execute 方法的执行方式。这组常量包括：

- AdCmdText：指定 CommandText 属性值为 SQL 命令串。
- AdCmdTableDirect：指定从 CommandText 属性值命名的数据库表中返回所有记录。
- AdCmdStoredProc：指定 CommandText 属性值为存储过程名。
- AdCmdUnknow：CommandText 属性值的类型未知。
- AdAsyncExecute：指定本方法调用采用异步方式。
- AdAsycFetch：对使用 CacheSize 属性指定数目的剩余记录行采用异步方式提取。

与 Connection 对象的 Execute 方法一样，Command 对象的 Execute 方法也包括有括号调用和无括号调用两种方式，分别用于有、无结果返回的调用。

【例 8-16】用 Command 对象的 Execute 方法从 sales 表中检索所有记录。

```
<%
Set Conn=Server.CreateObject("ADODB.Connection")
'创建一个命令对象
Set MyComm=Server.CreateObject("ADODB.Command")
Conn.Open "MyData"
Set MyComm.ActiveConnection=Conn
MyComm.CommandText= "SELECT * FROM sales"
MyComm. CommandType=adCMDText
Set RS=MyComm.Execute()
Conn.Close
%>
```

本例中，首先创建了一个 Connection 对象实例 Conn 和一个 Command 对象实例 MyComm，然后"Set MyComm.ActiveConnection=Conn"语句指定 MyComm 打开的连接为 Conn，"MyComm.CommandText= "SELECT*FROM sales""语句定义了一个命令串，"MyComm. CommandType =adCMDText"语句指明命令串为一个可执行命令，最后"Set RS= MyComm.Execute( )"语句执行命令并将结果存放在记录集 RS 中。

8.6.3 用 Command 对象调用存储过程

执行 SQL 语句可以用多种方式，不一定非要使用命令对象。创建和使用 Command 对象的一个主要优势是可以使用 SQL 存储过程。

存储过程是 Microsoft SQL Server 的一个概念，如同其他程序设计语言中的过程、函数或子程序的概念，它由一系列的 SQL 语句组成，常用来完成一个特定的功能，便于共享及程序模块化。存储过程在 SQL Server 中通过语句：

CREATE PROCEDURE 过程名 (输入、输出参数表)

  AS

SQL 语句序列

建立，可被其他应用程序调用。

在 Web 数据库程序设计中使用 SQL 存储过程有下列好处：

（1）SQL 存储过程的执行比 SQL 命令快得多。当一个 SQL 语句包含在存储过程中时，服务器不必每次执行它时都要分析和编译它。

（2）在多个网页中可以调用同一个存储过程，使站点易于维护。

（3）一个存储过程可以包含多个 SQL 语句，这意味着可用存储过程建立复杂的查询。

（4）存储过程可以接收和返回参数，这是复杂数据库访问功能实现的必要基础。

1. 存储过程的调用形式

存储过程的调用也是一个 Command 对象的执行。创建一个 Command 对象，定义其属性 CommandText 值为一个存储过程名且将 CommandType 属性值设置为 adCMdStoredProc，执行该 Command 对象的 Execute 方法便可完成存储过程的调用。

【例 8-17】实现对存储过程 HitCount 的调用示例。

```
<%
Set Conn=Server.CreateObject("ADODB.Connection")
Set MyComm=Server.CreateObject("ADODB.Command")
Conn.Open "Mysql"
Set MyComm.ActiveConnection=Conn
MyComm.CommandText= "HitCount"
MyComm. CommandType=4
MyComm.Execute
Conn.Close
%>
```

本例中，HitCount 是一个存储过程名，当指定了 CommandType 是一个存储过程时，MyComm.Execute 执行对存储过程 HitCount 的调用。

2. 用 Parameter 对象实现存储过程的参数传递

一个存储过程通常要根据调用者传入的参数来完成相应的操作，很多情况下还需要返回执行结果及状态信息。用 Command 对象的 Parameters 参数集合和 Parameter 参数对象可以实现这样的参数传递。

Parameter 对象代表基于参数化查询或与存储过程的 Command 对象相关联的输入/输出参数及存储过程的返回值。用 Command 对象的 CreateParameter( )方法可以建立一个参数对象，其语法格式如下：

> CreateParameter(Name,Type,Direction,Size,Value)

① Name 指定参数名称。

② Type 指定参数的数据类型。常用类型有如下几种。

- adVarBinary：　二进制数。
- adVarChar：　　字符串类型。
- adDBDate：　　日期型。
- adDBTime：　　时间型。
- adInteger：　　整型。

③ Direction 指明参数对象的类型，属性可以是下列常量之一。

- adParamUnknown：　　　未指定的参数类型。
- adParamInput：　　　　指定参数类型为输入参数，为默认值。
- adParamOutput：　　　　指定参数类型为输出参数。
- adParamInputOutput：　　指定参数类型既为输入也为输出参数。

- adParamReturnValue: 指定参数类型为返回值。

④ Size 指定参数的最大长度。

⑤ Value 指定参数的值。

以上参数均为可选项，例如语句：

  Set MyParam=Mycomm.CreateParameter("User",adVarChar,adParamInput)

创建了一个 MyParam 参数对象，参数名为 User，为字符型输入参数。

Parameters 是若干 Parameter 对象的集合，用集合的 Append 方法可将 Parameter 对象添加到 Parameters 集合中，一个 Command 对象的 Parameter 集合表示该命令对象的相关参数。

用以下表达式可以取出命令对象参数集合中的任何参数。

- Command 对象 ("参数名称")
- Command 对象 (参数序号)
- Command 对象.Parameters ("参数名称")
- Command 对象.Parameters (参数序号)
- Command 对象.Parameters.Item ("参数名称")
- Command 对象.Parameters.Item (参数序号)

例如，对于 Command 对象 MyComm 来说，若要引用其 Parameters 集合中的参数名称为 UserName 的 Parameter 对象，可以用表达式 MyComm("UserName")，若该 Parameter 对象是 Parameters 集合中的第一个对象，则用表达式 MyComm(0)也可以访问它。

【例 8-18】利用对一个存储过程 LoginCheck 的调用，验证登录用户的合法性。该存储过程在调用时，须给定两个入口参数——登录用户名 UserName 和密码 Password。LoginCheck 存储过程在校验完后将返回校验结果 Result。

```
<!--#INCLUDE file="ADOVBS.inc"-->
<%
Set Conn=Server.CreateObject("ADODB.Connection")
Set MyComm=Server.CreateObject("ADODB.Command")
Conn.Open "Mysql"
Set MyComm.ActiveConnection=Conn
MyComm.CommandText= "LoginCheck"
MyComm. CommandType=adCMDStoredProc
'创建一个参数对象 UserParam
Set UserParam=Mycomm.CreateParameter("UserName",adVarChar,adParamInput,30)
'将参数对象 UserParam 添加到命令对象 MyComm 的参数集合中
MyComm.Parameters.Append.UserParam
Set PassParam=MyComm.CreateParameter("Password",adVarChar,adParamInput,30)
MyComm.Parameters.Append.PassParam
Set ResultParam=MyComm.CreateParameter("Result",adVarChar,adParamOutput,30)
MyComm.Parameters.Append.ResultParam
'为参数赋值
MyComm("UserName")="Jhon"
MyComm("Password")="Hello"
'执行对 LoginCheck 的调用
```

```
MyComm.Execute
'显示调用返回值
Response.write MyComm("Result")
Conn.Close
%>
```

本例中，通过向 MyComm 参数集合中添加两个输入型参数对象 UserName、Password 和一个输出型参数对象 Result 来实现与存储过程 LoginCheck 的参数传递。

8.7　用 RecordSet 对象控制数据

8.7.1　RecordSet 对象简介

在 8.5 节和 8.6 节的举例中可以看到这样的语句：

Set RS=Conn.Execute("SELECT * FROM sales", RecCount , AdCMDText)

其中，RS 即为 RecordSet 对象（记录集对象），它实际为数据库表记录的集合。所有 RecordSet 对象均使用记录（行）和字段（域）进行构造。通过 RecordSet 对象可对数据进行操作，但在任何时候，RecordSet 对象所指的当前记录均为记录集内的单个记录。RecordSet 对象可以实现以下功能：

- 指定可以检查的记录。
- 移动记录。
- 添加、更改和删除记录。
- 通过更改记录更新数据源。
- 管理 RecordSet 的总体状态。

RecordSet 对象具有较多的属性和方法，可以方便地操纵记录集数据。本节将根据 RecordSet 对象的一般应用介绍 RecordSet 的常用属性和方法。

8.7.2　RecordSet 对象的创建和数据读取

1．RecordSet 对象的创建

可以用两种方法创建记录集对象实例。

（1）使用 Server.CreateObject("ADODB. RecordSet")创建 RecordSet 对象，然后通过打开 RecordSet 对象创建一个与某一个数据库表关联的 RecordSet 对象实例，例如：

Set RS= Server.CreateObject("ADODB.RecordSet")

RS.Open "SELECT * FROM sales"

其中，RS 即为创建的 RecordSet 对象实例。

（2）采用 Connection 和 Command 对象的 Execute( )方法。当用 Execute( )方法从一个数据库返回查询结果时，一个 RecordSet 对象会被自动创建。例如，假设 Conn 为一个打开的 Connection 对象，则语句：

Set RS=Conn.Execute("SELECT * FROM sales")

将创建含有数据库表 sales 中所有记录数据的 RecordSet 对象 RS。

2．RecordSet 对象数据的读取

记录集对象的数据结构与数据库的关系表一样，由记录行（Row）和字段（Field 或 Column）构成，任何时候对记录集数据的访问只是访问其当前的记录。一个记录是若干字段（域）的集合，故读取记录数据即为对字段的访问。对于 RecordSet 对象来说，字段名和字段的顺序号均可标识一个字段。例如，sales 表的第一个字段的字段名为 ID，第二个字段的字段名为 GoodsName，其字段的顺序号则为 0 和 1。可以通过字段名或字段的顺序号访问字段。如要访问 RecordSet 对象 RS 的字段 ID，可用以下几种表达式：

- RS("ID")
- RS(0)
- RS.Fields("ID")
- RS.Fields(0)
- RS.Fields.Item("ID")
- RS.Fields.Item(0)

当要读取记录集的所有字段时，用字段的顺序号来访问比较简单。

【例 8-19】在 Web 页面上显示数据库表 sales 的所有记录数据，读取字段值时利用字段顺序号。

```
<HEAD>
<TITLE> Show Table sales </ TITLE >
</HEAD><BODY>
<%
Set Conn=Server.CreateObject（"ADODB.Connection"）
Conn.Open "MyData"
'将通过执行 SELECT 语句创建一个记录集
Set RS=Conn. Execute("SELECT * FROM sales")
%>
<TABLE border=1>
    <TR>
    <% for i=0 to RS.Fields.Count-1          'Fields.Count 是记录集的字段数
    %>
        <TH><% =RS(i).Name          '显示字段名
            %> </TH>
    <% next %>
    </TR>
    <% while not RS.EOF %>
    <TR>
    <% for i=0 to RS.Fields.Count-1 %>
        <TD><% =RS(i)          '显示字段的值
            %> </ TD >
    <% next %>
    </ TR >
    <%
```

```
        RS.MoveNext                           '移向下一个记录
        Wend
        RS.Close
        Conn.Close
        %>
    </TABLE>
    </BODY>
```

本例中，RS.Fields.Count 为 RS 记录集中字段的数目；RS(i).Name 返回顺序号为 i 的字段名；.MoveNext 为移向下一记录的方法。

8.7.3　记录集记录间移动的方法和记录集游标

虽然任何时候只能对记录集中的当前记录数据进行操作，但可以使用 RecordSet 对象的一组移动方法进行当前记录的重定位，以达到遍历记录集的目的。这组移动方法是：

MoveNumRecords　　　在记录集中向前或向后移动指定条记录。

MoveFirst　　　　　　移动至记录集中的第一条记录。

MoveLast　　　　　　移动至记录集中的最后一条记录。

MovePrevious　　　　移动至当前记录的上一条记录。

MoveNext　　　　　　移动至当前记录的下一条记录。

记录集的移动方法的使用还取决于记录集游标的类型，不能任意使用。记录集游标的性质决定可以对记录集进行何种类型的移动，游标还决定了其他用户对一条记录能进行怎样的改变。记录集的游标类型在记录集打开时指定。有如下 4 种类型的游标：

（1）adOpenFowardOnly 前向游标，只能在记录集中向前移动。

（2）adOpenKeyset 可在记录集中向前或向后移动。若另一用户删除或改变一条记录，记录集将反映这种变化，但若增加一条新记录，新记录不会出现在记录集中。

（3）adOpenDynamic 可在记录集中向前或向后移动。其他用户造成的任何改变都会动态反映在记录集中。

（4）adOpenStatic 可在记录集中向前或向后移动。不在记录集中反映其他用户对记录集造成的任何改变。

在默认情况下，打开一个记录集时用 adOpenFowardOnly 游标，这意味着，只能用 MoveNext 方法在记录间移动。

与记录定位相关的还有 RecordSet 对象的一些属性，例如：

AbsolutionPosition　　设置或读取当前记录在记录集中的位置顺序号。

BOF　　　　　　　　指定当前位置在第一条记录之前。

EOF　　　　　　　　指定当前位置在最后一条记录之后。

RecordCount　　　　　表示记录集中的记录总数。

【例 8-20】 在 Web 页中列出数据库表 sales 的 GoodsName 域，要求显示顺序从最后一条记录开始直至第一条记录。

```
        <!--#INCLUDE file="ADOVBS.inc"-->
        <HEAD>
        <TITLE> BackWard </TITLE>
```

```
</HEAD><BODY>
<%
Set Conn=Server.CreateObject（"ADODB.Connection"）
Set RS=Server.CreateObject（"ADODB.RecordSet"）
Conn.Open "MyData"
'打开记录集时，将指定游标的类型为 adOpenStatic，可在记录集中前向或后向移动
RS.Open "SELECT * FROM sales",Conn,adOpenStatic
RS.MoveLast                        '移向最后一个记录
While not RS.BOF
    Reponse.Write ("<BR>"&RS("GoodsName"))
    RS.Move.Previous               '移向前一记录
Wend
RS.Close
Conn.Close
%>
</BODY>
```

8.7.4 记录集记录的修改和记录锁定

除了可以用 SQL 更新数据库表的记录外，还可以使用 RecordSet 对象的增、删、改方法修改记录集的记录。下面介绍用于更新记录的 Recordset 对象方法。

（1）AddNew[Fields,Values]方法。向记录集中添加一条新记录。Fields 为一个字段名或一个字段名数组；Values 为要添加的记录对应字段的值或相对于字段名数组各个字段值的数组。若无此选项，则添加一条空记录。

例如：

```
RS.AddNew                          '添加一条空记录
RS.AddNew StudID, "21010154"       '添加一条记录，其 StudID 字段的值为"21010154"
RS.AddNew MyArray("StudID","StudName","Sex"), MyArray("21010154","Andy","Femal")
'添加一条记录并设置该记录的 StudID、StudName、Sex 字段的值
```

（2）Delete [AffectRecords]方法。从记录集中删除一条当前记录或满足一定条件的记录。若无选项参数，只删除当前记录。当 AffectRecords 是 adAffectGroup 时，根据记录集的 Filter 属性值决定删除操作的影响范围。

（3）Update [Fields,Values]方法。保存对当前记录的修改。其参数定义如 AddNew 方法。

（4）CancelUpdate 方法。取消对当前记录的修改或放弃新加的记录（调用 Update 之前）。

（5）UpdateBatch 方法。保存对多个记录的修改，将所有做过修改的记录写入数据库。

（6）CancelBatch 方法。取消批量更新。

在打开记录集时，可以指定记录集的记录锁定类型以限制对记录的修改、更新操作。记录集锁定类型分为 4 类：

adLockReadOnly	不能修改记录集中的数据（默认值）。
adLockPessimistic	在编辑一个记录时，立即锁定该记录。
adLockOptimstic	在调用 Update 方法时锁定记录。
adLockBatchOptimstic	记录只能成批更新。

当只需读取数据库表中数据时，打开记录时可采用默认值，即 adLockReadOnly。

【例 8-21】在数据库表 sales 中插入一条新记录。

```
<!--#INCLUDE file="ADOVBS.inc"-->
<HEAD>
<TITLE> Insert a Record </ TITLE >
</HEAD><BODY>
<%
Set Conn=Server.CreatObject(" ADODB.Connection")
Set RS=Server.CreatObject(" ADODB.RecordSet")
Conn.Open " MyData"
'记录集打开时，将指定锁定方式为 adLockPessimistic
RS.Open " SELECT * FROM sales",Conn,adOpenDynamic,adLockPessimistic
RS.AddNew                    '插入一条新记录
'以下将为新记录的两个字段赋值
RS(" ID")= " 200012"
RS("GoodsName")="Computer"
RS.Update                '保存该新增记录
RS.Close
Conn.Close
%>
</BODY>
```

本例中，RS.AddNew 语句在 RS 记录集中添加了一条空记录，RS("ID")= "200012"和 RS("GoodsName")= "Computer"分别将空记录的两个字段赋值，锁定方式为 adLockPessimistic 保证了赋值时会立即锁定该记录，以避免网络中其他用户的修改，RS.Update 向表中保存该记录。当然也可用 SQL 的 INSERT 语句直接将新记录插入表中。

8.7.5 RecordSet 对象的其他重要操作

1. 指定记录集的最大容量

记录集对象的 MaxRecords 属性可以限制记录集存放的记录数。假如要限制在站点上发布最近的 n 条信息，使记录集的 MaxRecord 属性值为 n 即可。

【例 8-22】限制只在页面上显示前 20 条记录。

```
<%
Set Conn=Server.CreatObject(" ADODB.Connection")
Set RS=Server.CreatObject(" ADODB.RecordSet")
Conn.Open " MyData"
RS.MaxRecords=20                '设置记录集的可缓存的记录数
RS.Open " SELECT * FROM sales"
while not RS.EOF
        Reponse.Write (" <BR>" &RS(" GoodsName"))
        RS.MoveNext
```

```
wend
RS.Close
Conn.Close
%>
```

2. 记录集中记录的分页处理

通常，一个网站需要发布大量的数据库信息，且条目众多，如新闻、商品信息、BBS 信息、视频信息等。在一页上列出成百上千乃至数以万计的信息条目显然是不合理的。① 一种可能的方法是，每次从数据库中读出一定数目的记录在一页中显示，等浏览者单击下（上）一页时再访问数据库，这需要编程者自己编程控制。② 另一种方法是，将所有记录一次从数据库读出放在记录集中，然后利用 RecordSet 对象的一些页属性实现分页控制，这样编程较为简单。该方法在数据库记录不是很多时可以使用，因为一个网站往往会有许多用户同时访问，如果每个用户访问时都一次读取很多记录（如数以千条）将影响服务器的执行效率，此时建议采用第①种方法。RecordSet 对象的许多属性使采用第②种方法进行分页控制十分方便。这些与分页相关的属性有：

（1）PageSize 指定一页记录数，是分页的关键。

（2）AbsolutePage 表示当前记录所在页的页号。

（3）AbsolutePosition 表示当前记录相对于第一条记录的位置，当前记录是第一条记录时，其值为 1。

（4）PageCount 是 RecordSet 对象总的页数。

（5）RecordCount 是 RecordSet 对象总的记录数。

在 ASP 脚本中，利用这些属性和前述的一组 Move 方法，可以方便地实现分页控制。其一般步骤如下：① 通过设置 RecordSet 的 PageSize 属性指定页面大小；② 将数据库中的数据一次读入 RecordSet 中；③ 根据 RecordSet 的 PageCount 属性在页面上显示总页数和页面连接项；④ 对于浏览者指定页面的单击，设置 AbsolutePage 属性。

3. 用数组处理记录集数据

记录集的记录是可修改的，但有时希望保留记录集本身，修改操作在别处进行。ADO 的 RecordSet 对象有一个 GetRow( ) 方法，可以方便地将一个记录集中的记录赋给一个数组，使得修改可以在数组中进行。GetRow( )方法会创建一个二维数组以存放 RecordSet 记录。

【例 8-23】将从表 sales 中取出的记录放入一个数组中。

```
<%
Set Conn=Server.CreatObject(" ADODB.Connection")
Set RS=Server.CreatObject(" ADODB.RecordSet")
Conn.Open " MyData"
RS.Open " SELECT * FROM sales"
SalesArray=RS.GetRow( )                    '将记录集的记录放在数组 SalesArray 中
for i=0 to RS.RecordCount
    Reponse.Write (" <BR>" & SalesArray(0,i))
    Reponse.Write (" <BR>" & SalesArray(1,i))
next
```

```
RS.Close
Conn.Close
%>
```

8.8 ADO 程序设计举例——网站会员登录与数据修改

本节将通过一个实例介绍一些网站中常见的数据库应用实现技术。

【例 8-24】实现一个网站的会员登录、会员数据修改和讨论区话题浏览功能。

这里给出了几个 ASP 页面的源程序。其中，① LoginCheck.asp 为登录校验页，当用户在登录页输入自己的会员 ID 和口令后，按"登录"按钮后链接至该页，若登录校验通过则设置 Cookie 的一个"Passed"值，以备后用。② UpdateUser.asp 页是在会员修改完自己的资料，发出"修改"命令后链接到的页面，对于已通过用户认证的会员，取出用户输入的各项表单数据以更新数据库。③ BbsGroup.asp 是在浏览者单击讨论区某个页面要求查看该页面的话题时转向的页，该页利用 RecordSet 有关分页的属性来完成页面诸多话题的显示控制。④ 在多个 ASP 页中都要涉及的相同数据库操作语句被单独提出来构成一个 GetSQLRecordset 函数，放置在 ADOFunction.asp 页中，其他需要调用该函数的页用 <!-- #INCLUDE file="ADOFunction.asp"-->语句将其包含在自己的 ASP 页中。为突出网页的数据库程序设计部分，举例中有关网页美化的语句未列出。

ADOFunction.asp 公用函数页：

```
<!--# INCLUDE file="ADOVBS.inc"-->
<%
Function GetSQLRecordset(StrSQL)
Set Conn=Server.CreateObject("ADODB.Connection")
Conn.Open "Mydata"
Set GetSQLRecordset=Server.CreateObject("ADODB.Recordset")
GetSQLRecordset.Open StrSQL,Conn,adOpenKeyset,adLockOptimistic,adCmdText
End Function
%>
```

LoginCheck.asp 会员登录校验页：

```
<!-- #INCLUDE file="ADOFunction.asp"-->
<%
UserID=Trim(Request("ID"))                  '取用户键入的用户 ID
UserPassword= Trim(Request("Password"))     '取用户键入的用户密码
If (Id="" or Password="") Then
        Response.Redirect "E8-24 Index.htm"
        Response.End
End If
Dim StrSQL, RS
'根据用户输入的用户 ID 和 Password 检索数据库是否有该用户
StrSQL="SELECT * FROM users WHERE Id=' "& UserId & " ' "
StrSQL= StrSQL & "AND Password=' "&UserPassword & " ' "
```

```
        Set RS=GetRecordset(StrSQL)
        If RS.EOF then
                Response.Write "用户名或密码错误"
                Response.End
        End If
        Response.Cookies("Id")=UserId
        Response.Cookies("Password")=UserPassword
        Response.Cookies("Passed")="Passed"                '设置校验通过的 Cookie 值
        Response.Redirect"BbsGroup.asp"
        %>
```

UpdateUser.asp 会员资料修改页：

```
        <!-- #INCLUDE file="ADOFunction.asp"-->
        <body>
        <%
        '检查 Cookies 中的变量是否等于 Passed
        If Not Request.Cookies("Passed")="Passed"    Then
                Response.Redirect "E8-24 Index.htm"
                Response.End
        End If
        Dim Password,Name,Sex
        Dim Tel,Address,Email,Url,Comment
        '取得会员的表单数据
        UserId=Request.Cookies("Id")
        UserPassword=Request.Cookies("Password")
        Name=UserId
        Sex=Request("Sex")
        Tel= Request("Tel")
        Address=Request("Address")
        Email=Request("Email")
        Comment=Request("Comment")
        Dim StrSQL, RS
        StrSQL="SELECT * FROM users WHERE Id=' " & UserId &" ' "
        StrSQL= StrSQL & "AND Password=' " & UserPassword &" ' "
        Set RS=GetSQLRecordset(StrSQL)
        '修改数据库中的会员数据
        RS.AddNew
            RS.Update Array(" Password"," Id"," Sex"," Tel"," Address"," Email"," Comment"),_
                    Array(UserPassword,Name,Sex,Tel,Address,Email,Comment)
        RS.Close
        %>
        <Center>
        <%=Name%> 您的资料已修改成功!
```

```
<Center>
</body>
```

BbsGroup.asp 讨论区话题列表及留言页：

```asp
<!--#INCLUDE FILE="ADOFunctions.asp"-->
<%
'显示留言子程序，将在以后的程序中调用
Sub ShowPage(RS,PageNo)
Response.Write "<TABLE ALIGN ='center' width='90%'>"
RS.AbsolutePage=PageNo
For i=1 To RS.PageSize
    Response.Write"<TR BGCOLOR='LIGHTBLUE'>"
    Response.Write"<TD WIDTH='15%'><IMG SRC='img1.gif'></TD>"
    Response.Write"<TD WIDTH='85%'>作者："&RS("writer")&"<BR>主题："&_RS("title")&
                    "<BR>时间："&RS("date")&"<BR>"&_"<A HERF='ShowNews.asp?
                    Title="&RS("title")&"'>_阅读留言或加入讨论</A></TD></TR>"

    RS.MoveNext
    If RS.EOF Then Exit For
Next
Response.Write"</TABLE>"
End Sub
%>
<HEAD>
<META NAME="GENERATOR" Content="Microsoft Visual Studio 6.0">
</HEAD>
<BODY>
<%
'读取数据库中留言记录，并按时间降序排列
StrSQL="SELECT * FROM bbstable ORDER BY date DESC"

Set RS=GetSQLRecordset(StrSQL)
'设置分页大小
RS.PageSize=10
PageNo=Request("PageNo")                '取浏览者单击的页号
'以下显示所有可链接页号
Response.Write "["
For i=1 To RS.PageCount
    Response.Write"<A HERF='BbsGroup.asp ? PageNo="&i&"'>"&i&"</A>" "
Next
Response.Write "]<HR>"
'根据浏览者单击的页号显示该页留言记录
If PageNo<>"" Then
    Call ShowPage (RS,PageNo)
Else
```

```
        Call ShowPage (RS,1)                '若 PageNo 为空则显示第一页
    End If
    RS.Close
    Set RS=Nothing
    'Conn.Close
    'Set Conn=Nothing
%>
<HR>
<!--在网页上显示留言输入框，以供留言-->
<FORM METHOD="POST" ACTION="POST.ASP">
<TABLE BORDER="0" WIDTH=90%" ALIGN="CENTER" CELLSPACING="0">
<TR HEIGHT="40" BGCOLOR="#FFFFFF" ALIGN="CENTER" VALIGN="MIDDLE">
    <TD>请在此留言</TD></TR>
<TR HEIGHT="40" BGCOLOR="D9F2FF" ALIGN="CENTER" VALIGN="MIDDLE">
    <TD WIDTH="15%">作者</TD>
    <TD WIDTH="85%"><INPUT TYPE="TEXT" NAME="UserName" SIZE="50">
</TD></TR>
<TR HEIGHT="40" BGCOLOR="D9F2FF" ALIGN="CENTER" VALIGN="MIDDLE">
    <TD WIDTH="15%">主题</TD>
    <TD WIDTH="85%"><INPUT TYPE="TEXT" NAME="Title" SIZE="50">
</TD></TR>
<TR HEIGHT="40" BGCOLOR="D9F2FF" ALIGN="CENTER" VALIGN="MIDDLE">
    <TD WIDTH="15%">内容</TD>
    <TD WIDTH="85%"><TEXTAREA NAME="Content" COLS="50" ROWS="10">
</TD></TR>
<TR>
    <TD COLSPAN="2" HEIGHT="40" BGCOLOR="#FFFFFF" ALIGN="CENTER">
    <INPUT TYPE="SUBMIT" VALUE="提交留言">
    <INPUT TYPE="RESET" VALUE="重新输入" ></TR>
</TABLE>
</FORM>
</BODY>
```

8.9　ADO.NET 数据库组件

ADO.NET 是 ASP 平台 ADO 的改进版本，由一组.NET 框架中的类库构成，是数据源连接、提交查询和处理结果的类的集合。ADO.NET 提供很多新的数据访问、数据操作、数据显示的控件，通过 Managed Provider 所提供的应用程序编程接口（API），可以轻松地访问各种数据源，包括 OLEDB 和 ODBC 支持的数据，同时使对数据库的操作大大简化。ADO.NET 提供的许多功能可替代开发过程中大量的编码，从而提高了开发效率。

ADO.NET 建立在 XML 的基础上，基于.NET 框架。在非 Windows 平台下，以往的 ADO

记录集不能直接使用，从而使协同操作能力受到限制。在 ADO.NET 中，可将数据转换成 XML 格式，以便于网络传输和异构平台的操作。因此，通过 ADO.NET 不仅能访问关系型数据库中的数据，也能访问 XML 格式数据。

8.9.1　ADO.NET 组件模型

ADO.NET 将数据操作与数据访问分开，它包含两个核心组件：DataSet 和.NET 数据提供者 Provider。DataSet 是非连接的、位于内存中的数据存储对象，主要负责对数据的操作；而 Provider 是一套特有的组件，用于访问各种类型的数据源，它主要负责数据的访问。ADO.NET 组件模型如图 8-8 所示。

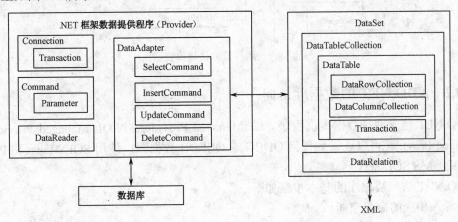

图 8-8　ADO.NET 组件模型

.NET 框架数据提供程序是专门为数据处理和访问而设计的组件，主要包含五大对象，分别为 4 个数据提供者对象 Connection、DataReader、Command、DataAdapter 和 1 个用户对象 DataSet。① Connection 对象提供与数据源的连接；② Command 对象对数据源执行数据库命令，用于返回数据、修改数据、运行存储过程、发送或检索参数信息的数据库命令；③ DataReader 从数据源中读取只读数据流；④ DataAdapter 提供连接 DataSet 对象和数据源的桥梁，它使用 Command 对象在数据源中执行 SQL 命令，以便将数据加载到 DataSet 中，并使对 DataSet 中数据的更改与数据源保存一致；⑤ DataSet 对象用于存储从数据源获得的数据。

ADO.NET 提供两种数据访问模式：一种为连接模式（Connected），另一种为非连接模式（Disconnected），如图 8-9 所示。

连接模式的对象模型直接与数据库通信，以管理连接和事务，可从数据库检索数据和向数据库提交所做的更改。非连接模式对象模型允许用户脱机处理，这样可以更好地提高系统效率。断开部分的对象不与连接对象直接通信。

在连接模式的对象中，Transcation 对象处理事务操作，可在其生存周期内提交或取消对数据所做的更改；Parameter 对象则是一个参数对象，用于指定 SQL 参数。

在非连接模式的对象中，DataTable 对象对应一个逻辑表，它有两个重要的属性 Rows 和 Columns。DataRow 对象对应表中的一行。DataColumn 对象对应表中的一列，定义一系列描述该列结构的属性。Constraint 对象提供本地存储的数据的约束方式。DataRelation 对象定义 DataSet 中不同 DataTable 对象之间的关系，并可通过 DataRow 对象获取。DataView 对象可用不同方式查看 DataTable 对象中的数据。

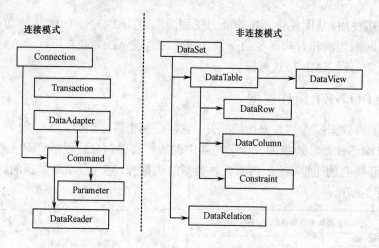

图 8-9　两种数据访问模式

8.9.2　ADO.NET 的数据库访问

ADO.NET 包含两种数据提供程序，即 Managed Provider 和 SQL Managed Provider。采用 Managed Provider 可以连接到任何 ODBC 或 OLEDB 数据源；使用 SQL Managed Provider 只可连接到 MS SQL Server。

ADO.NET 访问数据库的基本步骤如下：

① 导入相应的命名空间。

② 建立与数据库的连接。可以使用 SqlConnection 或 OleDbConnection 对象等。SqlConnection 对象管理与 SQL Server 7.0 版或更高版本的连接；OleDbConnection 对象实现基于 OLEDB 访问的任何数据源的连接。SqlConnection 对象特定于 SQL Server，由于不必通过 OLEDB 层，所以比 OleDbConnection 效率高。SqlConnection 与 SqlCommand 和 SqlAdapter 对象一起使用。

③ 执行 SQL 命令，将从数据库读取的记录集合写入 DataSet 中；或实现对数据库的查询、插入、更新和删除等操作。在执行 SQL 的 SELECT、INSERT、UPDATE 或 DELETE 等命令时需要使用 Command 对象或 DataAdapter 对象。

④ 关闭与数据库的连接。

⑤ 如有必要，在 DataSet 上所作的操作，将对 DataSet 的修改结果写回数据库。

具体实现时，首先应使用控制面板中的管理工具创建一个 ODBC 数据源 DSN，然后用代码创建一个到数据源的连接。例 8-25 是在已创建了一个 SQL Server 数据源的情况下，用 VB 代码实现到数据库 student 的连接。

【例 8-25】数据库连接示例。

```
Imports System.Data
Imports System.Data.SqlClient
…
Dim strConn As String = "Data Source=(local);Initial Catalog=student; "
strConn &= "User ID=sa; Password=12345"
        '定义一个连接数据库字符串，连接到 student 数据库，用户名是 sa，密码为 12345
Dim conn As SqlConnection = New SqlConnection(strConn)
```

```
            '创建 SqlConnection 数据库连接对象
    conn.Open  '打开数据库连接
    …
```

两条 Import 语句定义了 ADO.NET 对象所在的命名空间。命名空间（NameSpace）记录对象的名称与所在路径。使用 ADO.NET 对象时，必须首先声明命名空间，以便编译器加载这些对象。ADO.NET 的命名空间分为基本对象类、数据提供程序对象类和辅助对象类等。命名空间 System.Data 提供程序的基本对象类，即 DataSet、DataTable、DataRow、DataColumn 等。声明命名空间的语句通常放在页面的后台 VB 文件中。

对数据库的访问均要使用上述连接代码，有关数据库数据的其他访问操作将在介绍 ADO.NET 对象时加以描述。

8.10 ADO.NET 对象

ADO 的对象集合可以参考图 8-8 和图 8-9，其中 Connection 和 Command 对象的作用类似于 ADO 的同名对象。这里仅介绍 ADO.NET 的其他主要对象。

8.10.1 DataAdapter 对象

DataAdapter（数据适配器）对象在 ADO.NET 对象模型中是连接处理和断开连接处理的纽带，用于在数据源和数据集（DataSet）之间交换数据。可以使用 DataAdapter 对象将数据从数据库中取出，然后填充（Fill）到 DataSet（数据集）中去。DataAdapter 还可以获取 DataSet 中数据的更新，并将它们提交给数据库。参见图 8-9 和图 8-10。

DataAdapter 对象是在 Command 对象的基础上建立的对象，在需要存取访问时会连接数据库，DataAdapter 对象的属性分为两种情况：

（1）用来控制数据读取、插入、修改、删除或更新的属性，这些属性包括：

① DeleteCommand   取得或设置从数据源删除记录的 SQL 命令。
② InsertCommand   取得或设置从数据源新增记录的 SQL 命令。
③ SelectCommand   取得或设置从数据源查询记录的 SQL 命令。
④ UpdateCommand   取得或设置从数据源更新记录的 SQL 命令。

（2）用来控制与数据集之间通信的属性。当在数据集和数据源之间进行数据信息交互时，DataAdapter 对象会执行与之相关的*Command 对象来获取相关的操作信息，并且将它存入 DataSet 中，或是将存储在 DataSet 中的更改提交给数据库存储。

创建 DataAdapter 对象主要有两种方法：一种是在设计器中创建 DataAdapter 对象；另一种是在运行时直接通过代码创建 DataAdapter 对象。代码创建时可使用 DataAdapte 构造函数来创建 DataAdapter 对象。构造函数如下：

```
        SqlDataAdapter(selectCommandText,selectConnection)
```

其中，① selectCommandText 是一个字符串，为 SQL 的 SELECT 语句命令串或存储过程名，将作为 SqlDataAdapter 的 SelectCommand 属性。② selectConnection 表示连接对象。假设 Conn 是一个数据库连接对象，且已打开，参见例 8-25，下列一组语句构建了一个 DataAdapter 对象：

```
    …
    Dim strSQL As string ="SELECT * FROM Students"   '定义 SQL 查询语句串
```

```
MyAdapter=New SqlDataAdapter(strSQL, conn)
    '创建并初始化 SqlDataAdapter 对象，同时执行 SQL 语句
    …
```

【例 8-26】使用 DataAdapter 对象读取 student 数据库表的数据。

假设将数据显示页面命名为 DataAdapter_Ex01.aspx，则在后台 DataAdapter_Ex01.aspx.vb 文件中，添加命名空间定义以及页面装入事件代码。

DataAdapter_Ex01.aspx.vb 文件：

```
'导入命名空间
Imports System
Imports System.Data
Imports System.Data.SqlClient
'页面装入事件处理代码
Protected Sub Page_Load(ByVal sender As Object, ByVal e As System.EventArgs) Handles Me.Load
    Dim sConnectionString As String    '声明一个字符串
    sConnectionString = " Data Source=.;Initial Catalog=student;User ID=sa; "
        '连接数据库字符串，连接到 student 数据库，用户名是 sa
    Dim Conn As SqlConnection = New SqlConnection(sConnectionString)
    '创建 SqlConnection 数据库连接对象
    Conn.Open()    '打开 Conn
    Dim sql As String = "Select * From student"    '定义 SQL 语句串
    Dim da As SqlDataAdapter = New SqlDataAdapter(sql, Conn)
    '创建并初始化 SqlDataAdapter 对象，同时执行 SQL 语句
    Dim ds As DataSet = New DataSet()    '声明并创建 DataSet 的一个实例 ds
    da.Fill(ds, "student")    '将 DataAdapter 检索的数据填充到数据集 ds
End Sub
```

该例在前台页面装入时，建立与 student 数据库的连接，创建 DataAdapter 读取 student 表数据，并填入 DataSet 中。

8.10.2 DatatSet 对象

DataSet 对象类似于 ADO 中的 RecordSet 对象，不同的是它支持断开连接时的数据操作。DataSet 对象由许多数据表、记录和字段组成，是一个驻留内存的数据库。它可用于多种不同的数据源，包括基于 XML 的数据。

DataSet 对象模型如图 8-10 所示。一个 DataSet 对象可以由若干 Collection（集合）构成，而一个 Collection 又可以由若干对象组成。因此一个 DataSet 对象可以认为是 DataTableCollection、DataRelationCollection、ExtendedProperties 等对象的集合。

（1）DataTableCollection。它包含 DataSet 中所有的 DataTable 对象。DataTable 在 System.Data 命名空间中定义，是表示内存驻留数据的单个表。它是包含 DataColumnCollection 所表示的列和 Constrains 所表示的约束的集合，这些列和约束一起定义了数据表的结构。DataTable 还包含 DataRowCollection 所表示的行的集合，而 DataRowCollection 则包含表中的数据。

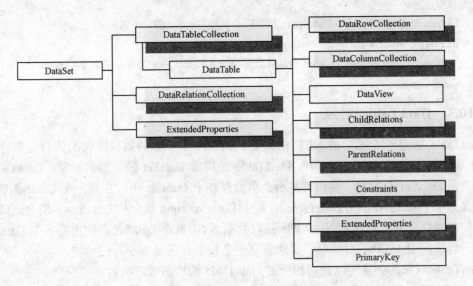

图 8-10　DataSet 对象模型

数据表中的 Constrains 集合包含零个或多个约束。在关系数据库中，约束用来维护数据库的完整性。ADO.NET 支持两种形式的数据约束：外键约束和唯一键约束。外键约束维护关系的完整性，唯一键约束维护数据的完整性，以确保表中不能有相同的行。

（2）DataRelationCollection。DataRelation 对象定义不同 DataTable 对象之间的关系，标识 DataSet 中两个表的匹配列，并可通过 DataRow 对象获取，关系类似于存在于关系数据库中的主键列和外键列之间的连接路径。

关系能够在 DataSet 中从一个表导航至另一个表。DataRelation 的基本元素为关系的名称、相关表的名称以及每个表中的相关列。关系可以通过一个表的多个列来生成，方法是将一组 DataColumn 对象指定为键列。

（3）ExtendedProperties。DataSet、DataTable 和 DataColumn 都具有 ExtendedProperties 属性。它是一个 PropertyCollection，其中放置自定义的信息，如用于生成结果集的 SELECT 语句或表示数据生成时间的日期/时间戳。

DataSet 对象的创建可以使用 DataSet 对象构造函数，例如：

Dim ds As DataSet = New DataSet()

DataSet 对象访问数据源时，需要通过 DataAdapter，参见图 8-8。DataSet 取得数据的方式有两种：一种是利用程序通过访问数据库取得；另一种是读取 XML 文件。

【例 8-27】通过读取数据库数据创建一个 DataSet。

假设名为 DataSet_Ex01.aspx 的网页需要将数据库表 student 的内容读入数据集对象 DataSet，则可在 DataSet_Ex01.aspx.vb 文件的事件处理程序 Page_Load 中添加如下相应代码：

```
Dim strconn As String = "Data Source=(local);Initial Catalog=student;User ID=sa;Password="
Dim sql As String = "SELECT sno, sname,ssex,sage,sdept FROM student"
'定义 SQL 查询语句
Dim Conn As SqlConnection = New SqlConnection(strconn)
Conn.Open()
Dim da As SqlDataAdapter = New SqlDataAdapter(sql, Conn)
'创建并初始化 SqlDataAdapter 对象，同时执行 SQL 语句
```

```
Dim ds As DataSet = New DataSet()      '声明并创建 DataSet 的一个实例 ds
da.Fill(ds, "student")
'SqlDataAdapter 对象把 DataSet 和具体数据库联系起来，Fill()方法填充数据给 DataSet
Conn.Close()
```

8.10.3 DataTable 对象

DataTable 类是一个重要的.NET 框架类，代表一个单独的数据库表的集合，它存放于 DataSet 数据集中。在 ADO.NET 中，DataTable 是构成 DataSet 最主要的对象。DataTable 对象用于表示 DataSet 中的表，但该表并不是单独存在于 DataSet 中，在同一个 DataSet 对象中可以包含多个 DataTable 表。DataTable 对象由 DataColumns 集合和 DataRows 集合组成，通过数据控制控件或数据源对象，从数据库获取数据后，填充在 DataSet 数据集的各个 DataTable 对象中。当访问 DataTable 对象时，要注意它们是按条件区分大小写的。

DataTable 对象的创建可以使用相应的 DataTable 构造函数，例如：

```
Dim StuTable As DataTable=New DataTable()
```

通过使用 Add()方法可以将对象添加到 DataSet 对象的 DataTables 集合中，表 8-1 列出了 DataTable 的 Add()方法。

表 8-1   DataTable 对象的 Add()方法及其描述

方　　法	描　　述
Add()	使用默认名称创建一个新的 DataTable 对象，并将其添加到集合中
Add(DataTable)	将指定的 DataTable 添加到集合中
Add(String)	使用指定名称创建一个 DataTable 对象，并将其添加到集合中
Add(String,String)	使用指定名称创建一个 DataTable 对象，并将其添加到集合中

也可以通过使用 DataAdapter 对象的 Fill()方法或 FilSchema()方法创建 DataTable 对象，或者使用 DataSet 的 ReadXml、ReadXmlSchema 或 InferXmlSchema 方法从预定义的 XML 架构中创建。注意，将一个 DataTable 作为成员添加到一个 DataSet 的 Tables 集合后，不能再将其添加到任何其他 DataSet 表的集合中。

例如：要向 ds 数据集中添加一个表名为 course 的新表，可以使用如下代码：

```
Dim dt AS DataTable
Set dt = ds.Tables.Add("course")
dataAdapter.Fill(dt)        '将 DataAdapter 对象读取的数据填入表对象 dt 中
```

此外，还可以向新表中添加列，代码如下：

```
dt.Columns.Add("cno");
dt.Columns.Add("cname");
```

DataRow 和 DataColumn 对象是 DataTable 的主要组件，即 DataTable 的行与列，它们作为 DataTable 的两个集合元素存在。例如，ds.Tables["student"].row[2]["sno"]表示数据表 student 的第三行的 sno 列，通过 DataRow 和 DataColumn 就能确定其具体值。

通常使用 DataRow 对象及其属性和方法检索、插入、删除和更新 DataTable 中的值。

【例 8-28】创建 DataTable 对象存放 DataAdapter 读入的数据，并显示于页面中。

假设 DataTable.aspx 页面为显示页面，则在 DataTable.aspx.vb 文件的 Page_Load 中添加如下代码：

```
Protected Sub Page_Load(ByVal sender As Object, ByVal e As System.EventArgs) Handles Me.Load
        Dim sConnectionString As String
        sConnectionString = " Data Source=.;Initial Catalog=student;User ID=sa; "
        Dim Conn As SqlConnection = New SqlConnection(sConnectionString)
        Conn.Open()
        Dim sql As String = "Select cno AS  课程号,cname AS 课程名,ccredit AS  学分 From course"
        Dim dataAdapter As SqlDataAdapter = New SqlDataAdapter(sql, Conn)
        Dim dt As DataTable = New DataTable()      '创建 DataTable 对象
        dataAdapter.Fill(dt)      '填充数据表
        DataGrid1.DataSource = dt
        DataGrid1.DataBind()      '将 DataTable 绑定到 DataGrid 控件
    End Sub
```

图 8-11　使用 DataTable 运行效果

DataGrid1.DataSource = dt 和 DataGrid1.DataBind() 两条语句将数据表 dt 绑定在页面的显示控件上，运行效果如图 8-11 所示。有关控件绑定的内容将在 8.11 节讨论。

8.10.4　DataView 对象

在 DataTable 中使用 SQL 语句的 Select 方法，可实现对数据的筛选与排序。虽然 Select 方法功能强大，使用灵活，但是由于 SQL 语句接受动态的查询条件，因此使用时效率并不高。并且数据表 Select 方法返回的是一个数据行数组，不能直接用于数据绑定。为了解决这个问题，ADO.NET 设计了 DataView，它提供一些处理数据的机制，其中包括：

① 排序。可以以升序或降序方式、按一列或多列进行排序。

② 筛选。可以用于对一列或多列表达式进行数据筛选。

③ 数据行版本过滤。可视的数据可根据数据行的版本进行过滤。

使用 DataView，可以按不同的排序顺序显示表中的数据，并且可以按行状态或基于筛选器表达式来筛选数据。DataView 提供基础 DataTable 中数据的动态视图，内容、排序和成员关系会实时反映其更改。这种机制不同于 DataTable 的 Select 方法，后者从表中按特定的筛选器或排序顺序返回 DataRow 数组，虽然其内容可反映对基础表的更改，但其成员关系和排序却保持静态。DataView 的动态功能使其成为数据绑定应用程序的理想选择。

这里需要注意数据库视图与 DataView 的区别。数据库视图实际上是一个查询，在数据库中创建视图时，要返回视图数据查询。而 ADO.NET 中的 DataView 虽然可以进行数据的筛选、排序和查找，但是它并非 SQL 查询，因此不能作为表对待，也无法提供两个表的连接，无法看到数据表中的某一列。

【例 8-29】用 DataView 对象实现数据在页面上排序显示。显示效果如图 8-12 所示。

创建 DataView_Ex01.aspx 页面，添加一个 DataGrid 控件 DataGrid1；两个 Label 控件，Text 属性值分别为"课程选择"和"排序方式"；一个 DropDownList 控件，属性 AutoPostBack=true；两个 RadioButton 控件，Text 属性值分别设为"降序排列"和"升序排列"，属性 AutoPostBack=true，GroupName 为"RadioGroup1"。

DataView_Ex01.aspx.vb 文件：

```vb
Imports System
Imports System.Data
Imports System.Data.SqlClient
Protected Sub Page_Load(ByVal sender As Object, ByVal e As System.EventArgs) Handles Me.Load
    Dim str As String = "Data Source=(local);Initial Catalog=student;User ID=sa;"
    If Not IsPostBack Then          '判断是否首次加载页面
        Dim cn As SqlConnection = New SqlConnection(str) '创建连接数据库
        cn.Open()
        Dim cmd As SqlCommand = New SqlCommand() '创建 Command 命令
        cmd.Connection = cn
        cmd.CommandText = "SELECT distinct cno FROM sc "
        '定义 Select 命令
        Dim rdsdept As SqlDataReader '创建 SqlDataReader 对象
        rdsdept = cmd.ExecuteReader() '执行命令，返回 Select 执行结果
        While (rdsdept.Read())
            DropDownList1.Items.Add(rdsdept("cno"))
            '将课程号添加到 DropDownList1 控件中
        End While
        rdsdept.Close()
        cn.Close()
    End If
    Dim strsql As String = "select * from sc"
    '声明一个 SQL 命令字符串
    Dim da As SqlDataAdapter = New SqlDataAdapter(strsql, str)
    '创建并初始化 SqlDataAdapter 对象，同时执行 SQL 语句
    Dim ds As DataSet = New DataSet()
    '声明并创建 DataSet 的一个实例 ds
    da.Fill(ds, "sc")
    '填充数据集
    Dim dv As DataView = New DataView() '声明并创建一个 DataView 实例
    dv.Table = ds.Tables("sc")
    '将 DataSet 中的 sc 数据表作为 DataView 的数据源，这两句也可以用下面这个构造方法来实现
    'Dim dv As DataView = New DataView(ds.Tables("sc"))
    dv.RowFilter = "cno='" + DropDownList1.Text + "'"
    '根据 DropDownList 控件中的内容进行数据筛选
    If RadioButton1.Checked = True Then
        dv.Sort = "grade desc" '按 grade 降序排列
    End If
    If RadioButton2.Checked = True Then
        dv.Sort = "grade asc" '按 grade 升序排列
```

```
        End If
        DataGrid1.DataSource = dv
        DataGrid1.DataBind()
        '将 DataView 作为 DataGrid 的数据源，绑定 DataGrid
End Sub
```

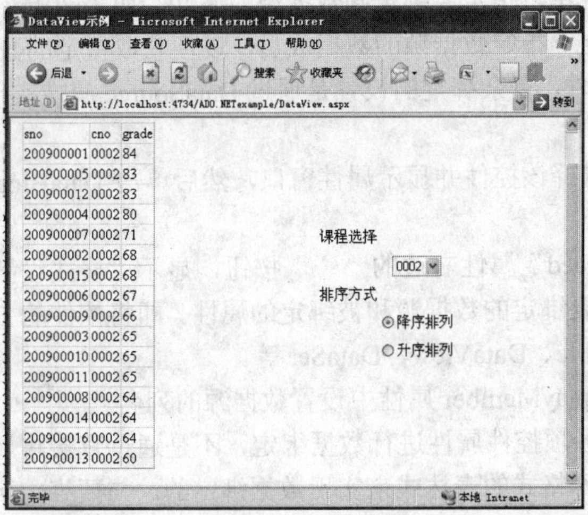

图 8-12　课程选择"0002"、排序方式选择"降序排列"的运行结果

8.11　数据源与 Web 控件的绑定

Web 页面支持多种控件，除了通用的 TextBox、CheckBox、ListBox、Label、Button 外，还包括 Repeater、DataList、DataGrid 等适用于多记录数据显示的控件。数据绑定是指将控件和数据源捆绑在一起，通过控件来显示或修改数据源。数据绑定技术将数据连接、SQL 命令设置、数据操作等功能集成为一体，不仅简化了数据库连接操作，也使访问数据源的代码量大大减少。数据绑定被定义成.NET 中控件体系结构的一部分。Windows 窗体和 Web 窗体都支持数据绑定。

可以绑定到的控件的数据源类型包括：DataColumn 对象、DataTable 对象、DataView 对象、DataSet 对象、DataViewManager 对象、数组或集合。

8.11.1　数据绑定方法

Web 窗体页中的数据绑定十分灵活，可以将控件的任何属性绑定到数据。例如：可以设置文本属性以在 TextBox、Label、Button、LinkButton 等控件中显示文本；将 CheckBox 控件绑定到布尔值以直接设置该控件的选中状态；通过将 Image 控件的 ImageURL 属性绑定到包含图形文件的 URL 或数据库列来设置 Image 控件的图形；通过绑定设置控件的颜色、字体或大小等。

Web 页面中某些控件只可显示单个值，如 Label、TextBox、CheckBox 等，而有些部件却可显示多个数据值，如 Repeater、DataList、DataGrid、ListBox 等。对应数据的绑定就有简单绑定和复杂绑定两种类型。每个控件，都有一个"DataBindings"属性，用于绑定数据源。绑定可以在设计控件时通过设计工具箱完成，也可通过编写代码在运行时完成。

1. 设计时绑定

可以使用控件的 DataBindings 属性在设计时实现简单数据绑定，简单绑定的基本步骤如下：

① 选择需绑定的控件，在属性窗口中单击 DataBinding，显示数据绑定对话框。

② 在可绑定属性中，指定要绑定到数据源的属性。如 TextBox 控件的 Text 属性。

③ 选择简单绑定，指定数据源的数据成员，以便获取特定的数据。

对于大多数的控件，复杂绑定的设置是通过 DataSource 属性实现的，复杂绑定的基本步骤如下：

① 在窗体中，选择该控件并显示属性窗口，然后单击 DataBinding，即可看到与控件对应的默认绑定属性。

② 单击"Advanced"属性右边的"…"按钮，显示"格式设置和高级绑定"对话框，在此对话框中，选择要绑定的数据源和被绑定的属性。即将控件的 DataSource 属性设置为某个数据源，如 DataTable、DataView、DataSet 等。

③ 在控件的 DisplayMember 属性中设置数据源的列名。

对 Web 页中的各项控件属性进行数据绑定，不是通过直接将属性绑定到数据源来实现的，而是通过使用特殊格式的表达式来实现数据绑定的。与要绑定到的数据有关的信息被置入该表达式，然后将表达式的结果分配给控件属性。

例如，假设要实现 TextBox 控件的数据绑定，可创建数据绑定表达式并将其分配给控件的 Text 属性，以便该值在控件中显示。

在 Web 窗体设计器中的数据绑定的语法是：

<%# expression%>

下列语句说明了控件绑定声明在 HTML 文件中的形式，控件的 Text 属性被绑定到包含单个记录的数据视图 DataView1 中。

<asp: TextBox id="TextBox1" runat="server"

Text='<%# DataView1(0) ("stu_name")"%>'>

</asp: TextBox>

归纳起来，设计时建立数据绑定的一般步骤为：选定控件，进行数据源配置，选定要绑定的数据源，连接数据源，设置数据检索 Select 语句。

【例 8-30】运用设计工具在设计时实现 DataList 控件的数据绑定。

在工具箱中选中"数据"栏中的 DataList 控件，添加到设计的页面中，此时会弹出"DataList 任务"对话框，如图 8-13 所示。选择"自动套用格式"功能设置 DataList 控件外观显示的效果。"编辑模板"功能可用模板形式设置 DataList 控件的显示效果。

"选择数据源"栏选择"新建数据源"项进入"数据源配置向导"对话框，如图 8-14 所示。在"选择数据源类型"标签下，选择"应用程序从哪里获取数据？"项为"数据库"，"为数据源指定 ID"项输入 SqlDataSource1，单击"确定"按钮，建立新数据源，连接数据源并测试。

测试连接成功，单击"确定"按钮，就可以把数据库连接字符串添加到"配置数据源"对话框中。单击"下一步"按钮，弹出"将连接字符串保存到应用程序配置文件中"对话框，将字符串写入配置文件中，其好处是可以在整个项目中随时随地地调用配置文件中与数据库连接的字符串，而不必每次都重新设置。

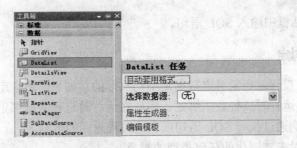

图 8-13　加入 DataList 控件

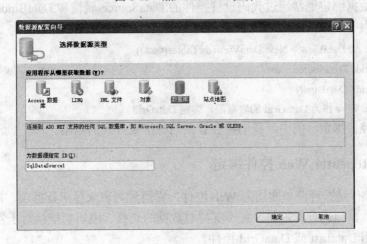

图 8-14　选择数据源

完成数据源配置操作后，进入"配置数据源"对话框的"配置 Select 语句"标签下，设置获取控件数据的 Select 语句。配置 Select 语句有两种方式。一种是指定自定义 SQL 语句或存储过程，另一种是指定来自表或视图的列，如图 8-15 所示。

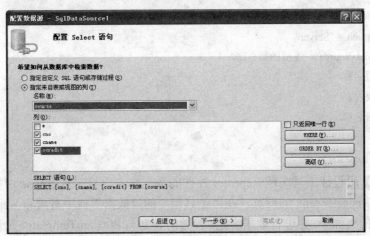

图 8-15　配置 Select 语句

本例选择"指定来自表或视图的列"，选择 course 表，选中表中的 cno、cname、ccredit 三个字段，"Select 语句"栏中显示所设置的 SQL 命令语句为"SELECT　[cno], [cname], [ccredit] FROM [course]"。

也可以选择"指定自定义 SQL 语句或存储过程"，单击"下一步"按钮，在弹出的"自定义 SQL 语句"对话框中输入 SQL 语句。

2. 运行时数据绑定

在某些情况下，设计时指定绑定数据是不切实际的。如果需要绑定的数据源在设计时不具有实例，则需要在运行时执行数据绑定。需要在运行时进行数据绑定的示例包括：

① 将控件绑定到通过执行 SQL 语句或存储过程返回的数据。

② 绑定到运行时未实例化的任何类型的对象。

运行时的数据绑定通常通过代码设置控件的.DataSource 属性和.DataBind()方法来实现。例如，例 8-29 中的下列语句：

```
Dim dv As DataView = New DataView(ds.Tables("sc"))
DataGrid1.DataSource = dv
DataGrid1.DataBind()
'将 DataView 作为 DataGrid 的数据源，绑定 DataGrid
```

在下面的控件绑定示例中，我们将会看到两种绑定方式的运用。

8.11.2　Repeater Web 控件绑定

Repeater 控件是一种简单实用的 Web 控件，它通过列表来显示数据项。Repeater 控件可以处理一些事件，但也有所限制，它不支持对数据的选择、编辑功能，对于复杂的处理和编辑功能，应使用 DataList 或 DataGrid 控件。

Repeater 有多种版面可供选择，内部供选择的版面一般称为"模板"，使用者也可以自定义模板。

Repeater 控件的语法格式如下：

```
<asp: Repeater
        id = "程序代码控制的名称"
        runat = "Server"
        dataSource = 连接的数据源>
    <模板名称>
      模板内容
    <模板名称>
    ......
</asp: Repeater>
```

【例 8-31】用设计工具实现 Repeater 控件的数据绑定，显示从 course 中检索出的数据。

建立名为 Repeater.aspx 的网页，在"工具箱"的"数据"栏中直接将 Repeater 控件拖放到"设计"视图的页面中，并进行数据绑定（参考例 8-30）。将<ItemTemplate>元素作为 Repeater 控件的子集添加到页中，向 ItemTemplate 添加 HTML 编码及其他所需 Web 服务器控件或 HTML 服务器控件，对应 Repeater.aspx 文件代码如下：

```
<%@ Page Language="VB" AutoEventWireup="false" CodeFile="Repeater.aspx.vb" Inherits="_Default"
%>
<!DOCTYPE html PUBLIC "-//W3C//DTD XHTML 1.0 Transitional//EN" "http://www.w3.org/TR/
xhtml1/DTD/xhtml1-transitional.dtd">
```

```html
<html xmlns="http://www.w3.org/1999/xhtml">
<head runat="server">
    <title>Repeater 控件示例</title>
</head>
<body>
    <form id="form1" runat="server">
    <div style="height: 32px">
        <b>Repeater 控件举例</b></div>
    <asp:Repeater ID="Repeater1" runat="server" DataSourceID="SqlDataSource1">
        <HeaderTemplate>
          <table>
            <tr>
              <th>
                课程号</th>
              <th>
                课程名</th>
              <th>
                学分</th>
            </tr>
        </HeaderTemplate>
        <SeparatorTemplate>
            <tr>
                <td><b> ************* </b> <br> </td>
            </tr>
        </SeparatorTemplate>
        <ItemTemplate>
          <tr>
            <td style="background-color:Gray">
              <asp:Label runat="server" ID="Label5" Text='<%# Eval("cno") %>' />
            </td>
            <td style="background-color:Lime">
              <asp:Label runat="server" ID="Label1" Text='<%# Eval("cname") %>' />
            </td>
            <td style="background-color:#CCFFCC">
              <asp:Label runat="server" ID="Label2" Text='<%# Eval("ccredit") %>' />
            </td>

          </tr>
        </ItemTemplate>
        <AlternatingItemTemplate>
            <tr>
                <td>
```

```
                    <asp:Label runat="server" ID="Label6" Text='<%# Eval("cno") %>' />
                </td>
                <td>
                    <asp:Label runat="server" ID="Label3" Text='<%# Eval("cname") %>' />
                </td>
                <td>
                    <asp:Label runat="server" ID="Label4" Text='<%# Eval("ccredit") %>' />
                </td>
            </tr>
        </AlternatingItemTemplate>

        <FooterTemplate>
            </table>
            页脚模板——显示结束
        </FooterTemplate>
    </asp:Repeater>

    <asp:SqlDataSource ID="SqlDataSource1" runat="server"
        ConnectionString="<%$ ConnectionStrings:studentConnectionString %>"
        SelectCommand="SELECT [cno], [cname], [ccredit] FROM [course]">
    </asp:SqlDataSource>
    </form>
</body>
</html>
```

运行 Repeater.aspx，页面显示效果如图 8-16 所示。

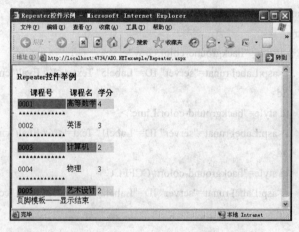

图 8-16　Repeater.aspx 页面显示效果

8.11.3　DataList 控件绑定

DataList 控件是 ASP.NET 2.0 中与列表紧密相关的数据绑定控件，它主要用于创建和显示模板化的列表数据。DataList 控件使用表格显示数据源控件获取的记录数据。在 DataList

控件中不仅支持显示、分页、编辑等功能，而且还支持强大的模板设计功能。它也允许通过手动设置方式与数据源建立连接，这样可以减少代码编写量。例 8-30 是用设计工具完成 DataList 绑定过程的示例，例 8-32 将用代码实现运行时 DataList 控件的数据绑定。

【例 8-32】编写代码完成运行时对 DataList 控件的数据绑定。

创建名为 DataList.aspx 的网页，在"工具箱"的"数据"工具栏中找到"DataList"控件，拖放到页面上。在 DataList.aspx.vb 文件中添加如下代码实现绑定：

```
Imports System.Data
Imports System.Data.SqlClient
Protected Sub Page_Load(ByVal sender As Object, ByVal e As System.EventArgs) Handles Me.Load
    Dim sConnectionString As String
    sConnectionString = " Data Source=.;Initial Catalog= student;User ID=sa; Password="
    Dim Conn As SqlConnection = New SqlConnection(sConnectionString)
    Conn.Open()
    Dim sql As String = "SELECT cno, cname, ccredit FROM course"
    Dim infor As SqlDataAdapter = New SqlDataAdapter(sql, Conn)
    Dim ds As DataSet = New DataSet()
    infor.Fill(ds, "infor")
    '使用 SqlDataAdapter 的 Fill 方法填充 DataSet
    DataList1.DataSource = ds.Tables("infor")
    DataList1.DataBind()        'DataList1 控件的数据绑定
End Sub
```

本方法先将 SQL Server 数据库中取出的数据通过 SqlDataAdapter 的 Fill()方法填充到数据集中，然后将数据集中的数据作为 DataList 控件的数据源，最后在 DataList 控件上显示数据信息。

8.11.4　DataGrid 控件绑定

DataGrid 是 Web 服务器控件，以表格方形布局显示数据，提供丰富的数据访问功能。DataGrid 为数据源中的每个字段生成一个 BoundColumn（AutoGenerateColumns=true 时）。数据中的每个字段按照在数据中出现的顺序呈现在单独的列中，字段名显示在网格表的列标题上，值呈现在文本域中。

在默认情况下，DataGrid 以只读模式显示数据，但是它也能在运行时自动在可编辑控件中显示数据。DataGrid 控件可通过"属性生成器"对话框创建"选择"、"编辑"、"更新"和"取消"按钮及编程结构。另外，DataGrid 支持分页功能，也可以使用控件的自定义导航功能通过控制发送到客户端浏览器的数量来提高性能。DataGrid 综合了 Repeater 控件与 DataList 控件的特点，使数据的显示和编辑更加方便。

【例 8-33】DataGrid 控件应用示例。创建名为 DataGrid.aspx 的网页，要求具有对数据库数据的编辑、更新、取消和分页等功能，页面效果如图 8-17 所示。

首先在页面上添加一个 DataGrid 控件 DataGrid1，在"DataGrid 任务"命令框中，选择"自动套用格式"的"彩色型"显示 DataGrid 中的数据；选择"属性生成器"，打开如图 8-18 所示的对话框。单击"列"项，在"可用列"栏添加 4 个模板列到"选定的列"，页眉文本分别设置为"学号"、"姓名"、"性别"和"所在学院"；添加"编辑、更新、取消"按钮列到选定列，设置页眉文本为"编辑"；添加"选择"按钮列到选定列，设置页眉文本为"选择"，其他属性采用默认值。

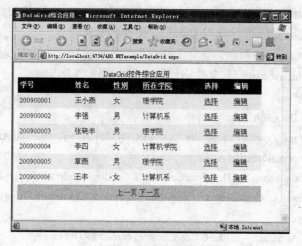

图 8-17 DataGrid 控件应用示例

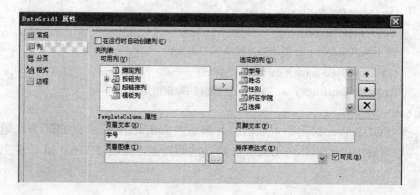

图 8-18 属性生成器中"列"的设置

单击"属性生成器"的"分页"项，选中"允许分页"，页面大小设置为"6"行，导航设置为"上一页"、"下一页"按钮。

分别在"姓名"、"性别""所在学院"的编辑模板列中放入一个 TextBox 控件，以便更新时填入新数据。

在 DataGrid.aspx.vb 文件中添加如下相应编码：

```
Imports System.Data
Imports System.Data.SqlClient
Private Sub DataGridDataBind()    '自定义函数，进行数据库访问和绑定
    Dim sConnectionString As String
    sConnectionString = " Data Source=.;Initial Catalog= student;User ID=sa;"
    Dim Conn As SqlConnection = New SqlConnection(sConnectionString)
    Dim Adapter As SqlDataAdapter = New SqlDataAdapter("SELECT sno,sname,ssex,sdept
FROM student", Conn)
    Conn.Open()
    Dim ds As DataSet = New DataSet()    '声明并创建 DataSet 的一个实例 ds
```

```
        Try
            Adapter.Fill(ds, "testTable")
            '将 DataSet 中的数据信息绑定到 DataGrid 控件上
            DataGrid1.DataSource = ds.Tables("testTable").DefaultView
            DataGrid1.DataBind()
        Catch ex As Exception
            Response.Write(ex.ToString())    '抛出异常信息
        Finally
            Conn.Close()
        End Try
    End Sub
    Protected Sub Page_Load(ByVal sender As Object, ByVal e As System.EventArgs) Handles Me.Load
    ' Page_Load 事件中调用 DataGridDataBind()函数
        If (Not IsPostBack) Then
            DataGridDataBind()
        End If
    End Sub
    '为 DataGrid 控件分别添加 EditCommand、UpdateCommand、CancelCommand 事件处理程序。
    '添加 PageIndexChanged 事件处理程序的代码
    Protected    Sub    DataGrid1_PageIndexChanged(ByVal    source    As    Object,    ByVal    e    As
    System.Web.UI.WebControls.DataGridPageChangedEventArgs) Handles DataGrid1.PageIndexChanged
        DataGrid1.CurrentPageIndex = e.NewPageIndex '把当前行变成可编辑状态
        DataGridDataBind()
    End Sub
```

事件程序中，将 CurrentPageIndex 设置为用户单击的页面，用事件的 NewPageIndex 属性得到新请求的页索引。运行结果如图 8-17 所示。

8.11.5　GridView 控件绑定

在 ADO.NET 2.0 中，GridView 控件是 Web 程序中的表格数据绑定控件，它是 DataGrid 控件的后继控件。使用 DataGrid 控件时，数据的排序、分页和编辑需要附加的编码。GridView 控件则无须编写任何代码即可添加排序、分页和编辑功能，可以通过在控件上设置属性来自动完成这些任务。

GridView 控件的绑定过程与其他控件类似，这里不再赘述。在"GridView 任务"对话框中分别选择"启用分页"、"启用排序"和"启用选定内容"等复选框，无须编码就可以自动完成分页、排序等功能，如图 8-19 所示。

使用"启动分页"命令时，在 GridView 控件的属性中可以设置每页显示的数据记录数。默认情况下，PageSize 的值是 10，也可

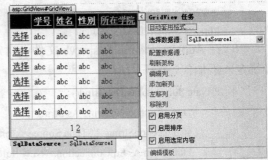

图 8-19　GridView 控件定义

以根据需要重新设置。

8.12 ADO.NET 数据库访问示例——学生成绩查询与修改

【例 8-34】对 student 数据库中的 course 数据表进行数据查询并显示在 DataList 控件中，同时实现数据的编辑、删除、更新和取消操作。

（1）启动 Visual Studio 环境，新建一个 ASP.NET 网站，将其保存在 ADO.NETexample 文件夹中，新建名为 AdoNet_Example.aspx 的网页文件。

（2）在 AdoNet_Example.aspx 的设计视图中，添加 HTML 表格、一个 DataList 控件、3 个 Label 控件、3 个 TextBox 控件和 4 个 Button 控件，控件的 ID 和属性设置如表 8-2 所示。

表 8-2　控件及其属性设置

控　件	属 性 设 置
Label 控件	ID 属性分别为 cnoLabel、cnameLabel、　ccreditLabel
TextBox 控件	ID 属性为默认值
Button 控件	ID 属性为默认值，Text 属性依次为编辑、删除、更新和取消；CommandName 属性依次为 edit、delete、update 和 cancel

（3）右键单击 DataList 控件，在"DataList 任务"对话框中选择"自动套用格式"的"简明型"格式。

（4）在"DataList 任务"对话框中选择"编辑模板"，在"项模板"的"ItemTemplate"中将字段 cno、cname 和 ccredit 改成"课程号"、"课程名"和"学分"，并添加两个 Button 按钮"编辑"和"删除"；在"项模板"的"EditItemplate"中添加 3 个 TextBox 控件和"更新"和"取消"两个按钮；如图 8-20 所示。在"页眉页脚模板"中分别添加页眉和页脚标题。

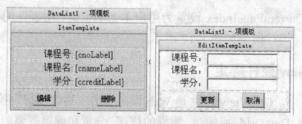

图 8-20　ItemTemplate 和 EditItemplate 设置

（5）在 AdoNet_Example.aspx.vb 文件中添加操作数据库要用到的命名空间：

```
Imports System.Data
Imports System.Data.SqlClient
```

（6）在 AdoNet_Example.aspx.vb 文件中自定义函数 DataListDataBind()，进行数据库访问和绑定，添加代码如下：

```
Private Sub DataListDataBind()
    Dim sConnectionString As String
    sConnectionString = " Data Source=.;Initial Catalog= student;User ID=sa;"
    Dim Conn As SqlConnection = New SqlConnection(sConnectionString)
    Dim Adapter As SqlDataAdapter = New SqlDataAdapter("SELECT * FROM course", Conn)
```

```vb
        Conn.Open()      '打开 Conn
        Dim ds As DataSet = New DataSet()      '创建 DataSet 对象
        Try
            '用 DataAdapter 的 Fill 方法填充数据集
            Adapter.Fill(ds, "testTable")
            '将数据集中的信息绑定到 DataList 控件中
            DataList1.DataSource = ds.Tables("testTable").DefaultView
            DataList1.DataBind()
        Catch ex As Exception      '捕获异常，输出异常信息
            Response.Write(ex.ToString())
        Finally
            Conn.Close() '关闭 conn
        End Try
    End Sub
```

（7）在 AdoNet_Example.aspx.vb 文件的 Page_Load 事件中调用 DataListDataBind()函数，添加代码如下：

```vb
    Protected Sub Page_Load(ByVal sender As Object, ByVal e As System.EventArgs) Handles Me.Load
        If (Not IsPostBack) Then
            DataListDataBind()      '页面首次打开时执行该语句
        End If
    End Sub
```

（8）为 DataList 控件分别添加 EditCommand、UpdateCommand、CancelCommand 和 DeleteCommand 事件处理程序代码：

```vb
    Protected Sub DataList1_EditCommand(ByVal source As Object, ByVal e As DataListCommandEventArgs)
    Handles DataList1.EditCommand
        DataList1.EditItemIndex = e.Item.ItemIndex      '把当前页变成可编辑状态
        DataListDataBind()
    End Sub
```

'EditCommand 事件处理程序中，由被单击的 Button 的索引来确定 EditItemTemplate 要编辑的项——EditItemIndex 的属性值，并将数据源绑定。

```vb
    Protected Sub DataList1_UpdateCommand(ByVal source As Object, ByVal e As
    DataListCommandEventArgs) Handles DataList1.UpdateCommand
        Dim ID As Integer = DataList1.DataKeys(e.Item.ItemIndex)
        Dim newname As TextBox = e.Item.FindControl("cname")
        Dim strUpt As String = "update course set cname ='" + newname.Text + "' where cno='" +
    ID.ToString() + "'"
        '定义一个更新命令字符串
        Dim sConnectionString As String
        '连接数据库字符串，连接到 student 数据库，用户名是 sa
        sConnectionString = " Data Source=.;Initial    Catalog= student;User ID=sa; "
        Dim Conn As SqlConnection = New SqlConnection(sConnectionString)
```

```
                '创建一个命令对象
                Dim cmd As SqlCommand = New SqlCommand(strUpt, Conn)
                Conn.Open()
                Try
                    cmd.ExecuteNonQuery()      '执行 SQL 语句并返回影响的行数
                    DataList1.EditItemIndex = -1    '放弃编辑
                    DataListDataBind()
                Catch ex As Exception
                    Response.Write(ex.ToString())
                Finally
                    Conn.Close()
                End Try
            End Sub
```

说明：UpdateCommand 事件处理程序中，使用 Item 事件参数对象的 Control.FindControl 方法读取当前项中被编辑的控件值，如 Label 和 TextBox 控件的 Text 值，并将更新结果写回到数据源。更新数据源后，通过 EditItemIndex 属性设置为-1，切换出编辑模式，然后重新将数据源绑定。

```
            Protected Sub DataList1_CancelCommand(ByVal source As Object, ByVal e As
            DataListCommandEventArgs) Handles DataList1.CancelCommand
                DataList1.EditItemIndex = -1    '放弃编辑
                DataListDataBind()
            End Sub
```

说明：CancelCommand 事件处理程序允许用户在不保存更新的情况下退出编辑模式，只需将 EditItemIndex 属性设置为-1，然后重新将数据源绑定即可。

```
            Protected Sub DataList1_DeleteCommand(ByVal source As Object, ByVal e As DataListCommandEventArgs)
            Handles DataList1.DeleteCommand
                Dim kch As String = DataList1.DataKeys(e.Item.ItemIndex).ToString()
                '获取 id
                Dim sql As String = "delete from student where cno='" + kch + "'"
                '定义一个删除命令字符串
                Dim sConnectionString As String
                sConnectionString = " Data Source=.;Initial Catalog= student;User ID=sa; "
                Dim Conn As SqlConnection = New SqlConnection(sConnectionString)
                Dim cmd As SqlCommand = New SqlCommand(sql, Conn)
                Conn.Open()
                cmd.ExecuteNonQuery()    '执行 SQL 语句
                DataList1.DataBind()
            End Sub
```

（9）将代码所在的页面设为起始页面，页面运行效果如图 8-21 所示。

ADO.NET 的对象模型提供丰富的功能支持，由于篇幅的限制，只能简单介绍对象应用和数据库访问机制，对象的属性和方法、控件绑定的具体应用还需参考相关的技术手册。

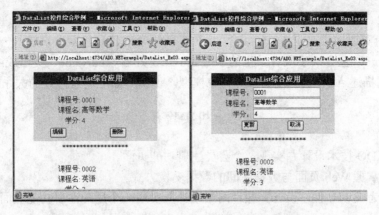

图 8-21　页面运行和单击"编辑"按钮后的页面

本 章 小 结

本章着重介绍了两种有效的 Web 数据库解决方案，即利用 ASP 服务器端的组件 ActiveX Data Objects（ADO）和基于.NET 框架的 ADO.NET 访问数据库。

ADO 共有 7 个对象类，它们是连接对象 Connection、命令对象 Command、记录集对象 RecordSet、错误对象 Error、参数对象 Parameter、域对象 Field 以及属性对象 Property。在 ASP 页面中访问数据库，首先要利用 Connection 对象建立一个与数据源的连接关系，在有效的连接下可以有三种通过执行 SQL 语句访问数据库的途径，一是利用 Connection.Execute( ) 方法；二是建立一个 Command 对象，设置 CommandText 属性为一个 SQL 串，再利用 Command.Open 方法；三是建立一个 RecordSet 对象，并通过 RecordSet.Open 方法执行 SQL 语句。

ADO.NET 具有 4 个数据提供者对象 Connection、DataReader、Command、DataAdapter 和 1 个用户对象 DataSet。Connection 对象提供与数据源的连接；Command 对象对数据源执行数据库命令；DataReader 从数据源中读取只读数据流；DataAdapter 提供连接 DataSet 对象和数据源的桥梁，它使用 Command 对象在数据源中执行 SQL 命令，以便将数据加载到 DataSet 中，并使对 DataSet 中数据的更改与数据源保持一致；DataSet 对象用于存储从数据源获得的数据。

本章利用示例介绍了基于 ADO 和 ADO.NET 的数据库访问模式。

习 题 8

8.1　简述 ODBC 的主要功能。

8.2　简述 Windows 环境下，系统数据源、用户数据源和文件数据源的区别。试在一个 Windows 系统中分别建立一个 Microsoft Access 和一个 SQL Server 驱动的数据源。

8.3　现有两个数据库表：students 表记录学生的一般数据，其中字段 StudId 为学号，StudName 记录学生姓名；score 表记录学生的成绩，其中 Computer 字段和 English 字段分别记录 StudId 所表示的学生的计算机和英语课程的成绩。试写出下列数据库操作的 SQL 语句。

① 从成绩表中查询张强同学的计算机和英语成绩。

② 在表中加入一个学生的记录，其学号为 12010145，姓名为李雨，计算机成绩为 91，

英语成绩为 82。

③ 将所有英语成绩高于 80 分（含 80 分）的同学的信息检索出来放入一个新表中，新表名为 highscore，包含的字段有学生的学号 StudId、姓名 StudName、英语成绩 English。

8.4　分别描述 ADO 和 ADO.NET 对象模型，说明对象之间有怎样的关系。

上机实验 8

8.1　用 ADO 技术设计并实现一个会员注册功能页面。

【目的】掌握 Web 页面与数据库间的数据交换方式。

【内容】为《Web 程序设计》课程网站设计并实现一个用户注册功能页面。注册界面如图 8-22 所示。

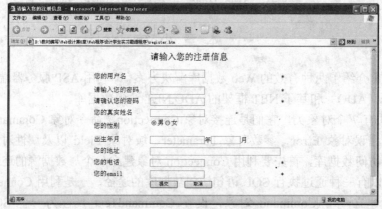

图 8-22　网站用户注册页面

【步骤】

（1）建立一个用户数据库表，能记录图 8-22 所示的信息。

（2）为步骤（1）中建立的数据库表配置一个系统数据源。

（3）建立一个 Web 页面文件，编程实现将图 8-22 所示的注册信息写入用户数据库表中。

8.2　用 ADO.NET 对象和控件的数据绑定方法实现在 Web 页面上操纵数据库数据。

【目的】掌握数据库控件的数据绑定方法。

【内容】选择适当的 ADO.NET 控件，如 DataGrid 或 GridView，用数据绑定方法实现从 score 表中取出学号、姓名和成绩，并以表格形式显示在 Web 页面上，可实现编辑和删除。

【步骤】

（1）创建一个数据库表 score，包含学号、姓名和成绩字段。

（2）创建一个 ASP.NET 网页，加入可绑定数据库数据的表格控件。

（3）用 VB 语言对编辑和删除事件编码，实现对数据库数据的更新操作。

第9章 综合应用实例

9.1 ASP 综合应用实例——网络作业提交系统

本系统是教学网站中的一个模块，采用 ASP 编程及 Access 数据库，教学网站一般有"登录信息管理"、"作业提交批改"、"讨论答疑"、"课件教案资料"、"学生个人网站"等几个板块。

登录网站先要输入昵称和密码，如果是 guest 访客或已注册用户，则用 Cookies 变量记录用户学号、姓名。访客只能浏览，不用交作业，不能发帖子参与讨论，以保证论坛的严肃性。

讨论答疑使用 BBS 系统，教师和学生都可以在论坛发表自己的观点和体会，或请教问题，互相讨论，也可转贴好的文章。"专题答疑"、"主题查询"及"酷帖"等功能更方便用户浏览和检索信息，存放在数据库内的这些记录可永久使用，供各届学生参考。

教师的教案、课件、试卷解答也放在网站上供学生课后复习，各种网上资料以及与教学有关的网站链接给学生的课外学习、利用网络查阅资料提供了方便。

因教材篇幅所限，本节只介绍涉及"网络提交作业"板块的内容及程序清单。

9.1.1 数据库设计

采用 Access 管理作业数据库，每门课有如下同样的数据库结构：workAget.mdb 为当次作业数据库，workAi.mdb 为已完成的第 i 个作业数据库，文本文件 workAput.txt 为历次作业题目内容，文件名中的 A 表示某门课程。

作业数据库通过"学号"关键字段与另一个学生数据库相关联，可以调出该学生的所有注册信息，这样使整个数据库的管理有序，避免了数据冗余。

采用 Access 是为了便于教师将每个作业数据库从服务器上下载到本机进行离线批改；批改后将 workAget.mdb 复制为 workAi.mdb 并上传，供网上备查以前第 i 次的作业；同时再将清空的 workAget.mdb 库文件上传，供下次提交作业时使用；给出的所有题目用一个文本文件 workAput.txt 书写，便于教师了解各个题目的前后连贯性并进行系统规划，也便于添加新内容；该文本文件还可配以图形链接，在题目中可以有图形显示在网页上。

workAi.mdb 数据库中只有一个数据表，包括下列字段：

日期（date 型）（每次提交作业时自动写入当前时间）

学号（文本型 8 个字符 必填 非空）（自动写入）

机号（文本型 15 个字符 必填 非空）（自动写入）

得分（文本型 2 个字符 必填 非空）（提交作业时自动记录提交的次数，批改时教师手工改为得分数）

点评（文本型 150 个字符 可空）（批改时教师手工输入的评语）

内容（备注型 8K 个字符 必填 非空）（学生提交的作业文本，会自动替换文本中的双引号）

备注 A（文本型 20 个字符 可空）（教师手工改一个记录的该字段为 9，标记为范例作业）

9.1.2 用户界面设计

"网络提交作业"页面如图 9-1 所示，它的实现包含 4 个 ASP 程序。

第 1 个程序 jxHWenter.asp 是前面综合作业的程序跳转入口，进一步准备数据后，自动转第 2 个程序。

第 2 个程序 jxHomeWork1.asp 是显示作业题目、提交作业内容、查询以前作业的链接跳转。

第 3 个程序 jxZuoyeOk1.asp 是提交作业入库程序。

第 4 个程序 jxLookWork1.asp 是查阅作业程序。

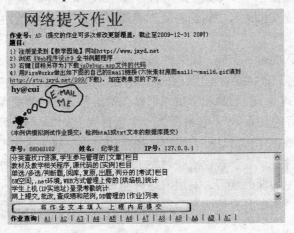

图 9-1 "网络提交作业"页面

9.1.3 ASP 程序清单

以下是与"网上提交作业"有关的 4 个文件：1——登录转入；2——提交作业；3——作业入库；4——查阅作业。

（1）登录转入（jxHWenter.asp）

由前面综合作业程序 form 输入 username 和 userpassword 后进入。

```
<% sName = Request("username")
sWord = Request("userpassword")
'此处应有用户名、密码输入正确性的判断，再读取数据库的学号、姓名的程序段
d = FormatDateTime(DateAdd("d", 365, Date))
Response.Cookies("jxyd_user_nstu") = "06040102"
Response.Cookies("jxyd_user_nstu").expires = d
Response.Cookies("jxyd_user_xmin") = "纪学生"
Response.Cookies("jxyd_user_xmin").expires = d
'此处应有根据学生学号确定作业号 A 和教师目录号 zhe 的程序段
Response.Redirect("ch8-jxHomeWork1.asp?work=A&ml=zhe")
%>
```

（2）提交作业（jxHomeWork1.asp）

由程序 1——jxHWenter.asp 带行参数 work 和 ml 进入。

```asp
<%      'from jxHWenter URL 链接入：?work=A&ml=zhe
xuehao = Request.Cookies("jxyd_user_nstu")
xingming = Request.Cookies("jxyd_user_xmin")           '由 cookies 保存的学号、姓名
sHW = Request.QueryString("work")
sDir= Request.QueryString("ml")                        '由前页传递的作业号、目录
iphao = Request.ServerVariables ("REMOTE_ADDR")
sFile = Server.MapPath("/jxyd/HomeWork") &"/"& sDir &"/Work"& sHW &"put.txt"
Set MyFile = Server.CreateObject ("Scripting.FileSystemObject")
tishu = 0

Set MyText = MyFile.OpenTextFile(sFile, 1)            '读出题目的文本文件
do
   sLine = MyText.ReadLine
   if left(sLine, 5) = "-end-" then exit do
   if left(sLine,1) = "#" then
      sTemp = mid(sLine, 2, 2): rRiqi = mid(sLine, 5): timu = "": tishu = tishu + 1
   else
      timu = timu & sLine &"<br>"
   end if
loop
MyText.close: zuoye = "现在时间是"& now() &"已过了交作业的截止日期。"

Set dbc = Server.CreateObject("ADODB.Connection")
strConn = "driver={Microsoft Access Driver (*.mdb)}"    '数据库连接
dbc.open strConn & ";dbq=" & Server.MapPath( "/jxyd/HomeWork/"& sDir &"/Work"& left(sTemp, 1)
                             &"Get.mdb")
sql = "select 内容 from 作业题目 where 学号='" & xuehao & "'"
Set rs = dbc.execute(sql)
if rs.eof then                                          '以前未提交过作业
   sReadFromDB = ""
else
   sReadFromDB = rs(0): sReadFromDB = replace(sReadFromDB, "<BR>", vbCrLf)
end if
Set rs = Nothing: Set dbc = Nothing
%>
<html><head><title><%= right(xuehao,2) %>作业</title>
<meta content='text/html; charset=gb2312' http-equiv='Content-Type'>
<style type="text/css">
body,td,th{font-family:宋体;font-size:13px}
</style></head>
<%
Response.Write "<body bgColor=#D9ECFF><table border='0' width='90%'align='center' cellspacing='1'>"&_
```

```
"<tr><td><font style='FONT-SIZE: 35px' color=red><b>网络提交作业
                                                </b></font></td></tr></table>"&_
"<table border='0' cellpadding=1 cellspacing=1 width='95%'>"&_
"<tr><form method='post' action='ch8-jxZuoYeOK1.asp' name='form'>"&_
"<td colspan=2><b>"& sWorkName &"作业号</b>：<font color=red>"& stemp &"</font>"      '提交给
jxZuoYeOK1.asp 六个 form 字段
  Response.Write " (提交的作业可多次修改更新覆盖，截止至"& rRiqi &" 20 时)<br><b>题目</b>：
</td></tr>"&_
"<tr><td colspan=2><font color=blue>"& timu &"</font>"&_
"<hr width=100% align=left></td></tr>"&_
"<tr><td colspan=2><b>学号</b>：<font color=blue>"& xuehao &"</font>   <b>姓名</b>：
                                        <font color=blue>"& xingming &"</font>"&_
"<b>IP 号</b>：<font color=blue>"& iphao &"</font>"&_
"<br><textarea name='zuoye' rows='6' cols='80' style='BACKGROUND-COLOR: FAFCEE; FONT-
FAMILY: 宋体; FONT-SIZE: 14px'>"&_
sReadFromDB &"</textarea><br>"

if DateDiff("d", rRiqi, date()) > 0 then
   Response.Write zuoye                              '如已过提交的截止日期，显示作业已截止
else
   Response.write "<input id='submit1' name='tijiao' type=submit value='将作业文本填入上框内后提
交'>"&_
   "<input type='hidden' name='xuehao' value='"& xuehao &"'>"&_
   "<input type='hidden' name='xingming' value='"& xingming &"'>"&_
   "<input type='hidden' name='iphao' value='"& iphao &"'>"&_
   "<input type='hidden' name='dir' value='"& sDir &"'>"&_
   "<input type='hidden' name='tihao' value='"& sTemp &"'>"
end if
Response.Write "</td></form></tr></table>"


Response.Write "<table border=0 cellpadding=1 cellspacing=1 width='95%'>"&_
"<tr><td width=70><b>作业查询</b>|</td><td align=left>"
if tishu > 1 then
   for i = 1 to tishu – 1                   '链接 jxLookWork1.asp?hao=AC&ml=zhe 查阅以前的作业
     si = cstr(i): if i > 9 then si = chr(i + 55)
     Response.Write "<a href='ch8-jxLookWork1.asp?hao='"& left(sTemp, 1) & si &"'&ml='"& sDir
                                    &"'>"& left(sTemp, 1) & si &"</a> | "
   next
end if
Response.Write "</td></tr></table>"
Response.Write "</body></html>"
%>
```

（3）作业入库（jxZuoYeOK1.asp）

由程序 2——jxHomeWork1.asp 的 form 输入 zuoye 等 6 个参数后进入。

```asp
<%   'from jxHomework1 form   6 项值输入
xuehao= request("xuehao")
jihao = request("iphao")
zuoye = request("zuoye")
tihao = request("tihao")
sDir    = request("dir")


Response.Write "<body bgColor = #D9ECFF><center>"
if zuoye = "" then
    Response.Write now() &" <font color=red><b>作业为空，不提交。</b></font></center>":
                                                         Response.end

elseif len(zuoye) > 8192 then
    Response.Write " <font color=red>由于硬盘空间的原因，限制作业的文本大小<8k,
                                请删减后再提交。</font></center>": Response.end

end if
zuoye = replace(zuoye, "<BR>", vbCrLf)
zuoye = replace(zuoye, chr(34), "'")                         ' " -> '
zuoye = replace(zuoye, "'", "''")

sDBFile = "/jxyd/HomeWork/"& sDir &"/Work"& left(tihao,1) &"Get.mdb"
Set dbc = Server.CreateObject("ADODB.Connection")
strConn = "driver={Microsoft Access Driver (*.mdb)}"
dbc.open strConn & ";dbq=" & Server.MapPath(sDBfile)

sql = "select * from 作业题目 where 学号='"& xuehao &"'"
Set rs = dbc.execute(sql)
if rs.EOF then
    sql = "insert into 作业题目(日期,学号,机号,内容)"
    sql = sql & "values('"& now() &"','"& xuehao &"','"& jihao &"','"& zuoye &"')"
    Set rs = dbc.execute(sql)
    Response.Write now() &" <font color=red><b>成功提交作业。</b></font></center>"
else
    riqi = rs("日期"): defen = rs("得分")
    sql = "update 作业题目 SET 日期='"& now() &"',机号='"& jihao &"',内容='"& zuoye &"',
                        得分='"& cstr(cint(defen)-1) &"' where 学号='"& xuehao &"'"

    Set rs = dbc.execute(sql)
    Response.Write now() &" <font color=red><b>第"& cstr(cint(abs(defen))+1) &"次成功提交作业。
                                                        </b></font></center>"

end if
Set rs = Nothing: Set dbc = Nothing
```

```
    %>
```

（4）查阅作业（jxLookWork1.asp）

由程序——jxHomeWork1.asp 带行参数 work 和 ml 进入。

```
    <% 'from jxHomeWork1.asp     URL 链接：?hao=AC&ml=zhe
    xuehao = Request.Cookies("jxyd_user_nstu")
    xingming = Request.Cookies("jxyd_user_xmin")
    sHao = Request.QueryString("hao")
    sDir = Request.QueryString("ml")


    if left(sHao, 1) = "A" then
        sWorkName = "[汇编语言]": sFile = server.MapPath("/jxyd/HomeWork") &"/"& sDir
                                                          &"/WorkAput.txt"
    else
        sWorkName = "[InterNet]": sFile = server.MapPath("/jxyd/HomeWork") &"/"& sDir
                                                          &"/WorkTput.txt"
    end if
    Set MyFile = server.CreateObject ("Scripting.FileSystemObject")
    tishu = 0


    Set MyText = MyFile.OpenTextFile(sFile, 1)        ' 读文本文件
    do
        sLine = MyText.ReadLine
        if mid(sLine, 2, 2) = sHao then
            timu = "": tishu = 1: rRiqi = mid(sLine, 5)
        elseif left(sLine, 5) = "-end-" then
            tishu = 0: exit do
            elseif left(sLine,1) = "#" and tishu = 1 then
                exit do
        else
        if tishu = 1 then timu = timu & sLine &"<br>"
        end if
    loop
    MyText.close


    if tishu = 0 then Response.Write "<body><center><font color=red><b><big>无此作业号，或正在
                                                  批改</big></b>": Response.End


    Set dbc = Server.CreateObject("ADODB.Connection")
    strConn = "driver={Microsoft Access Driver (*.mdb)}"
    dbc.open strConn & ";dbq=" & Server.MapPath( "/jxyd/HomeWork/"& sDir &"/Work"&
                                                  sHao &".mdb")
```

```asp
sql = "select * from 作业题目 where 学号='" & xuehao & "'"
Set rs = dbc.execute(sql)

if rs.eof then    '以前未提交过作业
    sReadFromDB = "你未提交过" & sHao & "作业"
    jihao = "404-?.?"
else
    sReadFromDB = rs("内容")
    ri_qi = rs("日期"): defen = rs("得分"): dping = rs("点评"): jihao = rs("机号")
end if
%>
<html><head><title>查询数据库作业</title>
<meta content="text/html; charset=gb2312" http-equiv="Content-Type">
<style type="text/css">
body{font-family:宋体;font-size:14px}
td{font-family:宋体,arial;font-size:14px}
</style>
</head>
<%
Response.Write "<body bgColor=#D9ECFF><table border='0' width='90%' align='center'
                                                      cellspacing='1'>"&_
"<tr><td><font style='FONT-SIZE: 35px' color=red><b>查询数据库作业
                              </b></font></td></tr></table>"


Response.Write "<table border=0 cellpadding=1 cellspacing=1 width='95%'>"&_
"<tr><td colspan=4><b>"& sWorkName &"作业号</b>：<font color=red>"& sHao &"</font>
                              (至 "& rRiqi &" 完成)"&_
"<br><b>题目</b>：</td></tr>"&_
"<tr><td colspan=4><font color=blue>"& timu &"</font><hr width=100% align=left></td></tr>"


if right(xuehao,2) = "99" then
    Set rs = dbc.execute("select count(*) from 作业题目")
    Response.Write "<tr><td colspan=4><b>"& sHao &" 作业提交人数：</b>"& rs(0) &"
                              ("& left(xuehao,4) &"班)</td></tr>"
    Set rs = dbc.execute("select 学号,得分 from 作业题目 order by 学号")
    stemp = "": j = 0
    do until rs.eof
        stemp = stemp & rs(0) &" <font color=blue>"& rs(1) & "</font>  "
        j = j + 1: if j mod 8 = 0 then stemp = stemp &"<br>"
        rs.movenext
    loop
    Response.Write "<tr><td colspan=4>"& sTemp &"</td></tr>"
```

```
        else
            Response.Write "<tr><td width=120><b>学号</b>：<font color=blue>"& xuehao
                                        &"'</font></td>"&_
            "<td width=120><b>姓名</b>：<font color=blue>"& xingming &"</font></td>"&_
            "<td><b>提交作业时间</b>：<font color=blue>"& ri_qi &"</font></td>
                                        <td width='*'> </td></tr>"&_
            "<tr><td colspan=4>"&_
            "<textarea name='zuoye' rows='14' cols='80' style='BACKGROUND-COLOR: FAFCEE;
                                        FONT-FAMILY: 宋体; FONT-SIZE: 14px'>"&_
            sReadFromDB &"</textarea></td></tr>"&_
            "<tr><td colspan=4><b>得分</b>："& defen &"  <b>点评</b>："& dping &"</td></tr>"
        end if

    sql = "select * from  作业题目  where  备注 A='9'"
    Set rs = dbc.execute(sql)
    if rs.eof then    '无作业范例
        Response.Write "</table>"
    else
        sReadFromDB = rs("内容")
        sReadFromDB = replace(sReadFromDB, "<BR>", vbCrLf )
        ri_qi = rs("日期"): defen = rs("得分")
        dping = rs("点评"): xuehao = rs("学号")

        Response.Write "<tr><td colspan=4><hr></td></tr>"&_
        "<tr><td><b> "& sHao &"  作业范例</b></td>"&_
        "<td><b>学号</b>：<font color=blue>"& xuehao &"</font></td>"&_
        "<td><b>提交作业时间</b>：<font color=blue>"& ri_qi &"</font></td></tr>"&_
        "<tr><td colspan=4>"&_
        "<textarea name='zuoye' rows='14' cols='80'style='BACKGROUND-COLOR: ffffff;
                                        FONT-FAMILY: 宋体; FONT-SIZE: 14px'>"&_
        sReadFromDB &"</textarea></td></tr>"&_
        "<tr><td colspan=4><b>得分</b>："& defen &"  <b>点评</b>：
                                        "& dping   &"</td></tr></table>"
    end if

    rs.Close: Set rs = Nothing: dbc.Close: Set dbc = Nothing
    Response.Write "</body></html>"
%>
```

9.2 ASP.NET 综合应用实例——公文管理系统

本节介绍应用 ASP.NET 技术开发的一个简化公文管理系统。该系统综合运用了数据库解决方案、封装、用户控件、文件上传及高级控件等，实现基于 Web 的公文发布、接收、浏览、查询和维护等功能。系统由多个网站模块组成。每个模块由一组页面及相关程序组成，完成相对独立的任务，如公文浏览、发文处理和收文处理等。模块涉及与用户的交互过程，包含的文件数目和类型较多，并需要访问数据库。因此，设计好各页面内容，规划好页面之间传递的数据及对数据库的访问，对于系统的设计和实现非常重要，同时也能够为今后系统的维护和升级带来方便。

9.2.1 系统功能

开发应用系统的首要工作是进行需求分析，根据应用需求，设计系统功能。公文管理系统需要对公文进行收发文处理、收发文查阅和查询，据此系统由发文浏览、收文浏览、文件查询、发文处理、收文处理、系统维护和用户登录 6 个功能模块组成。

（1）用户登录。为了保证系统使用的安全性，进入系统首先要登录。按照对系统功能的授权，将用户权限划分为六类：1—发文浏览，2—收文浏览，3—文件查询，4—发文处理，5—收文处理，6—系统维护。用户成功登录系统后，系统使用 Session 变量记录其操作权限，以后在该用户执行各功能之前都先进行权限检查，只有具备执行权限时才可使用相应的功能。

（2）发文浏览。以分页方式列出所有发文的编号和时间，用户单击编号查看详细内容，并可发表阅文回执。

（3）收文浏览。其功能与发文浏览十分相似，也以分页方式列出所有收文的编码和时间，用户单击编号查看详细内容，并可发表阅文回执。

（4）发文处理。用于签发公文。用户填写文件标题、编号、有效期及办理建议，选择文件名后提交，即可发布文件。

（5）收文处理。用于签收公文。用户选择文件标题后，即可显示该文件的编号、发文日期、有效期及发文单位，并可查阅文件内容。用户可填写办理建议后执行签收功能。

（6）系统维护。由部门维护、用户及权限维护、公文（字）维护三部分组成。部门维护包括添加新部门、修改现有部门信息；用户及权限维护包括添加新用户、修改现有用户的权限；公文（字）维护包括添加新"字"和修改现有"字"信息。

系统的主界面和主要功能模块界面均采用框架（Frame）结构设计，系统的各项功能以用户控件形式加载，位于页面上部，页面的右下部是主显示区，用于显示文件或维护信息。图 9-2 是主界面。

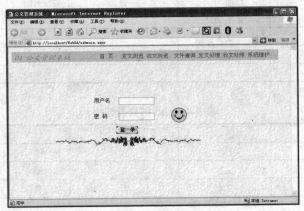

图 9-2　公文管理系统主界面

9.2.2　数据库设计

本系统选用 Access 数据库，所使用的数据库名为 oadata.mdb，包括 5 个数据表，分别是：

（1）userpass：用户信息表；

（2）wdlx：文件类型表；

（3）wddata：文件信息表；

（4）part：部门信息表；

（5）readlog：文件签阅意见表。

各表的结构分别列于表 9-1～表 9-5 中。

表 9-1　userpass 数据表结构

字 段 名	数据类型	可否为空	说　明
Userid	文本	否	用户编号，主键
Partid	文本	否	该用户所属部门编号
Userkey	文本	否	用户权限
Username	文本	可	用户姓名
Password	文本	否	用户密码

表 9-2　wdlx 数据表结构

字 段 名	数据类型	可否为空	说　明
Id	数值	否	自动编号(记录号)
lx	文本	否	文档类型
zh	文本	否	文档字号

表 9-3　wddata 数据表结构

字 段 名	数据类型	可否为空	说　明
Id	数值	否	自动编号(作为文件编号)
zh	文本	否	文档字号
lx	文本	否	文档类型
Username	文本	否	用户姓名
Partid	文本	否	用户所属部门编号
SendDate	日期/时间	否	签发时间
ExpireDate	日期/时间	否	过期时间
Title	文本	否	文件标题
Docfile	文本	否	文件名
Other	备注	可	文件说明

表 9-4　part 数据表结构

字 段 名	数据类型	可否为空	说　明
Id	数值	否	自动编号(记录号)
Partid	文本	否	部门编号
Partname	文本	否	部门名称

表 9-5 readlog 数据表结构

字 段 名	数据类型	可否为空	说 明
Id	数值	否	自动编号(记录号)
Username	文本	否	用户姓名
Readdate	日期/时间	可	签阅日期
Memo	备注	可	签阅意见
Wdid	文本	否	文件编号

9.2.3 各子系统设计与实现

（1）用户控件的设计与实现

为在各功能模块之间方便地切换，将系统的主要功能设计为一个用户控件，这样在需要的页面中只要加载该用户控件即可，而不必在每个页面中都进行设计。该用户控件界面如图 9-3 所示。

OA 公文管理系统　　首页　发文浏览　收文浏览　文件查询　发文处理　收文处理　系统维护

图 9-3　用户控件界面

文件名为 oamenu.ascx，内容如下：

```
<Script Language="VB" Runat="Server">
Sub LBtnHome_Click(ByVal sender As System.Object, ByVal e As System.EventArgs)
'首页
    Response.Redirect("Webmain.aspx")
End Sub
Sub LBtnSend_Click(ByVal sender As System.Object, ByVal e As System.EventArgs)
'发文处理
    If Session("userid") <> Nothing And InStr(Session("userkey"), "4") <> 0 Then
        Response.Redirect("Send.aspx")
    Else
        Response.Redirect("Webmain.aspx")     '尚未登录，需先到首页登录
    End If
End Sub
Sub LBtnReceive_Click(ByVal sender As System.Object, ByVal e As System.EventArgs)
'收文处理
    If Session("userid") <> Nothing And InStr(Session("userkey"), "5") <> 0 Then
        Response.Redirect("Receiver.aspx")
    Else
        Response.Redirect("Webmain.aspx")     '尚未登录，需先到首页登录
    End If
End Sub
Sub LBtnQuery_Click(ByVal sender As System.Object, ByVal e As System.EventArgs)
'文件查询
    If Session("userid") <> Nothing And InStr(Session("userkey"), "3") <> 0 Then
```

```
            Response.Redirect("Query.aspx")
        Else
            Response.Redirect("Webmain.aspx")    '尚未登录，需先到首页登录
        End If
    End Sub
Sub LBtnMgr_Click(ByVal sender As System.Object, ByVal e As System.EventArgs)
'系统维护
    If Session("userid") <> Nothing And InStr(Session("userkey"), "6") <> 0 Then
        Response.Redirect("Mgr.aspx")
    Else
        Response.Redirect("Webmain.aspx")    '尚未登录，需先到首页登录
    End If
End Sub
Sub LBtnSBrowse_Click(ByVal sender As System.Object, ByVal e As System.EventArgs)
'发文浏览
    If Session("userid") <> Nothing And InStr(Session("userkey"), "1") <> 0 Then
        Response.Redirect("SBrowse.aspx")
    Else
        Response.Redirect("Webmain.aspx")    '尚未登录，需先到首页登录
    End If
End Sub
Sub LBtnRBrowse_Click(ByVal sender As System.Object, ByVal e As System.EventArgs)
'收文浏览
    If Session("userid") <> Nothing And InStr(Session("userkey"), "2") <> 0 Then
        Response.Redirect("RBrowse.aspx")
    Else
        Response.Redirect("Webmain.aspx")    '尚未登录，需先到首页登录
    End If
End Sub
</Script>
<DIV style="WIDTH: 777px; POSITION: relative; HEIGHT: 32px;
BACKGROUND-COLOR: #ccccff" ms_positioning="GridLayout">
<DIV style="DISPLAY: inline; FONT-SIZE: 16pt; Z-INDEX: 101; LEFT: 8px;
WIDTH: 168px; COLOR: #ff0066; FONT-STYLE: italic; FONT-FAMILY:
楷体_GB2312; POSITION: absolute; TOP: 8px; HEIGHT: 24px;
FONT-VARIANT: normal" ms_positioning="FlowLayout">OA 公文管理系统</DIV>
<asp:LinkButton id="LBtnHome" style="Z-INDEX: 102; LEFT: 256px;
POSITION: absolute; TOP: 8px" runat="server"
Width="48px" OnClick="LBtnHome_Click">首      页</asp:LinkButton>
<asp:LinkButton id="LBtnSend" style="Z-INDEX: 103; LEFT: 544px; POSITION: absolute;
TOP: 8px" runat="server" Width="72px" OnClick="LBtnSend_Click">
发文处理</asp:LinkButton>
```

```
<asp:LinkButton id="LBtnReceive" style="Z-INDEX: 104; LEFT: 616px;
POSITION: absolute; TOP: 8px" runat="server"
Width="72px" OnClick="LBtnReceive_Click">收文处理</asp:LinkButton>
<asp:LinkButton id="LBtnMgr" style="Z-INDEX: 105; LEFT: 688px; POSITION: absolute;
TOP: 8px" runat="server" Width="88px" OnClick="LBtnMgr_Click">
系统维护</asp:LinkButton>
<asp:LinkButton id="LBtnSBrowse" style="Z-INDEX: 106; LEFT: 320px;
POSITION: absolute; TOP: 8px" Width="72px" runat="server"
OnClick="LBtnSBrowse_Click">发文浏览</asp:LinkButton>
<asp:LinkButton id="LBtnRBrowse" style="Z-INDEX: 107; LEFT: 392px;
POSITION: absolute; TOP: 8px" Width="72px" runat="server"
OnClick="LBtnRBrowse_Click">收文浏览</asp:LinkButton>
<asp:LinkButton id="LBtnQUery" style="Z-INDEX: 108; LEFT: 472px;
POSITION: absolute; TOP: 8px" runat="server" Width="72px"
OnClick="LBtnQuerye_Click">文件查询</asp:LinkButton></DIV>
```

（2）数据库操作文件

由于多个功能模块都要执行数据库操作，因此将数据库操作功能设计为一个共享文件 Db.inc，其内容如下：

```
<%@ Import Namespace="System.Data" %>
<%@ Import Namespace="System.Data.OleDb" %>
<Script Languate="VB" Runat="Server">
'创建数据集对象，strSQL 为 SQL 语句，FileName 为数据库文件名
'TableName 为数据表名称
Function CreateDataSet(strSQL As String, FileName As String, TableName As String) As DataSet
    Dim conn As New OleDbConnection()
    Dim cmd As New OleDbCommand()
    conn.ConnectionString = "Provider=Microsoft.Jet.OLEDB.4.0; Data Source=" & Server.MapPath
(FileName)
    conn.Open()
    cmd.Connection = conn
    cmd.CommandText = strSQL
    Dim objAdpt As New OleDbDataAdapter(cmd)
    Dim DS As New DataSet()
    objAdpt.Fill(DS, TableName)
    CreateDataSet = DS
    conn.Close()
End Function
</Script>
```

（3）首页

首页提供用户登录界面，如图 9-2 所示。当用户成功登录后，用 Session 变量记录其用户信息，包括用户名、使用权限等。文件名为 Webmain.aspx，内容如下：

```
<%@ Register TagPrefix="uc1" TagName="oamenu" Src="oamenu.ascx" %>
<Html><Head><Title>公文管理系统</Title>
<Style>A:link { COLOR: #0066cc; TEXT-DECORATION: none }
        A:hover { COLOR: #cc0000; TEXT-DECORATION: none }
        A:visited { COLOR: #3333cc; TEXT-DECORATION: none }
</Style></Head>
<Body background="img\Dlhbback.gif" MS_POSITIONING="GridLayout">
<Form id="Form1" method="post" runat="server">
<Iframe id="iframeMain" title="登录区" style="Z-INDEX: 104; LEFT: 72px; WIDTH: 624px;
    POSITION: absolute; TOP: 64px; HEIGHT: 338px" name="iframeMain" align="middle"
    src="Login.aspx" frameBorder="no" scrolling="auto" runat="server"></Iframe>
<uc1:oamenu id="Oamenu1" runat="server"></uc1:oamenu></Form>
</Body></Html>
```

其中，以下声明为引用用户空间 oamenu：

```
<%@ Register TagPrefix="uc1" TagName="oamenu" Src="oamenu.ascx" %>
```

首页中还包含一个标识为"iframeMain"的框架，它的 src 属性为 Login.aspx，即在该框架中加载 Login.aspx 用户登录页面。Login.aspx 内容如下：

```
<!-- #include File="Db.inc" -->
<Script Language="VB" Runat="Server">
Sub IBtnLogin_Click(ByVal sender As System.Object, ByVal e As System.Web.UI.ImageClickEventArgs)
    Dim conn As New System.Data.OleDb.OleDbConnection
    Dim cmd As New System.Data.OleDb.OleDbCommand
    conn.ConnectionString = "Provider=Microsoft.Jet.OLEDB.4.0; Data Source=" & Server.MapPath
                            ("oadata.MDB")
    cmd.Connection = conn
    cmd.CommandText = "select * from userpass where userid='" & Trim(TxtID.Text) & "' and
                        password= '" & Trim(TxtPass.Text) & "'"
    conn.Open()
    Dim reader As OleDb.OleDbDataReader = cmd.ExecuteReader
    If reader.Read() Then
        Session("userid") = Trim(reader("userid"))
        Session("username") = Trim(reader("username"))
        Session("userkey") = Trim(reader("userkey"))
        Session("partid") = Trim(reader("partid"))
        Response.Redirect("LoginSuccess.aspx")
    Else
        Session("userid") = Nothing
        Session("username") = Nothing
        Session("userkey") = Nothing
        Session("partid") = Nothing
    End If
```

```
        conn.Close()
End Sub
</Script>
<Html><Head><Title>Login</Title></Head>
<Body MS_POSITIONING="GridLayout" background="img\Dlhbback.gif">
<Form id="Form1" method="post" runat="server">
<Div style="DISPLAY: inline; Z-INDEX: 101; LEFT: 176px; WIDTH: 64px; POSITION:
    absolute; TOP: 96px; HEIGHT: 24px" ms_positioning="FlowLayout">用户名</Div>
<Asp:TextBox id="TxtID" style="Z-INDEX: 102; LEFT: 248px; POSITION: absolute;
TOP: 96px" runat="server"   Width="104px"></asp:TextBox>
<Div style="DISPLAY: inline; Z-INDEX: 103; LEFT: 176px; WIDTH: 64px; POSITION: absolute;
TOP: 144px; HEIGHT: 24px" ms_positioning="FlowLayout">密  码</Div>
<asp:TextBox id="TxtPass" style="Z-INDEX: 104; LEFT: 248px; POSITION: absolute; TOP: 144px"
runat="server" Width="104px" TextMode="Password"></asp:TextBox>
<asp:ImageButton id="IBtnLogin" style="Z-INDEX: 105; LEFT: 240px; POSITION: absolute; TOP:
184px" runat="server" Width="64px" Height="24px" ImageUrl="img\an.gif" OnClick= "IBtnLogin_
Click"></asp:ImageButton>
<Img style="Z-INDEX: 107; LEFT: 64px; WIDTH: 424px; POSITION: absolute; TOP: 216px;
HEIGHT: 32px" height="32" alt="" src="img\flw_h.gif" width="424">
<Img style="Z-INDEX: 108; LEFT: 400px; WIDTH: 48px; POSITION: absolute; TOP: 128px;
HEIGHT: 48px" height="48" alt="" src="img\Funface.gif" width="48">
</Form></Body></Html>
```

用户登录成功后，在框架 iframemain 中将加载 LoginSuccess.aspx 页面。这是一个简单的网页，仅显示一行文字和一幅图像，如图 9-4 所示，此时用户就可使用其有权限操作的功能了。

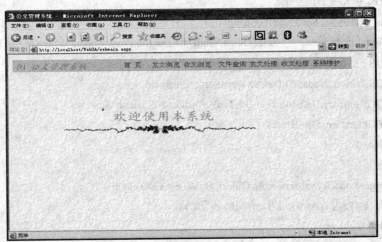

图 9-4　登录成功页面

（4）发文浏览

发文浏览界面如图 9-5 所示。首先分页列出发文的编号和发文日期，其中编号为超链接按钮，当用户单击某个发文编号后，将显示该发文的详情，此时用户可通过单击"阅文"按钮查看该发文的全文。在文本框中可输入反馈意见，单击"提交"按钮将用户信息及反馈意见等写入 readlog 表。界面中的主要控件有：

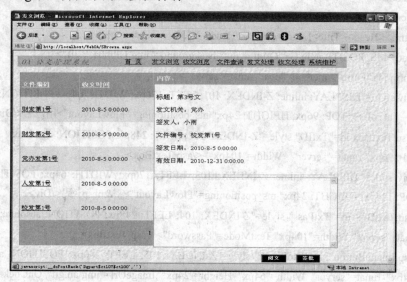

图 9-5　发文浏览界面

① DgSummary：DataGrid 控件，显示文档摘要信息（编号和日期）。

② Dlwd：DataList 控件，显示文档详细内容。

程序名为 Rbrowse.aspx，内容如下：

```
<%@ Register TagPrefix="uc1" TagName="oamenu" Src="oamenu.ascx" %>
<!-- #include File="Db.inc" -->
<%@ Page Language="VB" Debug="true" %>
<Script Language="VB" Runat="Server">
Dim DS As New DataSet()
Sub dgbind(ByVal SortField As String)            '创建数据集，并与 DgSummary 绑定
    Dim Sql As String = " Select Id,zh,SendDate,Docfile From wddata Where lx='发文' "
    DS = CreateDS(Sql,"oadata.mdb","wddata")
    DS.Tables("wddata").DefaultView.Sort = SortField
    DGSummary.DataSource = DS.Tables("wddata").DefaultView
    DGSummary.DataBind()
End Sub

Sub Page_Load(ByVal sender As Object, ByVal e As EventArgs)
    If Not Page.IsPostBack Then dgbind("zh") End If
End Sub

Public Sub DGSummary_ItemCommand(ByVal sender As Object, ByVal e As
DataGridCommandEventArgs)
'用户单击发文编号的处理，在表中查询记录并显示
    If e.CommandName = "selectid" Then
```

```
                    ViewState("docfile") = e.Item.Cells(3).Text
                    ViewState("id") = e.Item.Cells(1).Text
                    BtRead.Enabled = True
                    BtOk.Enabled = True
                    Dim Sql As String = "Select a.Title,b.Partname,a.Username,a.zh, a.SendDate, a.ExpireDate
From wddata a,wdpart b Where a.partid=b.partid and a.ID = " & ViewState("id")
                    DS = CreateDS(Sql,"oadata.mdb","wdone")
                    Dlwd.DataSource = DS.Tables("wdone").DefaultView
                    Dlwd.DataBind()
            End If
    End Sub

Sub DGSummary _PageIndexChanged(ByVal sender As Object, ByVal e As DataGridPageChangedEventArgs)
'DataGrid 控件的分页事件处理
            DGSummary.CurrentPageIndex = e.NewPageIndex
            dgbind("zh")
    End Sub


Sub DGSummary _Sort(ByVal Sender As Object, ByVal e As DataGridSortCommandEventArgs)
'DataGrid 控件的排序事件处理
            dgbind(E.SortExpression)
    End Sub
    Sub BtRead_Click(ByVal sender As Object, ByVal e As EventArgs)
'单击"阅文"按钮
            Response.Redirect(ViewState("docfile"))
    End Sub


Sub BtOk_Click(ByVal sender As Object, ByVal e As EventArgs)
'单击"提交"按钮
        BtOk.Enabled = False
        Dim conn As New OleDbConnection()
        Dim cmd As New OleDbCommand()
        conn.ConnectionString = "Provider=Microsoft.Jet.OLEDB.4.0; Data Source=" & Server.MapPath
("oadata.mdb")
        conn.Open()
        cmd.Connection = conn
        cmd.CommandText = "insert into readlog  (Username,ReadDate,Memo,Wdid) values('" +
Session("username") + "','" + Now.ToLongDateString + "','" + txtoth.Value + "'," & ViewState("id") & ")"
        cmd.ExecuteNonQuery()
        conn.Close()
    End Sub
```

```
</Script>
'以下为界面定义部分
<Html><Head><Title>发文浏览</Title></Head>
<Body MS_POSITIONING="GridLayout" background=".\img\Dlhbback.gif">
<Form id="Form1" method="post" runat="server">
<uc1:oamenu id="Oamenu1" runat="server"></uc1:oamenu>
<asp:datagrid id="DgSummary" style="Z-INDEX: 106; LEFT: 16px; POSITION: absolute;
TOP: 64px" runat="server" AllowPaging="True" AutoGenerateColumns="False"
OnSortCommand="DGSummary _Sort"
OnPageIndexChanged=" DGSummary _PageIndexChanged"
OnItemCommand=" DGSummary _ItemCommand" ForeColor="Black" Height="512px"
Width="320px" BorderColor="#DEDFDE" BorderStyle="None" BackColor="White"
CellPadding="4" GridLines="Vertical" BorderWidth="1px" AllowSorting="True">
<SelectedItemStyle Font-Bold="True" ForeColor="White" BackColor="#CE5D5A"></SelectedItemStyle>
<AlternatingItemStyle BackColor="White"></AlternatingItemStyle>
<ItemStyle BackColor="#F7F7DE"></ItemStyle>
<HeaderStyle Font-Bold="True" ForeColor="White" BackColor="#99CCFF"></HeaderStyle>
<FooterStyle BackColor="#CCCC99"></FooterStyle>
<Columns>
<asp:ButtonColumn DataTextField="zh" SortExpression="zh"
HeaderText="文件编码" CommandName="selectid"></asp:ButtonColumn>
<asp:BoundColumn Visible="False" DataField="id"
HeaderText="id"></asp:BoundColumn>
<asp:BoundColumn DataField="senddate" SortExpression="senddate"
HeaderText="收文时间"></asp:BoundColumn>
<asp:BoundColumn Visible="False" DataField="docfile"
HeaderText="docfile"></asp:BoundColumn>
</Columns>
<PagerStyle HorizontalAlign="Right" ForeColor="Black" BackColor="#99CCFF"
Mode="NumericPages"></PagerStyle>
</asp:datagrid>
<asp:datalist id="Dlwd" style="Z-INDEX: 107; LEFT: 336px; POSITION: absolute; TOP: 64px"
runat="server"  Height="300px"  Width="432px"  BorderColor="#CC9966"  BorderStyle="None"
BackColor="White" CellPadding="4"  GridLines="Both"  BorderWidth="1px"  RepeatDirection=
"Horizontal" RepeatColumns="1" ShowFooter="False">
<SelectedItemStyle Font-Bold="True" ForeColor="#663399" BackColor="#FFCC66"></SelectedItemStyle>
<HeaderTemplate>内容：</HeaderTemplate>
<EditItemStyle Wrap="False"></EditItemStyle>
<ItemStyle ForeColor="#330099" BackColor="White"></ItemStyle>
<ItemTemplate>
 <P>标题：<%# DataBinder.Eval(Container.DataItem, "title") %></P>
```

<P>发文机关：<%# DataBinder.Eval(Container.DataItem, "partname") %></P>

<P>签发人：<%# DataBinder.Eval(Container.DataItem, "username") %></P>

<P>文件编号：<%# DataBinder.Eval(Container.DataItem, "zh") %></P>

<P>签发日期：<%# DataBinder.Eval(Container.DataItem, "senddate") %></P>

<P>有效日期：<%# DataBinder.Eval(Container.DataItem, "keydate") %></P>

</ItemTemplate>

<FooterStyle ForeColor="#330099" BackColor="#FFFFCC"></FooterStyle>

<HeaderStyle Font-Bold="True" ForeColor="#FFFFCC" BackColor="#99CCFF"></HeaderStyle>

</asp:datalist>

<Textarea id="txtoth" style="Z-INDEX: 108; LEFT: 336px; WIDTH: 432px; POSITION: absolute; TOP: 372px; HEIGHT: 208px" name="TEXTAREA1" rows="13" cols="51" runat="server"> </Textarea>

<asp:Button id="BtRead" style="Z-INDEX: 109; LEFT: 590px; POSITION: absolute; TOP: 600px" runat="server" ForeColor="White" Width="59px" BorderColor="PeachPuff" BorderStyle="Groove" BackColor="MediumBlue" Text="阅文" Font-Names="Arial Narrow" Font-Bold="True" Enabled="False" Height="24px" OnClick="BtRead_Click"></asp:Button>

<asp:Button id="BtOk" style="Z-INDEX: 110; LEFT: 672px; POSITION: absolute; TOP: 600px" runat="server" ForeColor="White" Width="56px" BorderColor="PeachPuff" BorderStyle="Groove" BackColor="MediumBlue" Text="签批" Font-Names="Arial Narrow" Font-Bold="True" Enabled="False" Height="24px" OnClick="BtOK_Click"></asp:Button>

</Form></Body></Html>

　　收文浏览的界面及程序与发文浏览十分相似，限于篇幅，这里不再给出，请读者仿照发文浏览自行设计。

　　（5）文件查询

　　文件查询界面如图 9-6 所示。选择"公文类型"和"收（发）日期"，也可输入"标题关键字"，单击"下一步"按钮，即可将符合条件的文档列于表中，如图 9-7 所示。

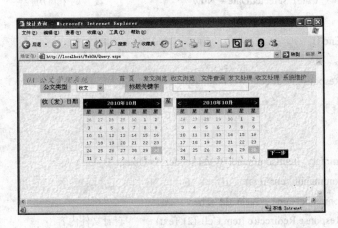

图 9-6　文件查询界面

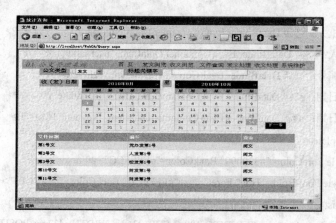

图 9-7　文件查询结果

这部分的设计主要使用日历控件和数据库查询操作。程序名为 Query.aspx，内容如下：

```vb
<%@ Register TagPrefix="uc1" TagName="oamenu" Src="oamenu.ascx" %>
<!-- #include File="Db.inc" -->
<%@ Page Language="VB" Debug="true" %>
<Script Language="VB" Runat="Server">
Sub dgbind()                          '创建数据源，并与 DataGrid 控件绑定
    Dim DS As New DataSet()
    DS = CreateDS(Viewstate("sqltxt"),"oadata.mdb","wddata")
    DGSummary.DataSource = DS.Tables("wddata").DefaultView
    DGSummary.DataBind()
End Sub


Sub Page_Load(ByVal sender As Object, ByVal e As EventArgs)
    If InStr(Session("userkey"), "3") <> 0 Then          '检查操作权限
        If Not Page.IsPostBack Then
            Cale1.SelectedDate = Now                      '设置两个日历控件
            Cale2.SelectedDate = Now
        End If
    Else
        Response.Redirect("Webmain.aspx")
    End If
End Sub


Sub DGSummary_ItemCommand(ByVal sender As Object, ByVal e As
DataGridCommandEventArgs)
    If e.CommandName = "selectid" Then
        Response.Redirect(e.Item.Cells(2).Text)       '查看文件内容
    End If
End Sub
```

```
Sub DGSummary_PageIndexChanged(ByVal sender As Object, ByVal e As
DataGridPageChangedEventArgs)
'DataGrid 控件的分页事件处理
    DGSummary.CurrentPageIndex = e.NewPageIndex
    dgbind()
End Sub


Sub BtNext_Click(ByVal sender As Object, ByVal e As EventArgs)
'单击"下一步"按钮的处理
    Dim sqltxt As String
    sqltxt = " lx='" & dpzh.Value & "' and SendDate>=format('" & Cale1.SelectedDate & "') and
senddate<=format('" & Cale2.SelectedDate & "')"
    If tbzh.Text <> "" Then
        sqltxt = sqltxt & " and title like '*" & Trim(tbzh.Text) & "*'"
    End If
    Viewstate("sqltxt") = "Select title,zh, docfile From wddata Where " & sqltxt
    dgbind()
End Sub
</Script>
'以下为界面定义部分
<Html><Head><Title>统计查询</Title>
<Style>A:link { COLOR: #0066cc; TEXT-DECORATION: none }
        A:hover { COLOR: #cc0000; TEXT-DECORATION: none }
        A:visited { COLOR: #3333cc; TEXT-DECORATION: none }
</Style></Head>
<Body Background=".\img\Dlhbback.gif" MS_POSITIONING="GridLayout">
<Form id="Form1" method="post" runat="server">
<asp:calendar id="Cale2" style="Z-INDEX: 108; LEFT: 416px; POSITION: absolute; TOP: 104px"
runat="server" Font-Names="Verdana" Font-Size="8pt" DayNameFormat="FirstLetter" ForeColor=
"#663399" Height="176px" Width="220px" BorderColor="#FFCC66"
BackColor="#FFFFCC" BorderWidth="1px" ShowGridLines="True">
        <TodayDayStyle ForeColor="White" BackColor="#FFCC66"></TodayDayStyle>
        <SelectorStyle BackColor="#FFCC66"></SelectorStyle>
        <NextPrevStyle Font-Size="9pt" ForeColor="#FFFFCC"></NextPrevStyle>
        <DayHeaderStyle Height="1px" BackColor="#FFCC66"></DayHeaderStyle>
        <SelectedDayStyle Font-Bold="True" BackColor="#CCCCFF"></SelectedDayStyle>
        <TitleStyle Font-Size="9pt" Font-Bold="True" ForeColor="#FFFFCC"
BackColor="#990000"></TitleStyle>
        <OtherMonthDayStyle ForeColor="#CC9966"></OtherMonthDayStyle>
</asp:calendar>
<asp:Button id="BtNext" style="Z-INDEX: 110; LEFT: 656px; POSITION: absolute; TOP: 248px"
runat="server" Font-Names="Arial Narrow" ForeColor="White" Width="56px" BorderColor=
```

```
"PeachPuff" BackColor="MediumBlue" Text="下一步" Font-Bold="True"
BorderStyle="Groove" OnClick="BtNext_Click"></asp:Button>
<asp:Datagrid id="DGSummary" style="Z-INDEX: 109; LEFT: 48px; POSITION: absolute; TOP:
288px" runat="server" Font-Size="10pt" ForeColor="Black" Height="204px" Width="688px"
BorderColor="#DEDFDE" BackColor="White" CellPadding="4"
BorderStyle="None" PageSize="5" AllowPaging="True" AutoGenerateColumns="False"
OnPageIndexChanged="DGSummary_PageIndexChanged" AllowSorting="True"
OnItemCommand="DGSummary_ItemCommand" GridLines="Vertical" BorderWidth="1px">
    <SelectedItemStyle Font-Bold="True" ForeColor="White"
BackColor="#CE5D5A"></SelectedItemStyle>
    <AlternatingItemStyle BackColor="White"></AlternatingItemStyle>
    <ItemStyle BackColor="#F7F7DE"></ItemStyle>
    <HeaderStyle Font-Bold="True" ForeColor="White" BackColor="#99CCFF"></HeaderStyle>
    <FooterStyle BackColor="#CCCC99"></FooterStyle>
    <Columns>
    <asp:BoundColumn DataField="title" HeaderText="文件标题"></asp:BoundColumn>
    <asp:BoundColumn DataField="zh" HeaderText="编号"></asp:BoundColumn>
    <asp:BoundColumn Visible="False" DataField="docfile"
HeaderText="docfile"></asp:BoundColumn>
    <asp:ButtonColumn Text="阅文" HeaderText="查看"
CommandName="selectid"></asp:ButtonColumn>
    </Columns>
    <PagerStyle HorizontalAlign="Right" ForeColor="Black" BackColor="#99CCFF" Mode=
"NumericPages"></PagerStyle>
</asp:Datagrid>
<Select id="dpzh" style="Z-INDEX: 105; LEFT: 152px; WIDTH: 72px; POSITION: absolute; TOP:
64px" name="dpzh" runat="server">
    <Option value="收文" selected>收文</Option>
    <Option value="发文">发文</Option>
</Select>
<Div style="DISPLAY: inline; Z-INDEX: 102; LEFT: 56px; WIDTH: 80px; COLOR:
#000000; FONT-FAMILY: 宋体; POSITION: absolute; TOP: 64px; HEIGHT: 24px;
BACKGROUND-COLOR: #ccccff" align="center" ms_positioning="FlowLayout">
公文类型</Div>
<asp:Textbox id="tbzh" style="Z-INDEX: 100; LEFT: 408px; POSITION: absolute; TOP:
64px" runat="server" Width="200px"></asp:textbox>
<uc1:oamenu id="Oamenu1" runat="server"></uc1:oamenu>
<Div style="DISPLAY: inline; Z-INDEX: 103; LEFT: 56px; WIDTH: 104px; COLOR:
#000000; FONT-FAMILY: 宋体; POSITION: absolute; TOP: 104px; HEIGHT: 24px;
BACKGROUND-COLOR: #ccccff" align="center" ms_positioning="FlowLayout">
收（发）日期</Div>
<Div style="DISPLAY: inline; Z-INDEX: 104; LEFT: 280px; WIDTH: 104px; COLOR:
```

#000000; FONT-FAMILY: 宋体; POSITION: absolute; TOP: 64px; HEIGHT: 24px;

BACKGROUND-COLOR: #ccccff" align="center" ms_positioning="FlowLayout">

标题关键字</Div>

<Div style="DISPLAY: inline; Z-INDEX: 106; LEFT: 384px; WIDTH: 24px; COLOR:

#000000; FONT-FAMILY: 宋体; POSITION: absolute; TOP: 104px; HEIGHT: 24px;

 BACKGROUND-COLOR: #ccccff" align="center" ms_positioning="FlowLayout"

>至</Div>

<asp:Calendar id="Cale1" style="Z-INDEX: 107; LEFT: 168px; POSITION: absolute; TOP: 104px"

runat="server" Font-Names="Verdana" Font-Size="8pt" DayNameFormat="FirstLetter" ForeColor=

"#663399" Height="176px" Width="210px" BorderColor="#FFCC66" BackColor="#FFFFCC"

BorderWidth="1px" ShowGridLines="True">

    <TodayDayStyle ForeColor="White" BackColor="#FFCC66"></TodayDayStyle>

    <SelectorStyle BackColor="#FFCC66"></SelectorStyle>

    <NextPrevStyle Font-Size="9pt" ForeColor="#FFFFCC"></NextPrevStyle>

    <DayHeaderStyle Height="1px" BackColor="#FFCC66"></DayHeaderStyle>

    <SelectedDayStyle Font-Bold="True" BackColor="#CCCCFF"></SelectedDayStyle>

    <TitleStyle Font-Size="9pt" Font-Bold="True" ForeColor="#FFFFCC"

BackColor="#990000"></TitleStyle>

    <OtherMonthDayStyle ForeColor="#CC9966"></OtherMonthDayStyle>

</asp:Calendar>

</Form></Body></Html>

（6）发文处理

发文处理界面如图 9-8 所示。用户填写文件标题，选择文件编号、字号、有效日期、文档名，也可填写办理意见，单击"签发"按钮，即可完成发文操作。这一部分仍主要是对数据表操作，其中使用了文件上传控件，该控件使用户可以选择本地指定路径的文件进行上传。

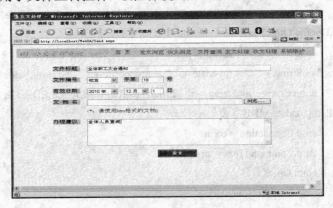

图 9-8　发文处理界面

源程序如下：

    <%@ Register TagPrefix="uc1" TagName="oamenu" Src="oamenu.ascx" %>

    <!-- #include File="Db.inc" -->

    <%@ Page Language="VB" Debug="true" %>

    <Script Language="VB" Runat="Server">

```vbnet
Dim DS As New DataSet()
Sub Page_Load(ByVal sender As Object, ByVal e As EventArgs)
    If InStr(Session("userkey"), "4") <> 0 Then
        If Not Page.IsPostBack Then
            Dim Sql As String = " select * from wdlx where lx='发文' "
            DS = CreateDS(Sql,"oadata.mdb","wdlx")
            dpzh.DataSource = DS.Tables("wdlx").DefaultView
            dpzh.DataBind()
        End If
    Else
        Response.Redirect("Webmain.aspx")
    End If
End Sub


Sub Submit1_ServerClick(ByVal sender As Object, ByVal e As EventArgs)
    If Session("partid") <> "" Then
        Dim conn As New System.Data.OleDb.OleDbConnection
        Dim cmd As New System.Data.OleDb.OleDbCommand
        Dim filename As String = Now.ToFileTimeUtc.ToString + ".htm"
        If (tbtitle.Text <> "") And (filename <> "") Then
            Dim mydocfile As String = Server.MapPath("word\") + filename
            Dim myzh As String = dpzh.SelectedItem.Text + "第" + tbzh.Text + "号"
            Dim myedate As String = Selectyy.Value + "-" + Selectmm.Value + "-" + tbdd.Text
            Dim strsql As String
            fileup1.PostedFile.SaveAs(mydocfile)
            strsql = "insert into wddata (Title,lx,Partid,Username,zh,SendDate,
ExpireDate,Docfile,Other) values('" + tbtitle.Text + "','发文','"
            strsql = strsql + Session("partid") + "','" + Session("username") + "','" + myzh + "','" +
Now.ToLongDateString + "','" + myedate + "','" + mydocfile + "','" + txtoth.Value + "')"
            conn.ConnectionString = "Provider=Microsoft.Jet.OLEDB.4.0; Data Source=" &
Server.MapPath("oadata.MDB")
            cmd.Connection = conn
            cmd.CommandText = strsql
            conn.Open()
            cmd.ExecuteNonQuery()
            conn.Close()
            tbtitle.Text = ""
            tbdd.Text = ""
            txtoth.Value = ""
        End If
    Else
        Response.Write("Webmain.aspx")
```

```
                End If
End Sub
</Script>
<Html><Head><Title>发文处理</Title>
<Style>A:link { COLOR: #0066cc; TEXT-DECORATION: none }
    A:hover { COLOR: #cc0000; TEXT-DECORATION: none }
    A:visited { COLOR: #3333cc; TEXT-DECORATION: none }
</Style></Head>
<Body Background=".\img\Dlhbback.gif" MS_POSITIONING="GridLayout">
<Form id="Form1" method="post" encType="multipart/form-data" runat="server">
<Input id="fileup1" style="Z-INDEX: 101; LEFT: 192px; WIDTH: 480px; POSITION: absolute; TOP:
200px; HEIGHT: 22px" type="file" maxLength="50" size="60" name="fileup1" runat="server">
<Input id="Submit1" style="Z-INDEX: 117; LEFT: 376px; WIDTH: 102px; COLOR: #ffffff;
BORDER-TOP-STYLE: groove; BORDER-RIGHT-STYLE: groove; BORDER-LEFT-STYLE: groove;
POSITION: absolute; TOP: 384px; HEIGHT: 27px; BACKGROUND-COLOR: #3333ff;
BORDER-BOTTOM-STYLE: groove" type="submit" value="签发" name="Submit1" runat="server">
<asp:Textbox id="tbdd" style="Z-INDEX: 115; LEFT: 360px; POSITION: absolute; TOP: 160px"
runat="server"   Width="32px">1</asp:textbox>
<SELECT id="Selectmm" style="Z-INDEX: 114; LEFT: 288px; WIDTH: 64px; POSITION: absolute;
TOP: 160px" name="dpzh" runat="server">
    <OPTION value="1" selected>1 月</OPTION>
    <OPTION value="2">2 月</OPTION>
    <OPTION value="3">3 月</OPTION>
    <OPTION value="4">4 月</OPTION>
    <OPTION value="5">5 月</OPTION>
    <OPTION value="6">6 月</OPTION>
    <OPTION value="7">7 月</OPTION>
    <OPTION value="8">8 月</OPTION>
    <OPTION value="9">9 月</OPTION>
    <OPTION value="10">10 月</OPTION>
    <OPTION value="11">11 月</OPTION>
    <OPTION value="12">12 月</OPTION>
</SELECT>
<SELECT id="Selectyy" style="Z-INDEX: 109; LEFT: 192px; WIDTH: 80px; POSITION: absolute;
TOP: 160px" name="dpzh" runat="server">
    <OPTION value="2010" selected>2010 年</OPTION>
    <OPTION value="2011">2011 年</OPTION>
    <OPTION value="2012">2012 年</OPTION>
</SELECT>
<uc1:oamenu id="Oamenu1" runat="server"></uc1:oamenu>
<Div style="DISPLAY: inline; Z-INDEX: 102; LEFT: 104px; WIDTH: 70px; POSITION:
absolute; TOP: 80px; HEIGHT: 15px; BACKGROUND-COLOR: #ccccff"
```

```
ms_positioning="FlowLayout">文件标题</Div>
<Div style="DISPLAY: inline; Z-INDEX: 103; LEFT: 104px; WIDTH: 70px; POSITION:
absolute; TOP: 200px; HEIGHT: 15px; BACKGROUND-COLOR: #ccccff"
ms_positioning="FlowLayout">文 档 名</Div>
<Div style="DISPLAY: inline; Z-INDEX: 104; LEFT: 104px; WIDTH: 70px; POSITION:
absolute; TOP: 272px; HEIGHT: 15px; BACKGROUND-COLOR: #ccccff"
ms_positioning="FlowLayout">办理建议</Div>
<Div style="DISPLAY: inline; Z-INDEX: 105; LEFT: 104px; WIDTH: 70px; POSITION:
absolute; TOP: 160px; HEIGHT: 15px; BACKGROUND-COLOR: #ccccff"
ms_positioning="FlowLayout">有效日期</Div>
<Div style="DISPLAY: inline; Z-INDEX: 106; LEFT: 288px; WIDTH: 40px; POSITION:
absolute; TOP: 120px; HEIGHT: 18px; BACKGROUND-COLOR: #ccccff"
ms_positioning="FlowLayout">字第</Div>
<Div style="DISPLAY: inline; Z-INDEX: 107; LEFT: 104px; WIDTH: 70px; POSITION:
absolute; TOP: 120px; HEIGHT: 15px; BACKGROUND-COLOR: #ccccff"
ms_positioning="FlowLayout">文件编号</Div>
<asp:TextBox id="tbtitle" style="Z-INDEX: 108; LEFT: 192px; POSITION: absolute; TOP:
80px" runat="server" Width="480px"></asp:TextBox>
<Div style="DISPLAY: inline; Z-INDEX: 110; LEFT: 400px; WIDTH: 16px; POSITION:
absolute; TOP: 160px; HEIGHT: 18px; BACKGROUND-COLOR: #ccccff"
ms_positioning="FlowLayout">日</Div>
<asp:DropDownList id="dpzh" style="Z-INDEX: 111; LEFT: 192px; POSITION: absolute;
TOP: 120px" runat="server" Width="80px" DataTextField="zh"
DataValueField="lx"></asp:DropDownList>
<Div style="DISPLAY: inline; Z-INDEX: 112; LEFT: 400px; WIDTH: 16px; POSITION:
absolute; TOP: 120px; HEIGHT: 18px; BACKGROUND-COLOR: #ccccff"
ms_positioning="FlowLayout">号</Div>
<asp:TextBox id="tbzh" style="Z-INDEX: 113; LEFT: 336px; POSITION: absolute; TOP:
120px" runat="server" Width="56px"></asp:TextBox>
<TEXTAREA style="Z-INDEX: 116; LEFT: 192px; WIDTH: 480px; POSITION: absolute;
TOP: 272px; HEIGHT: 96px"      rows="6" cols="57" id="txtoth" name="TEXTAREA1"
runat="server"></TEXTAREA>
<Div style="DISPLAY: inline; Z-INDEX: 118; LEFT: 192px; WIDTH: 200px; COLOR:
#ff0033; POSITION: absolute; TOP: 232px; HEIGHT: 27px"
ms_positioning="FlowLayout">(*：请使用 htm 格式的文档)</Div>
</Form></Body></Html>
```

收文处理主要对数据库进行操作，请读者参照发文处理自行设计。

（7）系统维护

系统维护包括"用户及权限维护"、"所属部门维护"和"公文（字）维护"三部分，包括数据的查询、修改和添加等，界面分别如图 9-9、图 9-10 和图 9-11 所示。这三部分仍然是综合应用了界面控件、数据控件和对象等技术来设计的，限于篇幅，不再给出源程序代码。

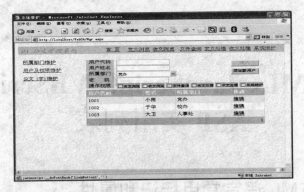

图 9-9　用户及权限维护

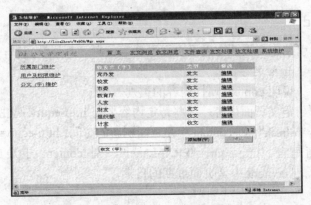

图 9-10　所属部门维护

图 9-11　公文（字）维护

本 章 小 结

　　本节分别通过"网站作业提交"系统和"公文管理系统"实例，介绍了 ASP 应用程序和 ASP.NET 应用程序的开发过程和要点。要设计好一个 ASP 或 ASP.NET 应用系统，需要对应用需求进行详细分析，在此基础上进行功能设计和数据库设计。在系统实现上，要综合运用多种服务器控件和对象，特别是数据库访问技术。因此，熟练掌握并灵活运用各种服务器控件、对象和数据库操作，是保证顺利完成系统开发的关键。

附录 HTML、JavaScript、VBScript、CSS、ASP 实用列表

附录 A HTML 语言常用标记和属性

1. 文件头标记

\<head\>，\</head\>：HTML 文件头部开始和结束标记。

2. 文件标题标记

\<title\>，\</title\>：HTML 文件标题，是显示于浏览器标题栏的字符串。

3. 样式标记

\<style\>，\</style\>：CSS 样式定义标记。属性 type，指明样式的类别，默认值为 text/css。

4. 搜索引擎标记

\<meta\>：为搜索引擎定义页面主题及页面刷新等信息。其属性包括：
- name   meta 名字。
- http-equiv   说明 content 属性内容的类别。
- content   定义页面内容，一些特定内容要与 http-equiv 属性配合使用。

例如：http-equiv="refresh"，则 content 中是页面刷新的时间；http-equiv="content-language"，则 content 中是页面语言；http-equiv="PICS-Label"，则 content 中是页面内容的等级；http-equiv="expires"，则 content 中是页面过期的日期。

5. 文件体标记

\<body\>，\</body\>：表明 HTML 文件体部的开始和结束，body 标记的属性列于表 A-1 中。

表 A-1 body 标记属性

属　性	取　值	含　义	默 认 值
bgcolor	颜色值	页面背景颜色	#FFFFFF
text	颜色值	HTML 文件中文字的颜色	#000000
link	颜色值	HTML 文件中待链接的超链接对象的颜色	
alink	颜色值	HTML 文件中链接中的超链接对象的颜色	
vlink	颜色值	HTML 文件中已链接的超链接对象的颜色	
background	图像文件名	页面的背景图像	无
topmargin	整数	页面显示区距窗口上边框的距离，以像素点为单位	0
leftmargin	整数	页面显示区距窗口左边框的距离，以像素点为单位	0

6. 图像标记

<img>：向页面中插入一幅图像。<img>标记的属性有如下几种：

- src　　　指定图像文件的地址。该属性值必须指明。值的形式可以是一个本地文件名，也可以是一个 URL。
- border　指定图像边框的粗细，值为整数。若为 0，表示无边框；值越大，边框越粗。
- width　 指定图像宽度，值为整数，单位为屏幕像素点。若不指出该属性值，则浏览器根据图像的实际尺寸显示。
- height　指定图像高度，值为整数，单位为屏幕像素点。若不指出该属性值，则浏览器根据图像的实际尺寸显示。
- alt　　 若设置了该属性值，则当鼠标移至该图像区域时，将以一个小标签显示该属性的值。

7. 文字显示和段落控制标记

文字显示属性主要有字体、字号、颜色，段落控制显示对象的分段。常用的文字显示和段落控制标记列于表 A-2 中。

表 A-2　文字显示和段落控制标记

标　记	含　义
<font>,</font>	分别以属性 face, size, color 控制字体、字号、字的颜色显示特性
<I>,</I>	斜体显示
<B>,</B>	粗体显示
<U>,</U>	加下划线显示
_,	下标字体
[,]	上标字体
<big></big>	大字体
<small>,</small>	小字体
<h1>～<h6>	标题，数字越大，显示的标题字越小
<p>,</p>	分段标记，属性有布局方式 align：left—左对齐；center—居中对齐；right—右对齐
<div>,</div>	块容器标记，其中的内容是一个独立段落
<hr>	分隔线，属性有：width（线的宽度）、color（线的颜色）
<center>,</center>	居中显示

8. 超链接标记

<a>，</a>：创建超链接。它有以下两种属性：

- href　　指出目标页面的 URL。
- target　指明目标页面显示的窗口。

9. 列表标记

<ul>，</ul>，<ol>，</ol>，<dl>，</dl>分别为无序列表、有序列表和定义列表，定义内部需使用<li>给出各表项。

10．预定格式标记

<pre>，</pre>：预定格式的信息。

11．表格标记

<table>，</table>：定义表格的开始和结束。其属性如表 A-3 所示。

表 A-3　table 标记属性

属　　性	取　　值	含　　义	默 认 值
border	整数	表格边框粗细，该值为 0，则表格没有边框；值越大，则表格边框越粗	0
width	百分比值	表格宽度，以相对于充满窗口的百分比计，如 60%	100%
	整数	表格宽度，以屏幕像素点计	
cellpadding	整数	每个表项内容与表格边框之间的距离，以像素点为单位	0
cellspacing	整数	表格边框之间的距离，以像素点为单位	2
bordercolor	颜色值	表格边框的颜色	#000000
background	图像文件名	表格的背景图像	无
align	left|center|right	表格的位置	left

<tr>，</tr>：定义表格一行的开始和结束。其属性如表 A-4 所示。

表 A-4　tr 标记属性

属　　性	取　　值	含　　义	默 认 值
align	left|center|right	本行各表格项的横向排列方式	left（左对齐）
bgcolor	颜色值	本行各表格项的背景色	#000000
valign	top|middle|bottom	本行各表格项的纵向排列方式	middle
width	百分比值|整数	本行宽度（受<table>的 width 属性值制约）	
height	整数	本行高度，以像素点为单位	

<td>，</td>：定义表格中一个单元格的开始和结束。其属性如表 A-5 所示。

表 A-5　td 标记属性

属　　性	取　　值	含　　义	默 认 值
align	left|center|right	本表格项的横向排列方式	left（左对齐）
bgcolor	颜色值	本表格项的背景色	#000000
valign	top|middle|bottom	本表格项的纵向排列方式	middle
width	百分比值|整数	本表格项宽度	
height	整数	本表格项高度，以像素点为单位	
background	图像文件名	本表格项的背景图像	无
colspan	整数	按列横向结合	1
rowspan	整数	按行纵向结合	1

12．表单标记

<form>，</form>：定义表单的开始和结束。其属性有：

- method（方法）属性　　取值为 post 或 get。
- action 属性　　　　　　指出用户所提交的数据将由哪个服务器的哪个程序处理，可

处理用户提交的数据的服务器程序种类较多，如 CGI 程序、ASP 脚本程序、PHP 程序等。

\<textarea>：允许输入多行文字。

\<select>：下拉列表选择。以\<option>标记给出各选项。

\<input>：定义表单的输入域，由 type 属性值给出。可由 type 属性给出的输入域类型如表 A-6 所示。

表 A-6　表单 input 标记定义的输入域

输　入　域		说　　明
Text	（文本框）	输入一行文字
Radio	（单选钮）	当有多个选项时，只能选其中一项
Checkbox	（复选框）	当有多个选项时，可以选其中多项
Submit	（提交按钮）	将数据传递给服务器
Password	（密码输入框）	用户输入的字符以"*"显示
Reset	（重置按钮）	将用户输入的数据清除
Hidden	（隐藏域）	在浏览器中不显示，但可通过程序取其值或改变值。主要用于浏览器向服务器传递数据而不想让浏览器用户知道的情形
Button	（按钮）	普通按钮，按下后的操作需设计程序完成

\<input>标记的其他属性还有以下两种：

- name　　　输入域的名称。
- value　　　输入域的值。

13. 框架标记

\<frameset>，\</frameset>：定义框架特性。其属性如表 A-7 所示。

表 A-7　框架 frameset 标记属性

属　性	取　值	含　义	默　认　值
rows	百分比值	将窗口上下（横向）分割，每个框架高度占整个窗口高度的百分比	无
	整数	将窗口上下（横向）分割，每个框架高度的像素点数	
cols	百分比值	将窗口左右（纵向）分割，值的格式和含义与"rows"属性类似	无
	整数		
frameborder	yes|no	帧框架边框是否显示	yes
bordercolor	颜色值	框架边框颜色	gray（灰）

\<frame>：指明框架所对应的 HTML 或脚本文件。其属性如表 A-8 所示。

表 A-8　框架 frame 属性

属　性	取　值	含　义	默　认　值
src	HTML 文件名	框架对应的 HTML 文件	无
name	字符串	框架的名字，可在程序和\<a>标记的 target 属性中引用	无
noresize	无	不允许用户改变框架窗口大小	无
scrolling	yes|no|auto	框架边框是否出现滚动条	auto
marginwidth	整数	框架左右边缘像素点数	0
marginheight	整数	框架上下边缘像素点数	0

附录 B　JavaScript 常用对象的属性、方法、事件处理和函数

1. 对象

（1）Array 对象。功能：创建并操作数组。其属性和方法见表 B-1。

表 B-1　Array 对象

属　　性	说　　明
length	数组中元素数
prototype	为 Array 对象添加一个属性
方　　法	说　　明
join	返回由数组中所有元素连接而成的字符串
reverse	逆转数组中各元素
sort	对数组元素排序

（2）String 对象。功能：处理字符串。其属性和方法见表 B-2。

表 B-2　String 对象

属　　性	说　　明
length	字符串长度
方　　法	说　　明
charAt(position)	返回 String 对象实例中位于 position 位置上的字符，其中 position 为正整数或 0。注意字符串中字符位置从 0 开始计
indexOf(str)　indexOf(str,start-position)	字符串查找，str 是待查找的字符串。在 String 对象实例中查找 str，若给出 start-position，则从 start-position 位置开始查找，否则从 0 开始查找；若找到，返回 str 在 String 对象实例中的起始位置，否则返回 −1
lastIndexOf(str)	该方法与 indexOf()类似，差别在于它是从右往左查找
substring(position)　substring(position1,position2)	返回 String 对象的子串。如果只给出 position，返回从 position 开始至字符串结束的子串；如果给出 position1 和 position2，则返回从二者中较小值开始的位置至较大值结束处的子串
toLowerCase( )　toUpperCase( )	分别将 String 对象实例中的所有字符改变为小写、大写
big( )	大字体显示
italics( )	斜体字显示
bold( )	粗体字显示
blink( )	字符闪烁显示
small( )	字符小字体显示
fixed( )	固定高亮字显示
fontsize(size)	控制字体大小等
Anchor( )	返回一个字符串，该字符串是网页中的一个锚点名
link( )	返回一个字符串，该字符串用来在网页中构造一个超链接
fontcolor(color)	返回一个字符串，此字符串可改变网页中的文字颜色
fontsize( )	返回一个字符串，此字符串可改变网页中的文字大小

（3）Math 对象。功能：关于数学常量、函数的属性、方法，见表 B-3。

表 B-3　Math 对象

属　　性	说　　明
E	常数 e，自然对数的底，近似值为 2.718
LN2	2 的自然对数，近似值为 0.693
LN10	10 的自然对数，近似值为 2.302
LOG2E	以 2 为底，E 的对数，即 log2e，近似值为 1.442
LOG10E	以 10 为底，E 的对数，即 log10e，近似值为 0.434
PI	圆周率，近似值为 3.142
SQRT1_2	0.5 的平方根，近似值为 0.707
SQRT2	2 的平方根，近似值为 1.414
方　　法	说　　明
sin(val)	返回 val 的正弦值，val 的单位是 rad（弧度）
cos(val)	返回 val 的余弦值，val 的单位是 rad（弧度）
tan(val)	返回 val 的正切值，val 的单位是 rad（弧度）
asin(val)	返回 val 的反正弦值，val 的单位是 rad（弧度）
exp(val)	返回 E 的 val 次方
log(val)	返回 val 的自然对数
pow(bv,ev)	返回 bv 的 ev 次方
sqrt(val)	返回 val 的平方根
abs(val)	返回 val 的绝对值
ceil(val)	返回大于或等于 val 的最小整数值
floor(val)	返回小于或等于 val 的最小整数值
round(val)	返回 val 四舍五入得到的整数值
random( )	返回 0～1 之间的随机数
max(val1,val2)	返回 val1 和 val2 之间的大者
min(val1,val2)	返回 val1 和 val2 之间的小者

（4）Number 对象。功能：给出了系统最大值、最小值以及非数字常量的定义。见表 B-4。

表 B-4　Number 对象

属　　性	说　　明
MAX_VALUE	数值型最大值，值为 1.7976931348623517e+308
MIN_VALUE	数值型最小值，值为 5e−324
NaN	非合法数字值
POSITIVE_INFINITY	正无穷大
NEGATIVE_INFINITY	负无穷大

（5）Date 对象。功能：Date 对象封装了有关日期和时间的操作。
属性：无。其方法见表 B-5。

表 B-5　Date 对象

方　　法	说　　明
getYear	返回对象实例的年份值。如果年份在 1900 年后，则返回后两位，例如 1998 将返回 98；如果年份在 100～1900 之间，则返回完全值
getMonth	返回对象实例的月份值，其值在 0～11 之间
getDate	返回对象实例日期中的天，其值在 1～31 之间
getDay	返回对象实例日期是星期几，其值在 0～6 之间，0 代表星期日
getHours	返回对象实例时间的小时值，其值在 0～23 之间

方　法	说　明
getMinutes	返回对象实例时间的分钟值，其值在 0～59 之间
getSeconds	返回对象实例时间的秒值，其值在 0～59 之间
getTime	返回一个整数值，该值等于从 1970 年 1 月 1 日 00:00:00 到该对象实例存储的时间所经过的毫秒数
getTimezoneOffset	返回当地时区与 GMT 标准时的差别，单位是 min（GMT 时间是基于格林尼治时间的标准时间，也称 UTC 时间）
SetDate	设置日期时间值
SetHours	设置时间的时数
SetMinutes	设置时间的分数
SetSeconds	设置时间的秒数
SetTime	以整数值设置小时值，该值等于从 1970 年 1 月 1 日 00:00:00 到该对象实例存储的时间所经过的毫秒数
SetYear	设置年份值
ToGMTString	将日期时间值转换为 GMT 值串
ToLocalString	将日期时间值转换为本地时间值串
ToString	将日期时间值转换为字符串
UTC	静态方法，将字符串参数表示的日期转换为一个整数值，该值等于从 1970 年 1 月 1 日 00:00:00 计算起的毫秒数
Parse	静态方法，将数值参数表示的日期转换为一个整数值，该值等于从 1970 年 1 月 1 日 00:00:00 计算起的毫秒数

（6）Navigator 对象。功能：Navigator 对象包含正在使用的浏览器版本信息。其属性和方法见表 B-6。

表 B-6　Navigator 对象

属　性	说　明
appName	以字符串形式表示的浏览器名称
appVersion	以字符串形式表示的浏览器版本信息，包括浏览器的版本号、操作系统名称等
appCodeName	以字符串形式表示的浏览器代码名字，通常值为 Mozilla
userAgent	以字符串表示的完整的浏览器版本信息，包括 appName, appVersion 和 appCodeName 信息
mimeType	在浏览器中可以使用的 mime 类型
plugins	在浏览器中可以使用的插件
方　法	说　明
javaEnabled	返回逻辑值，表示客户浏览器可否使用 Java

事件处理：无。

（7）Window 对象。功能：Window 对象描述浏览器窗口特征，是 Document、Location 和 History 对象的父对象。其属性、事件和方法见表 B-7。

表 B-7　Window 对象

属　性	说　明
parent	代表当前窗口或框架（frame）的父窗口
self	代表当前窗口
top	代表主窗口
window	代表当前窗口或框架（frame）的父窗口
status	浏览器当前状态栏显示的内容

属　　　性	说　　明
defaultStatus	浏览器状态栏显示的默认值
opener	是一个窗口名，该窗口是由方法 open( )打开的最新窗口
frames	是一个数组，数组的各成员是窗口内的各个框架

事　　　件	说　　明
Load	HTML 文件载入浏览器时触发，事件处理名为 onLoad
UnLoad	离开页面时触发，事件处理名为 onUnLoad

方　　　法	说　　明
alert	产生警告对话框
confirm	产生带有确定和否认的对话框
prompt	产生带有提示信息的对话框
open	生成一个新窗口
close	关闭一个窗口
focus	使窗口获得焦点
blur	使窗口失去焦点
setTimeout	设置超时
clearTimeout	清除超时设置
scroll	使窗口滚动到指定位置处

（8）Document 对象。功能：一个 Document 对象对应 HTML 文件的页面。其属性和方法见表 B-8。

表 B-8　Document 对象

属　　　性	说　　明
alinkColor	被激活的超链接文本颜色，即鼠标单击超链接时超链接文本的颜色
bgColor	页面背景颜色
fgColor	页面前景色，即页面文字的颜色
laseModified	HTML 文件最后被修改的日期，是只读属性
linkColor	未被访问的超链接的文本颜色
referrer	用户先前访问的 URL
title	HTML 文件的标题，对应<title>标记
URL	本 HTML 文件的完整的 URL
vlinkColor	已被访问过的超链接的文本颜色
anchors 数组	HTML 文件中 anchor 对象的序列
images 数组	封装页面中的图像信息
links 数组	HTML 文件中的超链接，通过它可以得到超链接的信息并可加以控制

方　　　法	说　　明
write	输出内容到 HTML 文件中
writeln	输出内容到 HTML 文件中
open	打开一个已存在的文件或创建一个新文件来写入内容
close	关闭文件
clear	清理文件中的内容

事件处理：无。

（9）Form 对象。功能：封装了网页中由<form>标记定义的表单信息。其属性和方法见表 B-9。

表 B-9 Form 对象

属　性	说　明
action	表单提交后启动的服务器应用程序的 URL，与 form 定义中的 action 属性相对应
name	表单的名称，与 form 定义中的 name 属性相对应
method	指出浏览器将信息发送到由 action 属性指定的服务器的方法，它只可能是 get 或 post。Form 对象的此属性对应 form 定义中的 method 属性
target	指出服务器应用程序的执行结果返回的窗口，对应 form 定义中的 target 属性
encoding	指出被发送的数据的编码方式，对应 form 定义中的 enctype 属性
elements	是一个数组，其元素是表单的各个输入域对象
length	表单中输入域的个数
方　法	说　明
submit	触发 Submit 事件，引起 onSubmit 事件处理的执行
reset	清除表单中的所有输入，并将各输入域的值设为原来的默认值，该方法将触发 onReset 事件处理的执行

事件处理：onSubmit、onReset。

（10）History 对象。功能：历史清单对象，保存窗口或框架在某个时间段内访问的 URL 列表，并提供在列表中查找它们的方法。其属性和方法见表 B-10。

表 B-10 History 对象

属　性	说　明
current	当前历史项的 URL
length	历史列表中的项数
next	下一个历史项的 URL
previous	前一个历史项的 URL
方　法	说　明
back	装载历史列表中的前一个 URL
forword	装载历史列表中的下一个 URL
go	该方法的参数可以是整数，也可以是字符串。当参数是整数 i 时，该方法将装载历史列表中与当前 URL 位置相距 i 的 URL，i 既可为正数，也可为负数。当参数是字符串时，该方法将装载历史列表中含该字符串的最近的 URL

事件处理：无。

（11）Location 对象。功能：用于存储当前的 URL 信息，可通过对该对象赋值来改变当前的 URL。其属性见表 B-11。

表 B-11 Location 对象

属　性	说　明
Hash	对应 Hash 数，即锚点名，如#follow-up
Host	主机名或主机 IP 地址，如 www.njim.edu.cn
Hostname	是主机和端口的组合，如 www.njim.edu.cn:2000
Href	代表整个 URL
Pathname	是路径，如/java/index.html
Port	服务器端口号，如 2000
Protocol	代表协议，如 http
Search	查询信息，查询数据前加一个问号，这些数据包含在 URL 的最后一项

（12）Frame 对象。功能：一个 frame 对象对应一个<frame>标记定义。其属性和方法见表 B-12。

表 B-12　Frame 对象

属　性	说　明
name	框架的名称，对应<frame>定义中的 name 项
length	框架中包含的子框架数目
parent	包含当前框架的 Window 或 Frame
self	代表当前框架
top	指包含框架定义的最顶层窗口
window	与 self 含义相同
frames 数组	对应当前窗口中的所有框架
方　法	说　明
Focus	使窗口获得焦点
Blur	使窗口失去焦点
SetTimeout	设置超时
ClearTimeout	清除超时设置

事件处理：onBlur、onFocus、onLoad 和 onUnload。

2．函数

（1）eval：参数 string 是一个字符串，该字符串的内容应是一个合法表达式。eval 函数将表达式求值，返回该值。

语法格式：eval(string)

（2）isNaN：测试参数表达式的值是否为 NaN，若是，isNaN 返回 true；否则返回 false。

语法格式：isNaN(testValue)

（3）parseInt：参数分析。参数 str 是一个字符串，可选参数 radix 是整数，若给出，则表示基数，若未给出，则表示基数为 10。parseInt 函数先对字符串形式的表达式求值，若求出的值是整数，则应转换为相应基数的数值。若不能求出整数值，则返回 NaN 或 0。

语法格式：parseInt(str[,radix])

（4）parseFloat：参数分析。parseFloat 函数的使用与 parseInt 类似，其所求的值为浮点数。

语法格式：parseFloat(str)

附录 C　VBScript 常用函数

1．数学函数（见表 C-1）

2．类型转换函数（见表 C-2）

表 C-1　数学函数

函　数　名	说　明
Abs	取绝对值
Exp	指数函数
Log	对数函数
Sgn	符号函数
Sin,Cos,Tan,Atn	三角函数
Sqr	求平方根

表 C-2　类型转换函数

函　数　名	说　明
CBool,CByte,CCur,CDate,CDbl,Cint,Clng,CSng,CStr,Cvar	类型转换
Int,Fix	取整数值
Str	数值转字符串
Val	字符串转数值

3. 字符串函数（见表 C-3）

4. 日期时间函数（见表 C-4）

表 C-3　字符串函数

函 数 名	说　明
Asc,Chr	取位、ASCII 码
InStr	查找字符串
Len	求字符串长度
Left	取字符串左边字符
Right	取字符串右边字符
Mid	取字符串中间字符
LTrim,RTrim,Trim	去除空格
Space,String	组成字符串
UCase,Lcase	转换大小写

表 C-4　日期时间函数

函 数 名	说　明
DateValue,TimeValue	取日期时间
Year,Month,Day	取年、月、日
Hour,Minute,Second	取时、分、秒
DateSerial	合并年、月、日成为日期
TimeSerial	合并时、分、秒成为时间
Date,Time,Now	取系统日期时间
DatePart	取日期时间各部分值
DateAdd	日期时间增减
DateDiff	计算日期时间差

5. VBScript 新增函数（见表 C-5）

表 C-5　VBScript 新增函数

函 数 名	说　明
Filter	查找字符串数组中特定的字符串
FormatCurrency	将数值输出成货币格式
FormatNumber	数值数据格式化
FormatPercent	将数值转换为百分比格式
FormatDateTime	日期时间格式化
InStrRev	反向查找字符串
Join	将字符串数组组合成一个字符串
Replace	将字符串中某些字符串替换为其他字符串
MonthName	返回月份名称
Split	将字符串分割成字符串数组
StrReverse	反转字符串
WeekdayName	返回星期名称

附录 D　CSS 样式表属性

1. 字体属性（见表 D-1）

表 D-1　字体属性

属　性	说　明
font-family	字体
font-size	字号
font-style	字体风格
font-weight	字加粗
font-variant	字体变化
font	字体综合设置

2. 颜色和背景属性（见表 D-2）

表 D-2　颜色和背景属性

属　　性	说　　明
color	指定页面元素的前景色
background-color	指定页面元素的背景色
background-image	指定页面元素的背景图像
background-repeat	决定一个被指定的背景图像被重复的方式。默认值为 repeat
background-attachment	指定背景图像是否跟随页面内容滚动。默认值为 scroll
background-position	指定背景图像的位置
background	背景属性综合设定

3. 文本属性（见表 D-3）

表 D-3　文本属性

属　　性	说　　明
letter-spacing	设定字符之间的间距
text-decoration	设定文本的修饰效果，line-through 是删除线，blink 是闪烁效果。默认值为 none
text-align	设置文本横向排列对齐方式
vertical-align	设定元素在纵向上的对齐方式
text-indent	设定块级元素第一行的缩进量
line-height	设定相邻两行的间距

4. 方框属性（见表 D-4）

表 D-4　方框属性

属　　性	说　　明
Margin-top	设定 HTML 文件内容与块元素的上边界距离。值为百分比时参照其上级元素的设置值。默认值为 0
Margin-right	设定 HTML 文件内容与块元素的右边界距离
Margin-bottom	设定 HTML 文件内容与块元素的下边界距离
Margin-left	设定 HTML 文件内容与块元素的左边界距离
Margin	设定 HTML 文件内容与块元素的上、右、下、左边界距离。如果只给出 1 个值，则被应用于 4 个边界，如果只给出 2 个或 3 个值，则未显式给出值的边用其对边的设定值
padding-top	设定 HTML 文件内容与上边框之间的距离
padding-right	设定 HTML 文件内容与右边框之间的距离
padding-bottom	设定 HTML 文件内容与下边框之间的距离
padding-left	设定 HTML 文件内容与左边框之间的距离
padding	设定 HTML 文件内容与上、右、下、左边框的距离。设定值的个数与边框的对应关系同 margin 属性
border-top-width	设置元素上边框的宽度
border-right-width	设置元素右边框的宽度
border-bottom-width	设置元素下边框的宽度

属　　性	说　　明
border-left-width	设置元素左边框的宽度
border-width	设置元素上、右、下、左边框的宽度。设定值的个数与边框的对应关系同 margin 属性
border-top-color	设置元素上边框的颜色
border-right-color	设置元素右边框的颜色
border-bottom-color	设置元素下边框的颜色
border-left-color	设置元素左边框的颜色
border-color	设置元素上、右、下、左边框的颜色。设定值的个数与边框的对应关系同 margin 属性
border-style	设定元素边框的样式。设定值的个数与边框的对应关系同 margin 属性。默认值为 none
border-top	设定元素上边框的宽度、样式和颜色
border-right	设定元素右边框的宽度、样式和颜色
border-bottom	设定元素下边框的宽度、样式和颜色
border-left	设定元素左边框的宽度、样式和颜色
width	设置元素的宽度
height	设置元素的高度
float	设置文字围绕于元素周围。left—元素靠左，文字围绕在元素右边；right—元素靠右，文字围绕在元素左边。none—以默认位置显示
clear	清除元素浮动。none—不取消浮动；left—文字左侧不能有浮动元素；right—文字右侧不能有浮动元素；both—文字两侧都不能有浮动元素

5. 列表属性（见表 D-5）

表 D-5　列表属性

属　　性	说　　明
list-style-type	表项的项目符号。disc—实心圆点；circle—空心圆；square—实心方形；decimal—阿拉伯数字；lower-roman—小写罗马数字；upper-roman—大写罗马数字；lower-alpha—小写英文字母；upper-alpha—大写英文字母；none—不设定
list-style-image	用图像作为项目符号
list-style-position	设置项目符号是否在文字里面，与文字对齐
list-style	综合设置项目属性

6. 定位属性（见表 D-6）

表 D-6　定位属性

属　　性	说　　明
top	设置元素与窗口上端的距离
left	设置元素与窗口左端的距离
position	设置元素位置的模式
z-index	z-index 将页面中的元素分成多个"层"，形成多个层"堆叠"的效果，从而营造出三维空间效果

附录 E ASP 对象的集合、属性、方法和事件

1. Application 对象（见表 E-1）

表 E-1 Application 对象

方 法	语 法	描 述
Lock	Application.Lock	用于锁定 Application 对象，禁止其他用户修改 Application 对象的值
Unlock	Application.Unlock	解除锁定，允许其他用户修改 Application 对象的值
事 件	语 法	描 述
Application_OnStart	Sub application_OnStart … End Sub	第一个用户访问该站点时触发
Application_OnEnd	Sub application_OnEnd … End Sub	关闭 Web 服务器时触发

2. Request 对象（见表 E-2）

表 E-2 Request 对象

集 合	语 法	描 述
QueryString	Request.QueryString(变量名称)[(索引.计数)]	取回 URL 请求字符串
Form	Request.Form(String 参数)[(索引.计数)]	取得客户端表格元素中所填入的信息
Cookies	Request.Cookies (String) [(key)|.attribute]	取得客户端浏览器的 Cookies 值
ServerVariable	Request.ServerVariables(服务器环境变量)	取得服务器端环境变量的值
ClientCertificate	Request. ClientCertificate(key[SubFiels])	从客户端取得身份验证的信息
属 性	语 法	描 述
TotalBytes	Counter=Request.TotalBytes	取回客户端响应数据的字节数
方 法	语 法	描 述
BinaryRead	Variant=Request.BinaryRead(Counter)	二进制码方式读取客户端 POST 数据

3. Response 对象（见表 E-3）

表 E-3 Response 对象

集 合	语 法	描 述
Cookies	Response.Cookies (var)[(key)|.attribute]=cookie 值	设置客户端浏览器内的 Cookie 值
属 性	语 法	描 述
Buffer	Response.Buffer=BooleanValue(布尔值)	用来设置是否缓冲输出
Expires	Response.Expires=Intnum	控制页面在缓存中的有效时间
ExpiresAbsolute	Response.ExpiresAbsolute[=日期][时间]	指定缓存于浏览器中的页面的确切到期日期和时间
方 法	语 法	描 述
Write	Response.Write String	输出信息到客户端
Redirect	Response.Redirect String	重定向客户端到另一个 URL 位置
Clear	Response.Clear	清除在缓冲区的 HTML 数据
End	Response.End	服务器立即停止处理脚本，并返回当时的状况
Flush	Response.Flush	立即把缓存在服务器端的 Response 输出信息送客户端显示

4. Session 对象（见表 E-4）

表 E-4 Session 对象

属 性	语 法	描 述
SessionID	Session.SessionID	返回用户的会话验证
TimeOut	Session.Timeout[=Minutes]	应用程序会话状态的超时时限，以 min 为单位
方 法	**语 法**	**描 述**
Abandon	Session.Abandon	用于删除所有存储在 Session 对象中的变量
事 件	**语 法**	**描 述**
Session_OnStart	Sub Session_OnStart … End Sub	在服务器创建新的会话时触发
Session_OnEnd	Sub Session_OnEnd … End Sub	在会话被放弃或超时时触发

5. Server 对象（见表 E-5）

表 E-5 Server 对象

属 性	语 法	描 述
ScriptTimeout	Server.ScriptTimeOut=n	规定了一个脚本文件执行的最长时间
方 法	**语 法**	**描 述**
CreateObject	Server.CreateObject("ProgID")	用于创建已经注册到服务器上的 ActiveX 组件实例
MapPath	Server.MapPath(String)	转换相对路径或虚拟路径
HTMLEncode	Server.HTMLEncode(string)	对 ASP 文件中特定的字符串进行 HTML 编码
URLEncode	Server.URLEncode(String)	根据 URL 规则对字符串进行编码

参 考 文 献

1 Robert W. Sebesta. 刘伟琴，黄广华译. Web 程序设计（第 4 版）. 北京：清华大学出版社，2008

2 S.希利尔，D.梅齐克. Active Server Pages 编程指南. 北京：宇航出版社，2001

3 Patrick Smacchia. 施凡等译. C#和.NET 2.0 实战平台语言与框架. 北京：人民邮电出版社，2008

4 A.keyton, Weissinger. ASP 技术手册. 北京：中国电力出版社，2001

5 张念鲁. Web 程序设计教程. 北京：高等教育出版社，2004

6 李自力. Web 程序设计实践教程. 北京：高等教育出版社，2005

7 郑阿奇，顾韵华. ASP.NET 程序设计教程. 北京：机械工业出版社，2006

8 清源计算机工作室. ASP 动态网站设计与制作. 北京：机械工业出版社，2001

9 灯文渊，陈惠珍，陈俊荣. ASP 与网页数据库设计. 北京：中国铁道出版社，2001

10 白德淳. Visual Basic.NET 程序设计. 北京：机械工业出版社，2008

11 精锐创作组. ASP+网络与数据库整合应用. 北京：人民邮电出版社，2001

12 潘晓南，邵雨舟. 动态网页设计基础（第二版）. 北京：中国铁道出版社，2008

13 梁爽等. .NET 框架程序设计. 北京：清华大学出版社，2010

14 傅志辉，邬伟娥. Web 程序设计技术. 北京：清华大学出版社，2009

15 匡松，李忠俊. Web 程序设计教程. 杭州：浙江大学出版社，2009

16 郑阿奇. ASP.NET 2.0 实用教程（第 2 版）. 北京：电子工业出版社，2009

17 韩颖等. ASP.NET 3.5 动态网站开发基础教程. 北京：清华大学出版社，2010

18 郝兴伟. Web 程序设计（第二版）. 北京：中国水利水电出版社，2008

反侵权盗版声明

电子工业出版社依法对本作品享有专有出版权。任何未经权利人书面许可，复制、销售或通过信息网络传播本作品的行为；歪曲、篡改、剽窃本作品的行为，均违反《中华人民共和国著作权法》，其行为人应承担相应的民事责任和行政责任，构成犯罪的，将被依法追究刑事责任。

为了维护市场秩序，保护权利人的合法权益，我社将依法查处和打击侵权盗版的单位和个人。欢迎社会各界人士积极举报侵权盗版行为，本社将奖励举报有功人员，并保证举报人的信息不被泄露。

举报电话：（010）88254396；（010）88258888

传　　真：（010）88254397

E-mail：　dbqq@phei.com.cn

通信地址：北京市万寿路173信箱

　　　　　电子工业出版社总编办公室

邮　　编：100036